注射模设计方法及实例解析

主　编　王　晖　刘军辉
副主编　曾志文　梁国栋
参　编　邱志文　钟燕辉

机械工业出版社

本书系统地介绍了注射模具设计的基本方法与实践经验，包括塑料产品设计、注塑机及注塑成型工艺、注塑成型模具结构与标准模架、分型面选择与成型零件设计、浇注系统设计、抽芯机构设计、推出机构设计、模具温度调节系统设计等内容。在讲解注射模具设计理论知识的同时，还加进了大量的企业一线经验设计，并且配合一个贯穿实例——遥控器后盖注射模具的全程设计与解析，最后还配有典型的注射模具结构分析。

本书可作为高等院校机械类、材料工程类专业本科生及专科生的教材，也可作为模具设计从业人员的培训教材，还可供从事注射模具设计与制造的技术人员使用。

图书在版编目（CIP）数据

注射模设计方法及实例解析/王晖，刘军辉主编．—北京：机械工业出版社，2012.9

ISBN 978-7-111-39603-1

Ⅰ.①注… Ⅱ.①王…②刘… Ⅲ.①注塑－塑料模具－设计 Ⅳ.①TQ320.66

中国版本图书馆CIP数据核字（2012）第203785号

机械工业出版社（北京市百万庄大街22号 邮政编码100037）
策划编辑：孔 劲 责任编辑：孔 劲 吕 芳
版式设计：姜 婷 责任校对：张 征
封面设计：赵颖喆 责任印制：乔 宇
北京机工印刷厂印刷（三河市南杨庄国丰装订厂装订）
2013年1月第1版第1次印刷
184mm×260mm·19.25印张·2插页·484千字
0 001—3 000册
标准书号：ISBN 978-7-111-39603-1
定价：52.00元

凡购本书，如有缺页、倒页、脱页，由本社发行部调换

电话服务	网络服务
社服务中心：（010）88361066	教材网：http：//www.cmpedu.com
销售一部：（010）68326294	机工官网：http：//www.cmpbook.com
销售二部：（010）88379649	机工官博：http：//weibo.com/cmp1952
读者购书热线：（010）88379203	**封面无防伪标均为盗版**

前　言

模具工业是国民经济的基础工业，目前，电子、汽车、电机、电器、仪器、仪表、家电、通信和军工等产品中，60% ~80%的零部件都要依靠模具成型，而注射模具又在各类模具中占有相当大的比例，因此，注射模具技术对我国的工业发展具有重大的意义。目前市场上模具设计方面的教材种类繁多，但大多以理论论述为主，与生产实际脱离。本教材在进行必要的理论讲解之后，更多的是对工厂模具设计实战经验进行讲解，且通过一个贯穿实例“遥控器后盖注射模具设计”论述理论与经验的运用，非常形象生动地向读者阐述了注射模具结构设计的方法与技巧，使读者能够零距离地接触企业模具设计过程。

本教材注重注射模具设计的实践性和经验性，内容包括了大量的工厂一线经验培训资料，展示了企业的模具设计工程师进行模具结构设计的方法与技巧。本教材共分为12章，第1章和第2章分别介绍了注塑成型基本知识和注射模具基础，为后续注射模具的设计打下基础；第3章介绍了塑料产品结构分析及合理化设计；第4章介绍了流行的注射模架型号；第5章介绍了塑件的分型及成型部件设计，使读者掌握分型面的设计知识；第6、8、9章介绍了注射模具三大系统的设计；第7章介绍了侧向抽芯系统设计；第10章介绍了小水口模相关机构设计及标准件的选用；第11章介绍了注射模具开发综合实例，进一步拓展读者视野；第12章列出了注射模具开发的相关资料。

本教材第1、2、3、4、6章由王晖编写，第5、7、8、9章由刘军辉编写，第10章由曾志文编写，第11、12章由梁国栋编写。参加本教材编写的还有邱志文和钟燕辉。

由于作者水平有限，书中难免会出现疏漏或不足之处，恳请大家批评指正。

编　者

目　录

第 1 章　注塑成型基本知识

模具的种类很多，有塑料模具、五金模具、陶瓷模具等。它的历史悠久，在现代工业中，模具有“工业之母”之称。在现实生活、国防设备、工业生产中，模具无处不存在，它所跨越的领域很宽。而在众多的模具类别当中，注射模具又是最大的一类，电脑、电视、电话、洗衣机、空调、风扇、打印机、手机等很多产品的零部件都是注塑成型的塑料制品。

随着改革开放的深入，我国国民经济的快速增长带动了塑料工业的快速发展，塑料机械产业的明显跃升，促使注塑产品的应用领域向国民经济几乎所有的部门拓展，而且具有较高技术含量和高附加值的注塑产品的开发应用不断增多，我国注塑行业的整体水平大大提高。产品产量大幅增加，在沿海经济发达地区，由于经济高速增长，急需注塑产品的配套服务，这给注塑行业的发展带来了机遇。目前，国内经济发达地区广东、浙江、上海、江苏和山东等省市的注塑产品产量约占全国总产量的 65% 以上，且从过去的劳动密集型逐渐向技术、资本密集型发展，生产力布局日趋合理。

现如今，各种复杂塑料注塑成型的结构件、功能件以及特殊用途的精密件已广泛应用于交通、运输、包装、储运、邮电、通信、建筑、家电、汽车、计算机、航空航天、国防等国民经济领域，成为不可缺少的重要的生产资料和消费资料。本书重点讲解注射模具的设计。

1.1　注塑成型过程分析

塑料加工成型的方法有很多种，但塑料制品的加工生产都是由成型加工、机械加工、装饰加工和装配加工 4 个连续过程组成的。塑料的成型加工就是指成型过程，是塑料制品生产的重要过程。塑料的成型方法有十几种，如注塑成型加工（注射成型加工）、挤出成型加工、压缩成型加工、吹塑成型加工、真空成型加工等。注塑成型加工是最常用和最主要的加工方法。

1.1.1　注塑成型工艺的基本知识

注塑成型加工也称注射成型加工，是塑料成型加工生产中普遍采用的方法。注塑成型加工采用螺杆或柱塞的推力，把塑化好的熔融塑料射入塑料模具型腔内，经过保压、冷却、固化后再打开模具推出制品。注塑成型适用于热塑性塑料和部分热固性塑料的连续性加工生产，其制品从小到大、从简单到复杂，尤其适用于批量生产，可以很方便地实现自动化和高速化，生产效率和经济效益都很高。

在注塑成型中，若要实现成型精密及生产稳定的目标，则必须组合原料、模具和机器这三个必要的物质条件。要使三者联系起来形成生产能力，就必须应用一定的技术方法，即注塑成型工艺技术。

1.1.2 注塑成型的特点及原理

1. 注塑成型特点

注塑成型具有成型周期短，能一次成型外形复杂、尺寸精确、带有金属或非金属嵌件的塑料制件，对各种塑料的适应性强，生产效率高，易于实现全自动化生产等一系列优点，因此注塑成型工艺广泛地用于塑件的生产。

2. 注塑成型原理

将颗粒状或粉状塑料从注塑机的料斗送进加热的机筒中，原料经过加热熔化呈流动状态后在柱塞或螺杆的推动下向前移动，通过机筒前端的喷嘴以很快的速度注入温度较低的闭合型腔中，充满型腔的熔料经冷却固化后即可保持模具型腔所赋予的形状，然后开模分型获得成型塑件。

此过程即为一个成型周期，通常从几秒钟至几分钟不等，时间的长短取决于塑件的大小、形状和厚度，以及模具的结构、注塑机的类型、塑料的品种和成型工艺条件等因素。

（1）螺杆式注塑机注塑成型原理　如图1-1所示，螺杆式注塑机的成型原理为：颗粒状或粉状塑料从注塑机的料斗送入加热的机筒，在机筒的加热作用和螺杆的剪切摩擦热作用下逐渐熔融塑化，并不断被螺杆压实而推向机筒前端，产生一定的压力，使螺杆在转动的同时，缓慢地向后移动；当螺杆推到预定位置，触及限位开关时，螺杆即停止转动而后退，而

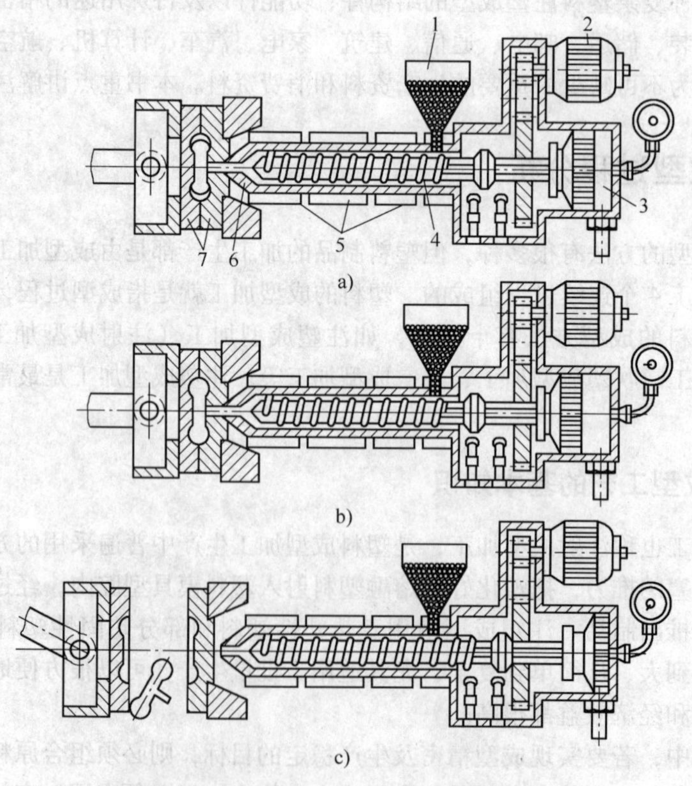

图1-1　螺杆式注塑机的成型原理

a）合模注射　b）冷却保压　c）开模推出制品预塑加热

1—料斗　2—传动装置　3—注射液压缸　4—螺杆　5—加热装置　6—喷嘴　7—注射模具

后注射活塞带动螺杆按一定的压力和速度将积存于机筒端部的塑料熔体经喷嘴注入模具型腔，充满型腔的熔料在受压情况下，冷却成型，获得型腔赋予的形状；开模分型取出塑件，即完成一个工作循环。

（2）柱塞式注塑机注塑成型原理 如图1-2所示，塑料从料斗加入加热机筒，被机筒加热，并由活塞在高压、高速中推进，塑料塑化后经喷嘴注入模具型腔中，经保压、冷却、开模取得塑件，完成一个工作循环。

与螺杆式注塑机成型相比，柱塞式注塑机控制温度和压力比较困难，有效压力仅为柱塞式注塑机额定注射压力的30%～50%，使注射速度和塑化质量不均匀（塑化是指塑料在机筒内借助于加热和机械做功而软化成具有可塑性均匀熔体的过程）。目前工厂中广泛使用的是螺杆式注塑机，但还有不少是柱塞式注塑机。一般60g以下的小型塑件多用柱塞式注塑机，而热敏性塑料、流动性较差的塑料则多用螺杆式注塑机，中型或大型注塑机多为螺杆式。

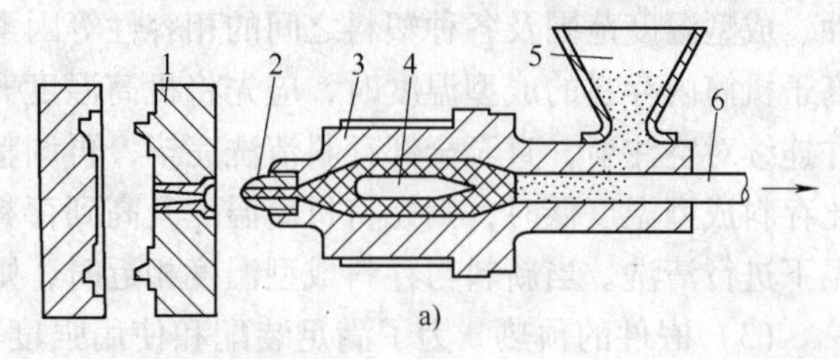

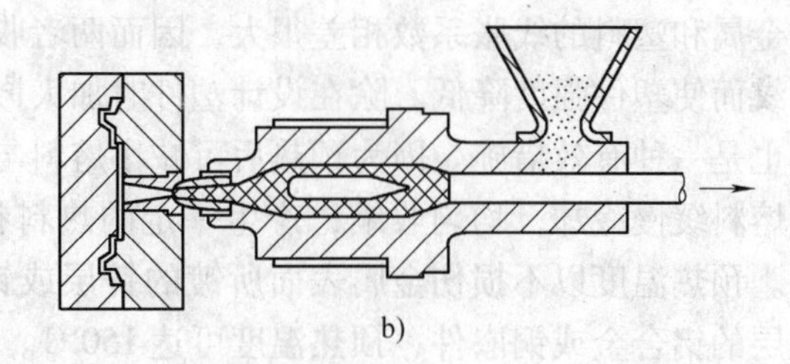

图1-2 柱塞式注塑机成型原理

1—注射模具 2—喷嘴 3—机筒 4—分流梭 5—料斗 6—注射柱塞

1.1.3 注塑成型工艺过程

塑料注塑成型工艺过程包括：成型前的准备、注塑过程、塑件的后处理。

1. 成型前的准备

为了使注塑成型顺利进行，保证塑件质量，在注塑成型之前应进行如下准备工作。

（1）对原料的预处理 根据各种塑料的特性及供料状况，一般在成型前应对原料进行外观（色泽、粒度及均匀性等）和工艺性能（熔融指数、流动性、收缩率等）检验。如果来料为粉料，则有时还需要进行捏合、塑炼、造料等操作。此外，有时还需要对粒料进行干燥。

有些塑料（如尼龙、聚碳酸酯、聚砜、有机玻璃）因其分子中含有亲水基因，容易吸湿，致使其含有不同程度的水分。当水分超过规定量时，塑件表面会出现银纹、斑纹和气泡等缺陷，甚至导致塑料在注塑时降解，严重影响塑件的外观和内在质量，故应进行干燥处理。对于不吸湿或吸湿性很小的塑料（如聚乙烯、聚丙烯），只要包装、运输、储存条件良好，一般不必干燥。但有时为了提高塑件外观质量，防止气泡产生，对于聚乙烯、ABS塑料往往也进行干燥处理。

各种塑料的干燥方法，应根据其性能和具体条件进行选择。小批量生产用塑料，一般采用红外线干燥和热风循环烘箱干燥；高温下受热时间长容易氧化变色的塑料，如聚酰胺，宜采用真空烘箱干燥；大批量生产用塑料则通常采用负压沸腾干燥。一般延长干燥时间有利于提高干燥效果，但每种塑料在干燥温度下都有一段最佳干燥时间，延长干燥时间效果不大。对于已经干燥过的塑件，应注意保证成型前的干燥效果，以防塑料重新吸湿。

（2）机筒的清洗 在注塑成型前，如果机筒内残余塑料与将要使用的塑料不一致以及需要换颜色或发现塑料中有分解现象时，都需要对机筒进行清洗或更换。

柱塞式注塑机机筒内的存料量较多且机筒中间有分流梭，因此清洗较困难，必须拆卸清洗或者采用专用机筒。

螺杆式注塑机通常直接换料清洗。为节省时间和原料，换料清洗应根据塑料的热稳定性、成型温度范围及各种塑料之间的相容性等因素采取正确的清洗步骤。当新料的成型温度高于机筒内存料的成型温度时，应先将机筒温度升至新料的最低成型温度，然后加入新料，并连续对空注射，直至全部存料清洗完毕，再调整机筒温度进行正常生产。当新料成型温度比存料成型温度低时，则先将机筒温度升高到存料最佳的流动温度后切断电源，用新料在降温下进行清洗。当新料与存料成型温度相近时，则不必变更温度，直接清洗即可。

（3）嵌件的预热　为了满足装配和使用强度的要求，塑件内常需要嵌入金属嵌件。由于金属和塑料的线胀系数相差很大，因而两者收缩率不一致，导致塑件冷却时嵌件周围出现裂纹而使塑件强度降低。除在设计塑件时加大嵌件周围的壁厚外，成型中对金属嵌件进行预热也是一种有效措施。因为预热后可减小熔料与嵌件的温度差，从而在成型中，使嵌件周围的熔料缓慢冷却，均匀收缩，产生一定的热料补缩作用，以防止嵌件周围产生过大的内应力。预热温度以不损伤金属表面所镀的锌层或铬层为限，一般为 110～130℃。对于表面无镀层的铝合金或铜嵌件，预热温度可达 150℃。

（4）脱模剂的选用　脱模剂是为使塑件容易从模具中脱出而敷在模具表面上的一种助剂。注塑成型时，塑件的脱模主要依赖于合理的工艺条件和正确的模具设计，但由于塑件本身的复杂性或工艺条件控制不稳定，可能造成脱模困难，所以在实际生产中经常使用脱模剂。

使用脱模剂时，要求涂层适量和均匀，否则会影响塑件的外观及性能。尤其是注塑透明塑件时更应注意，否则，会因用量过度而出现毛斑或浑浊现象。

2. 注塑过程

注塑过程是塑料转变为塑件的主要阶段，包括加料、塑化、加压注射、保压、冷却定型和脱模等步骤。

（1）加料　由注塑机的料斗落入一定量的料，以保证操作稳定、塑料塑化均匀，最终获得良好的塑件。通常其加料量由注塑机计量装置来控制。加料过多、受热的时间过长等容易引起塑料的热降解，同时使注塑机功率损耗增多；加料过少，机筒内缺少传压介质，型腔中塑料熔体压力降低，难于补塑（即补压），容易导致塑件出现收缩、凹陷、空洞甚至缺料等缺陷。

（2）塑化　塑化是指塑料在机筒内经加热达到熔融流动状态，并具有良好可塑性的全过程。就生产的工艺而言，对这一过程的总要求是：在规定时间内提供足够量的熔融塑料，塑料熔体在进入型腔之前要充分塑化，既要达到规定的成型温度，又要使塑化料各处的温度尽量均匀一致，还要使热分解物的含量达到最小值。这些要求与塑料的特性、工艺条件的控制及注塑机塑化装置的结构等密切相关。

（3）加压注射　注塑机用柱塞或螺杆推动具有流动性和温度均匀的塑料熔体，从机筒中经过喷嘴、浇注系统，直至注入型腔。

（4）保压　在模具中熔体冷却收缩时，继续保持施压状态的柱塞或螺杆迫使浇口附近的熔料不断补充进入模具中，使型腔中的塑料能成型出形状完整而致密的塑件，这一阶段称为保压。保压的目的一方面是防止注射压力解除后，如果浇口尚未冻结，型腔中的熔料通过浇口流向浇注系统而导致熔体倒流；另一方面则是当型腔内熔体冷却收缩时，继续保持施压状态的螺杆或柱塞可迫使浇口的熔料不断补充进模具中，使型腔中的塑料能成型出形状完整而致密的塑件。

（5）冷却定型　当浇注系统中的塑料已经冷却凝固时，继续保压已不再需要，此时可退回柱塞或螺杆，同时通入冷却水或空气等冷却介质，对模具进一步冷却，这一阶段称为冷却定型。实际上冷却定型过程从塑料注入型腔起就开始了，它是指从注射完成、保压到脱模前这一段时间。

（6）脱模　塑件冷却到一定温度即可开模，在推出机构的作用下将塑件推出模外。

3. 塑件的后处理

塑件经注塑成型后，由于塑化不均匀或塑料在型腔中的结晶、定向和冷却不均匀，造成塑件各部分收缩不一致，或因为金属嵌件的影响和塑件的二次加工不当等原因，塑件内部不可避免地存在一些内应力。而内应力的存在往往导致塑件在使用过程中产生变形或开裂，因此应该设法消除。常需要进行适当的后处理，从而改善和提高塑件的性能，塑件的后处理主要指退火及调湿处理。

（1）退火处理　把塑件放在一定温度的烘箱中或液体介质（如热水、热矿物油、甘油、乙二醇和液态石蜡等）中一段时间，然后缓慢冷却。

退火的温度一般控制在高于塑件的使用温度10～20℃或低于塑料热变形温度10～20℃。温度不宜过高，否则塑件会产生翘曲变形；温度也不宜过低，否则达不到后处理的目的。退火的时间取决于塑料品种、加热介质的温度、塑件的形状和壁厚、塑件精度要求等因素。退火处理的目的为：消除了塑件的内应力，稳定尺寸；对于结晶型塑料还能提高结晶度，稳定结晶结构，从而提高其弹性模量和硬度，但会降低断裂伸长率。

（2）调湿处理　将刚脱模的塑件（聚酰胺类）放在热水中，以隔绝空气，防止氧化，消除内应力，加速达到吸湿平衡，稳定尺寸，称为调湿处理。因为聚酰胺类塑件脱模时，在高温下接触空气容易氧化变色。另外，这类塑件在空气中使用或存放又容易吸水而膨胀，需要经过很长时间尺寸才能稳定下来，所以要进行调湿处理。

经过调湿处理，还可以改善塑件的韧性，使其冲击强度和拉伸强度有所提高。

调湿处理的温度一般为100～120℃，热变形温度高的塑料品种取上限，反之则取下限。调湿处理的时间取决于塑料的品种、塑件的形状和壁厚以及结晶度。达到调湿处理时间后，应缓慢冷却至室温。

但并不是所有的塑件都要进行后处理，如果塑件要求不严格则可以不必进行后处理。如聚甲醛和氯化聚醚塑件，虽然存在内应力，但由于高分子本身柔性较大和玻璃化转变温度较低，内应力能够自行缓慢消除，就可以不进行后处理。

1.2　塑料的特性与识别

1.2.1　塑料的基础知识

塑料一般由树脂和添加剂组成，其中树脂在塑料中起决定性作用。根据塑料产品用途和性能要求的不同，有选择地添加不同的添加剂，可以获得具有所需性能的塑料产品。

1. 塑料的定义

塑料又可称为高分子聚合物，也有人称之为塑胶或树脂胶料。它是由许多分子构成的有机化合物，添加一些添加剂之后，通过加热、挤压、填充等过程，可使原本颗粒状态的固体变成有流动性的状态，最后又成为固体状态。

2. 塑料的组成

塑料由如下几部分组成。

（1）树脂　树脂是塑料中主要的、必不可少的成分。它决定了塑料的类型，影响着塑料的基本性能，如力学性能、物理性能、化学性能和电气性能等；它胶粘着塑料中的其他成分，使塑料具有塑性或流动性，从而具有成型性能。简单组分的塑料中，树脂的质量分数约为90%～100%；复杂组分的塑料中，树脂的质量分数常为40%～60%。

树脂分为天然树脂和合成树脂。天然树脂中有树木分泌出来的脂物，如松香；有热带昆虫的分泌物，如虫胶；有从石油中得到的，如沥青。合成树脂是用人工合成的方法制成的树脂，如环氧树脂、聚乙烯、聚氯乙烯、酚醛树脂、氨基树脂等。由于天然树脂产量有限、性能较差等原因，远远不能满足目前工业生产的需要，所以在生产中，一般都采用合成树脂。无论是天然树脂还是合成树脂，均属于高分子化合物，称为高聚物（聚合物）。

（2）填充剂　填充剂是塑料中重要但并非必不可少的成分。填充剂在塑料中的作用有两种：一种是为了减少树脂含量，降低塑料成本，从而在树脂中掺入一些廉价的填充剂（如碳酸钙），此时填充剂起增量作用；另一种是既起增量作用又起改性作用，即填充剂不仅使塑料成本大为降低，而且使塑料性能得到显著改善，扩大塑料的应用范围。

在许多情况下，填充剂起的作用是相当大的，如聚乙烯、聚氯乙烯等树脂中加入钙质填充剂后，便成为价格低廉的、具有足够刚性和耐热性的钙塑料；用玻璃纤维作为塑料的填充剂，能使塑料的力学性能大幅度地提高；用石棉作为塑料的填充剂，可提高其耐热性；有的填充剂还可以使塑料具有树脂所没有的性能，如导电性、导磁性、导热性等。

填充剂分为无机填充剂和有机填充剂。其形状有粉状、纤维状和层（片）状。粉状填充剂有木粉、纸浆、大理石粉、滑石粉、云母粉、石棉粉和石墨等；层（片）状填充剂有纸张、棉布、麻布和玻璃布等。

填充剂与其他成分机械混合，它们之间无化学作用，但填充剂具有与树脂牢固胶结的能力。

常用部分塑料填充剂及其作用见表1-1。

（3）增塑剂　为了提高塑料的可塑性、流动性和韧性，改善成型性能，降低刚性和脆性，对于可塑性小、柔软性差的树脂，如硝酸纤维、乙酸纤维、聚氯乙烯等加入增塑剂是很有必要的。

一般来说，增塑剂为高沸点液态或低熔点固态的有机化合物，对其要求是：能与树脂很好地混溶而不起化学反应，不易从制件中析出及挥发，不降低制件的主要性能，无毒、无害、无色、不燃及成本低等。一般需要多种增塑剂混合才能满足多种性能要求。常用的增塑剂有樟脑、邻苯二甲酸二丁酯、邻苯二甲酸二辛酯等。

当然，同时需要了解的是增塑剂在使塑料的工艺性能得到改善的同时，会使树脂的某些性能如硬度、拉伸强度等降低。

表1-1　常用部分塑料填充剂及其作用

序号	填充剂名称	作　用
1	碳酸钙（$CaCO_3$）	用于聚氯乙烯、聚烯烃等 提高制件耐热性、硬度，塑件稳定性好，降低收缩率，降低成本 因遇酸易分解，不宜用于耐酸制件
2	粘土（Al_2O_3） 高岭土 滑石粉 石棉 云母	用于聚氯乙烯、聚烯烃等 改善加工性能，降低收缩率，提高制件的耐热性、耐燃性、耐水性及降低成本，提高制件刚性、尺寸稳定性以及使制件具有某些特性（如滑石粉可降低摩擦系数、云母可提高介电性能）
3	炭黑（C）	用于聚氯乙烯、聚烯烃等 提高制件的导热、导电性能，也可用作着色剂、光屏蔽剂
4	二氧化硅 （白炭黑）	用于聚氯乙烯、聚烯烃、不饱和聚酯、环氧树脂等 提高制件的介电性能、抗冲击性能，可调节树脂的流动性
5	硫酸钙 亚硫酸钙	用于聚氯乙烯、丙烯酸类树脂等 降低成本，提高制件的尺寸稳定性、耐磨性
6	金属粉 （铜、铝、锌等）	用于各种热塑性工程塑料、环氧树脂等 提高塑料的导电、传热、耐热等性能
7	二硫化钼 石墨（C）	用于尼龙浇注制件等 提高表面硬度，降低摩擦系数、热膨胀系数，提高耐磨性
8	聚四氟乙烯粉 （或纤维）	用于聚氯乙烯、聚烯烃及各种热塑性工程塑料 提高制件的耐磨性、润滑性
9	玻璃纤维	提高制件机械强度
10	木粉	用于酚醛树脂及聚氯乙烯等塑料的增量。塑件电性能优异，抗冲击性好，但色调、耐水性及耐热性差

（4）着色剂　着色剂主要起装饰美观作用，同时还能提高塑料的光稳定性、热稳定性。

着色剂包括颜料和染料。颜料分为无机颜料和有机颜料。无机颜料是不溶性的固态有色物质，如钛白粉、铬黄、镉红、群青等，它在塑料中分散为微粒，通过表面遮盖作用而使塑料着色，与染料相比，其着色能力、透明性和鲜艳性较差，但耐光性、耐热性和化学稳定性较好。有机颜料的特性介于染料和无机颜料之间，如联苯胺黄、酞青蓝等。在塑料工艺中颜料应用较多。染料可溶于水、油和树脂中，有强烈的着色能力，且色泽鲜艳，但耐火性、耐热性和化学稳定性较差，如士林黄、士林蓝等。

（5）润滑剂　润滑剂主要的作用是防止塑料在成型过程中发生粘模，同时还能改善塑料的流动性以及提高塑料表面的光泽程度。常用的润滑剂有硬脂酸、石蜡和金属皂类等。常用的热塑性塑料聚乙烯、聚丙烯、聚氯乙烯、聚苯乙烯、聚酰胺和ABS等往往都要加入润滑剂。

（6）稳定剂　稳定剂的作用是抑制和防止树脂在加工过程或使用过程中受热而降解。所谓降解是指聚合物在热、力、氧、水、光、射线等的作用下，大分子断链或化学结构发生有害变化的反应。

稳定剂主要有以下三种：

1）热稳定剂。热稳定剂主要用于聚氯乙烯及其共聚物等，其作用是中和分解出来的盐酸（HCl），以防止大分子链进一步发生断链。常用的热稳定剂主要有金属盐类或皂类、有机锡类、环氧化油和酯类。

2）光稳定剂。光稳定剂是可以抑制光老化过程的物质，其可以防止地面紫外线断裂大分子链，避免发生光分解现象。常用的光稳定剂主要有紫外线吸收剂、光屏蔽剂、淬灭剂和自由基捕获剂。

3）抗氧化剂。抗氧化剂能够防止塑料氧化降解，消除老化反应中生成的过氧化物的自由基，终止氧化的连锁反应。常用的抗氧化剂主要有酚类、胺类、硫化物和亚磷酸酯等。

1.2.2 塑料的分类及工艺特性

根据塑料的相关材料构成，与其他材料相比较有如下特性：

（1）质量轻且坚固　一般塑料的密度只有钢的1/8～1/4、铝的1/2。碳纤维和硼纤维增强塑料可用于制造人造卫星、火箭、导弹上的高强度、刚度好的结构零件。

（2）耐化学腐蚀　塑料对酸、碱、盐、气体和蒸汽具有良好的耐蚀性。特别是被称为塑料王的聚四氟乙烯，除了熔融的碱金属外，其他化学药品，包括能溶解黄金的沸腾王水都不能腐蚀它。

（3）大部分为良好的绝缘体　由于塑料具有优良的电绝缘性和耐电弧性，其被广泛用于电子电气工业作为结构零件和绝缘材料，同时塑料良好的绝热保温和隔声吸声性能，使其广泛用于需要绝热和隔声的各种产品中。

（4）具有光泽、部分透明或半透明　部分塑料具备透明特性，其光折度高，能够作为透明件进行加工使用。

（5）用途广泛、效用多、容易着色、部分耐高温　塑料还具有润滑、减振等性能，广泛应用于工农业、日常生活、国防和科技领域。

（6）加工容易、可大量生产、价格便宜　塑料的加工性能良好，可用多种方法加工成型。其有良好的可塑性、可挤压性、可纺丝性能，可以进行注塑、挤压、吹塑、压塑等加工。

塑料的优、缺点见表1-2。

表1-2　塑料的优、缺点

优　点	缺　点
大部分塑料的耐蚀性强，不与酸、碱反应 塑料制造成本低 耐用、防水、质轻 容易被塑制成不同形状 塑料是良好的绝缘体 塑料可以用于制备燃料油和燃料气，可以降低原油消耗	回收利用废弃塑料时，分类十分困难，而且经济上不合算 塑料容易燃烧，燃烧时产生有毒气体 塑料是由石油炼制的产品制成的，而石油资源是有限的

1. 塑料的分类

塑料的种类繁多，大约有300多种，常用的塑料也有几十种，而且每一品种又有多种牌号，为了便于识别和使用，需要对塑料进行分类。

（1）按塑料的使用特性分　按塑料的使用特性分为通用塑料、工程塑料和功能塑料。

1）通用塑料。通用塑料一般是指产量大、用途广、成型性好、价格便宜的塑料，主要有聚乙烯、聚苯乙烯、聚丙烯、聚氯乙烯、酚醛塑料和氨基塑料六大品种，约占塑料总产量的75%以上。

2）工程塑料。与通用塑料相比，工程塑料产量小，价格较高，但具有优异的力学性能、电性能、化学性能、耐磨性、耐热性、耐蚀性、自润滑性及尺寸稳定性，可代替一些金属材料用于制造结构零部件。

3）功能塑料。功能塑料是指用于特种环境中，具有某一方面的特殊性能的塑料。主要有医用塑料、光敏塑料、导磁塑料等。这类塑料产量小，价格贵，但性能优异。

（2）按塑料受热后呈现的基本特性分　按塑料受热后呈现的基本特性分为热塑性塑料和热固性塑料。

1）热固性塑料（Thermoset plastic）。如尿素树脂（Urea resin）、环氧树脂（Epoxy resin）等，特点是不可以回收再次利用，注射模具比较少用这种材料成型。

2）热塑性塑料（Thermoplastic）。如PVC料、ABS料、POM料、PMMA料、PC料、PS料等，特点是可以回收再次利用，注射模具一般都用这种材料成型，在此进行重点介绍。

2. 热塑性塑料的加工工艺性能

热塑性塑料具有独特的成型性能，因为其具有可挤压性、可模塑性、可延展性，所以可以通过各种成型加工方法来生产各种塑料制品，其中使用最广泛、最普遍的就是注塑成型加工。热塑性塑料加工成型的工艺性能如下。

（1）塑料的流动性　塑料的流动是塑料加工成型的一个重要过程，所以塑料的流动性能十分重要。塑料在一定温度与压力下，填充模具型腔的能力称为流动性能。影响流动性的因素如下：

1）流动性与塑料原料的分子结构有关，不同的塑料有不同的流动性，要通过综合考虑来设置加工成型参数。

2）流动性与塑料模具的结构有关，对模具的型腔设计，模具的浇口大小、位置、方向以及模具的冷却方式、排气等有直接的影响。

3）流动性与注塑成型的加工条件有关，如温度、压力、速度、黏度、时间等因素都是需要考虑的，需要通过综合考虑来设置适当的加工成型参数。

（2）塑料的结晶性能　在塑料加工成型过程中，熔体冷却产生结晶现象的塑料称为结晶型塑料，否则称为非结晶型塑料。可以根据塑料制品所呈现的透明度来辨别结晶型塑料和非结晶型塑料，结晶型塑料为不透明或半透明的，如聚甲醛等；非结晶型塑料为透明的，如有机玻璃等。也有个别例外的，如ABS塑料。

对于结晶型塑料，在模具型腔设计、选择注塑机及进行注塑成型加工时，需要注意的问题如下：

1）塑料温度上升到成型温度时所需的热量较多，选择注塑机时要用塑化能力较强的机型。

2）制品冷却时放出的热量较多，冷却系统的冷却要充分。

3）熔融塑料熔融态与玻璃态的密度比较大，成型收缩也比较大，容易产生缩孔、气孔等缺陷。

4）对于结晶型材料，要按其特性设置参数，结晶型塑料的结晶度与塑料制品的壁厚有关，结晶度低、冷却快、收缩小则透明度高；结晶度高、冷却慢、收缩大则透明度低。

5）在注塑成型过程中，塑料的取向差异显著，内应力大，脱模后未结晶的分子有继续结晶的倾向，处于能量不平衡状态，容易产生变形、翘曲等缺陷。

6）结晶型塑料熔点范围窄，浇口套温度降低时容易发生塑料结晶堵塞，出现无法注入模具或堵塞进料口等现象。

(3) 塑料的收缩性能　塑料制品的收缩性能是指产品从模具中取出后，冷却到室温所发生的尺寸收缩。塑料制品产生收缩不仅与树脂本身的热胀冷缩性能有关，还与加工成型时的各种参数有关。所以，加工成型后塑料制品的收缩应称为成型收缩，图1-3所示为模具与产品的尺寸比较图，其中：

$$S=[(D_1-D)/D_1]\times 100\% \tag{1-1}$$

式中 D——室温下塑件的尺寸；

D_1——成型时塑件的尺寸；

S——收缩率（%）。

根据式（1-1），模具设计尺寸为成型时塑件尺寸 D_1，而

$$D_1=D/(1-S)$$

即

$$D_1=D(1+S)/(1-S^2)$$

因为塑料的收缩率一般来说远远小于1，所以$(1-S^2)\approx 1$，可以近似推出：

$$D_1=D(1+S) \tag{1-2}$$

该公式称为模具尺寸计算公式，可以作为日常注射模具设计中，考虑塑料收缩性能后确定型腔尺寸的参考。

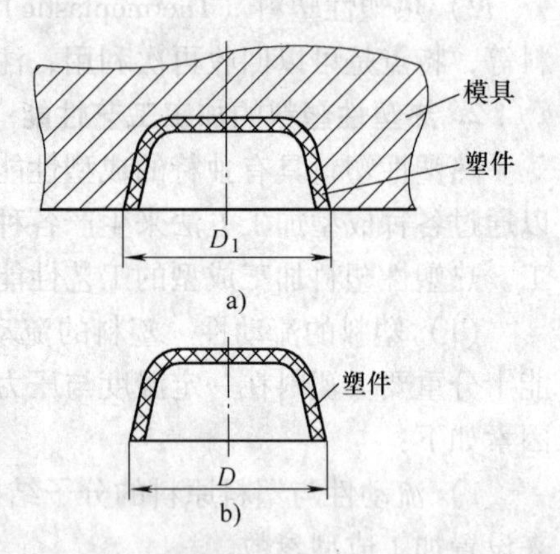

图1-3　模具与产品的尺寸比较图

相关要点说明如下：

1）由于塑料本身的相关特性不同，因此不同的塑料具有不同的收缩率。

2）塑料加工成型制品的形状和结构不同收缩率也不同，通常厚壁与薄壁制品的收缩率不同，内径和外径的收缩率不同。

3）塑料加工成型时的流动方向对收缩率也有影响，在模具型腔设计的过程中，平行流向尺寸的收缩率大于垂直流向尺寸的收缩率。

4）塑料加工成型时，塑料的温度、冷却时间、压力和速度等参数的设置都与制品的收缩率有关。通常情况下，温度高、压力小、冷却慢的制品收缩率就大。

(4) 塑料的热敏性能　塑料的热敏性能是指塑料对热的敏感性，在高温下受热时间较长或者模具进料口截面过小时，由于剪切力大，随着温度的提高，塑料容易发生变色、降聚或分解，具有这种特性的塑料称为热敏性塑料。热敏性塑料在分解时，会产生气体、固体等副产物，特别是有些塑料分解出来的气体具有刺激性气味和毒性，对人体有害，对设备和模具有腐蚀作用。因此，在对热敏性塑料进行加工时，必须严格控制加工成型的温度，在原料中还要加入一定的稳定剂，以减弱热敏性。在进行模具型腔、流道、浇口设计时，针对热敏性塑料，要专门进行设计。

(5) 塑料的水敏性能　塑料的水敏性能是指塑料在常温下含有水分，在高温或高压下会发生分解的性能。在对各种不同的塑料进行加工时，要注意其含有水分的情况，要对加工设备进行检验，以达到工艺标准。例如，塑料聚碳酸酯在加工成型时，必须用烘箱进行干

燥，排除自身水分后立即进入注塑机料斗，以防止原料在加工过程中发生水敏现象，影响制品的质量。

（6）塑料的应力敏感性能　塑料的应力敏感性能是指塑料在加工成型时，容易产生由内应力集中而引起的质脆开裂的现象。因此，在塑料加工成型过程中，要对塑料的原料进行处理，尤其是要对掺入的翻新料、浇注系统凝料[⊖]的比例进行测定，加料前进行干燥处理，要合理地制定工艺技术参数，如温度、压力、速度、时间等。也可在原料中加入附加剂以提高抗裂性、减小内应力和增大延展性，在模具设计时，应当增大脱模斜度，选用合理的浇口尺寸及推出机构。

3. 常用热塑性塑料的介绍

（1）ABS 料

特性：耐冲击，拉伸强度和刚性高，且这些性质在低温下也不会改变。此外，ABS 具有相当高的耐热性能，耐化学药品腐蚀。尺寸稳定，加工容易，并且材料价格便宜。

用途：收音机、电视机、吹风机、果汁机外壳，电扇的本体，汽车的仪表外壳，车厢冷气机外壳等。

（2）PMMA 料［Poly（methyl methacrylate），中文名为聚甲基丙烯酸甲酯，俗称亚克力］

特性：与 PS 料一样是塑料中透明度最好的，耐候性也好，较难切割，可作为板状的有机玻璃，也可加热弯曲成曲面，密度小，可着色成华丽的颜色。

用途：飞机、汽车零件，招牌，照明罩，亮光顶棚，光学透镜，义齿，隐形眼镜及电机零件。

（3）PVC 料［Poly（vinyl chloride），中文名为聚氯乙烯］

特性：对热与光缺乏稳定性，需加稳定剂。可分为透明聚氯乙烯、不透明聚氯乙烯及软聚氯乙烯、硬聚氯乙烯等。另外其耐热性差，在高温时容易分解。

用途：桌布、包装膜、公事包、手提包、化学鞋，硬聚氯乙烯可制作招牌、电话机、电气零件、耐药品器具等。

（4）PS 料（Polystyrene，中文名为聚苯乙烯）

特性：无色透明，硬而稍脆，耐水性、电气绝缘性非常优越，不受强酸和强碱侵蚀，但不耐有机溶剂，耐热性较差。成型性非常好，可自由着色。PS 有一种塑料合金，称为 PS-HI，其性能比 PS 更优越。

用途：餐桌用品、商品容器、玩具、水果盘、牙刷、肥皂盒、原子笔、调味料容器。PS-HI 则可以用来制作电视机、收音机的前框或机体，以及电冰箱内衬和人造海绵。

（5）PE 料（Polyethylene，中文名为聚乙烯）

特性：一般呈乳白色半透明或者不透明状态，密度比水小，耐水性、电气绝缘性、耐酸性都非常好，对大多数药品稳定，易成型。但耐热性不好，化学性能也不活泼，导致印刷和粘结不良。

用途：各种瓶子、渔网、粗绳、电线缆、电话架线、切菜板、垃圾箱、胶膜等。

（6）PP 料（Polypropylene，中文名为聚丙烯）

特性：耐热性和强度都很高，密度只有 0.9～0.92g/cm^3，是最轻的塑料。透明性好，

⊖　浇注系统凝料俗称水口料。

拉伸强度与表面硬度都高，但是在低温时不耐冲击，不耐紫外线。

用途：电化器外壳、渔网、粗绳、水桶、餐具、管类、滤布、胶膜等。

（7）尼龙料（中文名为聚酰胺）

特性：一般很强韧，具有耐油性、耐药品性，由高温到低温都可稳定使用，摩擦系数小，具有耐磨性。但一般都容易吸湿，尺寸与强度会因此而产生很大变化。

用途：常专用于收音机、复印机、电脑等产品较小的无声齿轮、轴承等机械零件，此外用于制作滑轮、电器插头、灯壳、镜子外壳、溜冰鞋底、刷子毛、梳子、枪壳等。

（8）PC 料（Polycarbonate，中文名为聚碳酸酯）

特性：为无色至淡黄色的材料，拉伸强度、弯曲强度、弹性率、耐冲击性都高，它的这些性质可与金属材料相比较，且不会因温度而有太大变化，抗紫外线。但是需到 220 ~ 230℃才能软化熔融，黏度也大，故成型较难，需要高温高压。

用途：安全帽及各种机械零件，计量器的外壳以及需要较高强度、耐热性、透明性、尺寸稳定性、耐振动的电气机械器具的零件。

注意：

在设计产品或者设计模具时，一般情况下，产品的材料由公司决定。但是一定要知道产品的材料，因为不同的材料其性能不一样，这就决定了此种产品适用的环境以及寿命等。模具或产品设计人员不一定要很透彻地了解所有的塑料材料，但是一定要掌握好上述几种常用的热塑性材料。更多的热塑性塑料，可参考本书第 12 章的相关内容。

4. 常用塑料的识别

对于日常使用的塑料，由于塑料自身性能及成分的差异，可以通过一些较为明显的特征及简单的操作加以区分与鉴别，相关的识别方法见表 1-3、表 1-4。

表 1-3　常用塑料的识别办法

名　　称	英文名称	燃烧情况	燃烧火焰状态	离火后情况	气　　味
聚丙烯	PP	容易，熔融滴落	上黄下蓝，烟少	继续燃烧	石油味
聚乙烯	PE	容易，熔融滴落	上黄下蓝	继续燃烧	石蜡燃烧气味
聚氯乙烯	PVC	难，软化	上黄下绿，有烟	离火熄灭	刺激性酸味
聚甲醛	POM	容易，熔融滴落	上黄下蓝，无烟	继续燃烧	强烈刺激性甲醛味
聚苯乙烯	PS	容易，软化，起泡	橙黄色，浓黑烟，炭末	继续燃烧，表面有油性光亮	特殊的乙烯气味
尼龙	PA	慢，熔融滴落，起泡	蓝色	慢慢熄灭	特殊的羊毛、指甲气味
聚甲基丙烯酸甲酯	PMMA	容易，熔化起泡	浅蓝色，质白，无烟	继续燃烧	强烈的花果臭味，腐烂蔬菜味
聚碳酸酯	PC	容易，软化，起泡	有少量黑烟	离火熄灭	无特殊味
聚四氟乙烯	PTFE	不燃烧			在烈火中分解出刺鼻的氟化氢气味
聚对苯二甲酸乙二酯	PET	容易，软化，起泡	橙色，有少量黑烟	离火慢慢熄灭	酸味
丙烯腈-丁二烯-苯乙烯共聚物	ABS	缓慢，软化燃烧，无滴落	黄色，黑烟	继续燃烧	特殊气味

表1-4　各种废旧塑料识别方法

塑料名称	感官鉴别	燃烧鉴别	备　注
低密度聚乙烯（PE-LD）	手感柔软；白色透明，但透明度一般，常有胶带及印刷字（胶带和印刷字是不可避免的，但一定要控制其含量，因这些会影响产品在市场上的价格）	燃烧火焰上黄下蓝；燃烧时无烟，有石蜡的气味，熔融滴落，易拉丝	
乙烯-乙酸乙烯酯共聚物（EVAC）	表面柔软；拉伸韧性强于PE-LD，手感发黏（但表面无胶）；白色透明，透明度高，感观和手感与PVC膜很相似，应注意区分	燃烧时与PE-LD相同，有石蜡的气味，略带酸味；燃烧火焰上黄下蓝；燃烧时无烟，熔融滴落，易拉丝	为PE中的一种，价格与PE-LD相同，可用于再生造粒，质量要求与PE相同
聚丙烯（PP）	白色透明，与PE-LD相比透明度较高，揉搓时有声响	燃烧时火焰上黄下蓝，气味似石油，熔融滴落，燃烧时无黑烟	
聚酯（PET膜）	白色透明，手感较硬，揉搓时有声响，外观似PP	燃烧时有黑烟，火焰有跳火现象，燃烧后材料表面出现黑色碳化物，手指揉搓燃烧后的黑色碳化物，碳化物呈粉末状	
聚氯乙烯（PVC）	外观极似EVAC，但有弹性	燃烧时冒黑烟，离火即灭，燃烧表面呈黑色，无熔融滴落现象	
尼龙共聚料（PE-LD+尼龙）	感观与PE-LD极为相似	燃烧火焰上黄下蓝，燃烧时无烟，有石蜡的气味，熔融滴落，易拉丝，但与PE-LD不同的是燃烧时有毛发燃烧的气味，燃烧后呈淡黄色	尼龙共聚料不可用于再生造粒，要与PE-LD严格区分，还要严格控制其在大件中的含量
PE+PP共聚料	与PE-LD相比，透明度远远高于PE-LD，手感与PE-LD无差异，撕裂试验与PP膜极为相似，为透明纯白色	本品燃烧时火焰为黄色，熔融滴落，无黑烟，气味似石油	
PP+PET共聚料	外观似PP，透明度极高，揉搓时声响大于PP	燃烧时有黑烟，火焰有跳火现象，燃烧表面有黑色碳化物	
PE+PET复合膜	材料表面一面光滑、一面不光滑，白色透明	燃烧时似PET，无熔融滴落现象，燃烧表面有黑色碳化物，有黑烟，有跳火现象，带有PE的石蜡气味	

1.3　注塑机构造与选型

注塑成型机是最主要的塑料加工成型机械，也称啤机、注塑机。作为塑料成型机械制造行业中增长速度最快、产量最高的机种之一，一直被公认为是一种较理想的塑料加工设备。

1.3.1 注塑机的基本组成与分类

1. 注塑机的基本组成

注塑机主要由以下 4 大部分组成：注射装置、合模装置、液压传动装置和电气控制系统，其示意图如图 1-4 所示。

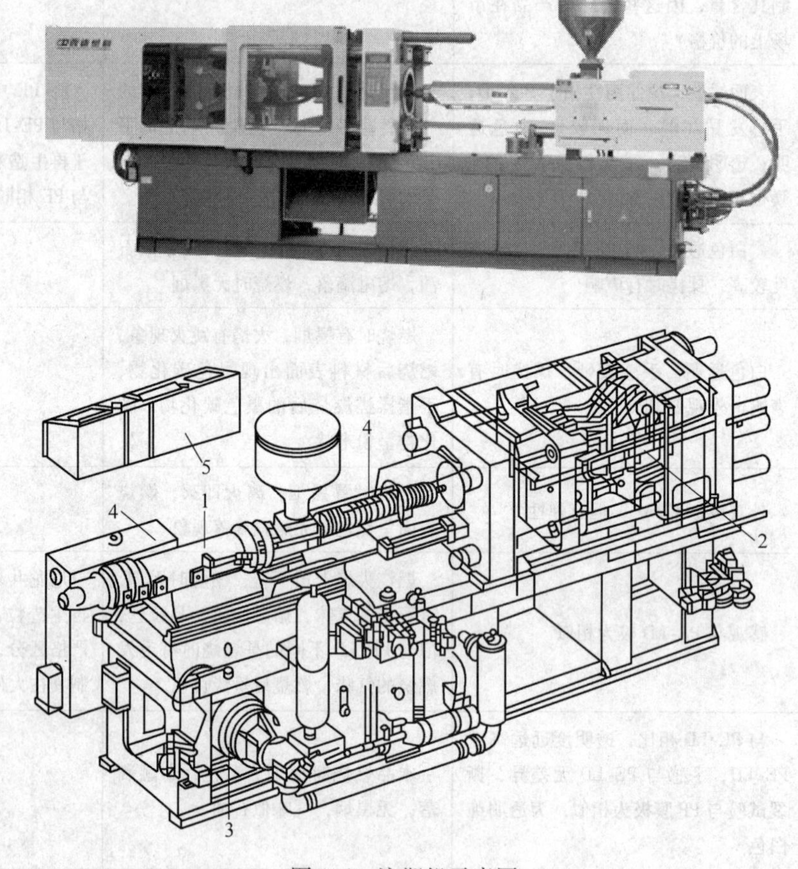

图 1-4 注塑机示意图

1—原料塑化注射部分（注射装置） 2—合模、制品成型部分（合模装置）
3—液压传动工作部分（液压传动装置） 4—电加热控制部分（注射装置）
5—操作控制台（电气控制系统）

注塑机上必须安装模具，模具安装在注塑机滑动板与固定板之间，通过夹板的夹持，使模具的上下固定板固定在注塑机上，模具在注塑机上的安装示意图如图 1-5 所示。

（1）注射装置　注射装置主要由螺杆、机筒、螺杆头、喷嘴、计量装置、加热装置等组成。其作用是在规定时间内将一定量的塑料加热后，以一定的速度与压力，将熔融塑料注入模具型腔并进行保压定型。

工作过程：螺杆在电动机等传动装置的带动下，将塑料从料斗不断向前输送，经过加热器的加热及螺杆的混炼、剪切，塑料逐渐均匀融化，在气缸以及熔料压力的作用下，按额定料量计量确保每次的注射量，为注塑做好准备。

注射及合模装置结构示意图如图 1-6 所示。

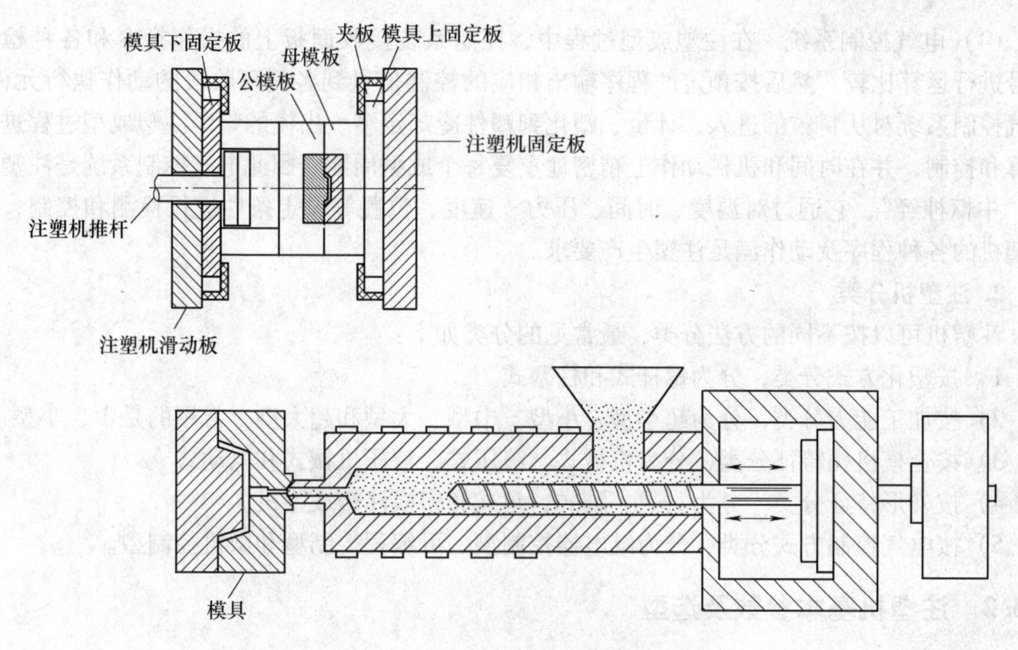

图1-5　模具在注塑机上的安装示意图

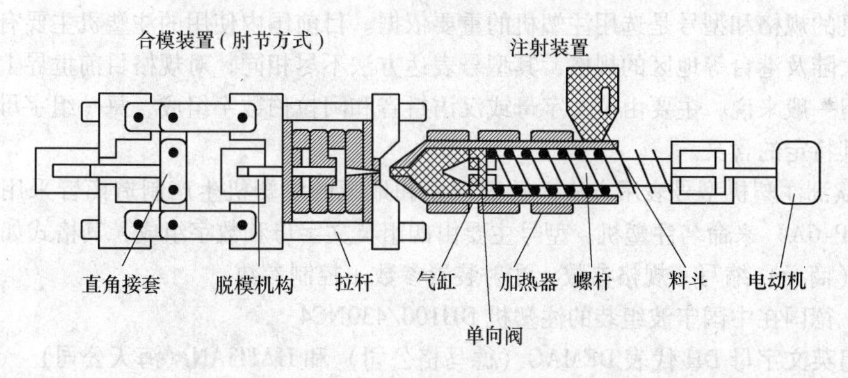

图1-6　注射及合模装置结构示意图

(2) 合模装置　合模装置主要由合模机构、调模机构、推出机构、调模尾板、固定模板、移动模板、合模液压缸、拉杆和安全保护装置组成。作用是保证模具顺利闭合、开启或推出制品。

通过对合模装置相关机构的操作，可实现夹持不同厚度的模具以及提供模具推出制品的动力。但其可夹持的模具厚度，取决于注塑机液压缸的行程，在注射模具设计过程中，应根据注塑机的最大开合行程合理安排模具厚度或选择合适的注塑机。

(3) 液压传动装置　注塑机的工作过程是一个将电动机产生的机械能转化为压力能，再将压力能转化为机械能的过程。该过程主要由液压传动装置实现，液压传动装置主要由油箱、热变换器、液压油过滤器、电动机和液压泵、液压缸和液压马达及各种控制油阀等组成。

所有元件通过耐高压管连接构成一个液压回路系统，液压油从油箱出发经液压泵加压输送到各终端执行元件释放压力，然后回流到油箱。

（4）电气控制系统　在注塑成型过程中，控制系统接收面板上的操作指令和各种检测信号进行运算比较，然后按预定的程序输出相应的控制信号到各循环阶段的动作执行元件。电气控制系统对从料粒的进入、计量、塑化到塑件冷却定型、出模的整个注塑成型过程进行运算和控制，并在时间和机械动作上精密地重复每个成型周期。因此电气控制系统是注塑机的“中枢神经”，它通过对温度、时间、压力、速度、位置等设定条件进行检测和控制，使注塑机的各种程序及动作满足注塑生产要求。

2. 注塑机分类

注塑机可以按不同的方法分类，最常见的分类如下：

1）按塑化方式分类，分为螺杆式和柱塞式。

2）按加工能力分类，分为超小型、小型、中型、大型和超大型，常用的是中、小型。

3）按合模机构特征分类，分为机械式、液压式、液压机械式和电动式。

4）按外形特征分类，分为立式、卧式、角式和多模注塑成型机。

5）按电气控制方式分类，分为继电器控制型、可编程控制型和微机控制型。

1.3.2 注塑机基本参数及选型

1. 国内外注塑机型号的表示

注塑机的规格和型号是选用注塑机的重要依据。目前国内使用的注塑机主要有欧洲、日本、中国大陆及港台等地区的规格，其型号表达方法不尽相同，对规格目前世界上尚无统一的标准，但一般来说，主要由英文字母或汉语拼音和阿拉伯数字组成，每一组字母和数字的组成均有其特定的含义。

（1）欧洲注塑机型号表示方法　欧洲国家和地区的注塑机生产制造商皆采用欧洲标准（EUROMAP-6A）来命名注塑机，型号主要由四组英文字母和数字组成，其格式如下：

厂名（商标）缩写＋规格参数＋注射装置参数＋控制参数

例如：德国在中国宁波组装的注塑机 DH100/430NC4

第一组英文字母 DH 代表 DEMAG（德马格公司）和 HAITIAN（海天公司）

第二组数字 100 代表 100t 的锁模力。

第三组数字 430 代表注射装置参数。

第四组英文字母和数字 NC4 代表第四代的控制系统。

其中，注射装置参数＝(最大射出容积×最大注射压力)/1000。

（2）中国大陆注塑机型号表示方法　为了与国际命名相一致，目前中国大陆的注塑机基本上均采用机械行业标准（JB/T 7267—2004），以注塑机制造龙头企业海天机械有限公司的注塑机型号表示为例，型号的表示主要由四组或五组的字母和阿拉伯数字组成，其格式如下：

厂名（商标）缩写＋品种代号＋规格参数＋系统配置＋节能配置

例如：HTF250X1/J2

第一组字母为厂名（商标）的汉语拼音缩写（取第一个字母）HT（海天）。

第二组字母为品种代号，F 为标准（通用）配置机型，H 为高速精密注塑机型，S 为双色注塑机型，G 为热固性塑料注塑机型，VS 为立式注塑机型。

第三组阿拉伯数字为质量规格的大小，250 代表 250t 的锁模力。

第四组字母和数字表示控制系统的配置，如HTF系列有X1、X2、X3、X5四种不同控制系统配置，X1代表标准（通用）控制系统，X5代表全闭环超精密注塑控制系统。

第五组字母和数字表示节能配置的种类，如J1代表变量泵配置，J2代表变频泵配置，J3代表工频/变频可切换配置。

（3）中国港台地区注塑机型号表示方法　中国港台地区生产的注塑机多采用地方行业标准来命名，型号表示方法较为简单直接，型号主要由两组或三组英文字母和阿拉伯数字组成，其格式如下：

厂名（商标）缩写+规格参数或厂名（商标）缩写+规格参数+控制系统

例如：香港恒生机械有限公司生产的捷达（JET TECH）系列注塑机JT160，表示的是捷达（JT）系列的160t锁模力机器。

例如：香港震雄机械公司生产的捷霸（JET MASTER）系列注塑机JM220MKⅣ，表示的是捷霸（JM）系列的220t锁模力、配置MK第四代控制系统的机器。

例如：台湾百塑企业股份有限公司生产的百塑（MULTIPLAS）系列注塑机V4-55T-G，表示V4系列的55t锁模力、配置G型（AMP-2000V）控制系统的机器。

2. 注塑机的技术参数

注塑成型机通常用一系列的技术参数来表示其操作性能和生产能力，根据所表示的内容，主要分为注射系统参数、锁模系统参数及其他参数三种，具体如下。

（1）注射系统参数　注射系统参数部分主要包括注射量、塑化能力（螺杆尺寸参数）、注射压力、注射速度等方面的技术参数，其技术参数见表1-5。

表1-5　注射系统技术参数

参数	单位	英文	内　容
注射量	g	Shot weight	注射螺杆一次注射PS塑料的最大质量
螺杆直径	mm	Screw diameter	注射螺杆的外径尺寸
螺杆长度	mm	Total length	注射螺杆的长度
螺杆长径比例		Screw L/D ratio	注射螺杆的有效长度与注射螺杆的直径之比
螺杆压缩比例		Screw V_2/V_1 compression ratio	螺杆加料段第一个螺槽容积 V_2 与计量段末一螺槽容积 V_1 之比
螺杆行程	mm	Screw stroke	注射螺杆移动的最大距离（计量时后退的最大距离）
螺杆转速	r/min	Screw speed	塑化塑料时，螺杆最低转速到最高转速的范围
注射容积	cm^3	Injection volume	螺杆头部截面积与最大注射行程的乘积
注射压力	MPa	Injection pressure	注射时，螺杆头部施给熔融塑料的最大压力
注射速度	mm/s	Injection speed	注射时螺杆移动的最大速度
注射时间	s	Injection time	注射时，螺杆完成注射行程的最短时间
塑化能力	kg/s	Plasticizing capacity	在单位时间内，可塑化的最大质量

（2）锁模系统参数　锁模系统参数主要包括锁模力、容模厚度、模板最大开距、开模行程、模板尺寸、推出行程、推出力等技术参数，其技术参数见表1-6。

表 1-6 锁模系统技术参数

参　　数	单位	英　　文	内　　容
锁模力	kN	Locking force	模具最大的夹紧力
容模厚度	mm	Mould height	机器上能安装模具的最大厚度和最小厚度
模具最大开距	mm	Max daylight	机器上固定模板与移动模板之间的最大距离
开模行程	mm	Opening stroke	为了取出制品，使模具可移动的最大距离
模板尺寸	mm	Platen size	前后固定模板和移动模板与模具安装的平面尺寸
拉柱间距	mm	Space between tie bars	机器上拉杆水平方向和垂直方向内侧的间距
开模力	kN	Opening force	为了取出制品，使模具开启的最大力
推出行程	mm	Ejector stroke	机器的推出装置上推杆运动的最大行程
推出力	kN	Ejector force	推出装置克服静摩擦力在推出方向施加的推出合力

（3）其他参数

1）总功率。注塑机的用电总功率常用千瓦（kW）表示。总功率表示发热器功率、液压泵电动机功率和控制系统功率三部分的最大用功功率之和。

2）机器尺寸。机器尺寸可反映出厂状态时机器的总尺寸，常用 mm 表示。

3）机器质量。机器质量可反映出厂状态时机器的总质量，常用吨（t）表示。

3. 注塑机重要技术参数及选用论述

（1）注射量　注射量是反映注塑机加工能力的一个重要参数，标志着注塑机可加工的塑料制品的最大质量。注射量是指注塑机在最大储料量（PS 料）时作一次最大的注射行程时的射出量，即注射装置所能达到的最大射出量。

注射量的大小经常用来表征注塑机的规格，具体用质量（g）或容积（cm^3）来表示。

（2）锁模力　锁模力是反映注塑机加工能力的另一个重要参数，也称为合模力，在一定程度上反映注塑机所能加工制品的大小。锁模力是指注塑机锁模机构施加在模具上的最大夹紧力，当熔融塑料以一定的注射压力和注射流量注入模具型腔时，在这个最大夹紧力的作用下，模具不会被胀开。常用最大锁模力作为注塑机规格的标准。

（3）注塑机参数选择与模具尺寸关系

1）锁模力与模具尺寸关系分析。根据锁模力的相关论述，在合理状态下，如图 1-7 所示，为使模具在注射时不被型腔压力所形成的胀型力胀开，锁模力 F 应与型腔压力 p_m（单位为 MPa）、制品的投影面积 A（单位为 mm^2）存在以下关系：

$$F \geqslant K \cdot p_m \cdot A \times 10^{-3} \tag{1-3}$$

式中　F——锁模力（kN）；

K——安全系数，一般取 1～2；

p_m——型腔压力（压强）；

A——制品在分型面上的投影面积（mm^2）。

由于型腔压力 p_m 的数值受注射压力、塑化工艺条件、制品形状、塑料性能、模具结构、模具温度等方面的影响，确定较为困难。实际操作中，以型腔平均压力来代替型腔压力，进行锁模力校核，其公式如下：

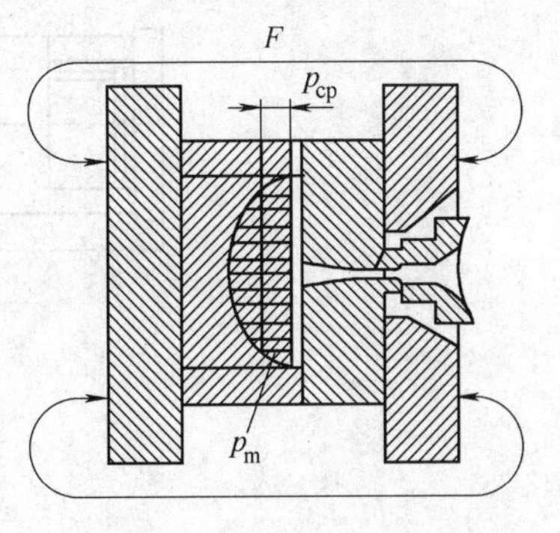

图1-7　注射时的受力分析

$$F \geqslant K \cdot p_{cp} \cdot A \times 10^{-3} \tag{1-4}$$

式中　p_{cp}——型腔平均压力（MPa）。

型腔平均压力自然也与上述影响型腔压力的参数有关，尤其是在模具设计中，与塑料的特性、成型特点、制品结构存在很大的关系，一般情况下，可以通过查找相关数据资料，取经验数据。表1-7是常用塑料与型腔平均压力的对照。

表1-7　常用塑料与型腔平均压力的对照

常用塑料	型腔平均压力/MPa	成型特点与制品结构
PE-LD PP PS	10～15	容易成型，可加工成壁厚均匀的日用品、容器等
PE-HD	35	普通制品，可加工成薄壁类容器
ABS POM PA	35	黏度高，制品精度高，可加工高精度的工业用品及零件
PMMA CA PC	40～45	黏度特别高，制品精度高，可加工高精度机械零件、齿轮等

2）注塑机容模厚度与模具尺寸关系分析。注塑机合模装置尺寸、模具工作尺寸如图1-8、图1-9所示。

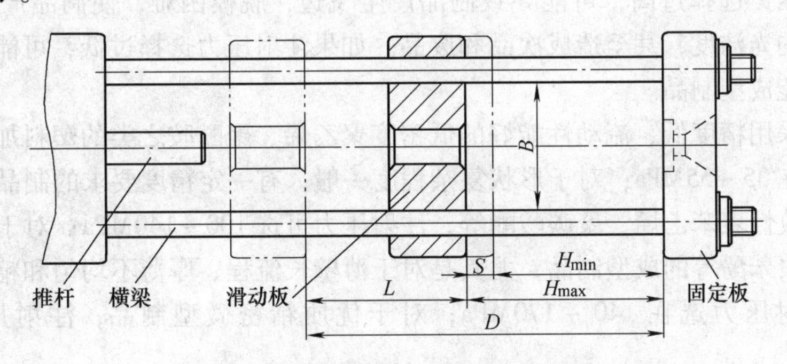

图1-8　注塑机合模装置尺寸

H_{min}—注塑机最小容模厚度　H_{max}—注塑机最大容模厚度

L—滑动板运动行程　S—滑动板调节距离　D—横梁间距

对于一台注塑机而言，能够装入的模具厚度是有一定限制的，能够装入的最小模具厚度，称为注塑机最小容模厚度 H_{min}（单位为mm），能够装入的最大模具厚度，称为注塑机最大容模厚度 H_{max}（单位为mm）。若要保证模具能够装入注塑机，则必须满足：

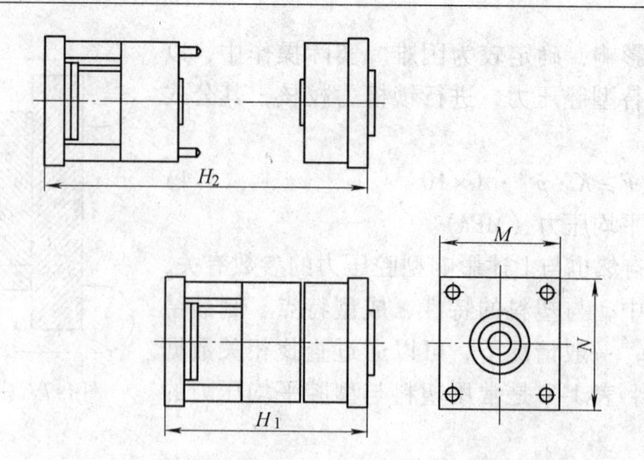

图 1-9 模具工作尺寸

H_1—模具闭合厚度 H_2—模具打开厚度

$$H_{\min} \leqslant H_1 \leqslant H_{\max} \tag{1-5}$$

根据本章前面所述的注塑过程，模具在制件生产过程中是需要开合的，以便取出制件，这就要求注塑机的滑动板运动行程 L 必须满足：

$$L + H_{\max} \geqslant H_2 \tag{1-6}$$

同时，根据注塑机的结构，其固定板与滑动板之间是通过 4 根拉杆联系在一起的，这就限制了模具的空间尺寸，注塑机与模具之间，还需满足：

$$M < B,\ N < B$$

3）注射压力及注射速度设置。注射时，为了克服熔融塑料流经喷嘴、流道、浇口时的阻力，螺杆或柱塞对熔融塑料必须施加足够的压力，以保证注塑成型顺利进行。注射压力是指螺杆（或柱塞）端面处作用于熔料单位面积上的压力。

可见，注射压力对塑料的黏度、制品形状、模具温度、制品尺寸精度都有着极大的影响。如果注射压力选择过高，可能导致制品产生飞边，脱模困难，使制品产生较大的内应力，影响制品的光洁度，甚至造成次品和废品。如果注射压力选择过低，可能导致制品充填不满，甚至不能成型制品。

通常，当采用精度低、流动性能好的低密度聚乙烯、聚酰胺之类的塑料加工制品时，注射压力可选定在 35 ~ 55MPa；对于形状复杂程度一般，有一定精度要求的制品，选用中等黏度的塑料，如改性聚苯乙烯、聚碳酸酯等，注射压力可选 100 ~ 140MPa；对于高黏度工程塑料，如聚砜、聚苯酚等的成型制品，尤其是对于薄壁长流程、厚薄不均匀和精度要求较高的制品，可将注射压力选在 140 ~ 170MPa；对于优质精密微型制品，注射压力可设定在 230 ~ 250MPa。

注射速率是用来表示熔融塑料填充模具型腔快慢特征的参数，注射速率指在注射时所能达到的体积流率，可用公式计算：

$$Q_{\mathrm{Z}} = Q / t_{\mathrm{z}} \tag{1-7}$$

式中 Q_{Z}——注射速率（cm^3/s）；

Q——注射量（cm^3）；

t_{z}——注射时间（s）。

注射速度是指在单位注射时间内，螺杆（或柱塞）射出一次所需要的射出行程，可以用公式计算：

$$V_Z = S/t_z \tag{1-8}$$

式中　V_Z——注射速度（mm/s）；

S——螺杆行程（mm）；

t_z——注射时间（s）。

在注塑成型过程中，为了把熔融塑料注入模具型腔，得到密度均匀和高精度的注塑制品，必须在短时间内把熔融塑料充满模具型腔，进行快速充模，这就要通过调节注射速度来实现，经常采用提高注射速度、缩短成型周期的方法，尤其在成型加工薄壁、长流程制品及低发泡制品时能获得较好的效果。

当然，注射速度太快，熔融塑料经过喷嘴、流道等处时，容易产生大量的摩擦热，导致塑料烧焦和排气不良现象的发生，影响制品的表面质量，产生气泡等缺陷；注射速度过快，还会造成过度填充，使注塑制品出现飞边等不良现象。注射速度慢则可导致熔融塑料充填模具型腔时间长，注塑制品容易产生熔接痕，产生强度低、密度不均匀、内应力大的制品缺陷。

（4）注塑机参数选择　根据以上的论述可以大致了解，在为模具和制件选择合适的注塑机时，需要选择的参数主要有注射量、锁模力、安装尺寸、注射速度，其中尤其重要的是注射量和锁模力。为了安全生产，对其总结如下：

1）最大注射量的校核。塑件和浇注系统凝料总质量小于额定注射量的80%。

2）最大锁模力的校核。胀型力小于额定锁模力的80%，而胀型力＝制品投影面积A×模具内压p（模具内压p通常取20～40MPa，流动性好的塑料取20MPa左右，流动性中等的塑料取30MPa左右，流动性差的塑料取40MPa左右）。

随着生产观念的更新和对注塑机越来越多的了解，在同一注射量和锁模力规格下，人们越来越重视额定锁模力以内的容模能力、加工速度和精度。总体来讲，价格越高的机器其综合性能和质量相对越高，若以质量和价格排位，目前，欧洲注塑机居首位，日本注塑机其次，中国内地及香港地区的机器其后。在选择机器时，应根据自身的加工性质和条件以及机器的价格等进行选择，例如，加工精密的零部件选用精密式注塑机；加工超薄或小型零件选用高速注塑机；加工一般性产品选用普通（通用）式注塑机；加工较大型或厚壁产品，从节电角度考虑选用变量液压泵或变频液压泵的注塑机等。若选用昂贵的精密式注塑机加工普通质量的产品，就会大材小用，使生产成本提高。相反，若选用普通式注塑机来加工高精度产品，就无法加工出合格的产品，因为注塑机的设计质量是决定产品加工质量的首要条件。

注塑机型号及参数资料，请参考本书第12章相关内容。

1.4　常用模具材料的认识与选用

模具是一种高效率的工艺装备。模具的使用效果、使用寿命在很大程度上取决于模具的设计和制造水平，尤其与模具材料的选用和热处理质量好坏有关。如何正确合理地选用模具钢材，对模具的制造和使用都具有重要意义。

1.4.1 注射模具的工作条件与失效形式

1. 注射模具的工作条件

注射模具的工作温度在150℃左右，承受工作压力和磨损，但不像压缩模等模具那么严重。部分塑料在加热后的熔融状态下能分解出氯化氢或氟化氢气体，对模具型腔表面有较大的腐蚀性。

注射模具的工作特点为：一般情况下塑料在加热成型时不含固体填料，所以进入型腔时射流润滑，对型腔磨损小。但有时，塑料含有玻璃纤维填料，此时则会大大加剧对流道和型腔表面的磨损。

2. 模具常见的失效形式

1）磨损。当塑料使用玻璃纤维作为填料时，熔融塑料冲入型腔后，与模具型腔表面摩擦较大，致使型腔表面拉毛，表面粗糙度变大，并且一旦出现这种现象，就会使塑料与型腔之间的摩擦增大，从而导致塑件因表面粗糙度不合格而报废。因此，发现模具型腔表面有拉毛现象时，应将其及时卸下抛光。而经过多次抛光后型腔将扩大，使尺寸要求严格的制件超差，导致模具报废。

2）腐蚀。因不少塑料中含有氯、氟等元素，加热至熔融状态后会分解出氯化氢或氟化氢等腐蚀性气体，腐蚀模具型腔表面，这就加大了其表面粗糙度，也加剧了模具型腔的磨损，导致其失效。

3）塑性变形。模具在持续受热、受压条件下长期工作后，会因局部塑性变形而失效。产生这种失效的主要原因是模具型腔表面的硬化层太薄，且基体的硬度、抗压强度、变形抗力不足。

4）断裂。塑料模具一般有多处凹槽、薄边等，易形成应力集中，所以必须要有足够的韧性。

1.4.2 塑料模具用钢的基本性能要求及使用分类

1. 塑料模具用钢的基本性能要求

塑料模具的工作条件与冲模不同，一般在150~200℃下工作，除了受到一定的压力作用外，还要受到温度的影响。根据塑料成型模具使用条件和加工方法的不同，将塑料模具用钢的基本性能要求大致归纳如下。

（1）足够的表面硬度和耐磨性　塑料模具的硬度通常在50HRC以下，经过热处理的模具应有足够的表面硬度，以保证模具有足够的刚度。在工作中由于塑料的填充和流动，使模具要承受较大的压应力和摩擦力，要求模具保持形状的精度和尺寸精度的稳定性，保证模具有足够的使用寿命。模具的耐磨性取决于钢材的化学成分和热处理硬度，因此提高模具的硬度有利于提高其耐磨性。

（2）优良的可加工性　对于大多数塑料成型模具，除电火花加工（EMD）外还需进行一定的切削加工和钳工修配。为延长切削刀具的使用寿命，提高可加工性，减小表面粗糙度，塑料模具用钢的硬度必须适当。

（3）良好的抛光性能　高品质的塑料制品，要求型腔表面粗糙度小。例如，注射模型腔表面粗糙度值要求小于 Ra 0.1~0.25μm，光面则要求 $Ra<0.01$μm，型腔必须进行抛光，

减小表面粗糙度值。为此要求选用的钢材杂质少、组织微细均一、无纤维方向性、抛光时不应出现麻点或桔皮纹。

（4）良好的热稳定性　塑料注射模的零件形状往往比较复杂，淬火后难以加工，因此应尽量选用具有良好热稳定性的材料，这样可以保证模具热处理后线胀系数小，热处理变形小，温度差异引起的尺寸变化率小，金相组织和模具尺寸稳定，从而减少或不再进行加工，即可保证模具尺寸精度和表面粗糙度要求。

2. 塑料模具用钢的使用分类

一般来说，牌号为45、50的碳素钢具有一定的强度与耐磨性，经调质处理后多用于模架材料。高碳工具钢、低合金工具钢经过热处理后具有较高的强度和耐磨性，多用于成型零件。但高碳工具钢因其热处理变形大，仅适用于制造尺寸小、形状简单的成型零件。

随着塑料工业的发展，对塑料制品的复杂性、精度等的要求越来越高，对模具材料也提出了更高的要求。制造复杂、精密和具有耐蚀性的塑料模，可采用预硬钢（如PMS）、耐蚀钢（如PCR）和低碳马氏体时效钢（如18Ni-250），它们均具有较好的可加工性、热处理性能和抛光性能及较高的强度。

此外，在选择材料时还必须考虑防止擦伤与胶合，如两表面存在相对运动，则应尽量避免选择组织结构相同的材料，特殊情况下可对一面施镀或进行渗氮处理，使两面具有不同的表面结构。

根据模温，可分热作模具用钢和冷作模具用钢两种。

（1）热作模具用钢　它的特性是使用温度高、硬度高，如8407、H13。

一般超过110℃就可以称为高模温了。具有代表性的高模温塑料材料有：IM 125 ~ 140℃，PA + GF 170℃，UL 260℃。

当模温较高时，模具型腔材料一般选用热作模具用钢，如8407。

（2）冷作模具用钢　这类材料比较多，如718、NAK80等，在选用这类材料时要从以下几点出发。

1）耐磨。反映在使模具型腔抛光表面的粗糙度和尺寸精度能保持长期使用而不改变。

2）抛光。塑料制品的表面粗糙度主要取决于模具型腔的表面粗糙度。一般塑料模具型腔的表面粗糙度为Ra 0.08 ~ 0.16μm，表面粗糙度低于Ra 0.5μm时可呈镜面光泽，尤其是用于透明塑料制品的模具，对模具材料的镜面抛光性能要求更高。

3）蚀纹、打火花。模具材料在电加工过程中有时会出现一般机械加工不会出现的问题，例如，有的模具材料经过电火花加工后，表面会留下5 ~ 10μm深的沟纹，使加工面的表面粗糙度变大。有些材料在线切割时会出现炸裂，产生较深的硬化层，增加抛光难度。另外，很多塑料制品要求设置各种花纹、图案，如皮革纹、绸纹、布纹、精细华美的图饰等。因此，要求模具材料具有良好的饰纹加工性能。

4）焊接性。塑料模型腔在加工中受到损伤时，或在使用中被磨损需要修复时，常采用焊补的方法（局部堆焊），因此模具材料要有良好的焊接性。

5）热处理。热处理工艺简单，材料有足够的淬透性和淬硬性，变形开裂倾向小，工艺质量稳定。

6）变形。在模具设计中，要根据材料的特性来合理选材。相关模具材料的种类及使用可参考本书第12章相关内容。

第 2 章　注射模具基础

要制造一套优质模具，不仅仅需要有好的加工设备和熟练的模具制造工人，更重要的是要有好的模具设计。特别是对于复杂的模具，模具设计的好坏占模具质量的 85%，优秀的模具设计是要在满足客户要求的前提下，同时保证加工成本低、加工难度小、加工时间短。要做到这一点，不仅仅要完全领会客户要求，还要求模具设计者对注塑机、模具结构和加工工艺以及工厂的加工能力等有所了解，因此，对于模具设计人员，要想提高模具质量，应做到以下几点：

1）弄懂每套模具设计中的每个细节，理解模具中每个零件的用途与装配。

2）在设计时多参考已有的相似设计，并了解它在模具加工和产品生产时的情况，借鉴和吸取其中的经验和教训。

3）了解注塑机的工作过程和掌握成型原理，以加深理解模具和注塑机的相互关系。

4）到工厂了解加工工艺，认识每种加工的特点和局限性。

5）了解模具的试模结果和改模情况，吸取教训，扬长避短。

6）了解模具浇注方式对制件产生的影响。

7）研究特殊的模具结构，了解学习最新的模具技术。

随着经济的发展、模具水平的提高，客户对塑料产品的要求越来越高，因而对从事模具设计、产品开发、模具加工人员的素质要求也越来越高。例如对 AutoCAD、Pro/E、UG、Solidworks、Photoshop、MasterCAM 等软件的熟练运用已经是较基本的技能要求之一，而多年从事模具工作人员的经验也是十分宝贵的。

在第 1 章中初步介绍了注塑原理、注塑机械及原料，从本章开始，将进行满足合理化制造要求的注射模具设计知识的讲解。

2.1 模具的基本结构及零件作用

2.1.1 注射模具的分类

1. 按模具结构分

一般情况下，按模具结构分为两类，一类为二板模（Two plate），也可称为大水口。另一类为三板模（Three plate），又可称为细水口、小水口。其他特殊结构的模具，是在上述两种类型的基础上进行改变而得到，如哈夫模、热流道模、双色模等。

（1）二板模（Two plate）　二板模是指能从分型面分开成前、后两半模的模具。其中的两板，指的是 A 板和 B 板（图 2-1），A、B 两板分型即可取出塑料制件和浇注系统凝料。

二板模常见类型如图 2-2 所示。

二板模应用：结构简单，成本低，应用于制品与浇注系统凝料同时取出的结构。

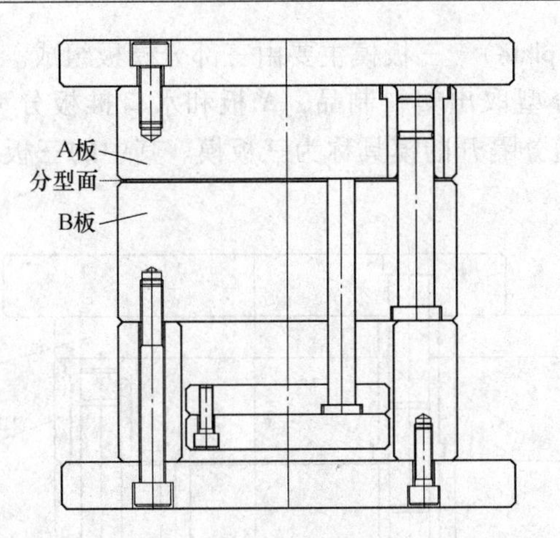

图2-1　二板模示意图

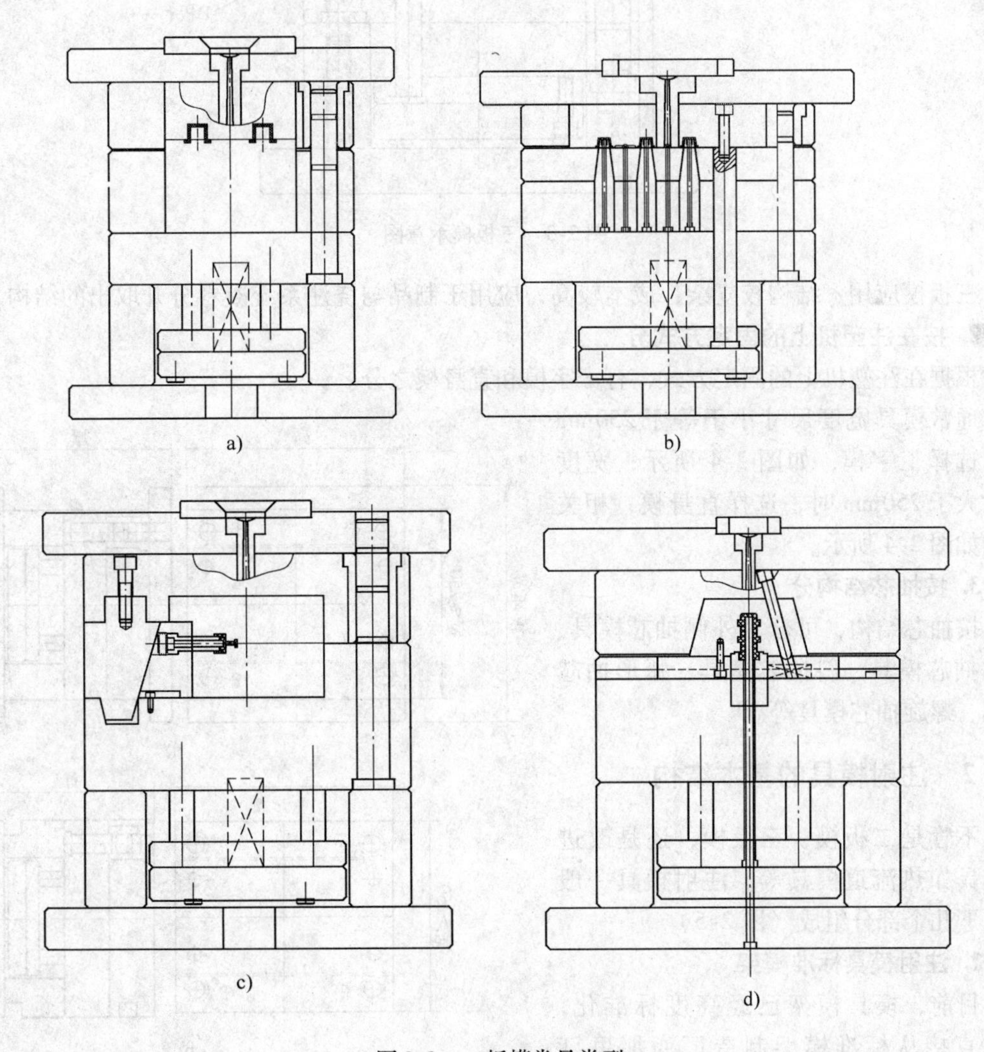

图2-2　二板模常见类型

a）前、后模通框　b）推板模，前模通框　c）行位模不通框，导柱加长（引导）　d）哈夫模

（2）三板模（Three plate） 三板模主要由三部分模板组成。开模后，各模板之间相隔一段距离，A板和B板分型取出塑料制品，A板和水口推板分型取出浇注系统凝料（图2-3），这种把塑件与流道分隔开的模具称为三板模。其中的三板，指的是A板、B板和水口推板（图2-3）。

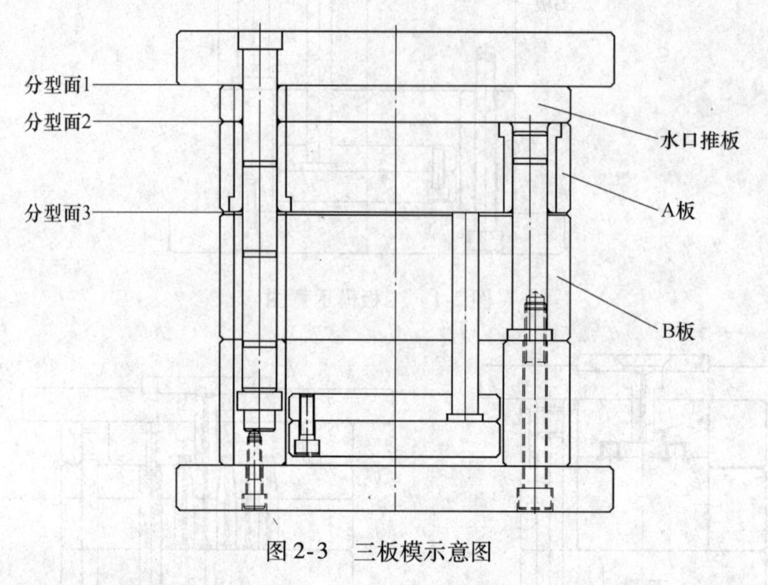

图2-3 三板模示意图

三板模应用：结构较复杂，成本较高，应用于制品与浇注系统凝料分开取出的结构。

2. 按在注塑机上的固定方式分

根据在注塑机上的固定方式，有工字模和直身模之分。

通常模具宽度尺寸小于等于250mm时，选择工字模，如图2-4所示；宽度尺寸大于250mm时，选择直身模，相关结构如图2-4所示。

3. 按抽芯结构分

按抽芯结构，可分为外侧抽芯模具、内侧抽芯模具、斜抽芯模具、弧形抽芯模具、螺旋抽芯模具等。

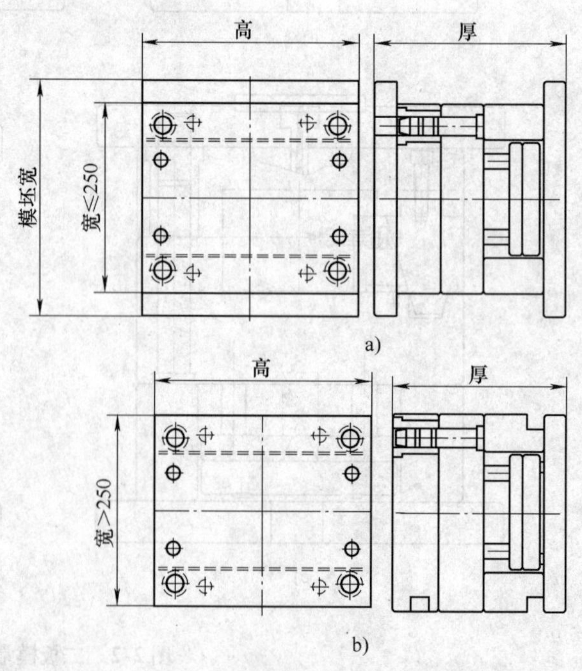

图2-4 工字模与直身模示意图

a）工字模 b）直身模

2.1.2 注射模具的基本结构

不管是二板模，三板模，还是改进型模具如热流道模具等，注射模具一般由以下几个部分组成（图2-5）。

1. 注射模具标准模架

目前，模具模架已经高度标准化，可以直接从标准模架制造厂商那里订购。它构成了塑料模具最基本的框架部分。

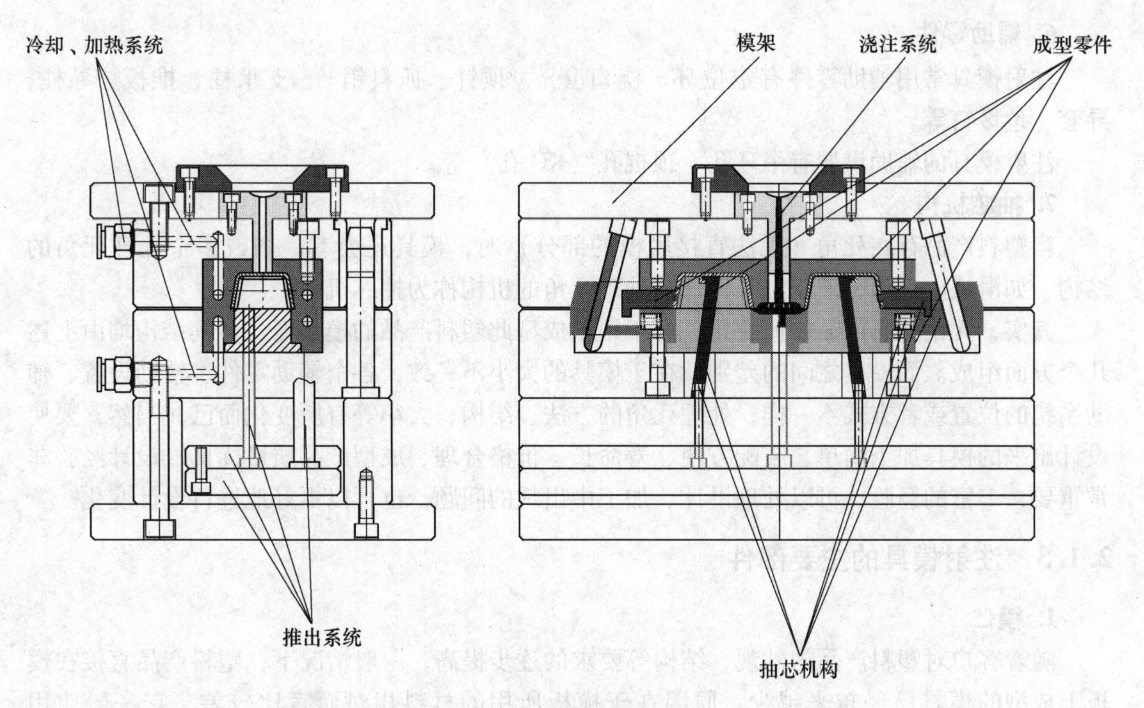

图2-5　注射模具结构示意图

2. 模仁部分（成型零件）

模仁部分是注射模具的核心部分，

塑料产品的成型部分就在模仁里面，大部分的加工也花费在模仁上。不过，有些相对比较简单的模具，没有模仁部分，产品直接在模板上面成型。

模仁部分主要由前模仁、后模仁、行位、镶件、斜顶等组成，并形成一个封闭的型腔。

3. 浇注系统

浇注系统包括主流道、分流道、浇口及冷料穴，它是熔融塑料从注塑机进入模具型腔的通道。其使熔融塑料平稳且有顺序地填充到型腔中并在填充过程和凝固过程中把压力充分传递到型腔的各个部位，以获得组织致密、外观清晰的塑件。

4. 推出系统

推出系统是制件硬化到一定的程度后，将制件和浇注系统凝料从型腔中推出的系统，其包括顶针、推出固定板、顶针垫板、支承钉、复位杆㊀等。

5. 冷却、加热系统

由加工于模仁、行位、镶件及模架上的槽或孔以及冷却、加热元件共同组成的通道回路，组成了模具中的冷却、加热系统。通过一些介质（如水、热油）在这些通道回路中的流动，可对模仁部分实施冷却或加热，用以满足注塑成型工艺对模具温度的要求，从而保证各种制件的定型需要，缩短制件生产周期。

㊀ 复位杆俗称回针。

6. 辅助零件

注射模具常用辅助零件有定位环、浇口套[1]、顶针、抓料销[2]、支承柱、推板、导柱、导套、垃圾钉等。

注射模具的辅助设置有吊环孔、顶棍孔（KO 孔）等。

7. 抽芯机构

当塑料产品存在死角（无法直接脱模的部分）时，模具还会有一个或多个处理死角的结构，如滑块、斜顶、液压缸等，这种处理死角的机构称为抽芯机构。

其实，无论塑料产品如何变化，对于用来成型此塑料产品的模具而言，其结构均由上述几个方面组成。而模具之间的差别就在于模具的大小不一致，各个辅助零件、辅助设置、辅助系统的位置或者方式不一样，处理死角的方法、结构、大小等有所变化而已。当然，要使设计出来的模具加工简单、装配方便、寿命长、价格合理、成型产品质量优良，设计经验非常重要，丰富的经验，可以处理设计、加工中出现的问题，也可以更好地进行设计变化。

2.1.3 注射模具的主要部件

1. 模仁

随着客户对塑料产品的外观、结构等要求的逐步提高，一般情况下，塑料产品直接在模板上成型的模具已经越来越少。原因在于模板所用的材料相对而言比较差，它一般使用S45C、S55C，这种材料达不到塑料产品成型的精度要求。但如果模板采用 SKD6 等较好的材料，则会大大的增加模具材料的成本。所以，为了获得较好的、较精密的、成本又比较合理的塑料产品，就必须使用模仁。

（1）塑料产品模具内成型的原理及模仁的基本组成　在此要充分运用塑料的最大特性：热胀冷缩，即塑料受热时会膨胀，冷却时会收缩。颗粒状态的塑料要变形成为具有一定形状的塑料产品，需要经历几个状态的转变。颗粒状态的塑料经过检测、审核、风干之后放入到注塑机里面，经过加热、加压，固态的颗粒状态的塑料熔融成了可流动的液体状态。对这种状态的塑料施加一定的压力，塑料即被注射到已经安装在注塑机上的模具的型腔里面。经过一段时间的保压、冷却，填充模具型腔的可流动的塑料冷却成型为具有与模具型腔一样形状的固态塑料产品。最后，进行模具开模、推出产品两个过程，产品即被成型出来。

依据上述原理得到图 2-6。

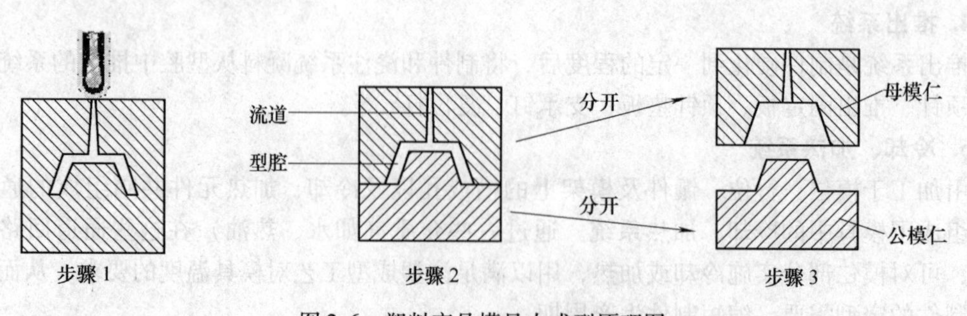

图 2-6　塑料产品模具内成型原理图

[1] 浇口套俗称唧嘴。

[2] 抓料销又称为水口钩针。

如图2-6步骤1所示，在一块刚性的材料当中不可能自动有一个产品型腔和流道，因为这样的成型无法加工，何况还要求具有很精确的尺寸。就算能够自动成型具有一定形状的型腔和流道，塑料通过流道对产品型腔填充完毕之后也无法把已成型的塑料产品取出来。所以，上述的假设是不成立的，也就是说，要使刚性材料有一个塑料产品样式的型腔，就必须把这块刚性材料分为两块或多块，并对这两块或多块材料分别进行加工、组立装配（如图2-6步骤2所示）。于是，这里就体现了模具设计当中最核心的问题：产品的分模问题。

所谓产品的分模就是：如何把一个塑料产品的所有形状划分在两块或多块的刚性材料零件上，并且要保证这些零件能够加工。这些零件加工、检测、组立装配完毕之后，这些组立零件的“腹部”会出现一个与塑料产品形状一致的空穴，这个空穴就称为型腔（如图2-6步骤2所示）。当然，需要另有流道等空隙作为通道，不然，塑料就不能进入型腔。这样，可以使得成型塑料产品的模具能够顺利开模并使成型的产品顺利推出。为了达到此目的而对塑料产品所进行的操作过程称为分模过程。

在分模过程中，一般分模出来的两个部分分别称为公模仁（Core insert）和母模仁（Cavity insert），如图2-6步骤3所示。公模仁也可以称为下模仁、后模仁、凸模仁、阳模仁等，母模仁也可以称为上模仁、前模仁、凹模仁、阴模仁等。

（2）模仁的安装及实际运用　如图2-7所示，一般情况下，模仁在模具里面用螺钉进行锁定。对于一模多腔的较精密的产品，模仁还可分成几块，可以分别进行加工，在这种情况下，模仁的维修、维护、更换都会非常方便。

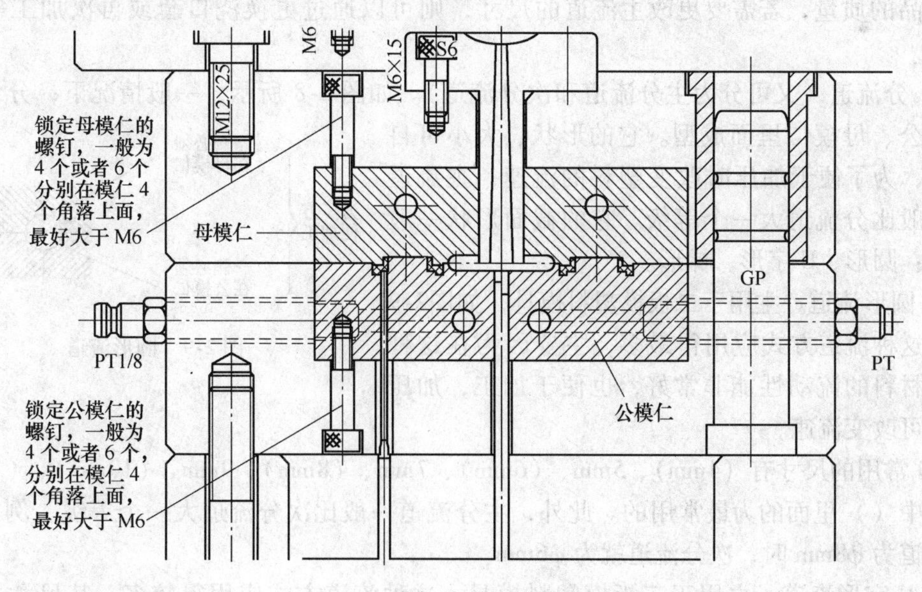

图2-7　模仁的安装及实际运用

2. 浇注系统部件

注射模具浇注系统在模具中主要起桥梁的作用，它把模具与注塑机连接在一起，构成了一个通道，使能流动的塑料对模具进行填充。

（1）构成　浇注系统一般由主流道、分流道、浇口、冷料穴所构成（图2-8）。一般的二板模进行填充、开模、推出产品之后的样式如图2-8的立体图所示，浇注系统会与产品一起被推出。

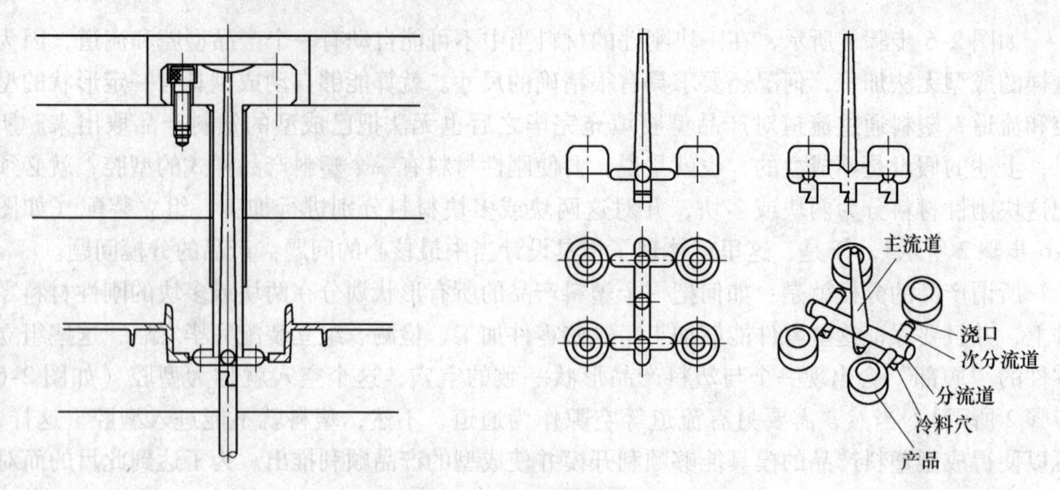

图2-8 浇注系统的构成

（2）浇注系统各构成部分介绍

1）主流道。如图 2-8 所示，一般情况下，主流道在模具的浇口套里面成型，它的形状、大小由浇口套所决定。而浇口套属于标准零件，故对于主流道而言，在选择浇口套的同时，其尺寸就已经完全确定了。

主流道是能够流动的塑料经过模具到型腔必须通过的第一个通道，其大小直接影响塑料产品的质量，若需要更改主流道的尺寸，则可以通过更换浇口套或再次加工等方法去处理。

2）分流道（又可分为主分流道和次分流道）。如图 2-8 所示，一般情况下，分流道在模具的公、母模仁里面成型。它的形状、大小可自行设计，为了便于加压时改变塑料的流速，主流道尺寸一般比分流道大一个等级。它的截面形状一般有 3 种：圆形、U 字形、梯形。

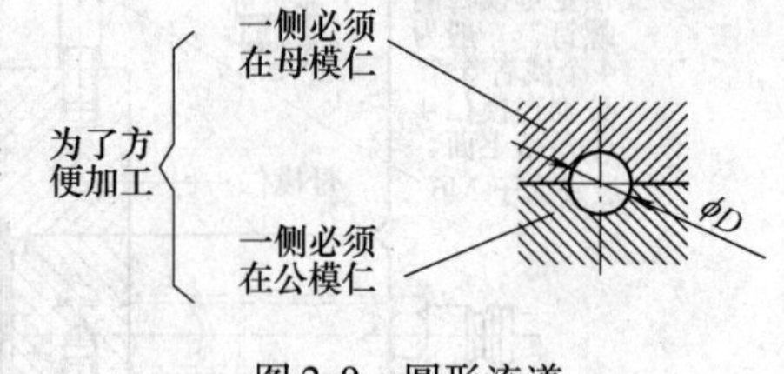

图 2-9 圆形流道

① 圆形流道。主用于二板模塑料模具，如图2-9所示。这种流道方式应用得最多，主要因为在这种流道中材料的流动性能非常好，也便于加工，加压的同时可改变流速。

ϕD 常用的尺寸有（4mm）、5mm、（6mm）、7mm、（8mm）、9mm、（10mm）、（12mm）等，其中（）里面的为最常用的。此外，主分流道一般比次分流道大一个等级。例如：当主分流道为 ϕ8mm 时，次分流道就为 ϕ6mm。

② U 字形流道。主用于三板模塑料模具。这种流道方式应用得较多，其尺寸主要为 ϕD，如图 2-10 所示。ϕD 常用的尺寸有（4mm）、5mm、（6mm）、7mm、（8mm）、9mm、（10mm）、（12mm）等，其中（）里面的为最常用的。

③ 梯形流道。主用于三板模塑胶模具。这种流道方式应用得较多，其尺寸主要为 W、H，具体如图 2-11 所示。W 常用的尺寸有（4mm）、5mm、（6mm）、7mm、（8mm）、9mm、（10mm）、（12mm）等。H 常用的尺寸有 3mm、3.5mm、（4mm）、（5mm）、5.5mm、（6mm）、7mm、（8mm）等。其中，（）里面的为最常用的。

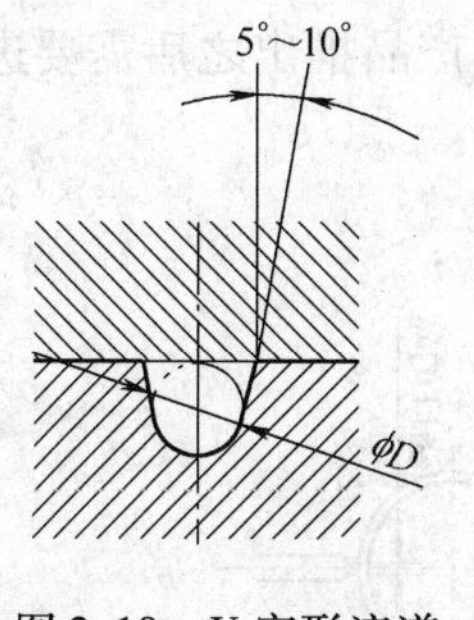

图2-10 U字形流道

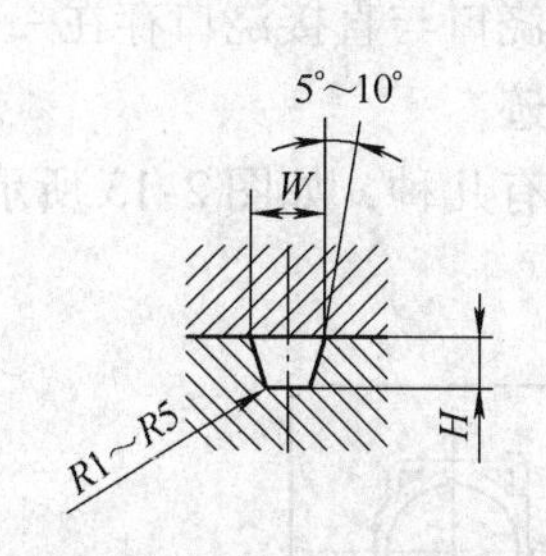

图2-11 梯形流道

④ 此外，还有半圆形流道，它可以在公模侧也可以在母模侧，应用得也很多，具体尺寸要求与圆形流道一样。另有方形流道、椭圆形流道等，这些形状的流道应用较少，这主要是因为其加工麻烦、塑料在其中的流动性能也不好。

3）浇口（Gate）。如图2-8所示，浇口的作用是把流道与产品的型腔连接起来，完成注塑机与模具型腔最后一段的贯通。浇口形式的选择和尺寸的设计对模具的填充效果有很大的影响。浇口太小时，可能会造成填充不足，产品上容易出现下陷、烧焦缺陷，产品强度会降低。浇口太大时，比较容易在浇口的周边产生残余应力，导致产品变形或破裂，另外，当浇口的截面积较大时，固化所需的时间较长，成型的效率比较低。

下面介绍不同的浇口形式。

① 直接浇口（Direct gate）。这种浇口主要适用于桶状产品，如水桶、垃圾箱、垃圾筒、要求不高的电视机和电脑等的外壳。要特别注意的是浇注系统中的主流道就是直接式的浇口，且直接浇口一次只能成型一个产品。直接浇口如图2-12所示。

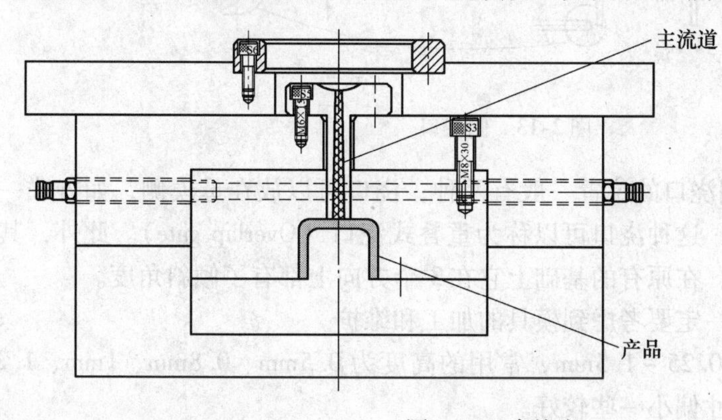

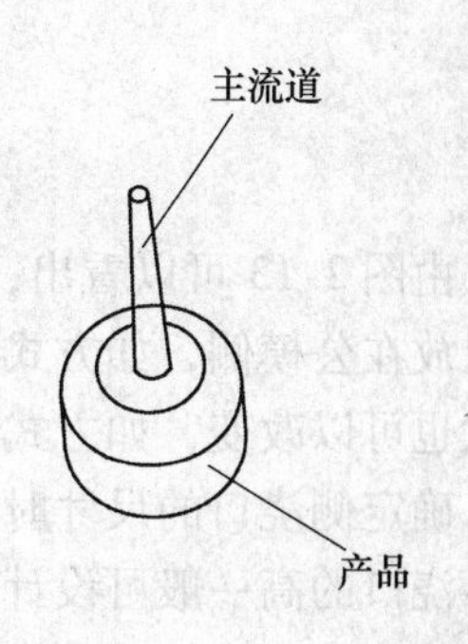

图2-12 直接浇口

由图2-12可以发现，产品被推出来后，浇口与产品会粘在一起，还必须对推出的产品进行后处理，也就是把浇口切除掉，这将会在产品表面留下痕迹，因此浇口位置应尽量选择在不影响外观的地方。

由于这种方式注射压力损失小，较易成型，可以用于任何塑料，因此，常用于大型并且较深的产品，如前文所述的桶状产品等。

② 侧浇口（Side gate 或者 Edge gate），也可称为标准浇口。这种浇口在二板模具中应用得非常多，对于大多数的产品和塑料来讲，其都是适用的，原因在于它成型容易，可改善产品表面光泽，减少浇口附近的流痕。

但是，此种浇口与直接浇口存在一个共同点：产品推出之后需要进行后处理，会在产品的表面上留下痕迹。

它的形式也有几种，如图 2-13 所示。

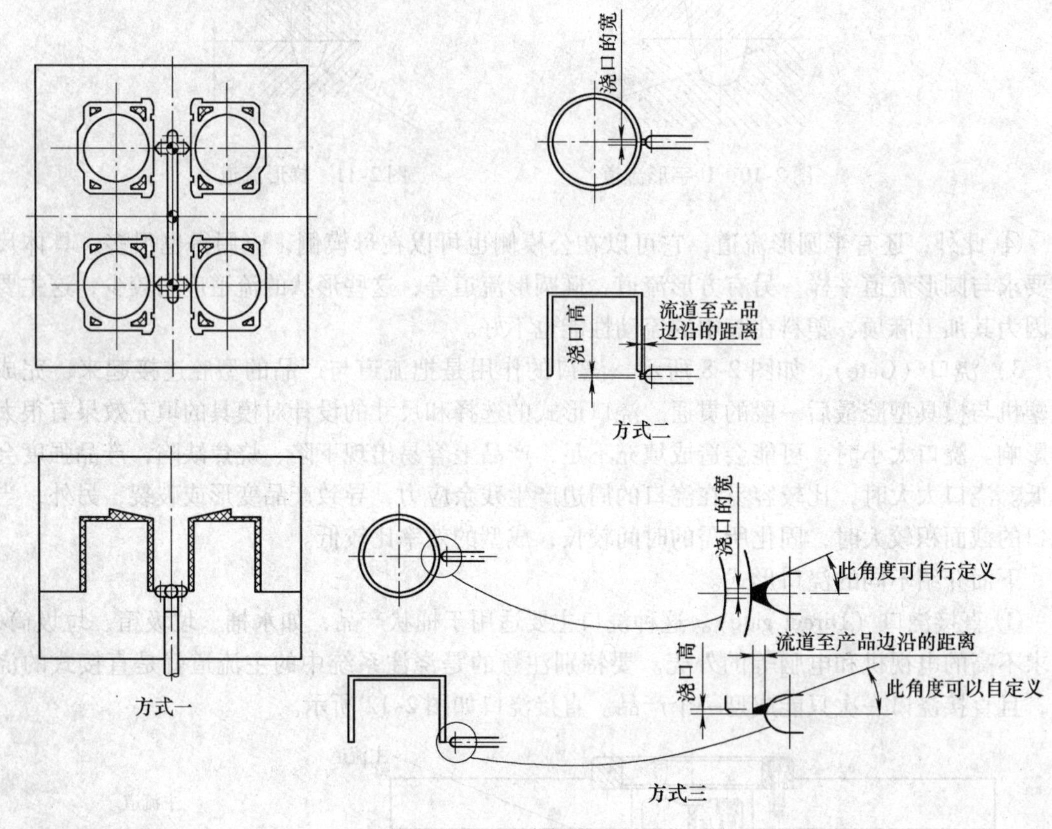

图 2-13　侧浇口

由图 2-13 可以看出，侧浇口的位置一般有两种，浇口可以放在母模侧，如方式一，也可以放在公模侧，如方式二，这种浇口可以称为重叠式浇口（Overlap gate）。此外，其浇口形状也可以改变，如方式三，在原有的基础上它在 3 个方向上都有了倾斜角度。

确定侧浇口的尺寸时，一定要考虑到模具的加工和维护。

浇口的高一般可设计为 0.25 ~ 1.5mm，常用的高度为 0.5mm、0.8mm、1mm、1.2mm。为方便加工和维修，这个尺寸偏小一些较好。

浇口的宽一般可设计为 0.5 ~ 2mm，常用的为 0.8mm、1mm、1.2mm、1.5mm、2mm。同样，这个尺寸也应偏小一些。

流道至产品边沿之间的距离一般可设计为 0.8 ~ 3mm，常用尺寸为 1.2mm、1.5mm、2mm、2.5mm、3mm。注意，这个尺寸偏大一些为好。

③ 潜伏式浇口（Submarine gate），又可称为隐藏式浇口。对于外观以及质量要求较高的产品，在模具设计时通常采用潜伏式浇口。采用这种浇口，在推出产品之后，浇口将不会与产品粘附在一起，可免除产品的后加工处理，也可以得到较光滑完整的表面。潜伏式浇口一般有 3 种形式，如图 2-14a、b、c 所示。

④ 针点式浇口（Pin point gate）。这种浇口在三板模中应用很多，主要用于要求质量较

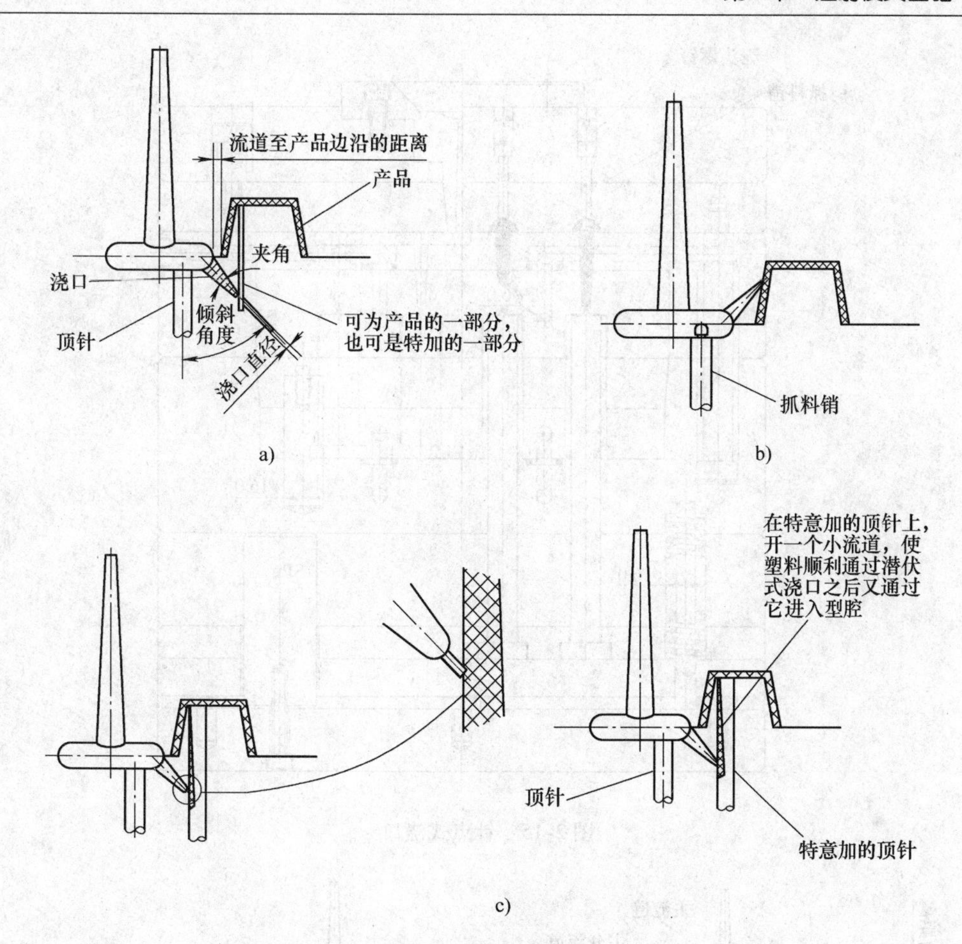

图2-14　潜伏式浇口

a）推切式　b）拉切式　c）附加流道式

高的产品的模具，如收音机、电话机、手机等的外壳。其特点是可自动去除流道，浇口痕迹小且不特别明显，基本不影响外观；且对于同一个产品，还可以多个点同时进行浇注。针点式浇口如图2-15所示，针点式浇口的形式如图2-16所示。

由图2-15、图2-16可以看出：

a. 针点式浇口的主分流道和次分流道均是在母模板上成型。

b. 浇口穿过次分流道与产品型腔连接在一起，由于其直径较小，看似是一个针孔，故称为针点式浇口。

c. 对于这种浇口，在其流道上必须设计抓料销，否则，浇口无法自动脱离产品。当然，在这个过程中还需要开闭器、小拉杆等辅助零件，此处不进行详细介绍。

⑤ 此外，还有很多浇口形式，相对而言，其应用比较少，如图2-17所示。

4）冷料穴。如图2-18所示，冷料穴一般设计在分流道的交叉之处。其作用是使得能流动的塑料当中的一小部分冷料（也可以是杂质）在自身重力的作用下沉入冷料穴中而不会进入产品型腔，从而可避免很多产品成型缺陷，如因有冷料填充产品型腔产生局部应力集中而导致的产品强度不够，甚至开裂等。它的深度一般为5～10mm其形状大体为圆柱形，另外由于抓料销形状不同，致使其底端形状不太一样。抓料销在模具的标准零件中有介绍，这里不进行阐述。

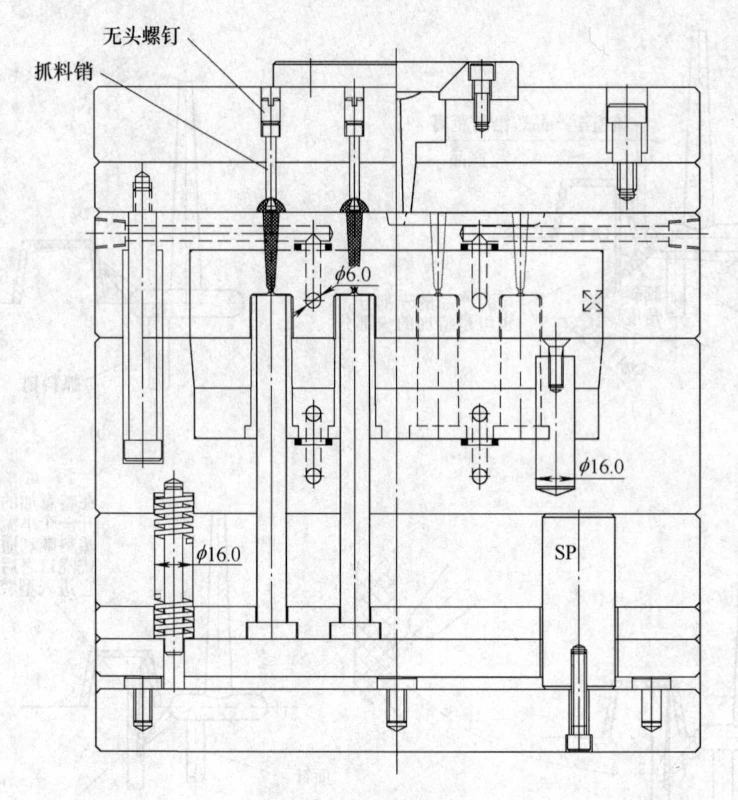

图 2-15　针点式浇口

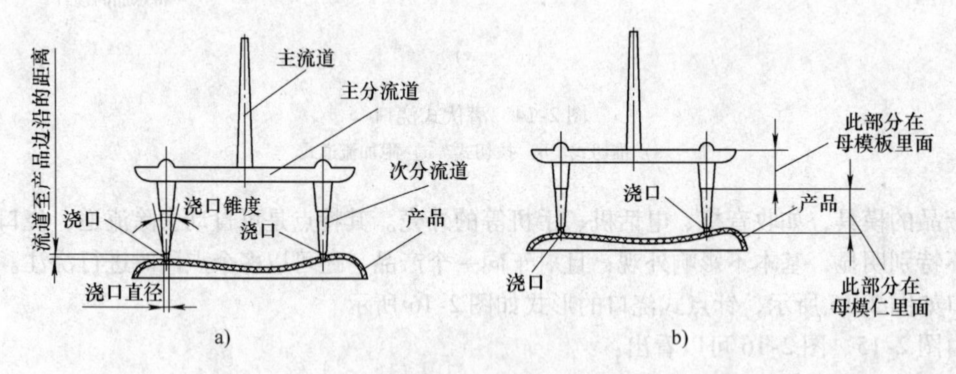

图 2-16　针点式浇口的形式

a）有锥度浇口　b）无锥度浇口

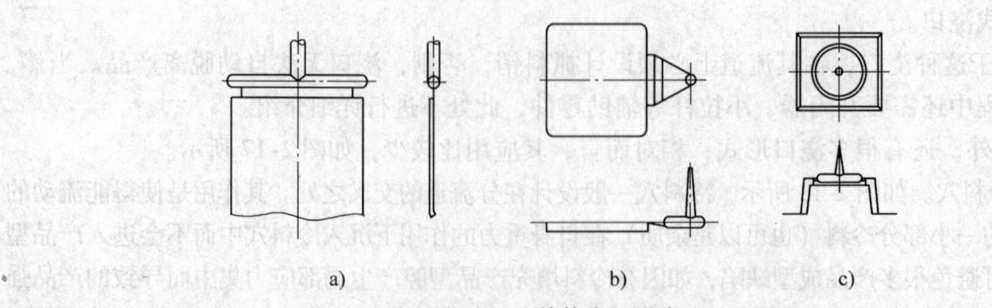

图 2-17　其他浇口形式

a）平行浇口或膜状浇口　b）扇形浇口　c）环形浇口

3. 推出系统部件

(1) 推出系统的作用 注射模具推出系统的作用主要就是推出在注塑过程中已成型的塑料产品，从而实现较完善的自动化生产，它是循环生产中不可缺少的重要组成部分。

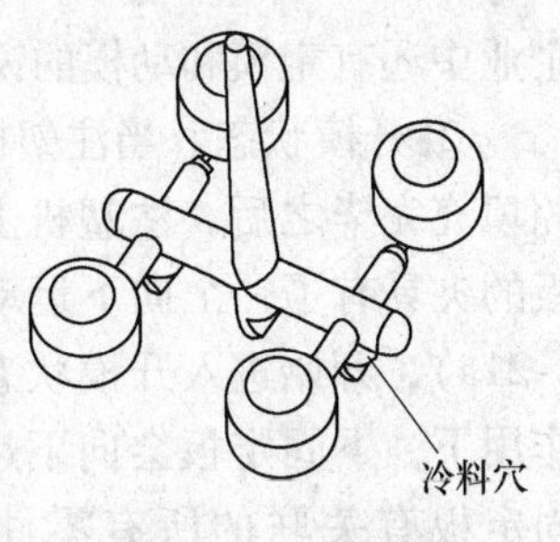

图2-18 冷料穴

(2) 推出系统的构成 用语言来概括推出系统的构成比较难，但与其相关联的零件可以看成是其中的一部分，从而一般的推出系统由顶针（也可以有推块、推板）、复位杆、推出固定板、顶针垫板、支承板、下固定板等构成。

(3) 推出系统的种类 在目前应用的注射模具当中，常用的推出系统一般有3种：顶针推出、推块推出，推板推出。

1）顶针推出。如图2-19所示，顶针被固定在推出固定板上，它穿透了公模板进入到公模仁里面，最后顶在产品的底端。

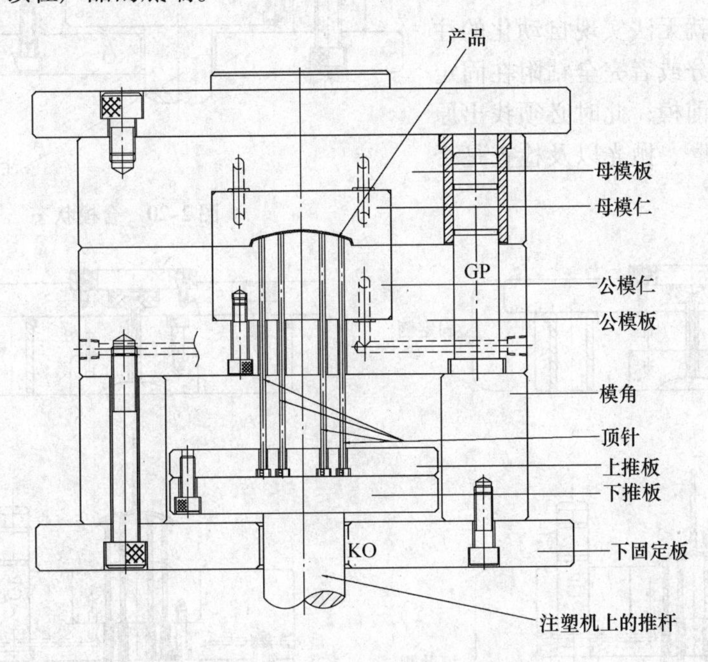

图2-19 顶针推出机构示意图

如图2-20、图2-21所示，从注塑到产品推出，包含了3个环节：合模状态—开模状态—推出状态，这3个环节的具体描述如下。

① 合模状态。把模具安装在注塑机上，从注塑机对模具进行注射到把模具打开之前的状态可以称为合模状态，如图2-20所示。

此处包括以下内容：模具的安装、注塑机、注塑机对模具的填充。

在这里，介绍以下两个关键术语。

固定侧：有时也称为A侧，可以将与上固定板有关联的零件统称为固定侧。

可动侧：有时也称为B侧，与下固定板有关联的零件统称为可动侧。

当模具安装在注塑机上的时候，固定模具上、下固定板的夹具在注塑机的作用下，可以使下固定板运动，而保持上固定板不动，所以就有了模具的固定侧与可动侧的说法。在有些企业中还有定模和动模的说法。

② 开模状态。当注塑机把模具的型腔填充完毕之后，注塑机上固定下固定板的夹具有了一个向下运动的趋势（图2-21a），开始进入开模状态，在夹具的作用下，下固定板会向下运动。而与下固定板有关联的所有零件也会向下运动，于是，就出现了如图2-21a所示的状态。

在这个状态当中，一定要注意的是塑料产品要粘附在可动侧与其一起向下运动，否则，就不会有后面的推出系统和推出状态，也就无法实现自动化的注塑生产。产品部分或者完全粘附在固定侧的缺陷称为吸前模，此时必须找出原因，对其进行研磨、抛光以及检查是否有死角等。

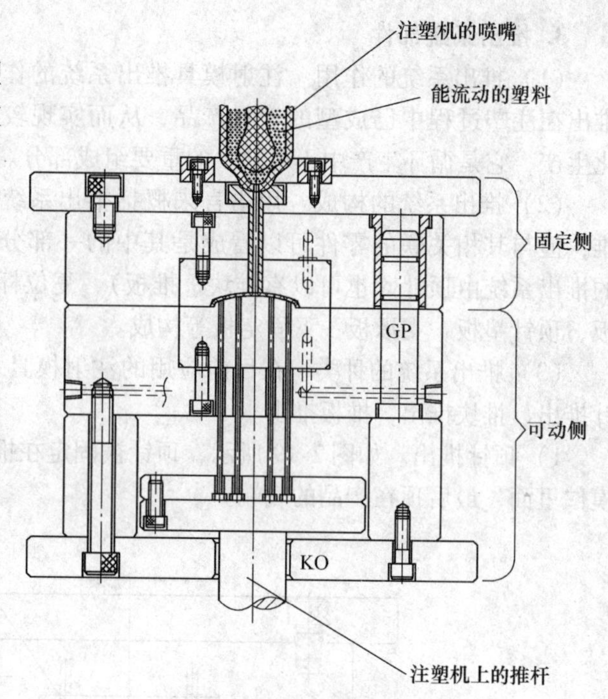

图2-20　合模状态

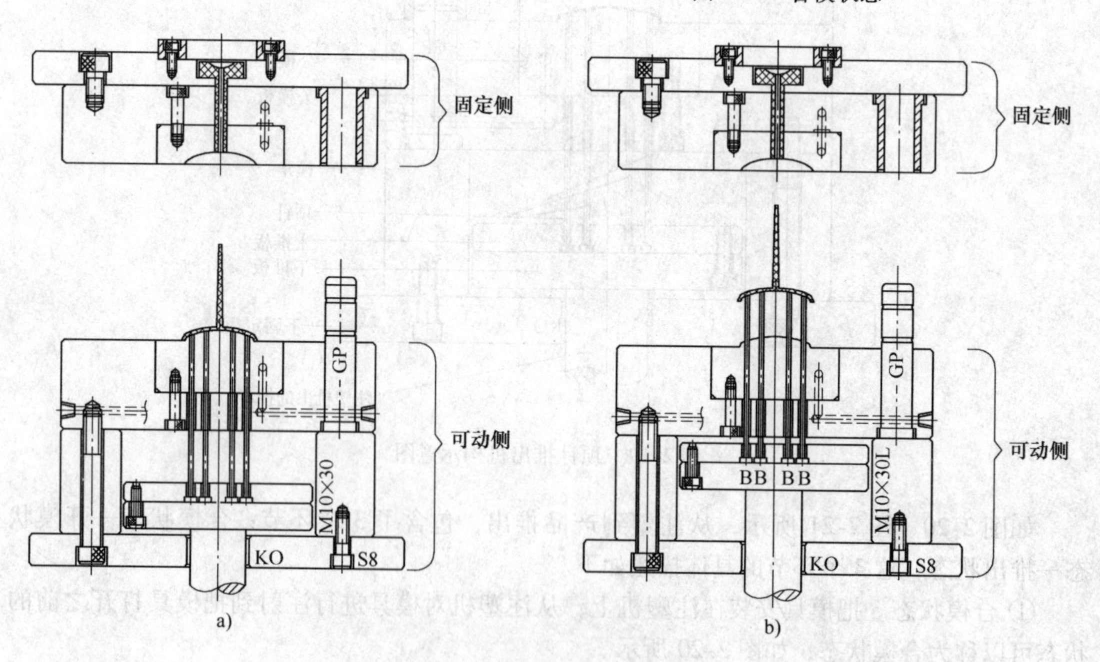

图2-21　开模状态与推出状态
a）开模状态　b）推出状态

③ 推出状态。当开模至一定距离之后（由注塑机控制），可动侧停止不动，注塑机推杆推动推出固定板、顶针垫板向上运动（图2-21b），由于顶针固定在推出固定板上，而其他的零件此时相对不动，则顶针可以顺利地推出产品，被推出的产品在自身重力的作用下自动掉落。

推出产品后，模具又开始合模，注塑机又进行注射，又出现开模、推出产品等过程，从而使得模具可以自动化地循环生产。

2）推块推出。图2-22所示为推块。可以根据产品的不同形状、不同位置设计出不同形式的推块，它通过一个螺钉与一根顶针或者一根回位销固定在一起，如图2-23所示。推块的一边与产品的边沿接触了一部分。在模具设计时，可以设计多个推块一起推出，也可以用推块与顶针复合推出产品。

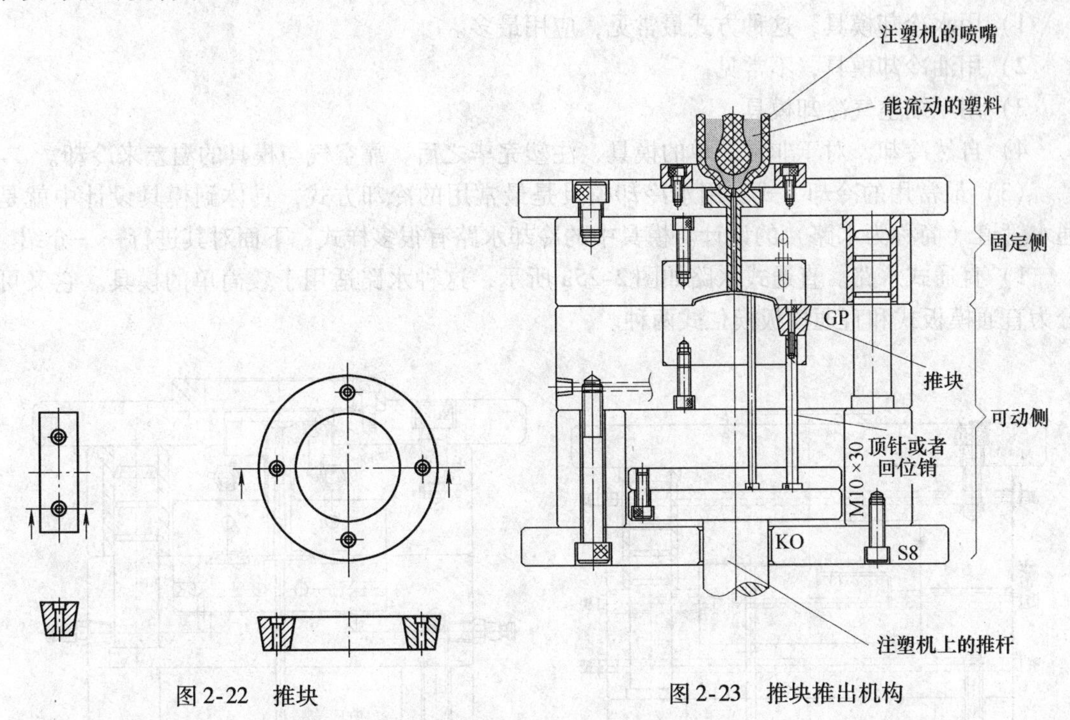

图2-22　推块　　　图2-23　推块推出机构

3）推板推出。图2-24所示就是用推板进行推出的3种状态。在这个过程当中，公模板代替了推板。

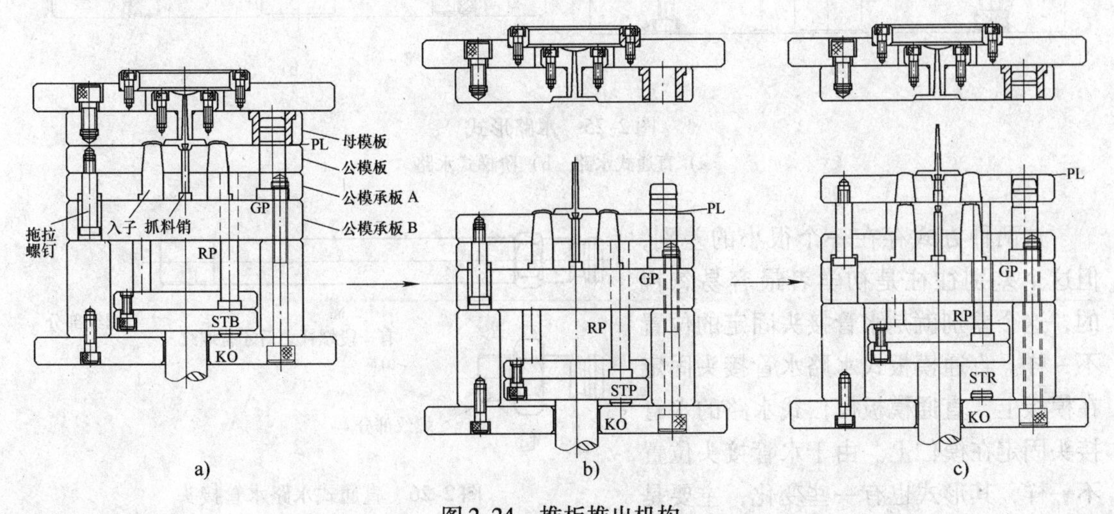

图2-24　推板推出机构

a）合模状态　b）开模状态　c）推出产品状态

4. 冷却系统部件

（1）冷却系统的作用　由于对模具型腔进行填充的塑料温度达220～230℃，甚至更高，冷却后推出来的已成型的塑料产品也有五六十摄氏度，并且为了实现高速生产成型，就必须在很短的时间内完成一系列的工作，因此必须考虑冷却的问题，从而模具里面就出现了冷却系统（俗称运水）。

（2）冷却方式　在塑料模具设计当中，常用的冷却方式一般有以下几种：

1）用水冷却模具，这种方式最常见，应用最多。

2）用油冷却模具，不常见。

3）用压缩空气冷却模具。

4）自然冷却，对于非常简单的模具，注塑完毕之后，靠空气与模具的温差来冷却。

（3）最常用的冷却方式　用水冷却模具是最常用的冷却方式，具体到模具设计中就是通水管道（简称为水路）的设计。模具中的冷却水路有很多样式，下面对其进行一一介绍。

1）直通式水路。直通式水路如图2-25a所示，这种水路适用于较简单的模具。它又可分为直通模板式和直通模板模仁式两种。

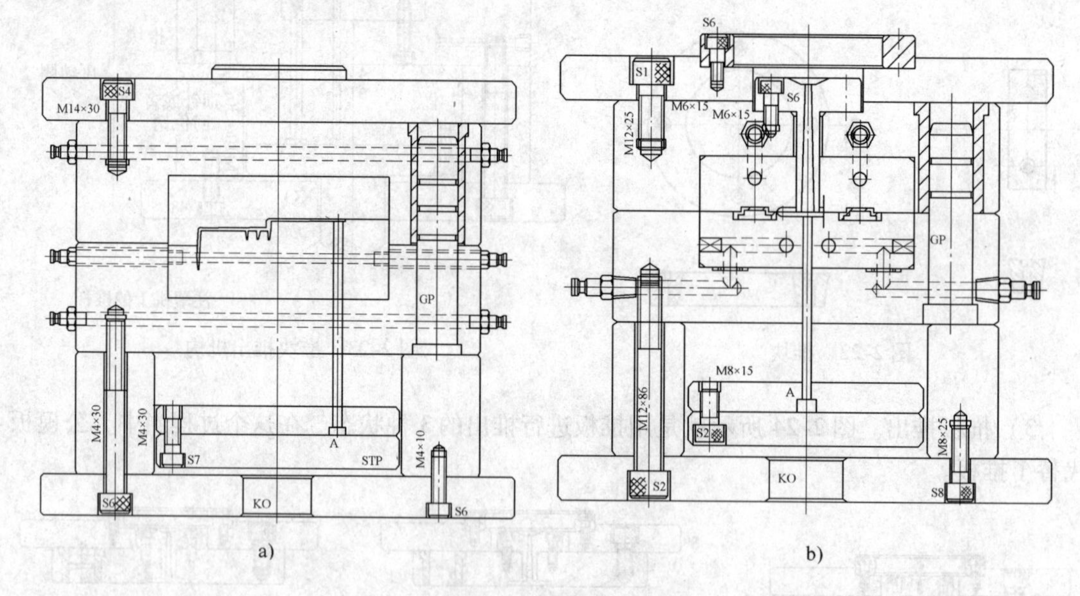

图2-25　水路形式
a）直通式水路　b）阶梯式水路

这两种方式存在一个很小的差别，但这个差别往往是初学者最容易忽视的，这个差别就是水管接头固定的位置不一样。直通模板式水路水管接头固定在模板上，直通模板模仁式水路的水管接头固定在模仁上。由于水管接头位置不一样，其形式也有一些变化，主要是锁定螺纹部分不同，如图2-26所示。

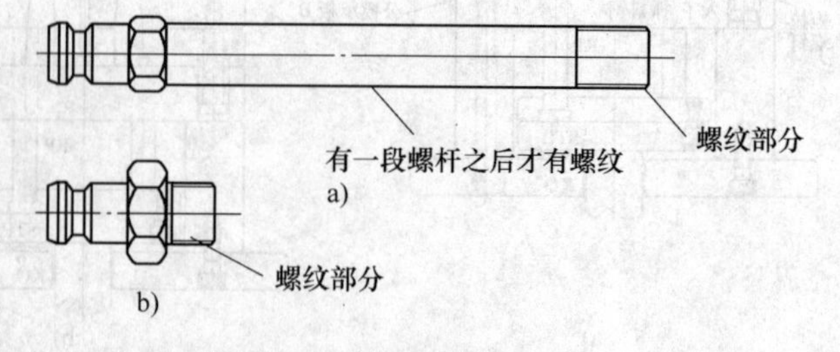

图2-26　直通式水路水管接头
a）直通模板式水路　b）直通模板模仁式水路

水管接头是一种标准零件，可以直接购买。

2）阶梯式水路。图2-25b所示的冷却系统就是运用的阶梯式水路。水路从模板上固定好的水管接头进入模具，穿通模板进入模仁，在模仁里环绕一周，然后再次穿通模板，从另一端的水管接头出来。

注意，对于这种形式的水路，以下几个辅助零件不能缺少：

① 密封圈（挡水圈）。主要放置在水路穿通模板与模仁的地方。

② 挡水无头螺钉或铜塞。这两个辅助零件的作用主要是密封，防止漏水。这两个零件均为标准件，具体内容在本书第12章进行介绍，在此，仅对密封圈进行简略介绍。

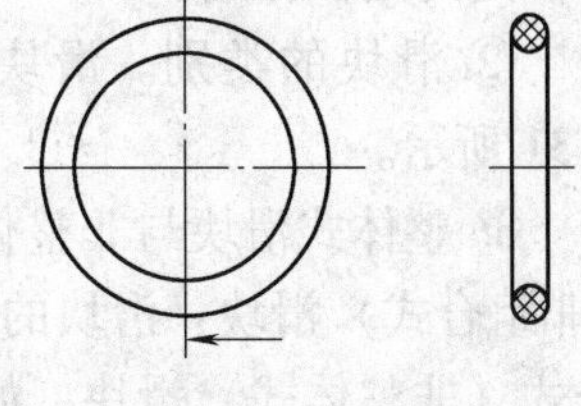

图2-27　密封圈

密封圈是一种软质的塑胶产品，有弹性，可以直接购买。不同大小的水路口，有不同大小的密封圈配套。要注意的就是放置密封圈的凹槽的深度要比密封圈的厚度小一些，这样才能压紧，密封圈如图2-27所示。

对于阶梯式水路，重点在于水路路线的设计，在设计路线时，必须依据产品的情况和模具的结构来进行，阶梯式水路路线简要解析如图2-28所示。

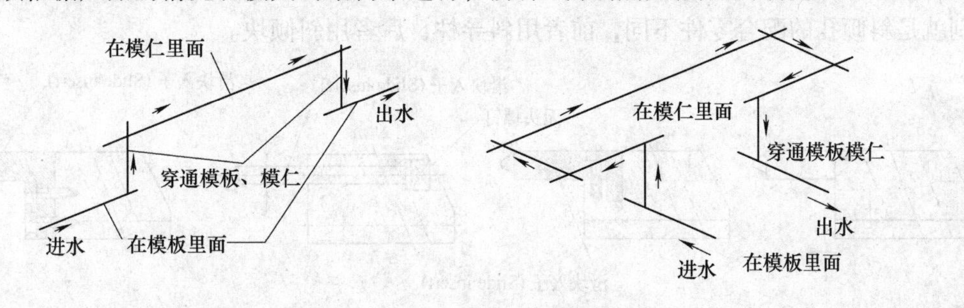

图2-28　阶梯式水路路线简要解析

5. 死角及抽芯机构部件

（1）产品死角（Undercut）　学习完模具的三大系统（浇注系统、推出系统、冷却系统）之后，可以比较清晰地了解模具的总体结构和成型原理。这些内容相对比较简单，在实际设计当中，经常会遇到塑料产品的某些部位阻碍模具开模或者推出的情况，那么，这个部位就称为产品的死角，也有人称之为倒扣。

（2）死角的常见位置　如图2-29所示，箭头指出的地方都构成了死角，这几种死角是最常见到的，死角常出现在产品的内、外侧壁上。

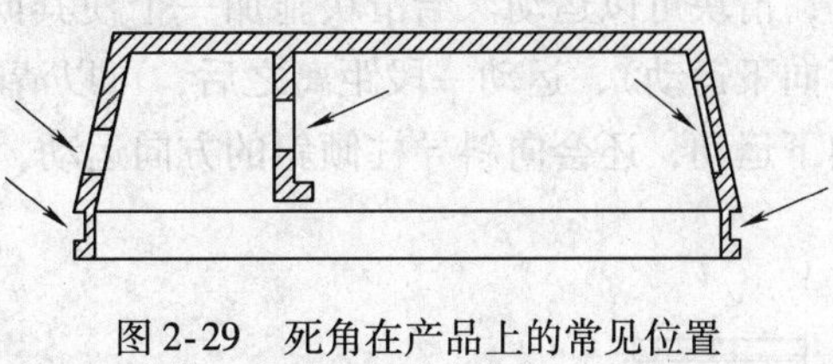

图2-29　死角在产品上的常见位置

（3）死角的处理　处理死角的方式有：滑块、斜顶、液压缸、齿轮处理机构等。在这里详细介绍常用的两种方式：滑块和斜顶。

1）产品死角的处理方式之一——滑块（Slide）。

① 滑块的总体结构。滑块的总体结构如图2-30所示。

一般的滑块有两大部分：机体部分和成型部分。机体部分又包括机身、斜导柱孔、斜靠面、T形块、弹簧孔等。每个部分都有各自独特的作用。

斜导柱孔要与斜导柱配合，再加上T形块。它们的作用就是强迫滑块运动，从而处理死角。

斜靠面的主要作用是使滑块定位，且与滑块挡块配合。

弹簧孔要与弹簧配合，它们的主要作用是使滑块产生运动的趋势，此外还有一定的定位作用。

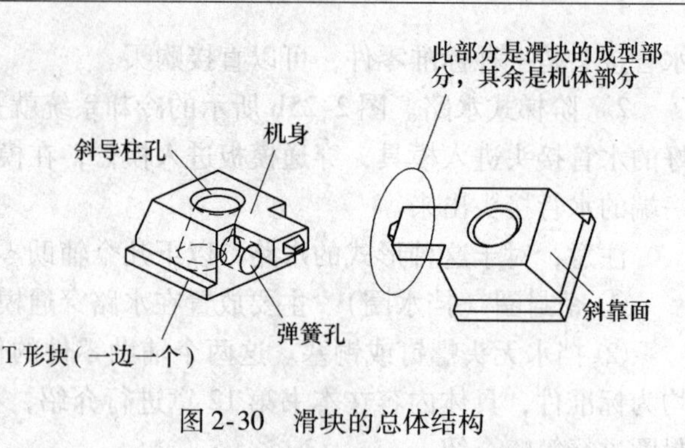

图2-30　滑块的总体结构

② 滑块的类别。滑块的类别如图2-31所示。

a. 整体式滑块与非整体式滑块，也可以称之为组合式滑块和非组合式滑块。整体式（非组合式）滑块：滑块的机体部分与成型部分不分离，如图2-31a所示。反之，则称为组合式（非整体式）滑块，如图2-31b、c、d（常见的3种滑块机体与滑块入子的组合方式）所示。

b. 斜导柱式滑块与斜倾块式滑块。斜导柱式（图2-31）与斜倾块式（图2-32）主要的差别就是斜倾孔的配合零件不同，前者用斜导柱，后者用斜倾块。

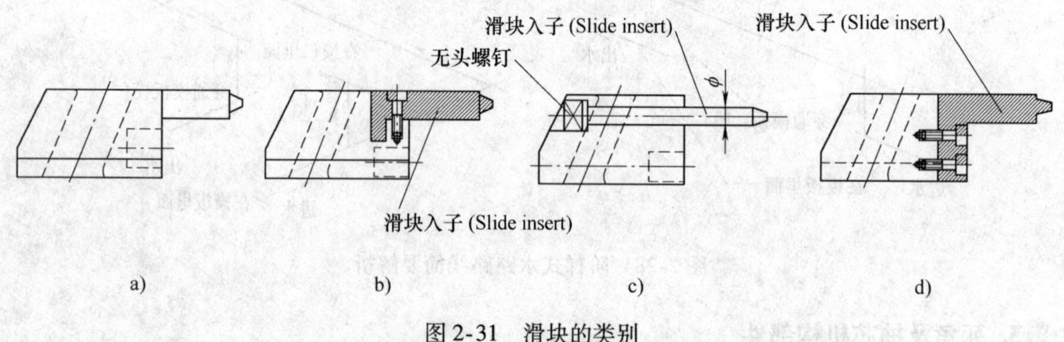

图2-31　滑块的类别

③ 滑块的运动原理。

a. 滑块的运动原理如图2-33所示，斜导柱固定，滑块通过斜导柱孔与斜导柱配合在一起，滑块可以运动。给滑块施加一个使其向下运动的力（或者让滑块在其自身重力的作用下向下运动），运动一段距离之后，可以清晰地看到：在斜导柱的强迫作用下，滑块不仅会向下运动，还会向斜导柱倾斜的方向运动，从而达到处理死角的目的。滑块在模具中的具体

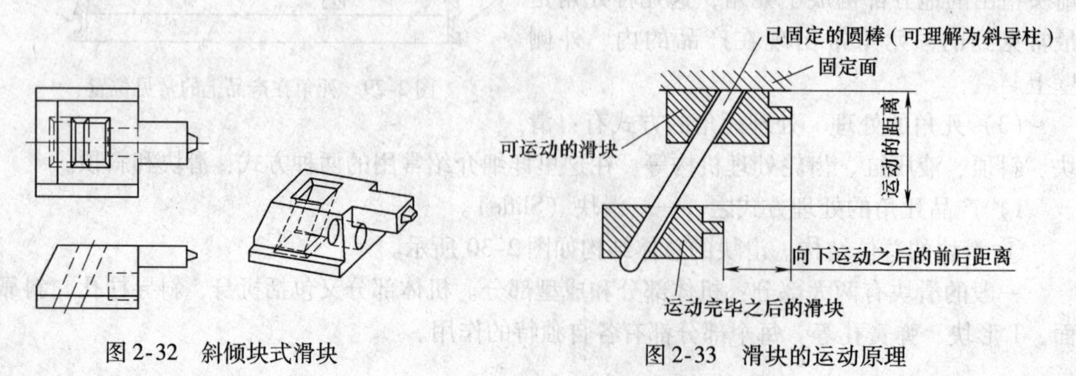

图2-32　斜倾块式滑块　　图2-33　滑块的运动原理

运动示意图如图2-34所示。

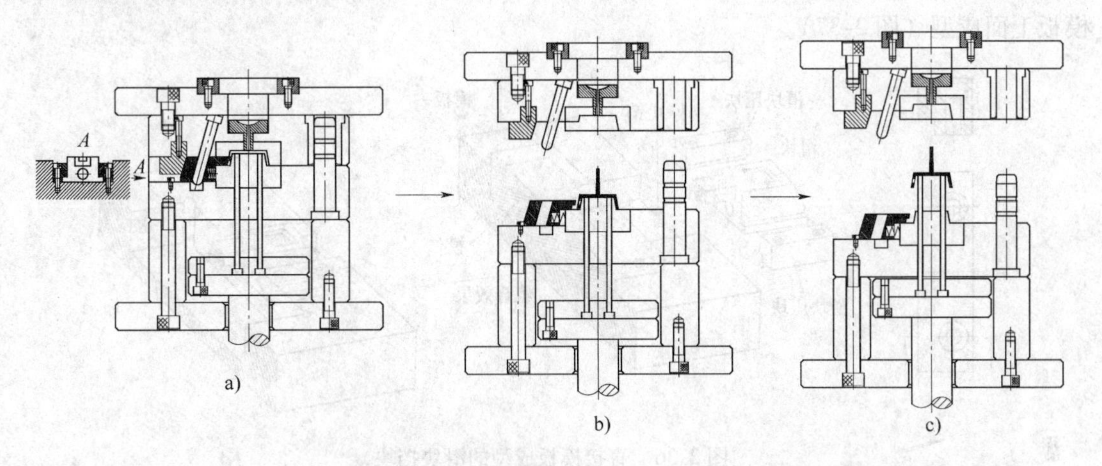

图2-34　滑块在模具中的具体运动示意图
a）合模状态　b）开模状态　c）产品推出状态

b. 滑块的辅助零件。只依靠滑块是不能解决死角问题的，还必须有辅助零件，如滑块压块、滑块挡块、停止销或者定位钢珠[⊖]、弹簧、斜导柱或者斜倾块等，如图2-35所示。

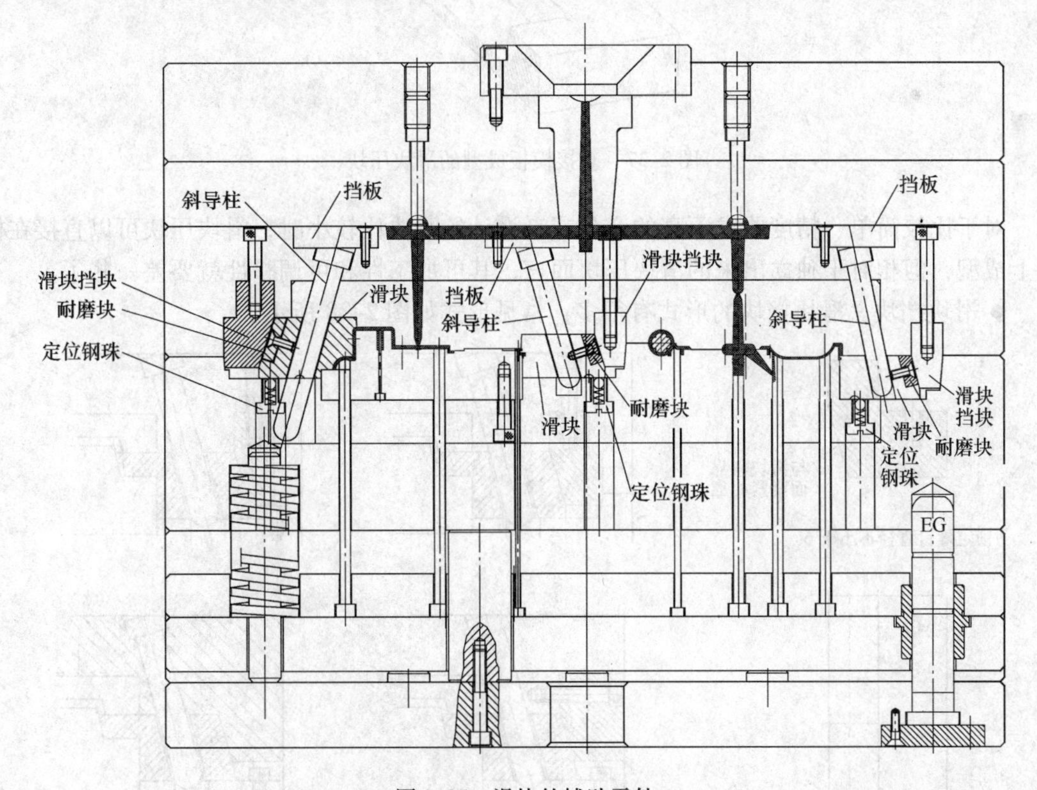

图2-35　滑块的辅助零件

⊖ 定位钢珠俗称弹弓波珠。

● 滑块压块。滑块压块可以完全独立出来，作为单独的零件（图 2-36），也可以直接在模板上面成型（图 2-37）。

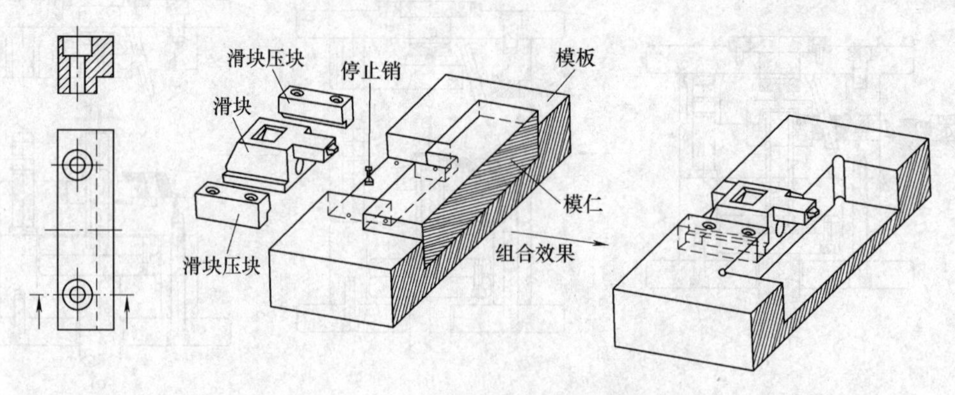

图 2-36　直接模板成型的滑块挡块

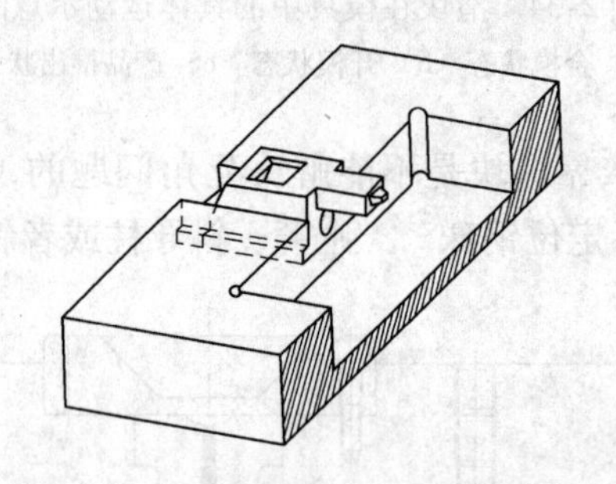

图 2-37　直接模板成型的滑块压块

对于比较简单、精度要求不高的产品或者设计的滑块比较小时，滑块压块可以直接在模板上成型，但相对于独立出来的滑块压块而言，其可加工性和可调整性就要差一些了。

● 滑块挡块。滑块挡块的形式有很多，常见形式如图 2-38 所示。

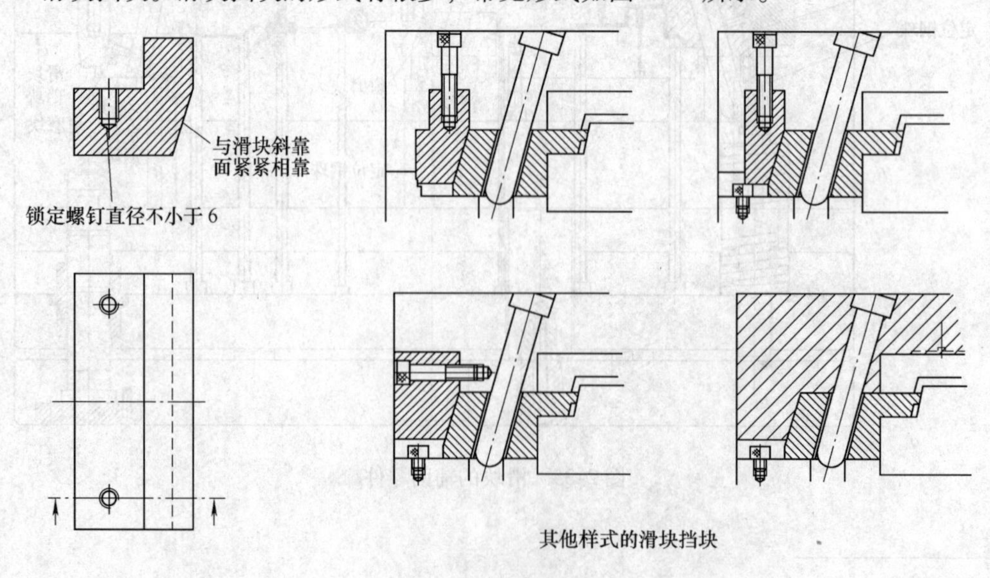

图 2-38　滑块挡块

● 斜导柱和斜倾块。斜导柱和斜倾块如图2-39所示。

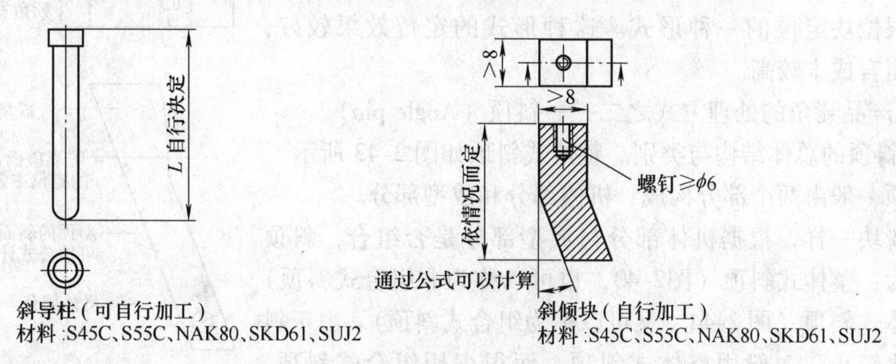

图2-39 斜导柱和斜倾块

● 停止销和定位钢珠。在实际的设计和制造过程中，需要对滑块进行定位，或者称为限位，此时一般使用定位钢珠或停止销（可以把其看做一个锁定螺钉）。假如是比较大的滑块，也可能会使用限位块。相关细节如图2-40～图2-42所示。其中的*SL*是一个很重要的距离，称为滑块行程，*SL*=产品死角大小+2～3mm最小安全量。

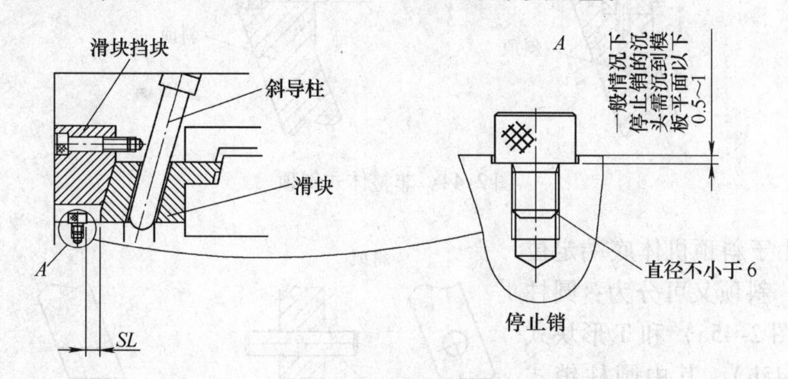

图2-40 停止销定位

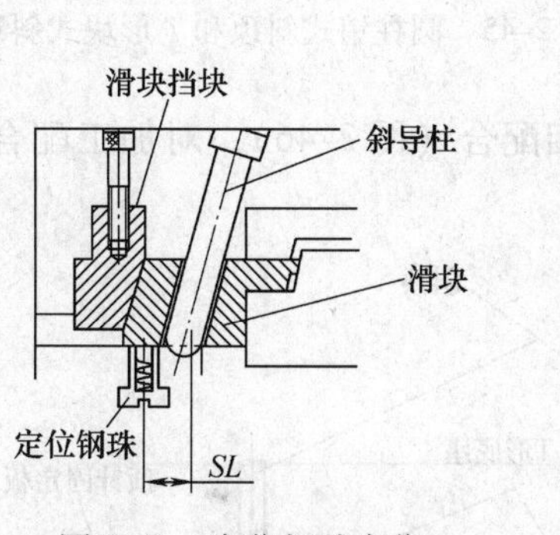

图2-41 定位钢珠定位

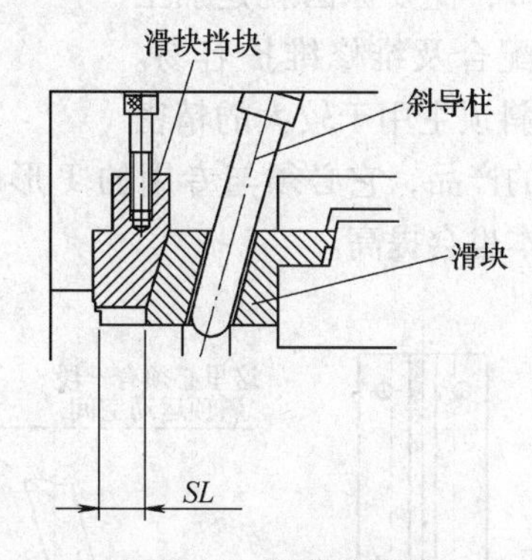

图2-42 限位块定位

定位钢珠一般被锁定在模板上，且位于滑块的底端。为与之配合，常在滑块上挖了一个坑口，当滑块运动时，定位钢珠里面的钢珠与坑口一经配合，就可以对滑块实施定位。根据滑块的大小，若一个定位钢珠效果不好，还可以多加几个，共同实施定位，需要注意的就是各个定位钢珠之间不要有所干涉。

图 2-42 所示的限位块对滑块的定位是利用自身模板实现的，是限位块定位的一种形式。这种形式的定位效果较好，但相对而言成本较高。

2）产品死角的处理方式之二——斜顶（Angle pin）。

① 斜顶的总体结构与类别。整体式斜顶如图 2-43 所示。

斜顶一般由两个部分构成：机体部分和成型部分。

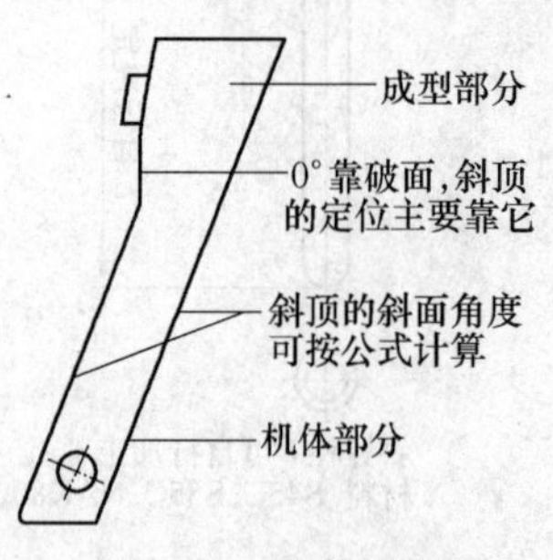

图 2-43 整体式斜顶

与滑块一样，根据机体部分与成型部分是否组合，斜顶可以分为：整体式斜顶（图2-43，也可以称为非组合式斜顶）和非整体式斜顶（图 2-44，又可以称为组合式斜顶）。由于斜顶相对比较小，一般用整体式斜顶，而很少用组合式斜顶。整体式斜顶结构紧凑、强度较好、不易损坏。而对于较大的斜顶，则可运用组合式，这样更换比较方便，也便于维修维护，且加工比较简单。

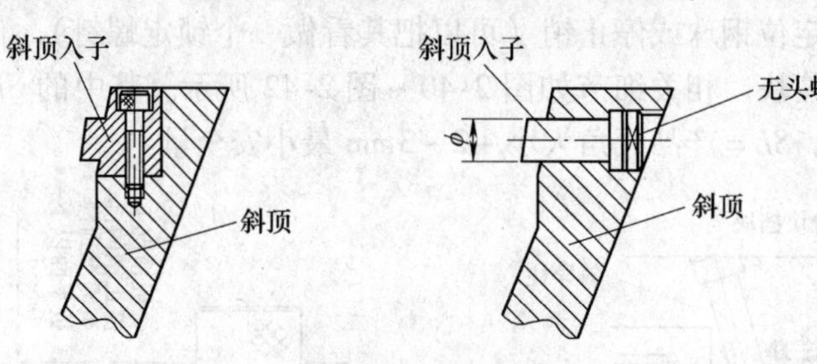

图 2-44 非整体式斜顶

此外，由于斜顶机体底端定位结构的不同，斜顶又可分为：圆柱销式斜顶（图 2-45a）和 T 形块式斜顶（图 2-45b）。其中圆柱销式斜顶应用较多，主要原因就是加工方便、安装配合及维修维护容易。而 T 形块式斜顶主用于较大的精密度要求较高的产品，它必须与专用的 T 形底座相配合（图 2-46），对加工配合的要求比较高，制造成本也会提高。

图 2-45 圆柱销式斜顶和 T 形块式斜顶

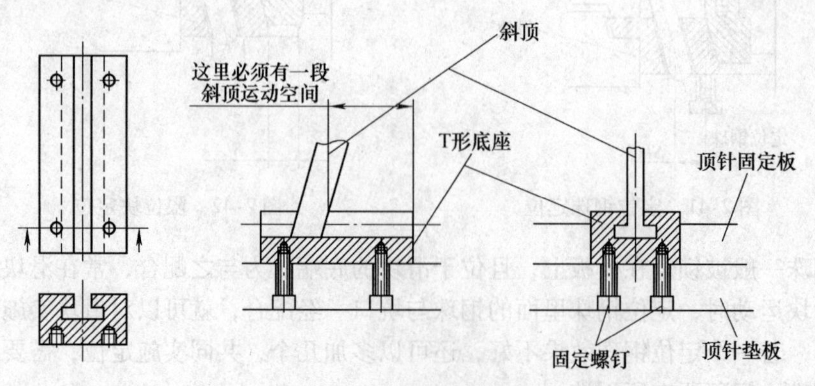

图 2-46 T 形底座及配合

② 斜顶的运动原理。如图2-47所示，斜顶放置在一个固定不动的模板的斜孔中，斜顶与斜孔配合。从下向上给斜顶一个推力推动斜顶向上运动，一段距离之后将发现斜顶在斜孔和推力的强迫作用下，不仅向上运动了，并且向斜顶倾斜方向运动了一定距离（如图中所示的位置距离）。

在推出过程当中，由于产品是垂直运动的，而斜顶不仅垂直运动，且向死角反方向运动，因此可实现对死角的处理。

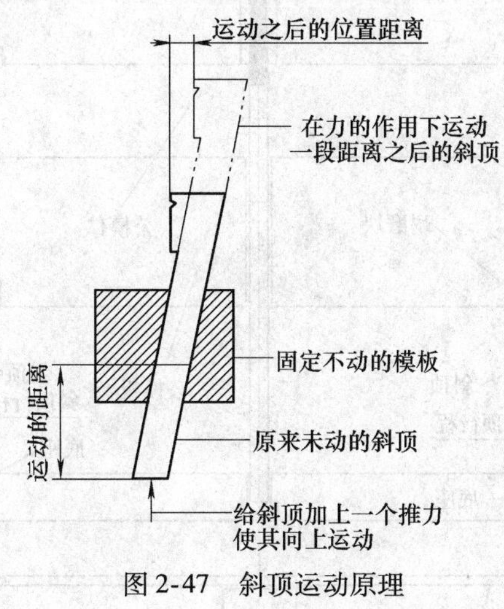

图2-47 斜顶运动原理

③ 斜顶运动示意图如图2-48所示。

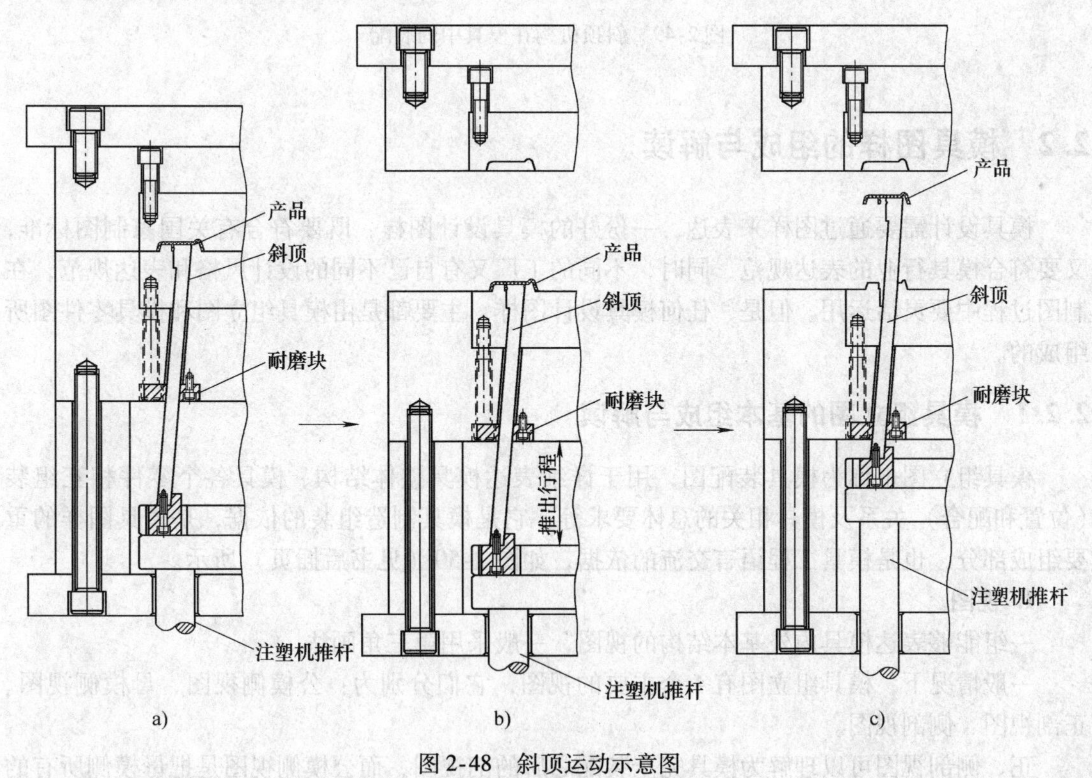

图2-48 斜顶运动示意图

a）合模 b）开模 c）推出产品

④ 斜顶机构在模具中的装配如图 2-49 所示。

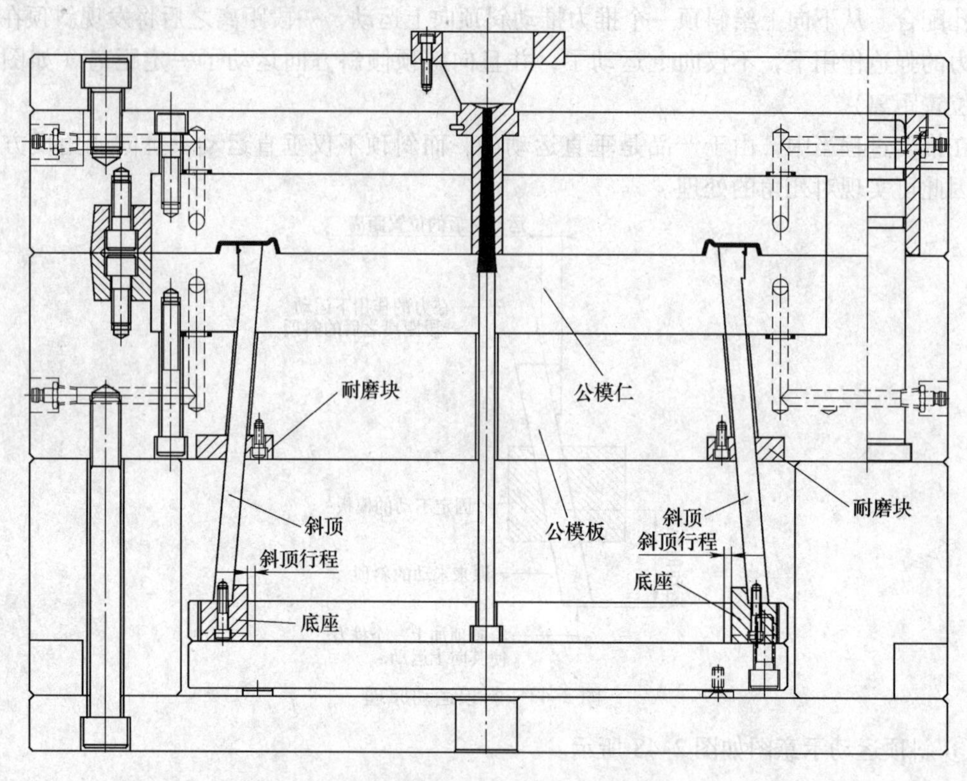

图 2-49 斜顶机构在模具中的装配

2.2 模具图样的组成与解读

模具设计需要通过图样来表达，一份好的模具设计图样，既要符合有关国家制图标准，又要符合模具行业的表达规范，同时，不同的工厂又有自己不同的设计风格和表达规范，在制图过程中要灵活运用。但是，任何模具设计图样，主要都是由模具组立图和模具零件图所组成的。

2.2.1 模具组立图的基本组成与解读

模具组立图也称为模具装配图，用于详细表达模具整体结构、模具各个零件相互组装（位置和配合）关系及模具相关的总体要求等，它是模具制造组装的依据，是模具图样的重要组成部分，也是模具工程语言交流的依据，如图 2-50（见书后插页）所示。

1. 视图

一组能够表达模具内外基本结构的视图，一般采用第三角画法。

一般情况下，模具组立图有 4 个主要的视图，它们分别为：公模侧视图、母模侧视图、正剖视图、侧剖视图。

正、侧剖视图可以理解为模具完全装配之后的剖视图，而公模侧视图是把母模侧所有的东西拿掉之后（图 2-51a，见书后插页），垂直看下来所得到的视图，仅看到公模侧。母模侧视图，是把属于母模侧的所有东西绕基准右侧旋转180°之后（图2-51b，见书后插页），垂直看下来所得到的视图，仅看到母模侧。

当然，不管是公模侧视图，还是母模侧视图，垂直看下去的对象都应该是各侧的所有零件完全装配下的视图。

注意：在公、母模侧视图上都有一个基准符号，公模侧基准符号为"⌟"，母模侧基准符号为"∟"。

另有天侧符号"TOP ⇧"，模具中心线符号"MOLD C L"。(如图2-50)

当模具比较复杂时，还会追加一些辅助视图来进行补充，如浇口的局部放大图、塑料产品的立体示意图等。

2. 尺寸

模具组立图主要反映的是模具的结构关系及成型原理。其标注尺寸包括模具的总体尺寸和各主要零件装配的尺寸，如模具最大轮廓尺寸、基准尺寸、产品位置尺寸、零件组装定位尺寸等。在标注组立图的尺寸时，没有必要对每一个零件的每一个尺寸进行详细的标注，具体的细节尺寸在零件加工图中进行详细标注。

图2-50所示即为规范的组立图标注。

3. 技术要求

技术要求是指模具在加工中的有关要求和产品的有关要求，如产品的外观要求、尺寸公差要求、零件组装配合要求等。而对于比较复杂的模具组立图或者根据客户的要求，有时也会在组立图上注明一些模具加工和装配、运输当中应该注意的事项，还有一些在注射、开模、产品推出时的温度、压力等要求。

4. 标题栏

记录有关模具图样的相关信息，如图幅大小、产品的编号名称、模具的编号名称、设计审核等。

5. 零件明细表

指整套模具所包括的各零件明细。对于一般的公司而言，在组立图上对模具的所有零件编上号码、定义名称、写明规格、算清数量等的可能比较小。但是，在很多大公司都有这方面的要求，将其称为零件明细表，它一般包括以下内容：编号、名称、规格、数量、材料和备注，它一般在组立图的右下方，从下向上写（图2-52）。当然，也可以单独用一张白纸写下来。

6. 图框

常用的有A0、A1、A2、A3等，具体采用哪一种图框要根据模具尺寸以及所采用的绘图比例合理选用，绘图比例尽量采用1:1。

2.2.2　模具零件图的基本组成与解读

在组立图论述的基础上，下面来解读模具零件图。

模具零件图用于详细表达模具单个零件的具体形状和尺寸以及相关要求，它是模具各个零件制造和检验的依据。

模具零件图的基本组成如下。

序号	名称	数量	规格	材料	备注
32	螺钉	4	M8×40—L	STD	
31	定模板	1	350×350×100	45 钢	
30	隔水片	4	16×3×40—L	铍青铜	
29	动模板	1	350×350×80	45 钢	
28	复位杆	4	ϕ25×156—L	S45C	
27	螺钉	4	M8×50—L	STD	
26	弹簧	4	ϕ50×100	SWP-A	
25	支承柱	2	ϕ38×100—L	S45C	
24	螺钉	2	M8×35—L	STD	
23	螺钉	4	M16×140—L	STD	
22	螺钉	4	M10×30—L	STD	
21	下推板	1	350×220×25	45 钢	
20	上推板	1	350×220×20	45 钢	
19	拉料杆	3	ϕ6×155—L	SUJ2	58～60HRC
18	水管接头	10	M-PC4-01	黄铜	
17	密封圈	10	ϕ12（内径）×2.4	丁腈橡胶	
16	凸模	1	235×230×40	718H	热处理
15	凹模	1	235×230×60	718H	热处理
14	堵头	20	PT1/8	黄铜	
13	螺钉	4	M16×55—L	STD	
12	定位环	1	ϕ99.8×15	S45C	
11	螺钉	2	M6×15—L	STD	
10	定模座板	1	350×400×30	45 钢	
9	销钉	1	ϕ4×13—L	STD	
8	导套	4	ϕ20×90—L	SUJ2	58HRC
7	浇口套	1	ϕ12×75—L	SKD61	48～52HRC
6	导柱	4	ϕ20×155—L	SUJ2	58HRC，高频感应淬火
5	顶针	32	ϕ4×155—L	SKH51	58～60HRC
4	支承块	2	350×63×100	45 钢	
3	螺钉	2	M8×20—L	STD	
2	螺钉	4	M10×40—L	STD	
1	动模座板	1	350×400×30	45 钢	

＊＊＊＊＊＊＊＊＊公司		模具名称	过滤器注射模	产品名称	过滤器			
				MODEL 名称	过滤器-001MOLD			
		模具图样编号	过滤器-001	MODEL NO.	过滤器-001			
绘制/日期		客户		单位	公差		角度	规角
审核/日期		材料	PA1010	mm	.× ±0.1	.×× ±0.05	±0.25	
核准/日期		收缩率	1.00%　版本　1	比例	1:1		共1页	第1页

H I J K L M N

16 17 18 19 20

图 2-52　零件明细表

1. 视图

一组能够完整表达模具零件内外结构形状的视图。

2. 尺寸

零件各个形状特征的详细加工尺寸。

3. 技术要求

零件在加工过程中的相关要求，如加工方法、未注公差、热处理工艺、未注倒角等要求。

4. 标题栏

记录有关模具零件相关的信息，如图幅大小、产品的编号名称、零件名称、设计审核等。

5. 图框

常有的有 A1、A2、A3、A4 等。

2.2.3　总结及提高

从模具组立图及零件图的组成与解读的论述过程中，可以发现要绘制出符合要求的注射模具图样，其过程中应按照实际工程中许多方面的需要来执行，那么对于一个产品的整个流程来说，单单组立图和零件图是不够的，经过细分，还需要了解以下的相关知识。

1. 模具图样出图的最终组成

1）排位图。主要用于表达分型面，主要镶拼结构，流道、浇口及模坯类型，标明浇口套及顶棍孔及螺钉的大小及位置，标明产品的相关定位尺寸等。

2）组立图。

3）顶针图。

4）线割图。

5）零件图。

6）爆炸图。

7）分模图（3D）。

并非要求每一个产品的模具设计中都将以上图样出齐，而是根据产品模具设计过程中的相关需要灵活组合，当然，组立图和零件图是一定需要的。

2. 模具图样的出图要求

（1）视图格式　在一般的模具工厂中，经常使用第三角视图。

（2）基准标识　一般在注射模具设计及加工过程中，会在相关零件上绘制及设置一个基准标识。制作基准标识的目的主要是为了统一设计、加工时工件的基准及摆放方向。目前采用以下两种形式的标记方式：

1）单边基准。单边基准是指设计、加工时，以工件相邻两直角边为基准并按一定的方向摆放。

2）中心基准。中心基准是指设计、加工时，以工件的中心线为基准并按一定的方向摆放。

（3）尺寸整体标注要求

1）明确塑件基准线与模具基准线的距离，并于其外围加一粗方框以作为警示。

2）清楚表示典型截面的装配结构、分型面形状、外形尺寸。

3）标识清楚枕位、镶件等的形状尺寸、装配方式。

4）注明紧固螺钉的位置、大小。

5）标注行位机构装配的详细尺寸，行程必须用粗方框以作为警示。

6）标注流道、浇口详细尺寸，并做剖面。

7）如实反应顶针布置情况，有顶针图时，组立图中顶针排布、尺寸可不标注。标明需要钳工制作的各柱位的详细尺寸。

8）绘制模具冷却系统排布，注明各组冷却系统的入水口、出水口，并使用IN1、IN2、…，OUT1、OUT2、…等表示。无冷却系统图时，需注明冷却系统水孔的尺寸及位置。

9）标注复位弹簧排布、尺寸及装配尺寸，标注撑头排布及尺寸。

10）不论图样为何种版本，均应在图框栏右上角“简要说明”栏中对版本进行简单描述。

2.3 注射模具设计步骤及要求

2.3.1 注射模具设计的一般步骤

1. 设计塑料产品图

客户有时会提供塑料产品图，但一般需要设计人员进行设计，这样会便于以后的模具组立图的设计。依据客户所提供的信息，并在确认完整无误之后，设计两张塑料产品图。一张为理论的塑料产品图，这张产品图作为模具设计最基本的依据，它里面的尺寸标注与产品在实际使用当中所测量的尺寸差不多。另一张为放大的塑料产品图，视图放大的倍数为：1 + 塑料材料的收缩率，这张是模具组立图设计的图样依据，也是加工现场进行检测、装配的基本依据。

2. 设计排位图

客户提供的原始信息主要包括以下几方面内容：

1）塑料产品在模具当中采用一模几腔，以及对产品产量的要求。

2）塑料产品的材料、收缩率。

3）对浇口形式、浇口所在位置的要求等。

依据这些信息，根据塑料模具标准模架的注意事项，处理死角的结构原理，浇注时的平衡式原理等来对塑料产品进行摆放并确定尺寸，这个过程称为排位。下面举例说明，如图2-53所示。

图2-53中有3种不同的产品摆放方式，通过分析可以得出图2-53b、c、d是不合理的摆放设计。图2-53b、c属于同一种错误，因为标准模架的长度恒大于或者等于宽度，绝不会小于宽度，除非采用非标准模架，所以在套入标准模架时可以发现，这两种设计需要较大的模架，并且在基准的上下侧浪费了很多的材料。图2-53d的设计在成型、模具开模、产品推出的原理上都没有问题，但是，对于同样的产品一般要求浇口在同一个位置，所以，常会用图2-53e的设计而不会用图2-53d。

此外，摆放产品时一定要考虑进浇的方式、位置及是否是平衡式浇注。

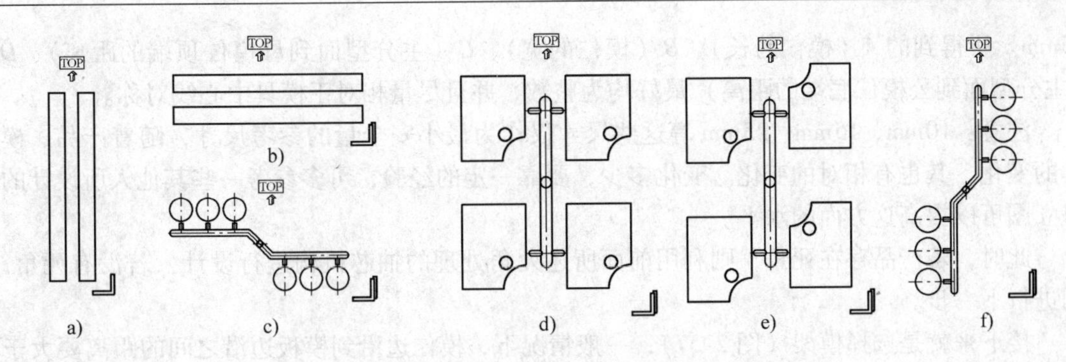

图2-53　不同排位方式比较

所谓平衡式浇注就是当采用一模多腔的时候，塑料材料对各型腔进行填充的起始时间基本相同。如图2-54所示。

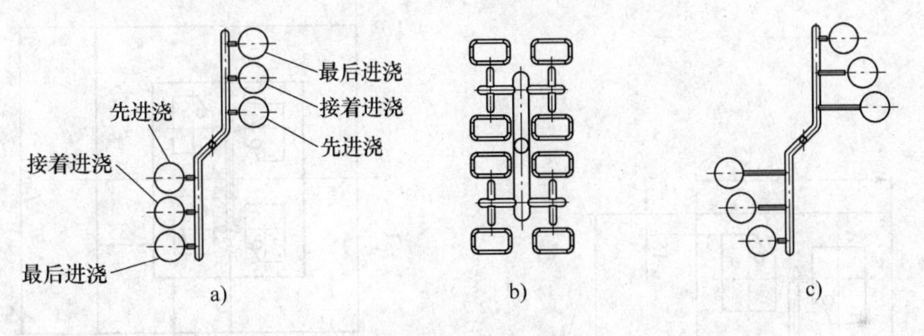

图2-54　浇注平衡

a）非平衡式浇注　b）平衡式浇注　c）改变流道长度的平衡式浇注

排位的注意问题如图2-55所示。

1）塑料产品在模具里面摆放时，一般要有产品中心线（PRODUCT C L）和模具中心线（MOLD C L）。

2）产品中心线到模具中心线之间的距离 M 和 N 一般取整数，也可采用一位小数，如49，60，52.3，55.4等，尽量不要出现两位小数或者3位小数，如50.32，89.64等。

3）有流道时，产品之间的最小距离 B 不能小于20mm，常大于30mm。没有流道时，产品之间的距离 A 不能小于10mm，常大于20mm。

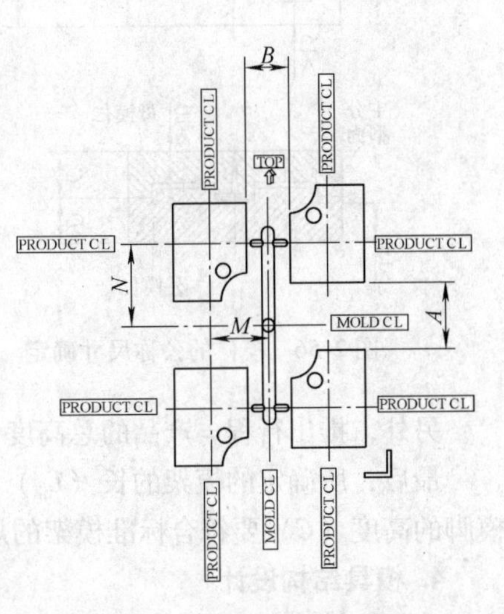

图2-55　排位的注意问题

3. 设计模仁并选择标准模架

首先决定主分型面（PL面），主分型面可以理解为公、母模仁接触最多的、在同一水平面上的平面，如图2-56所示。

此后，确定公、母模仁的长×宽×高，如图2-56所示。一般情况下，产品边沿到模仁边的距离不小于15mm，母模侧产品顶端至母模仁顶端距离大于10mm，常大于25mm。公模侧产品底端到公模仁底端距离大于15mm，常大于

25mm。所得到的 A（模仁的长）、B（模仁的宽）、C（主分型面到母模仁顶端的距离）、D（主分型面到公模仁底端的距离）最好均为整数，并且尽量相对于模具中心线对称。

注意：10mm、15mm、25mm 等这些尺寸仅作为最小安全量的参考尺寸，随着产品、模具的变化，其也有相对的变化。变化多少，要靠一定的经验，可多参考一些其他人所设计的组立图可以提高这方面的水平。

此时，若产品存在死角，则利用前面所述死角处理的抽芯机构进行设计，若没有死角，则进行下一步。

接下来就是选择模架（图 2-57），一般情况下，模仁边沿到模板边沿之间的距离要大于35mm，常大于 50mm。母模仁顶端到母模板顶端之间的距离不小于 20mm，常大于 30mm。公模仁底端到公模板底端之间的距离不小于 30mm，常大于 40mm。

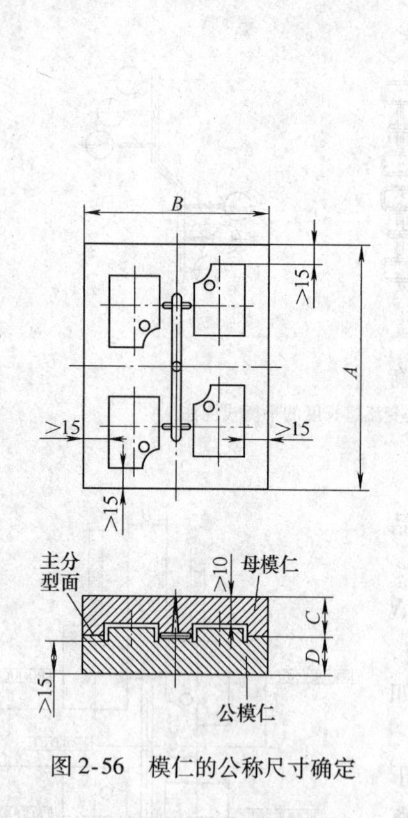

图 2-56　模仁的公称尺寸确定

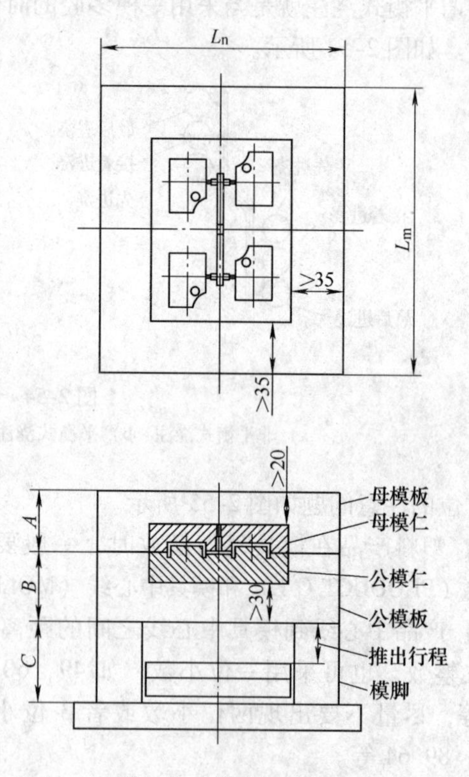

图 2-57　模架尺寸确定

另外，推出行程 = 产品的总高度 + ≥13mm 的最小安全量，最小不能小于 40mm。

最后，所确定的模架的长（L_m）和宽（L_n）、母模板的高度（A）、公模板的高度（B）、模脚的高度（C）要符合标准模架的规格尺寸。

4. 模具结构设计

选择好模架后，根据模架的相关尺寸进行注塑机的选择及相关参数的校核，然后就可以对注射模具的三大系统、抽芯机构进行设计了。

5. 绘制组立图

对所设计的组立图进行检查、审核，追加图框，填写标题栏，编写零件序号，制作材料明细表。

6. 检查并绘制相关零件图样

对组立图实施结构检查，实施2D模板的拆分以及3D图的拆分，绘制零件图、顶针图和线割图等。

7. 定料及出图

2.3.2　注射模具设计的要求

1）满足客户要求，包括制品尺寸、外观、装配及其他特殊要求。

2）节省模具制造成本，首先要结合所在工厂机械加工设备来设计零件的具体结构，其次模具零件尽量选用标准件。

3）尽量缩短模具制造时间，进行零件结构设计时尽量使其加工方法简单，能共用的零件尽量实现本厂标准化。

4）缩短模具注塑成型周期，进浇要快、冷却时间要短、要便于取出制品等。

5）模具使用安全可靠，便于维修，尽可能留有改良余地。

6）延长模具使用寿命，模具强度校核和模具材料的选择要合理。

第3章　塑料产品结构分析及合理化设计

塑料产品的设计与其他材料如钢、铜、铝、木材等的设计有些是类似的，但是，由于塑料材料组成的多样性，结构、形状的多变性，使得它比起其他材料有更理想的设计特性，特别是它的形状设计、材料选择、制造方法选择更是其他大部分材料无可比拟的，因为对于其他的大部分材料，其产品设计在外形或制造上，都受到相当的限制，有些材料只能利用弯曲、熔接等方式来成型。当然，塑料材料选择的多样性，也使得设计工作变得更为困难。同时，塑件结构不合理，也会造成模具制造和塑件成型的困难。

3.1　塑料产品的设计规范及注塑缺陷分析

3.1.1　塑料产品的设计步骤及要求

1. 塑料产品设计原则

1）根据产品的特征与功能决定其形状、尺寸、外观、材料。

2）设计的产品必须符合模塑原则，即在保持产品功能的前提下，模具制造容易，成型及后期加工容易。

2. 塑料产品设计程序

为了确保所设计的产品能够合理而经济，在产品设计的初期，外观设计者、机构工程师、制图员、模具制造技工、成型厂以及材料供应厂之间的紧密合作是非常重要的，因为没有一个设计者，能够同时拥有如此广泛的知识和经验，而从不同的角度获得建议，是使产品合理化的基本前提。此外，合理的设计程序也是非常重要的，以下就对产品设计的一般程序进行说明。

（1）确定产品的功能需求、外观　在产品设计的初级阶段，设计者必须列出该产品的目标使用条件和功能要求，然后根据实际，决定设计因子的范围，以避免在稍后的产品发展阶段造成可能的时间和费用的损失，以下为产品设计的核对内容，它将有助于确认各种设计因子。

1）一般数据包括：

① 产品的功能。

② 产品的组合操作方式。

③ 产品的组合是否可以靠塑料的应用来简化。

④ 在制造和组合上是否可能更为经济有效。

⑤ 所需要的公差。

⑥ 空间限制。

⑦ 界定产品使用寿命。

⑧ 产品质量。

⑨ 是否有承认的规格。

⑩ 是否已经有类似的应用。

2）结构方面需要考虑：

① 使用负载的状况。

② 使用负载的大小。

③ 使用负载的期限。

④ 变形的容许量。

3）环境方面需要考虑：

① 使用的温度环境。

② 化学物品或溶剂的使用或接触。

③ 湿度环境。

④ 在该种环境中的使用期限。

4）外观方面需要考虑：

① 外形。

② 颜色。

③ 表面加工如咬花、涂装等。

5）经济因素方面需要考虑：

① 产品预估价格。

② 目前所设计产品的价格。

③ 降低成本的可能性。

（2）绘制预备性的设计图　当产品的功能需求、外观被确定以后，设计者可以根据选定的塑料材料的性质，开始绘制预备性的产品图，以作为先期估价及原型模型制作的参考。

（3）制作原型模型　原型模型可以使设计者看到所设计产品的实体，并且实际地核对其工程设计。原型模型的制作一般有两种形式：第一种是利用板状或棒状材料依图加工再接合成完整的模型，采用这种方式制作模型，经济快速，但是缺点是量少，而且较难进行结构测试；另一种方式，是利用专用模具，这种方式可少量生产，需花费较高的模具费用，而且所用的时间较长，但是，所制作的产品更类似于真正量产的产品，可进行一般的工程测试，而且其成型经验将有助于根据需要对实际的模具制作、成型作正确的修正或评估。

（4）产品测试　每一个设计都必须在原型模型阶段接受一些测试，以核对设计时的计算、假想与实体之间的差异。

产品在使用时所需要做的一些测试，大部分都可以借助原型模型进行有效的测试。此时，应面对所有的设计功能要求，并且应能够形成一个完整的设计评估。

仿真使用测试通常在模型产品阶段就必须开始，这种测试的价值，取决于使用状态被模拟的程度。

（5）设计的再核对与修正　对设计的核对将有助于回答一些根本的问题：所设计的产品是否达到预期的效果？价格是否合理？此时，为了生产的经济性或是为了重要的功能和外形的改变，许多产品的设计必须进行改善。当然，设计上的重大改变，可能导致需要进行完整的重新评估。假如所有的设计都经过这种仔细核对，则在这个阶段就能够建立产品的细节和规格。

（6）制定重要规格　规格的目的在于消除生产时的偏差，以便产品符合外观、功能和经济的要求，规格上必须明确说明产品所必须符合的要求，它应该包括制造方法、尺寸公差、表面加工、分型面位置、飞边、变形、颜色以及测试规格等。

（7）开模生产　制定规格之后，就可以开始设计和制造模具了，模具的设计必须谨慎并咨询专家的意见，因为不适当的模具设计和制造，将会使得生产费用提高、效率降低，并且可能造成质量问题。

（8）质量的控制　对照一个已有的标准，对产品的规律检测，是良好的检测方法，而检测表应该列出所有应该检测的项目。另外，相关人员如品管人员及设计人员应与成型厂联合制定一个质量管理的程序，以利于产品符合规格的要求。

3.1.2　注塑缺陷分析

在注塑成型过程中，存在很多内在或者外在的因素影响塑料产品的质量稳定。避免产品缺陷的产生一般取决于注塑机成型稳定性、模具设计与质量、原料以及人员操作方法四大生产因素。下面对常见的注塑产品缺陷进行介绍和分析。

1. 欠注

欠注是指注料未完全充满模具型腔而导致制件不完整的现象，通常发生在薄壁区域或远离浇口的区域。对于有些内部不重要又不影响美观的欠注可不用调整，若调整可能导致飞边的出现。欠注如图 3-1 所示。

2. 凹陷及缩痕

凹陷是指塑件表面局部下凹，它通常发生在厚壁、筋、柱位及嵌件上。缩痕是由于材料在厚壁部分的局部收缩没有得到补偿而引起的，当表层材料冷却固化后，内层材料才开始冷却，在冷却收缩过程中将表层材料内拉从而产生缩痕。

产生凹陷及缩痕的主要原因大部分与欠注相同，此外还有熔料温度和模具温度过高以及塑件局部特征不理想的原因。缩痕如图 3-2 所示。

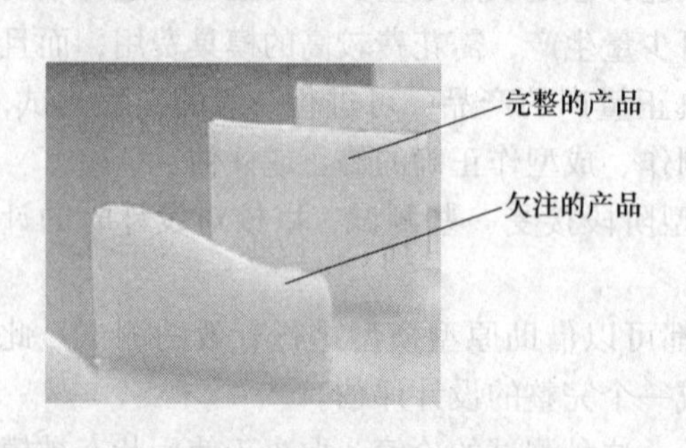

图 3-1　注塑缺陷：欠注

图 3-2　注塑缺陷：缩痕

3. 制件粘模

制件粘膜是指在开模或脱模时，成型制件部分或整体粘附于型腔或型芯上，不能推出或取出。粘模的现象一般有两种：一是在开模时制件已粘在母模型腔上；二是模具开模完成后，在脱模过程中制件抱住公模芯。制件粘模的主要原因是注射过度或有脱模倒角。制件粘模如图 3-3 所示。

4. 流道粘模

流道粘模是指模具浇注系统凝料脱模时不能有效地从模具脱出，流道也同制件一样，需要进行有效的脱模设计，以利于其自动掉落或取出。

5. 飞边[㊀]

飞边是指产品成型时，因分型面或配合间隙的原因，在边缘处产生的多余塑料，又称为飞边。飞边虽然不是大缺陷，但不及时修理，会造成飞边扩大和增加后处理工作，对降低生产成本显然不利，如图 3-4 所示。

图 3-3 注塑缺陷：制件粘模

图 3-4 注塑缺陷：飞边

6. 冷胶

冷胶是指制件表面出现的未彻底熔化的胶粒状物，也称为胶屎。冷胶是严重影响制件外观的缺陷，也影响涂装和电镀效果。

冷胶的成因比较简单，只与模具有关。例如，若型腔内某部位有脱模倒角，在脱模时被倒角刮削出的胶屑留在型腔内，或型腔因活动部件间隙大而产生飞边，在脱模时飞边被分离在型腔内，两者都会在下一次注塑成型时粘连在制件表面上，从而形成冷胶，并周而复始地出现，如图 3-5 所示。

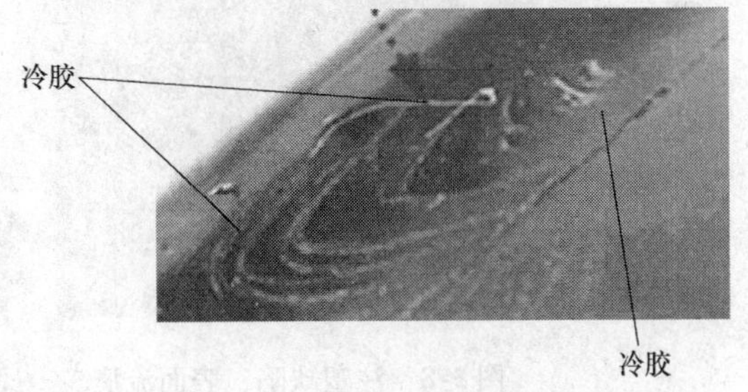

图 3-5 注塑缺陷：冷胶

7. 混色

混色是指制件表面出现的色泽不同且形如大理石纹的黑白色或灰白色纹，也称为黑纹。这是比较常见的着色制件缺陷，主要是由着色剂或原料塑化不良所造成的，如图 3-6 所示。

8. 熔接痕明显

熔接痕又称为熔合纹、夹水线。几乎所有的塑料制件在注塑成型中，都会产生熔接痕，差别只是在于大小、深浅或长短上。熔接痕产生的原因是：注射时遇到嵌件、空洞、柱状物等，导致料流破开，然后料流又重新汇合，或多浇口注射时形成的多股流汇合。有些是由于浇口设计不当，致使料流最后的熔合位置处在表面上而形成熔接痕，如图 3-7 所示。

㊀ 飞边俗称披锋。

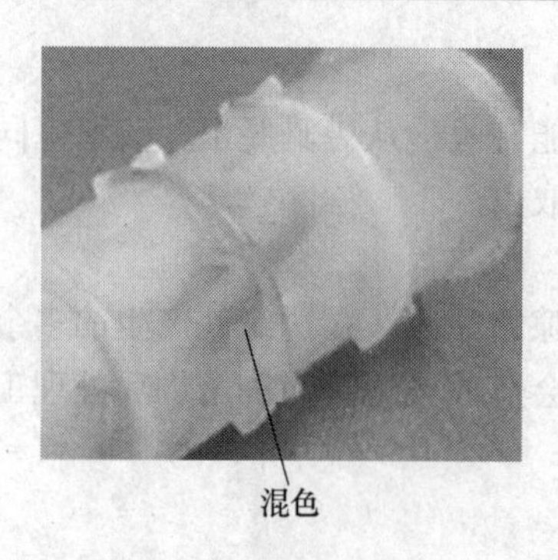

图 3-6 注塑缺陷：混色

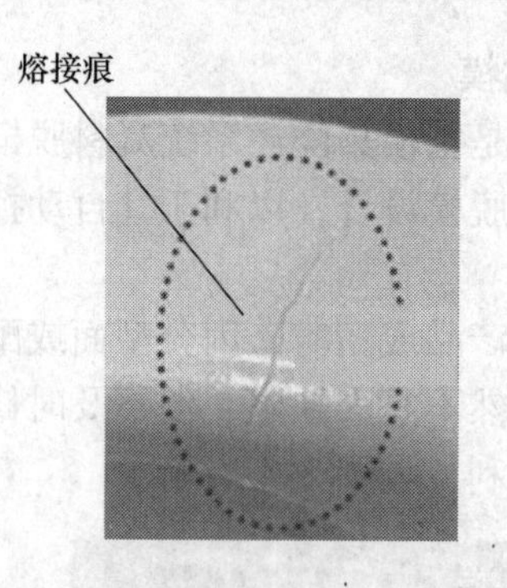

图 3-7 注塑缺陷：熔接痕

9. 表面流痕

流痕是指塑件表面出现的局部熔合不良的沟状纹，如常见的 V 形纹、U 形纹、W 形纹流痕等，其主要出现在几何形状复杂的塑件表面，如图 3-8 所示。

10. 振纹

振纹是指塑件表面在料流方向上出现的密集、粗糙波纹，也称为白斑。充模过程中熔料表层因受型腔的冷却作用而黏度上升，缺乏足够的注射压力推动，流动性不够，出现不连续的塑料滞留是出现振纹的主要原因，如图 3-9 所示。

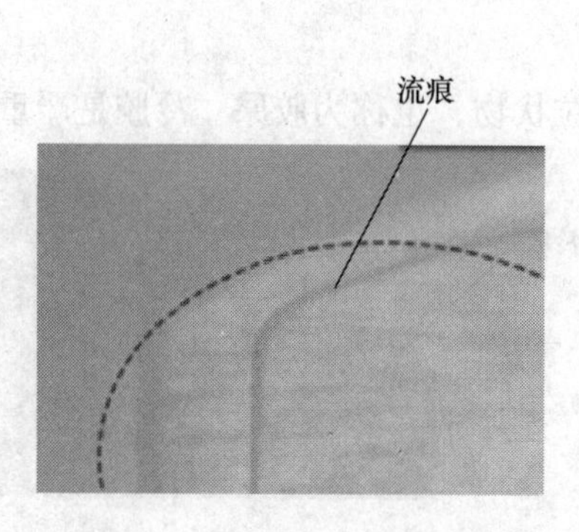

图 3-8 注塑缺陷：表面流痕

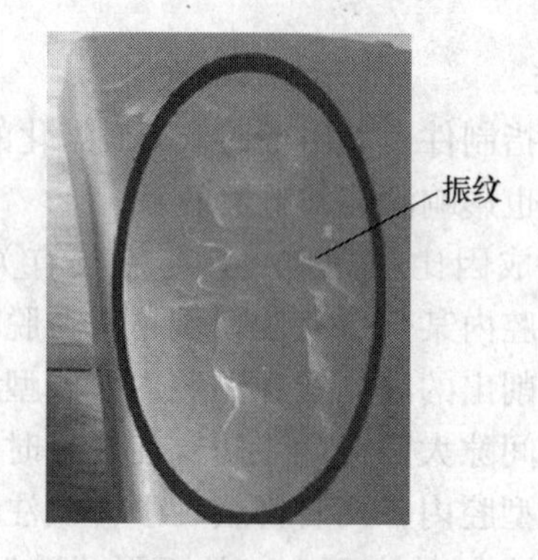

图 3-9 注塑缺陷：振纹

11. 银纹、气泡

成型过程中，在制件表面的料流方向上出现一连串银白色及大小不等的点状泡点，即气泡。可用手指甲刮开泡点皮的就称为银纹。银纹也是气泡的表现形式，银纹产生的主要原因是注射过程受到气体的干扰，干扰成分有水汽、塑料分解气或添加剂分解气。从成泡的程度上来说，银纹只是中等程度，还有比银纹更细小的气泡，习惯上称为麻点。因气体受困在厚壁内形成的比银纹更加大的气泡，或是厚壁处因自由收缩而形成的真空气泡，都称之为气泡或空穴。银纹和气泡如图 3-10 所示。

12. 黑点、焦纹

黑点是塑料产品常见的外观缺点，不属于缺陷，通常以分散的小点形式出现，常以黑点的大小及数量来衡量其可接受的程度。而焦纹的出现则表示塑料出现了局部过热焦化反应，轻者以黄褐色粒状或线状出现，俗称焦纹；重者就变成黑色的线状纹，俗称黑纹。黑点与焦纹的成因主要是原料不清洁，或塑料过热焦化以及碳化。黑点与焦纹如图 3-11 所示。

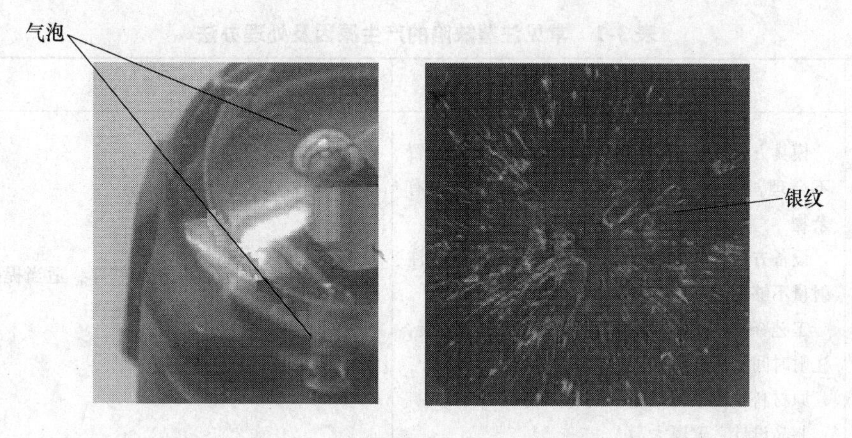

图3-10　注塑缺陷：银纹和气泡

13. 制件变形

变形是指成型产品的使用性不符合产品设计所要求的形状和尺寸。在注塑成型过程中，因塑料流动方向的收缩率比垂直方向大，使各个方向的收缩性不同而不可避免地产生扭曲或翘曲。常从模具设计、原料使用、成型工艺和后纠正工艺这4个方面来调整制件变形。制件变形如图3-12所示。

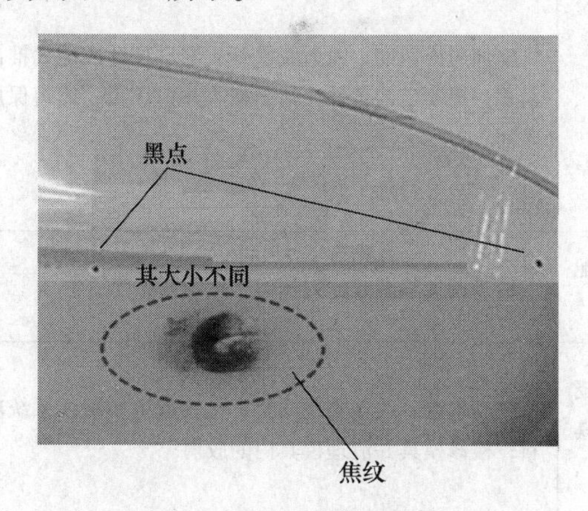

图3-11　注塑缺陷：黑点与焦纹

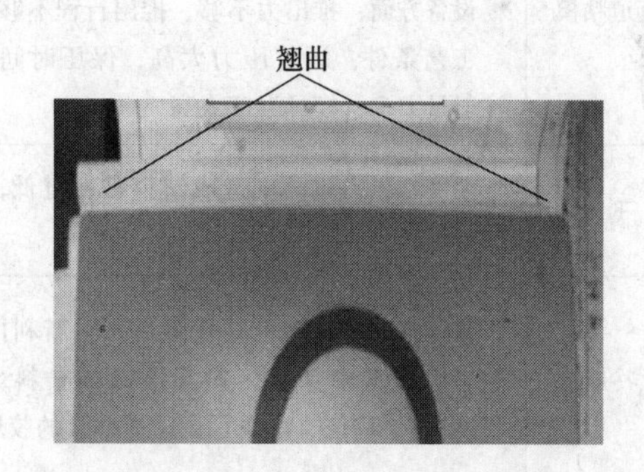

图3-12　注塑缺陷：制件变形

14. 顶白

在注塑过程中，若料温太高、冷却时间太长使得产品收缩太大，则会使产品包在型芯上的力变大，而此时若顶针太少且直径过小，就会造成推出时应力集中，从而造成发白的现象，称为顶白，如图3-13所示。

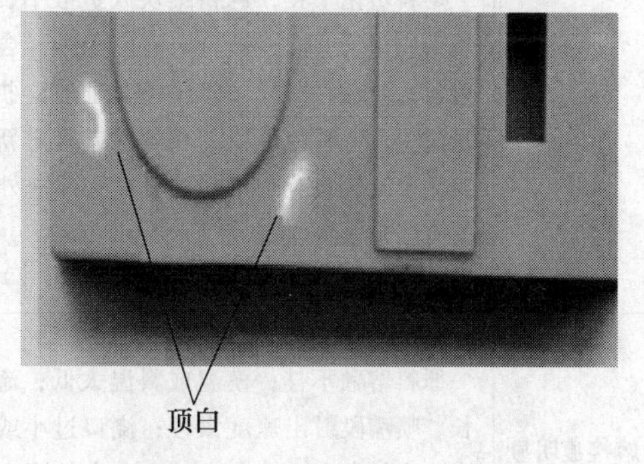

图3-13　注塑缺陷：顶白

由上述常见注塑缺陷介绍可以发现在实际的模具设计、模具制造及产品生产过程中，有很多原因可以造成产品缺陷，但这些缺陷是可以通过一系列的工艺来克服的，这些工艺来自多个方面，具体见表3-1。

表3-1 常见注塑缺陷的产生原因及处理办法

注塑缺陷	原因分析	改善办法
欠注	模具方面：流道太小，浇口太小，浇口位置不合理，排气不良，冷料穴太小，型腔内有杂物 设备方面：注射压力太低，加料量不足，注射量不够，喷嘴中有异物 工艺条件：塑化温度太低，注射速度太慢，注射时间太短，喷嘴温度太低，模温太低 原材料：流动性太差，混有异物 制品设计：壁厚太薄	改善模具结构，优化制品壁厚，适当提高料温或注射压力，促使塑料的流动性提高
凹陷及缩痕	模具进料量不足，熔料量不够，射出压力太高，保压不足，注射时间太短，注射速度太慢或太快，成品骨位过厚，冷却时间不够，模具温度过高或不当	增大注射量；提高注射压力；提高保压压力或延长保压时间；延长注射时间，薄壁加快注射速度，厚壁减慢注射速度；改良产品设计；适当延长冷却时间；调整模温
制件粘模、流道粘模	模具方面，无脱模斜度，表面粗糙度太大，推出方式不当，配合精度不当，进、排气不良，模板变形 设备方面：推出力不够，推出行程不够 工艺条件：注射压力太高，保压时间太长，注射量太多，模具温度太高	增加脱模斜度，喷射脱模剂；增设顶针或加大推出面积；更改工艺条件，适当减小注射压力，缩短保压时间
飞边	温度、压力过高，造成塑料黏度过低；装配间隙过大	适当调低料温或注射压力，使塑料黏度适中
冷胶	流道有冷料，熔料塑化不良，重新利用的浇注系统凝料中含有熔融温度高的杂料，模具（顶针位、柱位、滑块）内留有残余的胶屑	提高料温，改善塑化质量；检查或更换浇注系统凝料；检修模具并清理模具内的胶屑
混色	熔料塑化不良，色粉结块或扩散不良，料温偏低或背压太低，机筒未清洗干净（含有其他残料），注射螺杆、机筒内壁有损伤，扩散剂用量过少，塑料与色粉的相容性差，重新利用的浇注系统凝料有杂色料，喷嘴头部（外面）滞留有残余熔料	改善塑化状况，提高塑化质量；研磨色粉或更换色粉；提高料温及背压和螺杆转速；彻底清洗熔料筒（必要时使用螺杆清洗剂）；检修或更换损伤的螺杆、机筒或机台；适当增加扩散剂用量或更换扩散剂；更换塑料或色粉（也可适量添加浇注系统凝料）；检查、更换原料或浇注系统凝料；清理喷嘴外面的余料
熔接痕明显	原料熔融不佳；模温或料温太低；流道太细长，喷嘴段射出速度太慢；浇口过小或位置不当；冷料穴太小或太少；流道太长或太细（造成熔料易冷）；熔料流动性差	提高机筒温度，提高背压，提高螺杆转速，提高模温或料温，提高喷嘴段的射出速度，加大浇口或改变浇口位置，增开或加大冷料穴，改短或加粗流道，改用流动性好的塑料

（续）

注塑缺陷	原因分析	改善办法
表面流痕	模具方面：浇口太小，浇口数量少，流道、浇口粗糙，型腔表面粗糙度大冷料穴太小 设备方面：温控系统失灵，液压泵压力下降，塑化能力不足 工艺条件：料温太低，未完全塑化；注射速度过低；注射压力不够；模温太低；注射量不足 原材料：含挥发物太多，流动性太差，混入杂料	提高注射压力，提高模具温度，提高成型温度
振纹		
银纹、气泡	原料含有水分，料温过高导致原料分解，原料中的其他添加剂降解，色粉分解，机筒内有空气，浇口太小或位置不当，模具排气不良，熔料残留量过大，下料口料温过高	彻底烘干原料，提高背压；降低料温；减少添加剂用量或更换添加剂；选用耐高温的色粉；减慢转速，提高背压；加大浇口，改善模具排气；减少残料量；检查下料口处冷却水，降低此处温度
黑点、焦纹	原料过热，分解的部分附在机筒内壁；原料中混有异物或烘料桶未清理；外界灰尘污染；色粉扩散不良，造成凝结点；浇注系统凝料不纯或污染	降低料温，减少残量，降低螺杆转速、背压；检查原料，彻底清理烘料桶；检查喷嘴、机筒、螺杆有无磨损，清洗机筒；增加扩散剂用量或换更好的扩散剂；控制好浇注系统凝料
制件变形	料温不当，模温不均，冷却时间不足，浇口进料不均	优化注塑工艺，采用必要的后纠正工艺
顶白	模温太低，推出速度过快，有脱模倒角，成品推出不平衡，顶针数量不足或位置不当，脱模时模具产生真空现象，成品骨位、柱位粗糙，注射压力及保压压力过大，成品公模脱模斜度过小，侧滑块动作时间或位置不当，顶针面积太小或推出速度过快，注塑机最后一段的注射速度过快	升高模温，减慢推出速度，检修模具，增加顶针数量或改变顶针位置，清理顶针孔内的污渍以改善进气效果，打磨各骨位及柱位，适当降低注射压力及保压压力，增大公模脱模斜度，增大顶针面积或减慢推出速度，减慢最后一段的注射速度

3.2　塑料产品的典型结构及相关工艺要求

产品结构不合理，会造成模具制造和产品成型的困难，模具工程师应对产品结构提出改进方案，并告知产品设计人员，由其确认。在本章前一节注塑缺陷分析中提到了很多塑料产品上典型结构的专用名称，下面就介绍相关塑料产品的典型结构。

产品结构主要涉及以下几方面：满足注塑工艺要求的产品结构，满足模具合理化设计要求的产品结构，满足产品装配要求的产品结构，满足表面要求的产品结构。

3.2.1　满足注塑工艺要求的产品结构

由前一节可知，产品在生产中会产生凹陷、黑点、焦纹、变形等工艺性问题，这些问题与产品的局部壁厚、浇口设置、冷却等因素有关。产品结构的工艺性分析主要涉及以下几种典型结构。

1. 壁厚

壁厚指产品的壳体厚度，产品壁厚应均匀一致，避免突变和截面厚薄悬殊的设计，否则会引起收缩不均，使塑件表面产生缺陷。

产品壁厚一般在 1 ~6mm 范围内，最常用壁厚值为 1.8 ~3mm，其值依塑件类型及塑件大小而定。过大或过小的壁厚都可能造成缺陷，如图 3-14 所示。

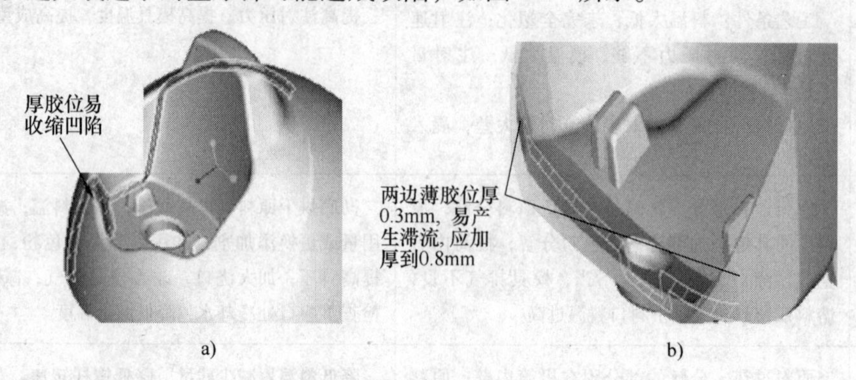

图 3-14　产品壁厚缺陷举例

另外产品壁厚还与熔体充模流程有密切的关系，充模流程是指熔料从浇口起流向型腔各处的距离。在常规工艺条件下，充模流程与塑件壁厚成正比。塑件壁厚越大，则允许的最大流程越长。可利用相关资料（如《塑料模具技术手册》）中的关系式或图表校核塑件成型的可能性。

壁厚不均常会产生如下问题。

1）局部厚胶位如图 3-14a 所示，易产生表面收缩凹陷。

2）如图 3-14b 所示，塑件两边薄胶位易产生成型滞流现象。

3）止口位如图 3-15 所示，壁厚采用渐变方法以消除表面白印，且产品内部拐角位增加圆角可使壁厚均匀。

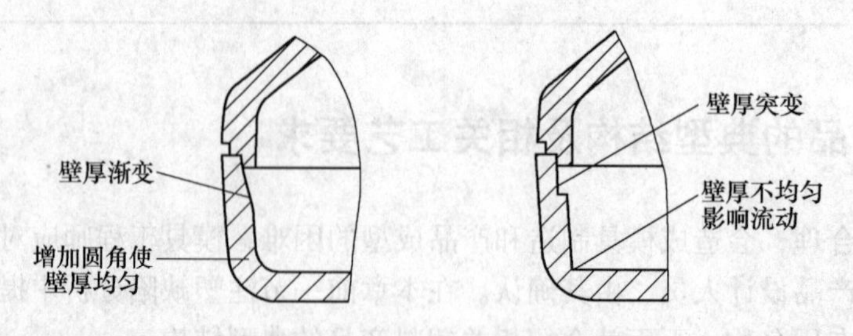

图 3-15　产品止口位壁厚的修改

4）如图 3-16 所示，产品平面中间凹位过深，实际成型产品产生拱形变形，解决变形的方法是减小凹位深度，使壁厚尽量均匀。

5）如图 3-17 所示，尖角位容易产生应力集中，生产的产品表面易产生烘印缺陷，加圆角过渡可避免烘印。

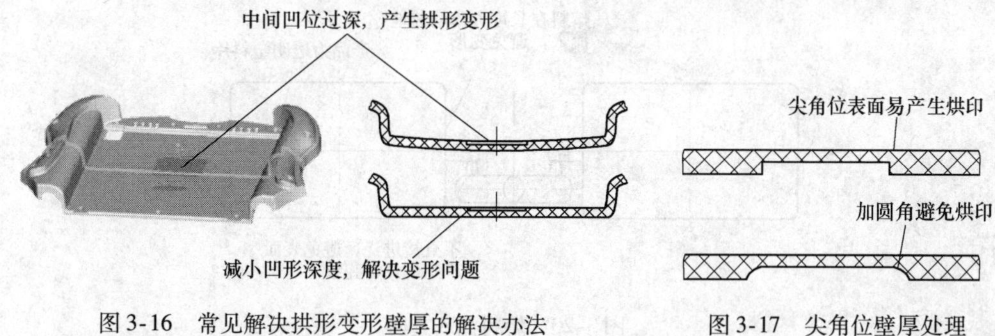

图3-16　常见解决拱形变形壁厚的解决办法　　图3-17　尖角位壁厚处理

2.（筋）骨位

为确保塑料产品的强度和刚度，又不致使产品的壁厚增厚，在产品的适当部位设置加强筋，不仅可以避免塑件的变形，在某些情况下，加强筋还可以改善塑件成型中的塑料流动情况，这种加强筋称为骨位。

由于骨位与产品壳体连接处易产生外观凹陷，所以，要求骨位厚度应不大于0.5t（t为塑件壁厚），一般骨位厚度为0.8~1.2mm。当骨位深15mm以上时，易产生熔料流动困难、困气，模具上应相应地制作镶件，也方便后期打磨与排气，且骨位根部与顶部厚度差不小于0.2mm。若骨深15mm以下，脱模斜度应在0.5°以上。骨位如图3-18所示。

3. 浇口

产品浇口位置和进浇形式的选择，将直接关系到产品的成型质量和注射过程能否顺利进行。对于产品的浇口位置和形式，应进行分析确定（详见第6章内容）；对于客户产品资料中已确定的浇口，也需进行分析，对不妥之处提出建议。

浇口的设置原则如下：

1）保证熔料的流动前沿能同时到达型腔末端，并使其流程为最短，如图3-19所示。

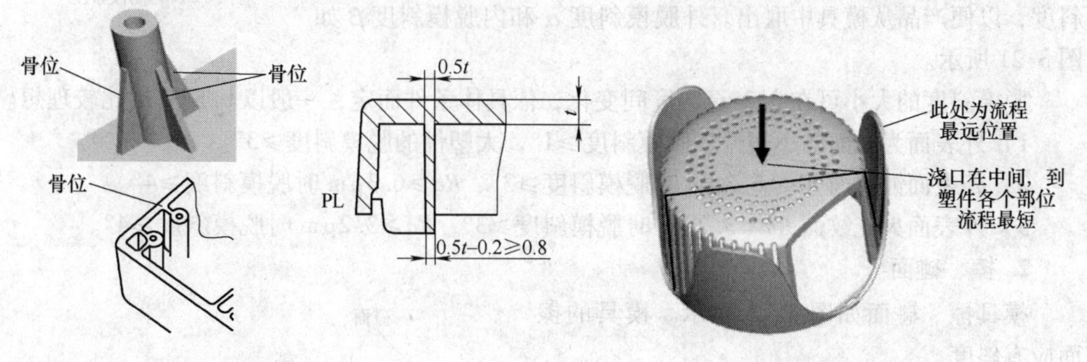

图3-18　骨位　　图3-19　浇口设置

2）浇口位置应保证先从壁厚较厚的部位进料，以利于保压，减少压力损失。

3）型腔内如有小型芯或嵌件，则应避免直接冲击，以防止变形。

4）浇口应设置在产品上容易清除的部位，以便于修整，不影响产品的外观。

5）有利于型腔内排气，使型腔内气体挤入分型面附近。

6）应使熔料流入型腔时，能沿着型腔平行方向均匀地流入，避免熔料流动各向异性，以避免塑件出现翘曲变形、应力开裂现象，如图3-20所示。

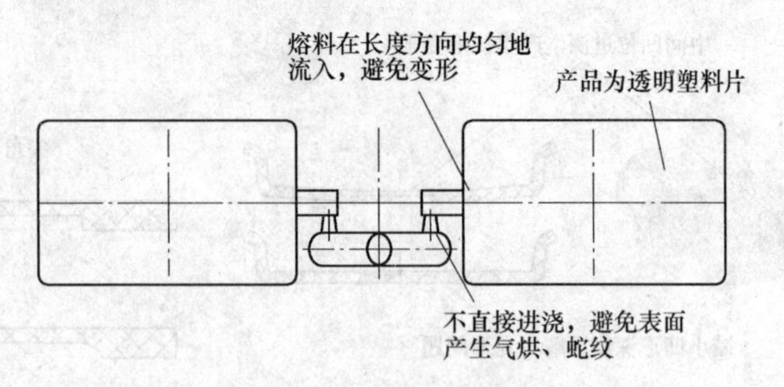

图 3-20 熔料流入方向

3.2.2 满足模具合理化设计要求的产品结构

分析产品结构是否符合成型和脱模的要求时，可从如下几方面进行：脱模斜度、擦碰位、行位、斜顶、尖薄钢位。

1. 脱模斜度

由于塑料产品成型时冷却过程中产生收缩，使其紧箍在公模或型芯上，为了便于脱模，防止因脱模力过大而拉坏塑件或造成其表面受损，与脱模方向平行的塑件外表面都应具有合理的斜度，这个斜度称为脱模斜度。

产品内、外壁面都应有脱模斜度，若只有内壁面有脱模斜度，则脱模时制品将粘附在母模表面。若只有外壁面有脱模斜度，则脱模时制品将粘附在公模表面。

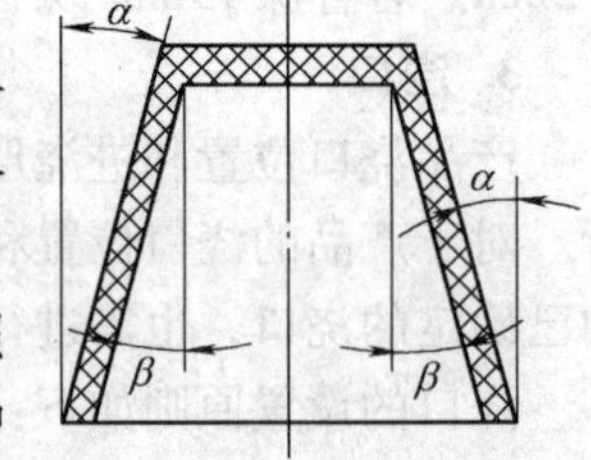

图 3-21 脱模斜度

脱模斜度大小的确定没有一定的准则，多数是凭经验和依照产品的深度来决定，此外，还要考虑成型方式、壁厚和塑料的种类。一般来讲，模塑产品的任何一个侧壁，都需要有一定的脱模斜度，以便产品从模具中取出。外脱模斜度 α 和内脱模斜度 β 如图 3-21 所示。

脱模斜度的大小可在 0.2°至数度间变化，依具体条件而定，一般以 0.5°~1°比较理想。

1）外表面为光面的小塑件，脱模斜度≥1°，大塑件的脱模斜度≥3°。

2）外表面蚀纹面 $Ra<6.3\mu m$ 时脱模斜度≥3°，$Ra \geq 6.3\mu m$ 时脱模斜度≥4°。

3）外表面火花纹面 $Ra<3.2\mu m$ 时脱模斜度≥3°，$Ra \geq 3.2\mu m$ 时脱模斜度≥4°。

2. 擦、碰面

模具擦、碰面如图 3-22 所示。模具的擦面应有斜度。

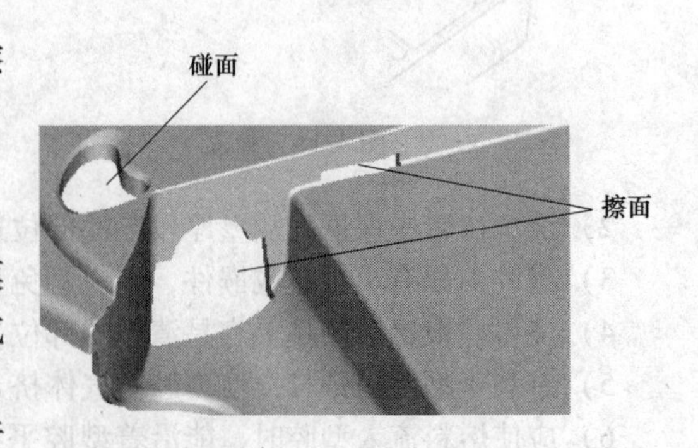

图 3-22 模具擦、碰面

3. 行位、斜顶

在第 2 章的内容中，提到了产品的死角，产品侧壁有凹凸形状、侧孔和扣位时，要求模具开模推出产品前必须将侧向型芯抽出，完成此功能的机构称为行位。若产品内侧有凹槽，需要较大的推出行程，此时可采用内行位。行位如图 3-23 所示。

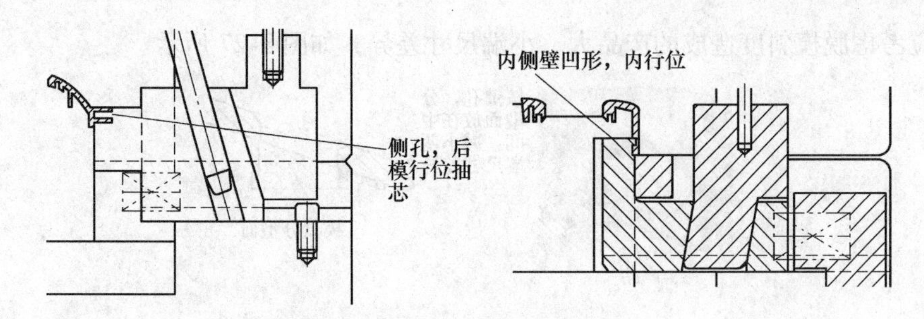

图3-23　行位

另外，如第2章中所述，利用斜向推出，使推出和抽芯同时完成的推出机构称为斜顶。对于塑件上需要抽芯的部位，当行位空间不够时，可利用斜顶机构完成。斜顶机构如图3-24所示，要注意防止推出干涉。在斜顶机构中，斜向推出行程应大于抽芯距离（$B>H$）。

4. 分型面（PL面）

一般来说，模具都由两大部分组成：公模和母模。分型面是指两者在闭合状态时能接触的部分。

分析产品的分型面时应注意以下几点。

1）应按塑件外观要求，确定表面分型线（PL）位置，如图3-25所示，这样有助于分析模具设计中分型是否产生倒角，造成分型失败。

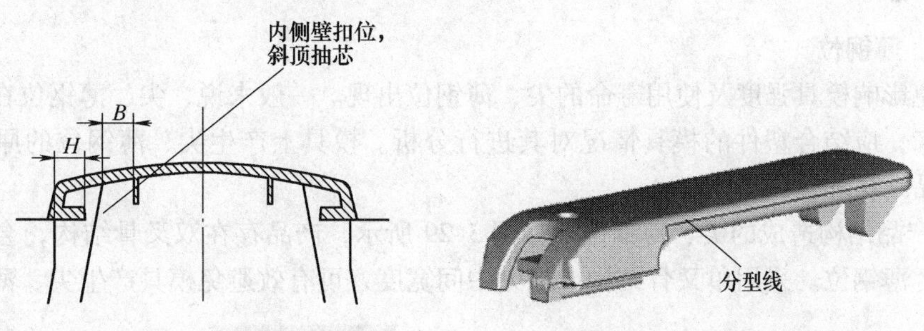

图3-24　斜顶机构　　　　图3-25　确定表面分型线

2）应将产品上有同轴度要求或易错位的部分，放置分型面的同一侧，如图3-26所示。

产品表面穿孔与沉孔处于PL同一侧，有效防止成型时台阶边错位

分型面处于沉孔底面，造成穿孔与沉孔处于分型面两侧，易产生模具积累误差，造成两孔错位

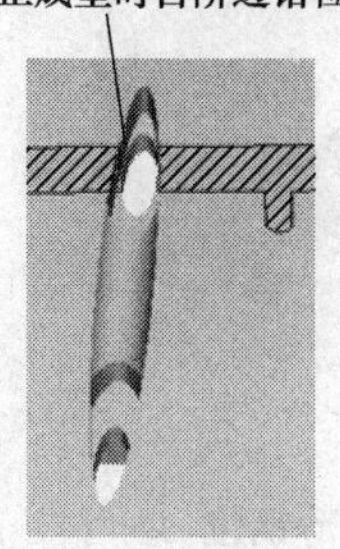

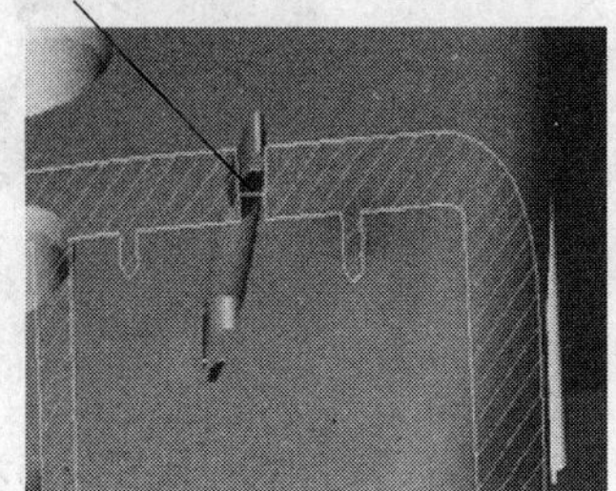

图3-26　塑件的分型面选择示例

3）应考虑脱模斜度造成的产品大、小端尺寸差异，如图3-27所示。

图3-27　选择分型面减小尺寸差异

4）确定产品在模具内的方位，尽量避免分型面上产生侧孔或侧凹，以避免采用复杂的模具结构，如图3-28所示。

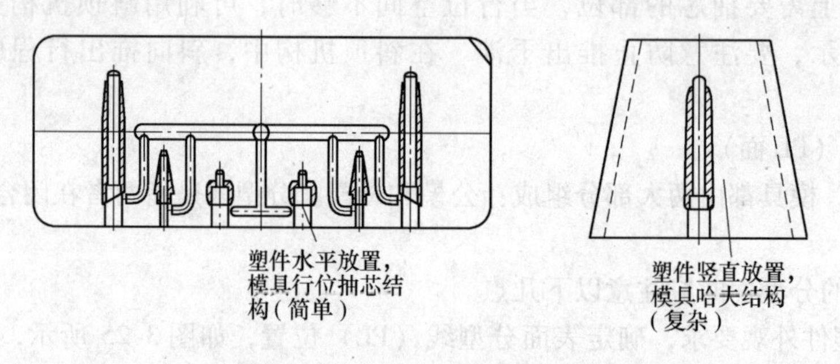

图3-28　产品分型避免复杂的模具结构

5. 尖、薄钢位

应避免影响模具强度及使用寿命的尖、薄钢位出现。一般来说，尖、薄钢位在产品上不易表现出来，应结合塑件的模具情况对其进行分析。模具上产生尖、薄钢位的原因有两方面——产品结构和模具结构。

（1）产品结构造成的尖、薄钢位　如图3-29所示，产品存在双叉骨结构，会造成模具上产生尖、薄钢位。采用单叉骨结构或加大中间宽度，可有效避免模具产生尖、薄钢位。

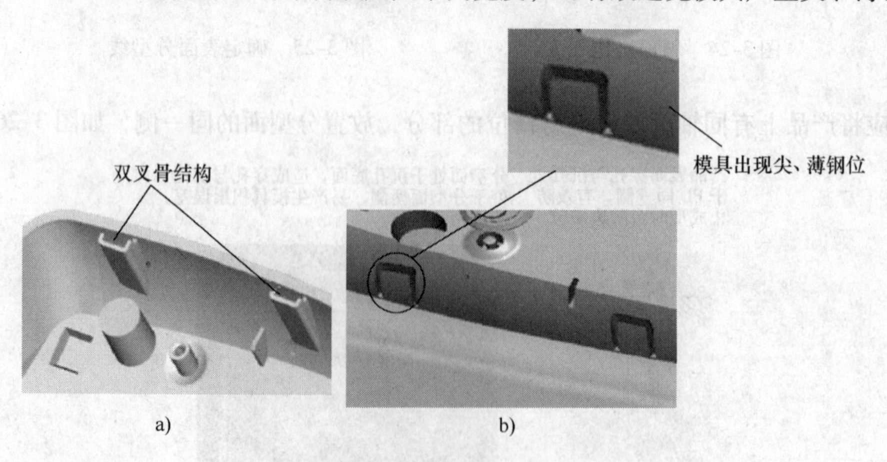

图3-29　产品结构造成尖、薄钢位

a）产品图　b）模具图

（2）模具结构造成的尖、薄钢位 如图3-30所示，与产品边缘圆角处相对应的模具处易出现尖钢位，其模具结构如图3-31所示，采用一般方法分型，出现尖钢位；如图3-32所示，使分型面沿圆弧法线方向可避免尖钢位。

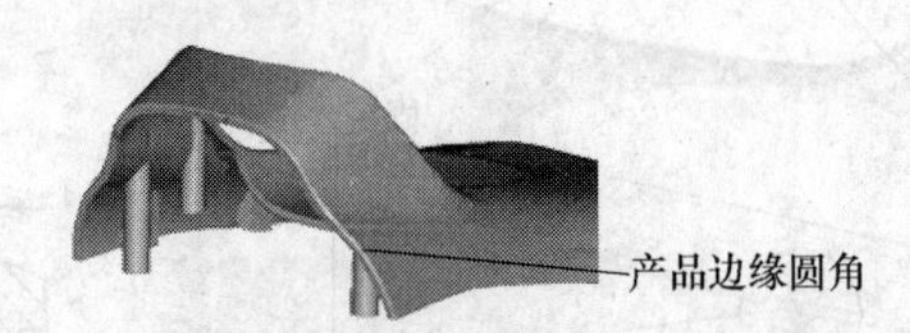

图3-30 产品示意图

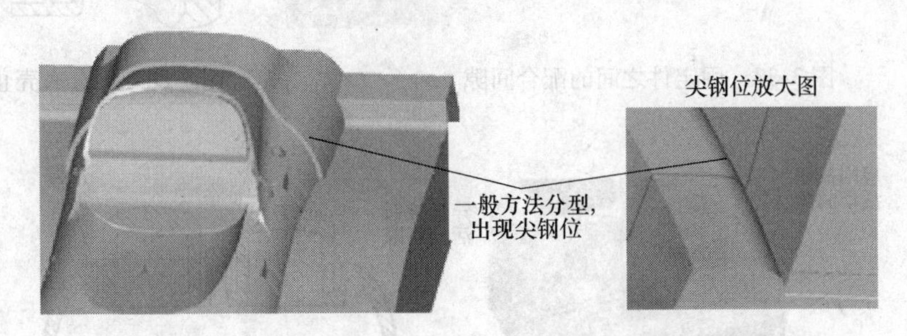

图3-31 一般方法分型出现尖钢位

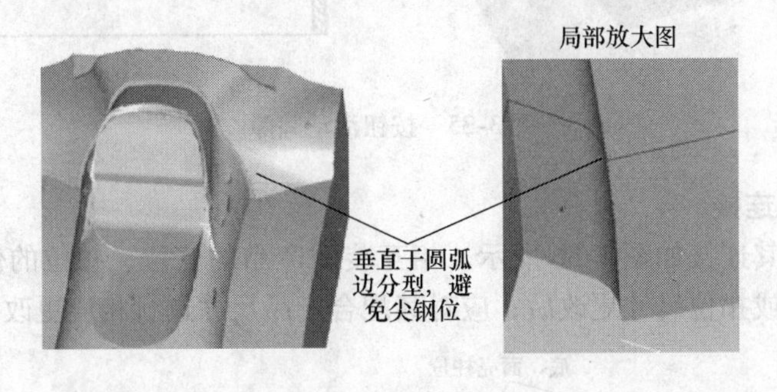

图3-32 避免尖钢位

3.2.3 满足产品装配要求的产品结构

在产品的装配过程中，会对模具制造提出一些产品结构要求，如与其他产品的配合间隙、连接方式等。

1. 装配间隙

各产品之间的装配间隙应均匀，一般产品间隙（单边）如下。

1）固定件之间配合间隙为0～0.1mm，如图3-33所示，这就要求在分析相关装配塑件的时候，应考虑它们之间的尺寸关系。

2）面、底壳止口间隙为0.05～0.1mm，如图3-34所示。

3）规则按钮（$\phi<15$mm）的活动间隙（单边）为0.1～0.2mm，规则按钮（$\phi>15$mm）的活动间隙（单边）为0.15～0.25mm，异形按钮的活动间隙为0.3～0.35mm，如图3-35所示。

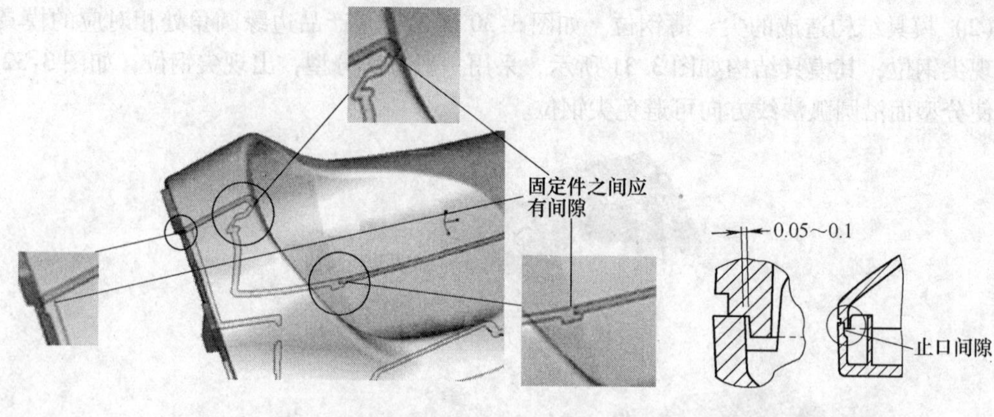

图 3-33　固定件之间的配合间隙

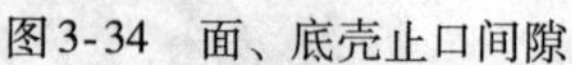

图 3-34　面、底壳止口间隙

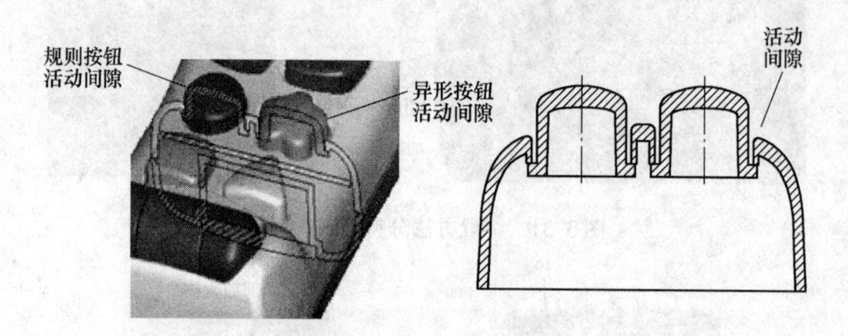

图 3-35　按钮活动间隙

2. 柱位、扣位连接

柱位、扣位及其连接如图 3-36 所示。相互装配产品的柱位、扣位的位置尺寸要保持一致。当产品的柱位或扣位尺寸更改后，应对其配合产品尺寸进行相应更改。

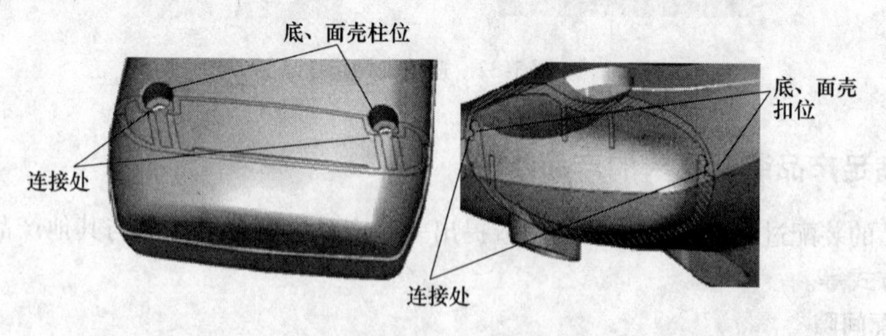

图 3-36　柱位、扣位及其连接

由于柱位根部与产品壳体连接处的壳壁会突然变厚，这时，模具上必须在柱位根部增设骨位，制作火山口结构，避免产品表面产生缩痕，如图 3-37 所示。

常见柱位的火山口结构数据见表 3-2。

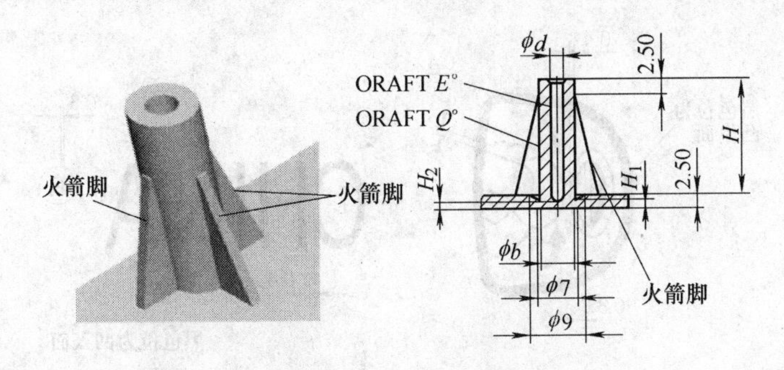

图3-37　火山口结构

表3-2　常见柱位的火山口结构数据　（单位：mm）

螺钉规格	高度 H	φb/Q°	φd/E°	推出方式	火山口直径	火山口底壳厚 H_1	吊针底壳厚 H_2
M3	<20	φ6/0.5°	φ2.4/0.25°	顶针	φ9	1.7	1.3
	≥20	φ6.2/0.25°	φ2.4/0.25°	推管	φ9	1.7	1.3
M2.6	<20	φ5/0.5°	φ2.1/0.25°	顶针	φ9	1.7	1.4
	≥20	φ5.2/0.25°	φ2.1/0.25°	推管	φ9	1.8	1.4

注：1. 平均胶厚为2.5mm，如图3-37所示。

2. 小于M2.6的螺钉柱，原则上不设火山口结构，但吊针底壳厚应为1.2～1.4mm。

3. 有火山口结构的螺钉柱，原则上都应设置火箭脚，以提高强度及利于熔料流动。

3.2.4　满足表面要求的产品结构

表面要求指各产品在装配后，外表面呈现的状况，其产品结构有表面的文字、图案、纹理、外形及安全标准要求等。

1. 文字、图案和浮雕

产品上经常直接模塑出文字和图案，如果客户无特殊要求，一般采用凸形文字和图案。因为产品上的文字和图案为凹形时，模具上则为凸形，这无疑会使模具更加复杂且会提高成本。

模具上文字、图案的制作方法通常有3种：

1）晒文字、图案（也称为化学腐蚀）。

2）电极加工模具，雕刻电极或CNC加工电极。

3）雕刻或CNC加工模具。

若采用电极加工文字、图案，其产品上文字、图案的工艺要求如下：

1）产品上为凸形文字或图案时，凸出的高度以0.2～0.4mm为宜，线条宽度不小于0.3mm，两条线间距离不小于0.4mm，如图3-38a所示。

2）产品上为凹形文字或图案时，凹入的深度为0.2～0.5mm，一般凹入深度取0.3mm为宜，线条宽度不小于0.3mm，两条线间距离不小于0.4mm，如图3-38b所示。

2. 产品外形

产品外形应符合各类型产品的安全标准要求。产品上不应出现锋利的边、尖锐点，对于拐角处的内、外表面，可增加圆角来避免应力集中，提高塑件强度，改善熔料的流动情况。

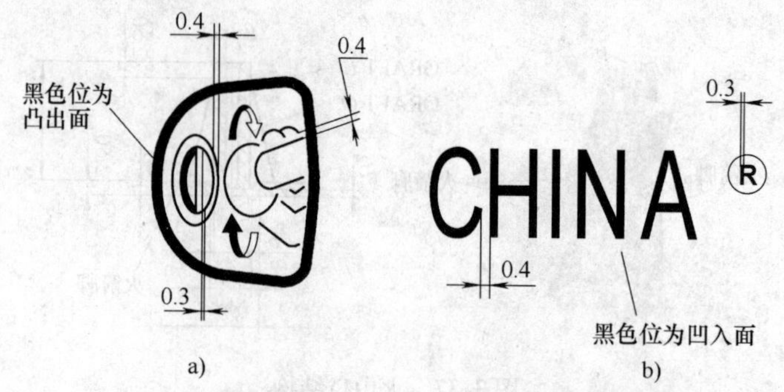

图3-38 文字、图案尺寸要求

3. 表面纹理

产品外观表面通常分为光面或纹面两种，纹面又分为晒纹和火花纹（电极纹）两种。

当产品表面还需要喷油、丝印时，塑件表面应为光面或幼纹面（$Ra<6.3\mu m$），纹面过粗易产生溢油现象。丝印面选在产品凸出或平整部位较好。喷油后的表面，会放大成型时产生的表面痕迹。

3.3 塑料产品结构的优化

3.3.1 壳体厚度优化

按照前面第3.2节中所述内容，在确定壳体厚度时应注意如下问题：

1）壁厚要均匀，厚薄差异尽量控制在基本壁厚的25%以内，整个部件的最小壁厚不得小于0.4mm，且该处背面不能是要求严格的外观面，并要求面积不得大于100mm²。

2）厚度方向上的壳体厚度应尽量控制在1.2～1.4mm，侧面厚度为1.5～1.7mm；外镜片支承面厚度为0.8mm，内镜片支承面厚度最小为0.6mm。

3）电池盖壁厚取0.8～1.0mm。

4）塑料制品的最小壁厚及常用壁厚推荐值见表3-3。

表3-3 塑料制品的最小壁厚及常用壁厚推荐值 （单位：mm）

工程塑料	最小壁厚	小型制品壁厚	中型制品壁厚	大型制品壁厚
尼龙（PA）	0.45	0.76	1.50	2.40～3.20
聚乙烯（PE）	0.60	1.25	1.60	2.40～3.20
聚苯乙烯（PS）	0.75	1.25	1.60	3.20～5.40
有机玻璃（PMMA）	0.80	1.50	2.20	4.00～6.50
聚丙烯（PP）	0.85	1.45	1.75	2.40～3.20
聚碳酸酯（PC）	0.95	1.80	2.30	3.00～4.50
聚甲醛（POM）	0.45	1.40	1.60	2.40～3.20
聚砜（PSU）	0.95	1.80	2.30	3.00～4.50
ABS	0.80	1.50	2.20	2.40～3.20
PC+ABS	0.75	1.50	2.20	2.40～3.20

塑料的成型工艺及使用要求对塑料产品的壁厚都有严格的限制。产品的壁厚过厚，不仅会因用料过多而增加成本，而且也给工艺带来一定的困难，如延长成型时间（硬化时间或冷却时间）。对提高生产效率不利，容易产生气泡、缩孔、凹陷；产品壁厚过薄，则熔融塑料在模具型腔中的流动阻力就大，尤其是会使形状复杂的产品或大型产品成型困难，同时因为壁厚过薄，塑件强度也差。在保证壁厚的情况下，还要使产品壁厚均匀，否则在成型冷却过程中会造成收缩不均，不仅会出现气泡、凹陷和翘曲现象，同时还会在塑件内部产生较大的内应力。设计产品时应避免与薄壁交界处出现锐角，过渡要缓和，厚度应沿着塑料流动的方向逐渐减小。厚度优化分析示例如图3-39所示。

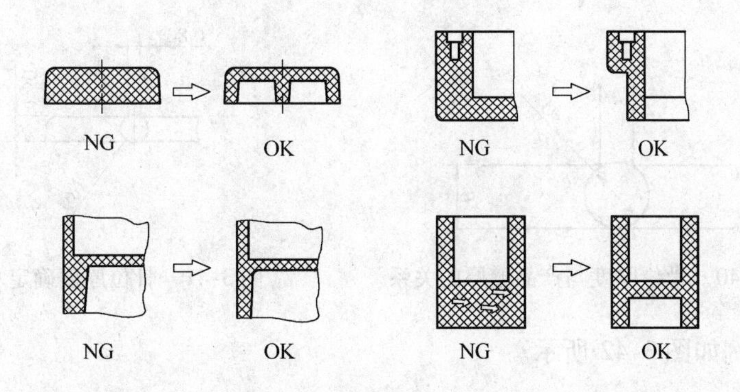

图3-39　厚度优化分析示例

3.3.2　脱模斜度优化

在确定脱模斜度时应注意如下问题。

1）塑件精度要求高的应选用较小的脱模斜度。

2）较高、较大的尺寸应选用较小的脱模斜度。

3）产品的收缩率大的应选用较大的脱模斜度。

4）产品壁厚较厚时，会使成型收缩增大，脱模斜度应采用较大的数值。

5）一般情况下，脱模斜度不包括在塑件公差范围内。

6）透明件的脱模斜度应加大，以免引起划伤。一般情况下，PS料的脱模斜度应大于3°，ABS及PC料的脱模斜度应大于2°。

7）带革纹、经喷砂处理等的塑件侧壁应加3°~5°的脱模斜度，且视具体的咬花深度而定，一般情况下，晒纹版上会清楚地列出可供参考的脱模斜度。咬花深度越深，脱模斜度应越大，推荐值为$1° + H/0.0254°$（H为咬花深度），如121的纹路脱模斜度一般取3°，122的纹路脱模斜度一般取5°。

8）插穿面脱模斜度一般为1°~3°。

9）外壳面脱模斜度不小于3°。

10）除外壳面外，壳体其余特征的脱模斜度以1°为标准脱模斜度。特别的也可以按照下面的原则来取：低于3mm的骨位的脱模斜度取0.5°，3~5mm的骨位取1°，其余取1.5°；低于3mm的腔体的脱模斜度取0.5°，3~5mm的腔体取1°，其余取1.5°。

3.3.3 骨位尺寸优化

在产品的适当部位设置骨位，不仅可以避免产品的变形，在某些情况下，加强筋还可以改善塑料产品成型中的塑料流动情况。为了提高产品的强度和刚性，可以增加骨位的数量，而不宜增大其壁厚。

骨位厚度与产品壁厚的关系如图 3-40 所示，当$\frac{A-B}{B}\times 100\% < 8\%$时，不易收缩水。

骨位厚度确定示例如图 3-41 所示，此时，$\frac{1.61-1.50}{1.50}\times 100\% = 7.3\% < 8.0\%$。

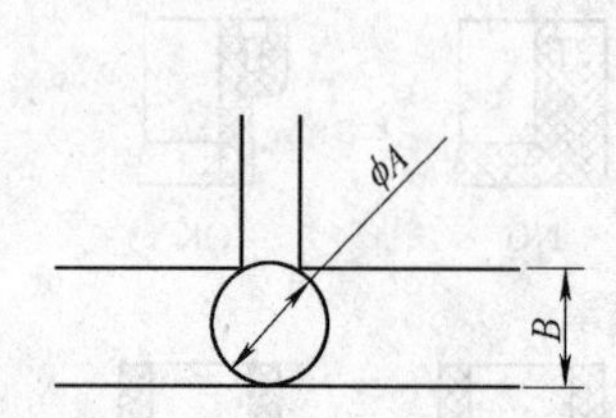

图 3-40 骨位厚度与产品壁厚的关系

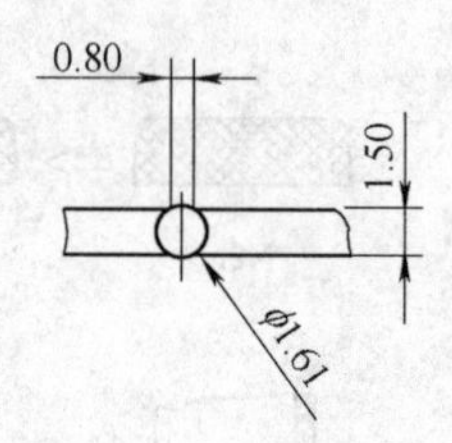

图 3-41 骨位厚度确定示例

骨位设计示例如图 3-42 所示。

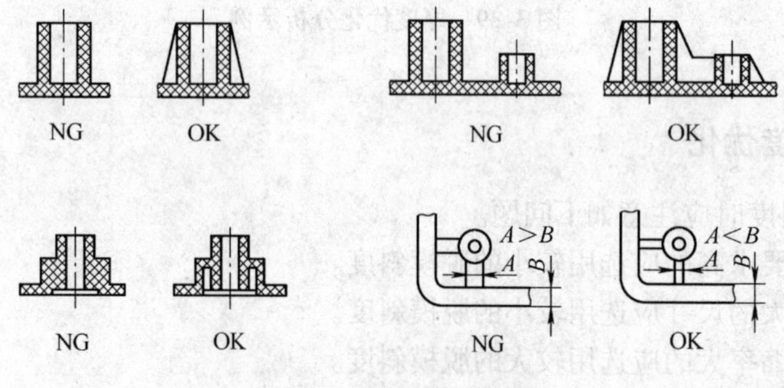

图 3-42 骨位设计示例

3.3.4 柱和孔的尺寸优化

1. 柱位

1）设计柱子时，应考虑产品是否会收缩。

2）为了提高柱子的强度，可在柱子四周追加骨位，骨位的厚度参照图 3-41。

3）柱子收缩的改善方式如图 3-43 所示。改善前柱子的胶太厚，此时，$\frac{3.05-2.80}{2.80}\times 100\% = 8.9\% > 8.0\%$，易收缩，改善后不会收缩。

2. 孔

1）孔与孔之间的距离，一般应取孔径的 2 倍以上。

2）孔与产品边缘之间的距离，一般应取孔径的 3 倍以上，如因塑件设计的限制或作为固定用孔，则可在孔的边缘用凸台来加强。

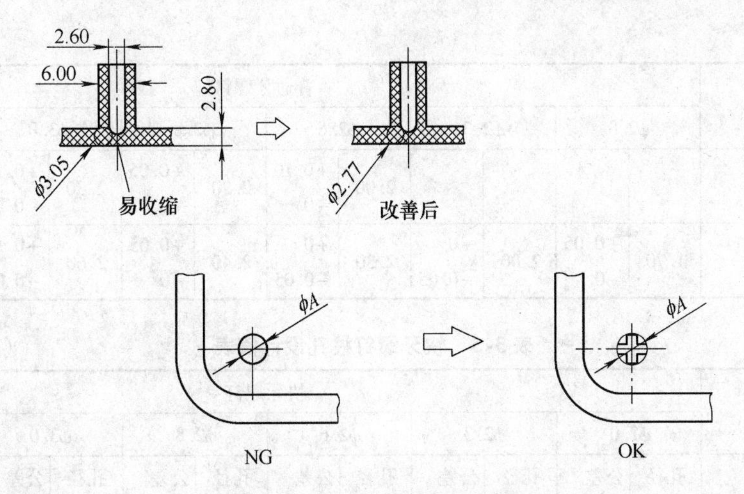

图3-43　柱子收缩的改善方式

3）侧孔的设计应避免有薄壁的断面，否则会产生尖角，易伤手且易出现缺料的现象。孔结构示例如图3-44所示。

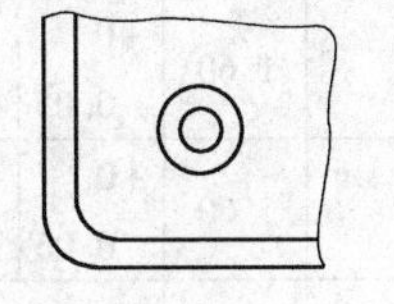

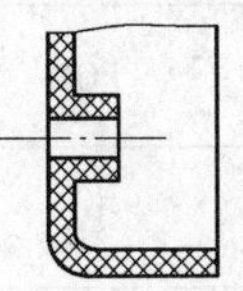

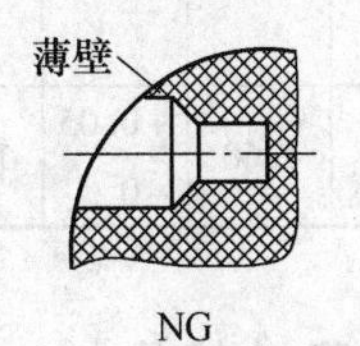

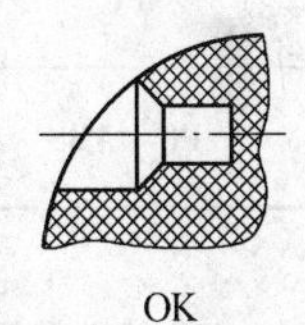

图3-44　孔结构示例

3. 螺钉柱位的尺寸优化

通常采取螺纹加卡扣的方式来固定两个壳体。设计用于自攻螺钉的螺钉柱位时，应遵循其外径为螺钉大径2.0～2.4倍的原则，设计中可以取：

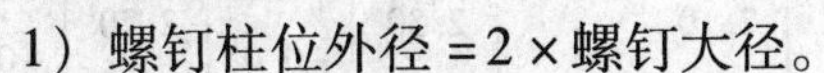

1）螺钉柱位外径=2×螺钉大径。

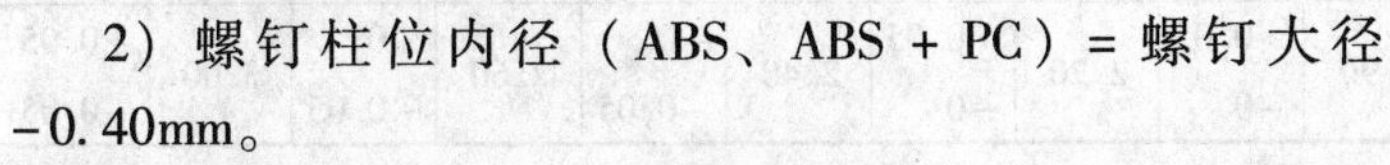

2）螺钉柱位内径（ABS、ABS+PC）=螺钉大径-0.40mm。

3）螺钉柱位内径（PC）=螺钉大径-0.30mm或螺纹柱内径（PC）=螺钉大径-0.35mm（可以先按0.30mm来设计，待测试不能通过时再修模加胶）。

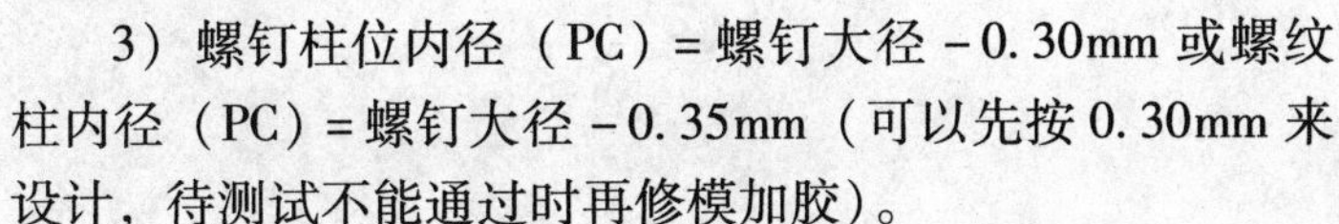

4）两壳体螺钉柱面之间的距离取0.05mm。

5）不同材料、不同螺钉的螺钉柱孔设计值见表3-4、表3-5。

表3-4　普通牙螺钉柱孔设计值表　（单位：mm）

螺钉规格	普通牙螺钉											
	φ2.0		φ2.3		φ2.6		φ2.8		φ3.0		φ3.5	
工程塑料	孔径	公差	孔径	公差	孔径	公差	孔径	公差	孔径	公差	孔径	公差
ABS	1.70	+0 -0.05	1.90	+0.05 -0	2.20	+0 -0.05	2.40	+0 -0.05	2.50	+0.05 -0	2.90	+0.05 -0.05
PC	1.70	+0.05 -0	2.00	+0 -0.05	2.30	+0 -0.05	2.40	+0.05 -0	2.60	+0 -0.05	3.00	+0.05 -0.05
POM	1.60	+0.05 -0	1.80	+0.05 -0	2.10	+0.05 -0	2.30	+0 -0.05	2.40	+005 -0	2.80	+0.10 -0
PA	1.60	+0.05 -0	1.80	+0.05 -0	2.10	+0.05 -0	2.30	+0 -0.05	2.40	+0.05 -0	2.80	+0.10 -0

（续）

螺钉规格	普通牙螺钉											
	φ2.0		φ2.3		φ2.6		φ2.8		φ3.0		φ3.5	
PP					2.00	+0.10 -0	2.20	+0.05 -0.05	2.30	+0.10 -0	2.70	+0.10 -0
PC + ABS	1.70	+0.05 -0	2.00	+0 -0.05	2.30	+0 -0.05	2.40	+0.05 -0	2.60	+0 -0.05	3.00	+0.05 -0.05

表 3-5　快牙螺钉柱孔设计值表　（单位：mm）

螺钉规格	快牙螺钉											
	φ2.0		φ2.3		φ2.6		φ2.8		φ3.0		φ3.5	
工程塑料	孔径	公差	孔径	公差	孔径	公差	孔径	公差	孔径	公差	孔径	公差
ABS	1.60	+0.05 -0	1.90	+0 -0.05	2.10	+0.05 -0	2.30	+0 -0.05	2.50	+0 -0.05	2.90	+0.05 -0.05
PC	1.60	+0.05 -0	1.90	+0.05 -0	2.20	+0.05 -0	2.40	+0 -0.05	2.60	+0 -0.05	3.00	+0.05 -0.05
POM	1.60	+0 -0.05	1.80	+0.05 -0	2.00	+0.05 -0	2.20	+0.05 -0	2.40	+0.05 -0	2.80	+0.05 -0
PA	1.60	+0 -0.05	1.80	+0.05 -0	2.00	+0.05 -0	2.20	+0.05 -0	2.40	+0.05 -0	2.80	+0.05 -0
PP					2.00	+0.05 -0	2.10	+0.10 -0	2.30	+0.05 -0.05	2.70	+0.05 -0.05
PC + ABS	1.60	+0.05 -0	1.90	+0.05 -0	2.20	+0.05 -0	2.40	+0 -0.05	2.60	+0 -0.05	3.00	+0.05 -0.05

3.3.5　止口的尺寸优化

1. 止口的作用

止口具有如下作用：

1）使壳体内部空间与外界不直接导通，能有效地阻隔灰尘、静电等的进入。

2）上、下壳体的定位及限位。

2. 壳体止口设计的注意事项

壳体止口的设计需要注意如下事项：

1）嵌合面应有大于5°的脱模斜度，端部设计倒角或圆角，以利于装配。

2）对于上壳与下壳圆角的止口配合，应使配合内角的 R 值偏大，以增大圆角之间的间隙，防止圆角处相互干涉。

3）设计止口方向时，应将侧壁强度大的一端的止口设计在里面，以抵抗外力。

4）设计止口尺寸时，位于外面的止口的凸边厚度为0.8mm，位于里面的止口的凸边厚度为0.5mm，B_1 = 0.075 ~ 0.10mm，B_2 = 0.20mm。

3. 面壳与底壳断差的要求

装配后在止口位，如果面壳大于底壳，则称之为面刮；底壳大于面壳，则称之为底刮，如图3-45所示。可接受的面刮 <0.15mm，可接受的底刮 <0.10mm，无论如何制作，断差均会存

在，只是断差大小的问题，应尽量使产品装配后面壳大于底壳，且缩小面壳与底壳的断差。

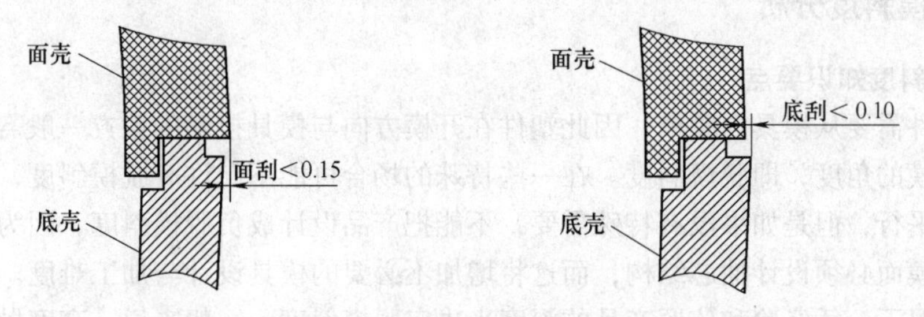

图3-45　面壳与底壳的装配形式

3.3.6　卡扣的尺寸优化

设计卡扣时应注意如下问题：

1）设在转角处的扣位应尽量靠近转角。

2）设计卡扣的结构形式与正反扣时，要考虑组装、拆卸的方便，还要考虑模具的制作。

3）卡扣处应注意防止出现收缩与熔接痕。

4）朝壳体内部方向的卡扣，斜顶的运动空间不小于5mm。

3.4　塑件结构分析实例解析

塑件名称：遥控器后盖

材料：ABS

料厚：2mm

产品的外部结构与内部结构如图3-46和图3-47所示，由于是外壳体类产品，因此不允许有任何影响美观的缺陷，如浇口留下的疤痕、顶白等。该产品整体碰穿孔较多，内部结构较为复杂，基本涵盖了注射模具设计的所有细节，如分型面设计、镶件分割的依据、三大系统的设计、滑块系统和斜顶系统的设计等。

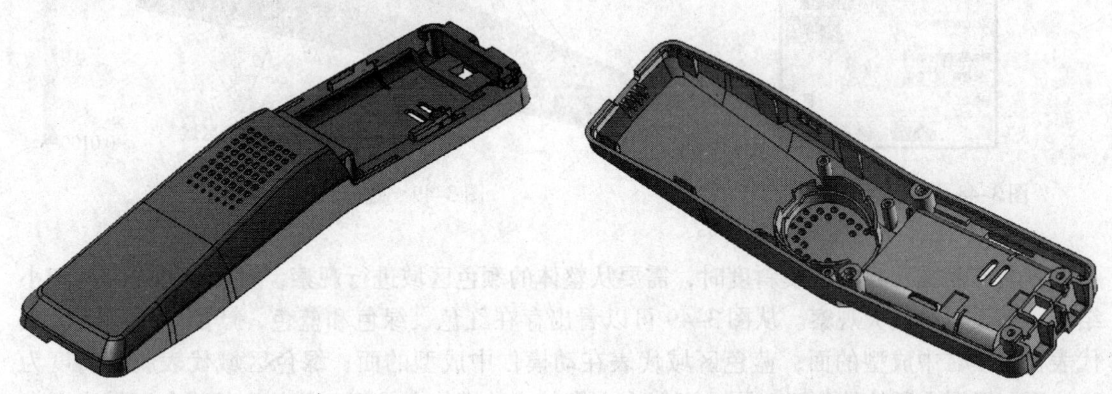

图3-46　遥控器后盖外部结构　　　　图3-47　遥控器后盖内部结构

该塑件的结构分析主要从以下几方面来进行：脱模斜度分析，孔、槽结构分析和死角分析。

3.4.1 脱模斜度分析

1. 脱模斜度知识要点

由于塑件需要从模具内脱模，因此塑件在开模方向与模具接触的地方一般需要设置一定的有利于脱模的角度，即脱模斜度。在一些特殊的场合可能不允许有脱模斜度，即产品该处与开模方向平行，但是如果没有特殊需要，不能把产品设计成负脱模斜度，因为这样将导致产品无法脱模而必须设计抽芯结构，而这将增加不必要的模具设计与加工难度。

多数情况下，凭经验和依照产品的深度来决定脱模斜度，一般来说，高度抛光的外壁可使用0.125°或0.25°的脱模斜度。深入或带有模具加工纹路的产品的脱模斜度应相应增大，习惯上每0.025mm深的加工纹路，便需要额外增加1°的脱模斜度。

2. 脱模斜度分析过程

此处通过软件NX分析图3-46所示的遥控器后盖的脱模斜度。

首先设置好产品的开模方向，进入面斜率分析，如图3-48所示，为了颜色区分明显，只设置了3种颜色，脱模斜度的检测精度在 -0.01mm~0.01mm之间，这样可以清楚地看出产品是否存在脱模斜度错误，如图3-49所示。

根据脱模斜度分析要点，塑件可能存在3种面。一是可在定模仁中成型的面，称为外表面（图3-49中红色面）；二是可在动模仁中成型的面，称为内表面（图3-49中蓝色面），这两种面由于脱模的需要，是具有脱模斜度的，在此例中，根据塑件的材料及高度，将脱模斜度定为6°。第三种面不设脱模斜度，如图3-49中绿色面所示。

图3-48 脱模斜度设置窗口

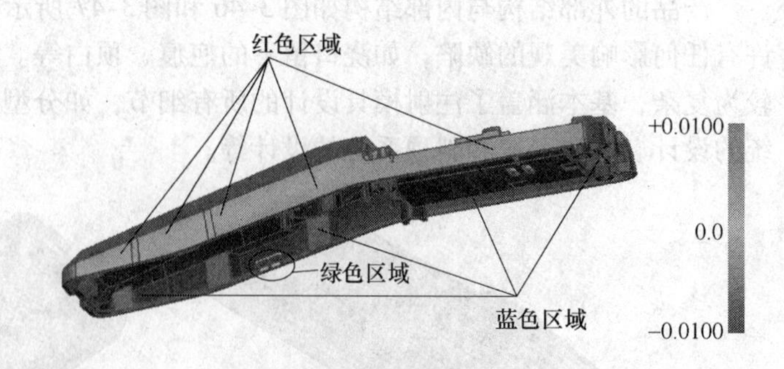

图3-49 脱模斜度颜色显示

判断产品是否存在脱模斜度时，需要从整体的颜色区域进行观察，对于一些复杂的细小结构，则要进行放大观察。从图3-49可以看出存在红色、绿色和蓝色，产品中的红色区域代表在定模仁中成型的面；蓝色区域代表在动模仁中成型的面；绿色区域代表脱模斜度为0°的面，根据它所处的位置不同，可能在定模仁或动模仁中成型，此例中的绿色区域出现在蓝色区域内，因此在动模仁中成型。整体上看红色和蓝色区域都没有出现包围的现象，它们区域轮廓清晰，不存在脱模斜度错误。但观察一些局部结构时，如图3-50所示，发现了小片红色区域被蓝色区域包围，该处就是上面所述的情况，如果不进行修改产品将无法从模具中脱模。

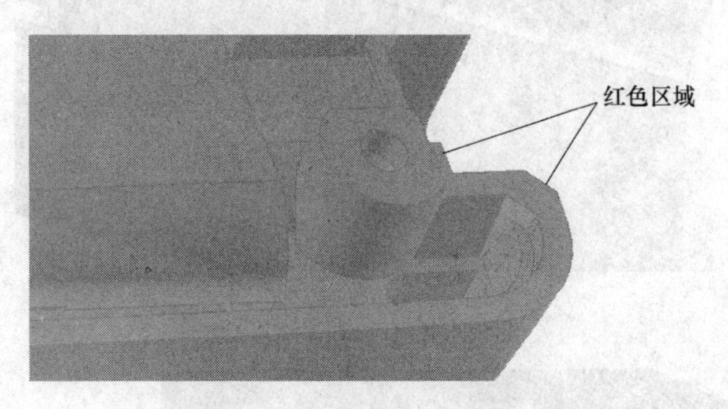

图3-50 存在脱模斜度错误区域

3. 脱模斜度错误区的修改

根据图3-50所示的脱模斜度错误，通过NX“拔模”命令进行修改，经测量这个区域旁边的脱模斜度为1°，考虑到连贯性该处也设置成1°，如图3-51所示。

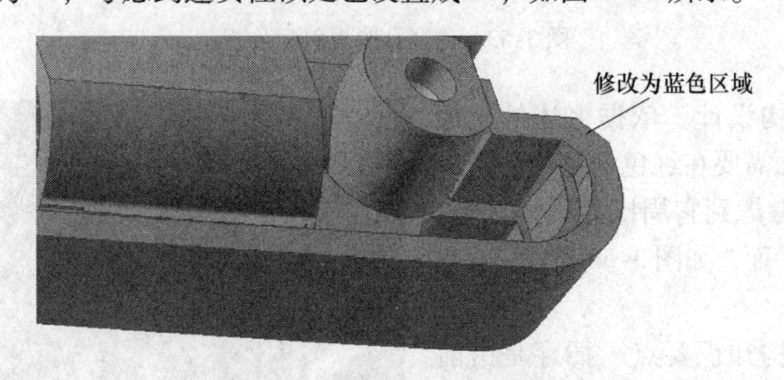

图3-51 修改后的区域脱模斜度

3.4.2 孔、槽结构分析

由图3-46、图3-47可以看出产品存在大量的穿孔和槽，这就要求凸模或凹模上具有与孔、槽相对应的结构，保证穿孔和槽正确成型。

1. 碰穿结构

(1) 碰穿结构知识要点 碰穿是指产品在某区域为通孔或者无胶的结构，如图3-52中椭圆所画出的结构，为了形成这样的结构，模具前、后模采用面面贴合的方式来完成该结构的成型。在确定碰穿孔的修补面位置时，首先需要根据产品的脱模斜度进行分析，如果碰穿孔内壁存在脱模斜度，就以不影响脱模的位置进行修补，如果内壁没有脱模斜度，就要根据模具的加工情况、模具钢材的用量进行判断，使成型内壁的金属留在前模或后模。

(2) 碰穿结构分析 该例通过如图3-52所示的碰穿孔结构进行分析，依据脱模斜度分析，发现该孔的内壁呈现红色，如图3-53所示，说明该碰穿孔必须在下方进行修补，即使成型该孔的金属凸块留在前模，以保证产品顺利脱模。

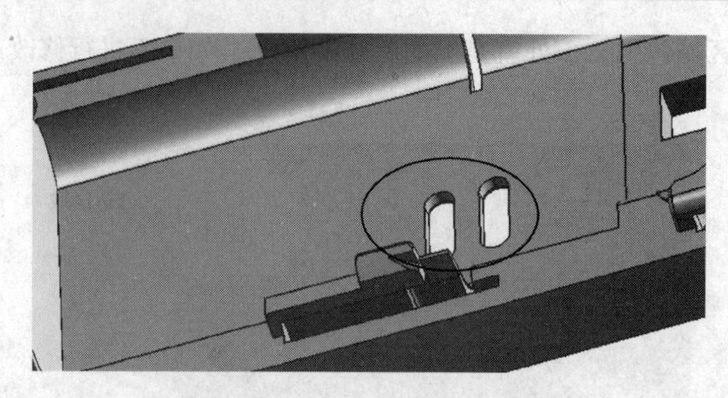

图 3-52　碰穿孔

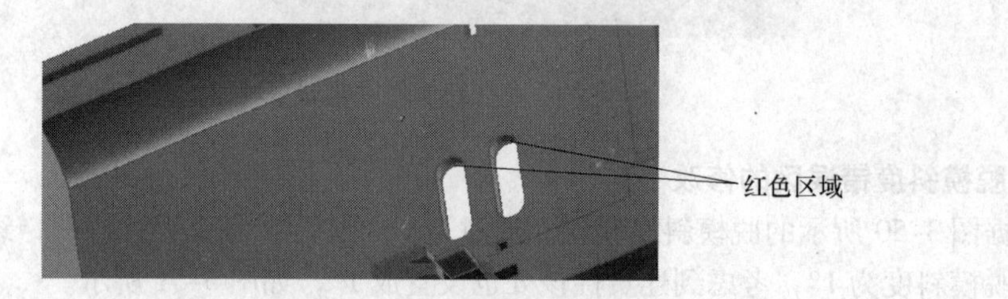

图 3-53　碰穿孔脱模斜度分析

（3）碰穿结构设计　依据上述的脱模斜度分析，碰穿面需要在红色与蓝色的边界线处进行修补，考虑到它周围是平面区域，故碰穿面也做成平面，如图 3-54 所示。

图 3-54　碰穿面修补

2. 插穿结构

（1）插穿结构知识要点　插穿是由前后模中一侧的结构深入到另一侧的内部形成的，即形成枕位结构。当在产品的边缘壁上出现通底的槽时，如图 3-55 中椭圆形所画区域所示，一般要做成插穿结构，为了减小磨损以及保证开合模顺畅，也需要在一些与开模方向平行的面设置脱模斜度。

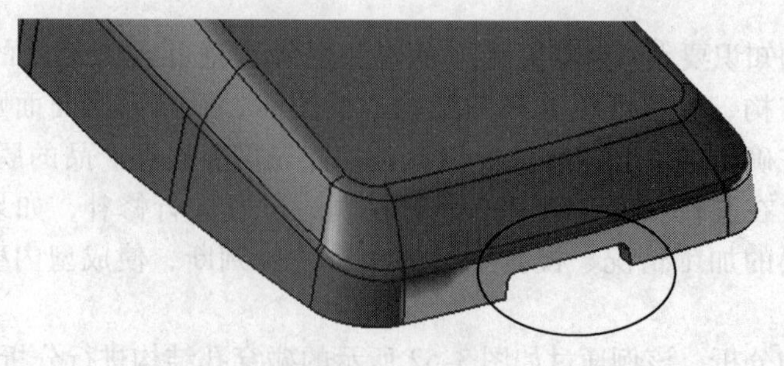

图 3-55　通底槽

（2）插穿结构分析与设计　对于图 3-55 所示的槽，在设计分型面时，有图 3-56 和图 3-57 所示的两种方式。

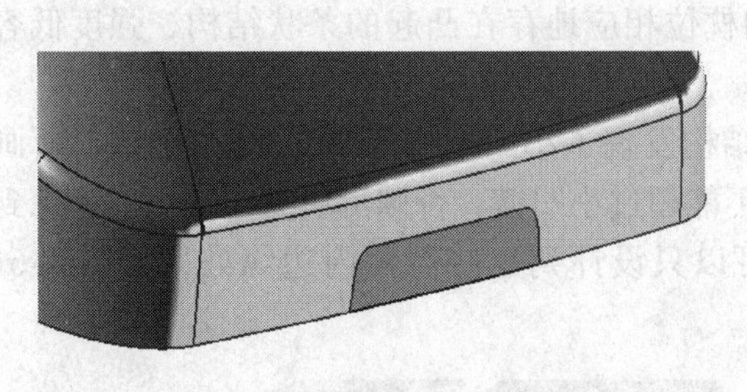

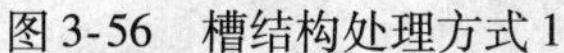

图 3-56　槽结构处理方式 1

图 3-57　槽结构处理方式 2

如果采取图 3-56 所示的方式，就会在下方的凸模上出现槽凸缘，对凹模不需要进行特别处理，从模具的封胶效果考虑，这种方式效果差，容易形成影响槽尺寸的纵向飞边。这种情况下就要设计成图 3-57 所示的插穿结构，即枕位结构，使凸模分型面凸出一段槽结构，凹模凹进相反的结构，它可以延长到模仁边上。枕位结构可以有效地封胶，即使有飞边存在，飞边的方向也是沿着枕位的，不会影响槽的装配尺寸。

3.4.3　死角分析

产品由于某些功能要求，如装配用的卡子结构，常常存在某些阻碍模具开模或产品推出的部位，这些部位称为死角。在模具设计中处理死角的常用方法是设计相应的滑块系统或斜顶系统。

1. 滑块系统

（1）滑块系统知识要点　滑块系统又称为行位，它包括滑块、斜导柱（或拔块）、压紧块、楔紧块[⊖]、弹簧、耐磨块、限位螺钉（或限位块、钢珠）等，通过模具开合模提供动力，由斜导柱（或拔块）提供侧向抽芯的力从而带动整个滑块主体随着开合模进行侧向运动。具体设计细节见本书第 7 章。

（2）滑块系统设计　该例中产品的头部结构如图 3-58 中椭圆形所画区域所示，存在 2 个大的通底槽和 1 个小的通底槽。对于此类结构，按照一般的思路应该设计成枕位而非滑块，因为滑块系统的加入会使模具的设计复杂及增加加工成本。按照此思路设计出的分型面如图 3-59 所示，从图中可以看出这些枕位在凸、凹模的加工上存在问题，凸模处的枕位间

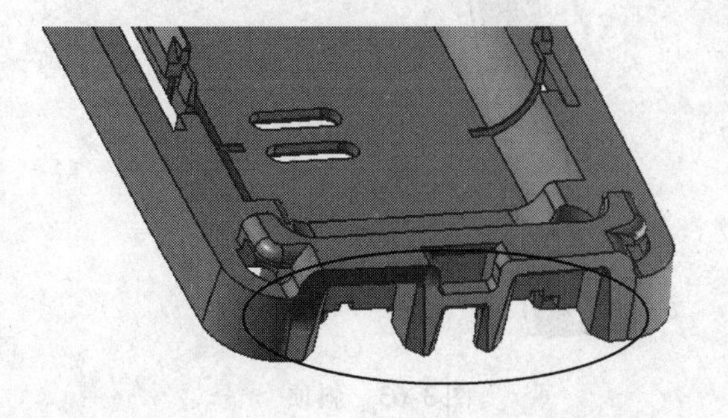

图 3-58　头部结构

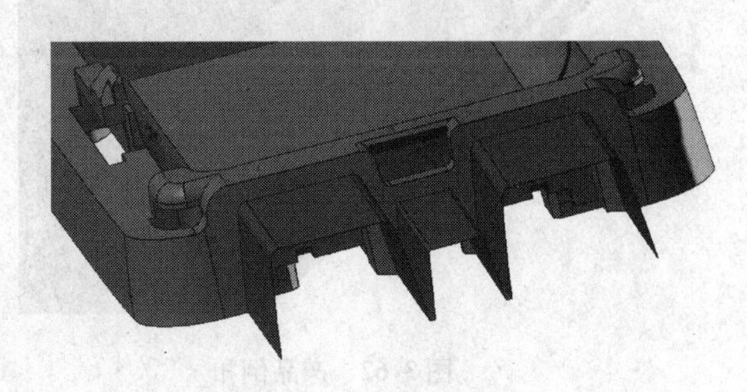

图 3-59　枕位处理方式

⊖ 楔紧块又称为行位压块，俗称铲鸡。

存在0.4mm的小槽，难以进行铣加工，凹模的枕位相应地存在凸起的条状结构，强度低容易损坏，因此该处不适合设计成枕位。

产品该处结构可以设计滑块，仔细观察该结构发现了小凹槽，如图3-60中椭圆形所画区域所示，这就意味着设计滑块时，抽芯范围不能超过小凹槽，否则滑块无法抽出。考虑到这些通底槽侧边缘有倒角，滑块的抽出范围可以只设计到这些倒角内边缘处，如图3-61所示。

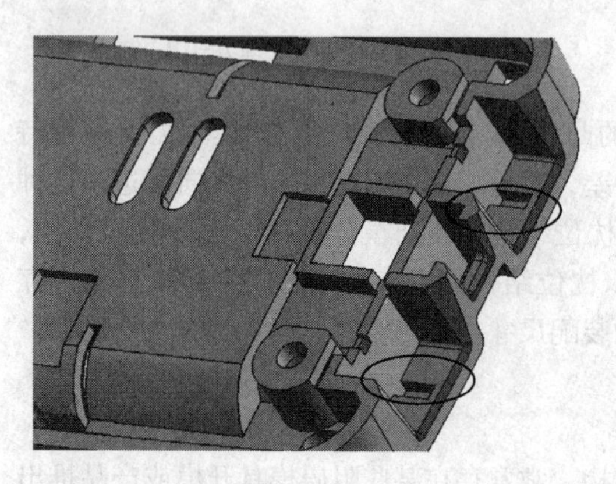

图3-60 小凹槽

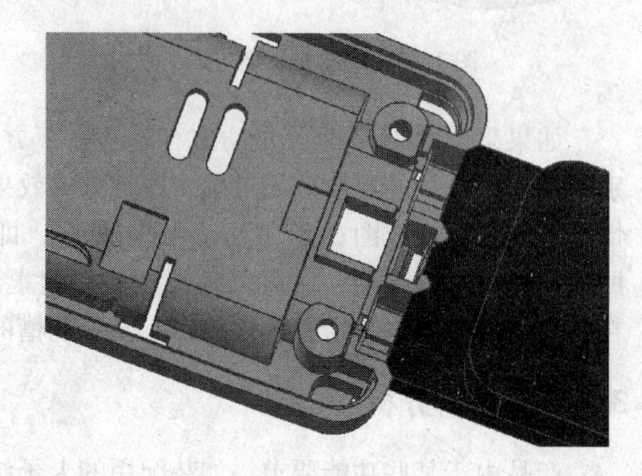

图3-61 滑块

2. 斜顶系统

（1）斜顶系统知识要点 斜顶是指模具中用来成型产品内部倒钩的机构，如图3-62中椭圆形区域所示的倒扣。由于斜顶是斜着向前推进的，当前进一段行程后，这个卡扣的位置就脱离了塑料内侧，从而使产品能顺利取出。斜顶的具体结构与设计方法见第7章。

（2）斜顶结构设计 斜顶一般包括成型部分和机体部分，成型部分为倒扣类结构的反形状，机体部分起到斜向传递推出力的作用，斜顶如图3-63所示。

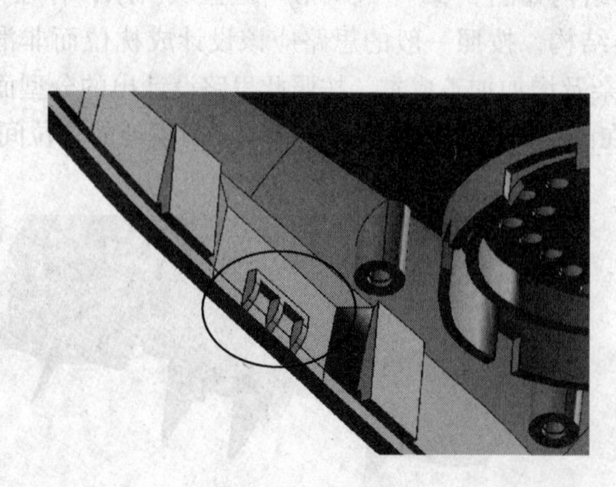

图3-62 产品倒扣

图3-63 斜顶

第 4 章　模架的选择

对于目前的模具制造商而言，在短时间内制造出精密的模具、降低模具成本的中心工作就是公母模仁的加工，为此，应尽量简化其他作业，并且由于不同的模具有许多相同的结构，如一般的模具都有固定板、推板、模脚、导柱、导套等，于是就产生了标准模架。

标准模架又可称为标准模座或者标准模坯，通常由专业的公司进行专门生产。模具的设计人员可以根据模具的需求直接从模架厂商订购。常用的标准模架有龙记模架、科达模架、明利模架等，外资企业常用到富士巴模架。不同的模架厂商虽然各有其模架的尺寸规格，但基本上差不多。同时，他们都有各自模架的详尽规格资料，可以通过查询来选择适合的模架。所以，对于标准模架而言，当需要订购某家公司的模架时，可直接查阅其规格。

下面介绍标准模架，需要重点掌握的内容有：

1）各个零件的中英文名称。

2）各个零件的相对位置、数量。

3）各个零件的表达。

4）各个零件的作用等。

4.1　模架的分类

注射模具类型依据模具基本结构分为两类：一类是二板模也称为大水口模；另一类是三板模也称为小水口模或细水口模。其他特殊结构的模具，也是在上述两种类型的基础上改变的，如哈夫模、热流道模、双色模等。所有模具按固定在注塑设备上的需要，又有工字模和直身模之分。依据产品和模具加工的难易程度，不同的标准模架类别中又有不同的样式，选择标准模架时，应根据经验和参考资料作出决定。

4.1.1　二板模标准模架

1. 二板模标准模架的组成

二板模标准模架示意图如图 4-1 所示，一般它由以下几个部分组成。

1）模板部分。上下固定板（面板、底板）、公母模板、上下推板、模脚（两个），有时，公母模侧还会有一块承板。

2）固定螺钉部分。

S1：锁定上固定板与母模板（参看图 4-1 的俯视图），一般为 4 ~6 个。

S2：锁定下固定板与公模板，它穿过了模脚，与模脚是间隙配合，一般为 4 ~6 个。它的大小和到模具中心线之间的位置与 S1 一致，只是螺纹的长度不一样。

S7：锁定上下推板，分布在推板的 4 个角上，一般是 4 个。

S8：锁定下固定板与模脚，一般为 4 ~6 个。

3）辅助零件部分。

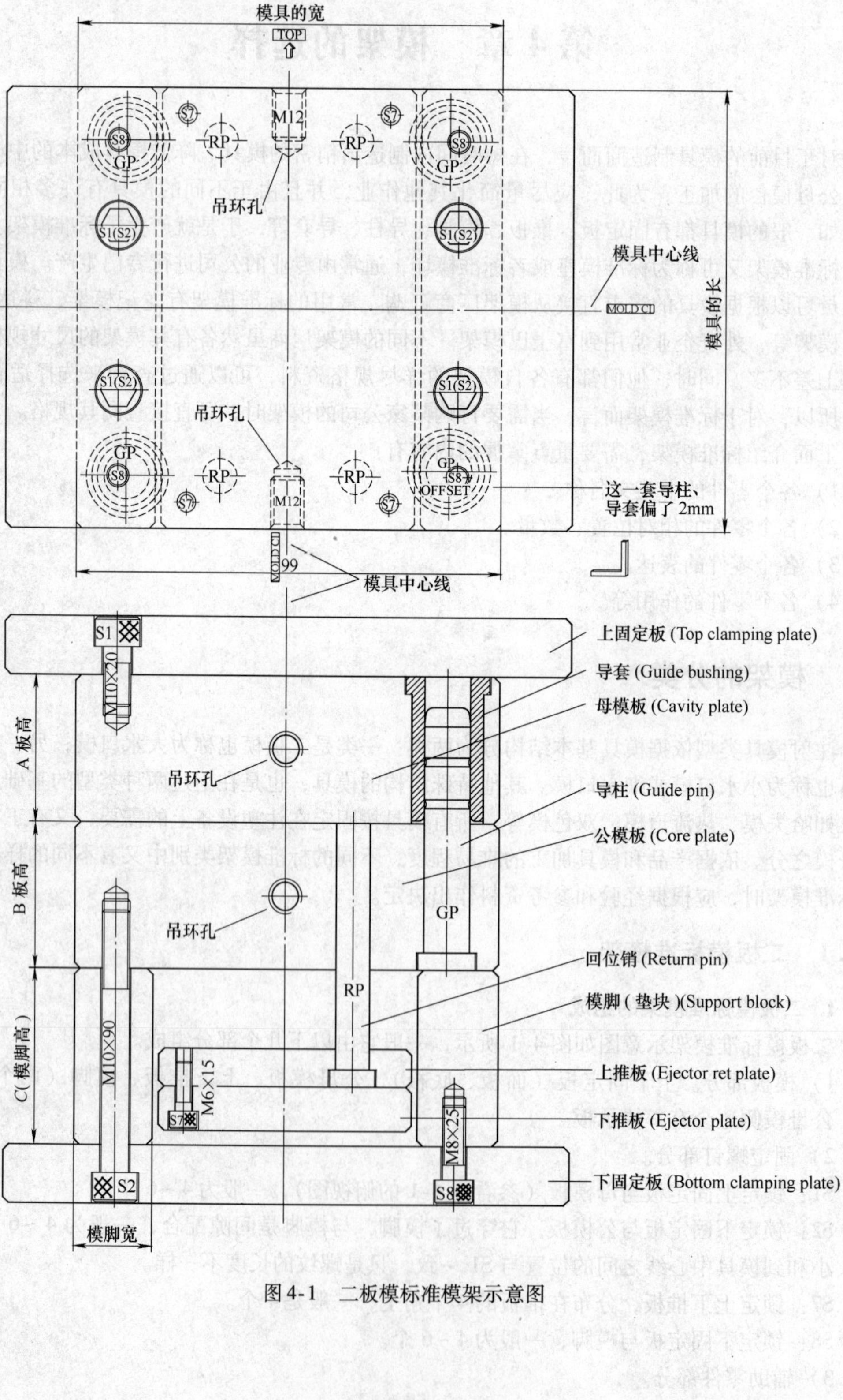

模具的宽

TOP

M12

S7

S8

GP

RP

吊环孔

S1(S2)

模具中心线

MOLD CL

模具的长

吊环孔

OFFSET

这一套导柱、导套偏了 2mm

M12

MOLD CL

99

模具中心线

S1

M10×20

A 板高

B 板高

C(模脚高)

M10×90

吊环孔

吊环孔

上固定板 (Top clamping plate)

导套 (Guide bushing)

母模板 (Cavity plate)

导柱 (Guide pin)

公模板 (Core plate)

GP

RP

回位销 (Return pin)

模脚(垫块)(Support block)

M6×15

S7

上推板 (Ejector ret plate)

下推板 (Ejector plate)

M8×25

S8

S2

下固定板 (Bottom clamping plate)

模脚宽

图 4-1 二板模标准模架示意图

导柱与导套：总共4套。为了防止模具在安装时装反，4套导柱导套中靠近基准的一套向模具中心线偏移2mm。无论模具大小，此种情况对于每套模具基本上都是一样的（图4-1）。一般情况下，此套导柱导套在相对应的图上有OFFSET的字样。

回位销：总共4个，分布在推板4个角上。

4）辅助设施部分。

吊环孔：由于模具一般都较重，为了方便模具的安装和搬运，在加工现场都会用到吊车，因此在模具上设计了吊环孔，使吊环有一个可放置的位置。

2. 二板模标准模架分类及型号表示方法

对于二板模标准模架系统（Side gate system），按照形式可分为I型（工字形）、H型（直身无面板形）、T型（直身有面板形）；按照基本结构分为A型（有承板）、B型（有承板和推板）、C型（无承板和推板）、D型（有推板）。因此二板模标准模架系统总共有12种型号，其相关型号示意图如图4-2所示。

二板模标准模架型号的表示方法为：型号+尺寸代号+A、B、C各板厚度。

如：CI6075—A100—B120—C150表示工字形二板模架，其示意图如图4-3所示。尺寸前两位代表宽度，后两位代表长度（与垫块平行方向），单位为cm。A100、B120、C150表示A板厚度为100、B板厚度为120、模脚（垫块）厚度为150，单位为mm。非标准模架必须在备料表和模架图上注明各板的长宽及厚度尺寸。

按形式，二板模标准模架分为I型、H型、T型，其不同在于装夹的形式，此方面的知识本书在第2章中已进行介绍，这里不再重复。

按基本结构，二板模标准模架的基本型是C型，其包括了二板模架最基本的结构：上固定板、母模板（A板）、公模板（B板）、模脚（C板）、上推板、下推板、下固定板。其基本结构如图4-1所示。

对于A型，其结构相当于C型+承板；对于B型，其结构相当于C型+承板+推板；对于D型，其结构相当于C型+推板。

其中承板的作用为：位于公模板（B板）与模脚（C板）之间，支撑公模板，防止公模板在长期生产过程中因模脚垫出的空腔而造成变形。

其中推板的作用为：位于母模板（A板）与公模板（B板）之间，防止某些特殊塑件推出过程中因顶针推出造成塑件表面损伤，增大推出面积或使塑件整体推出。

二板模承板与推板的位置如图4-4所示。

4.1.2 三板模标准模架

1. 三板模标准模架的组成

三板模标准模架示意图如图4-5所示，三板模标准模架与二板模标准模架许多地方相同，一般它也由以下几个部分组成。

1）模板部分。上下固定板、公母模板、上下推板、模脚（两个），有时，公母模侧还会有一块承板。另外，它多了一块不可缺少的水口推板[1]。

2）固定螺钉部分。

---

[1] 水口推板也称为剥料板。

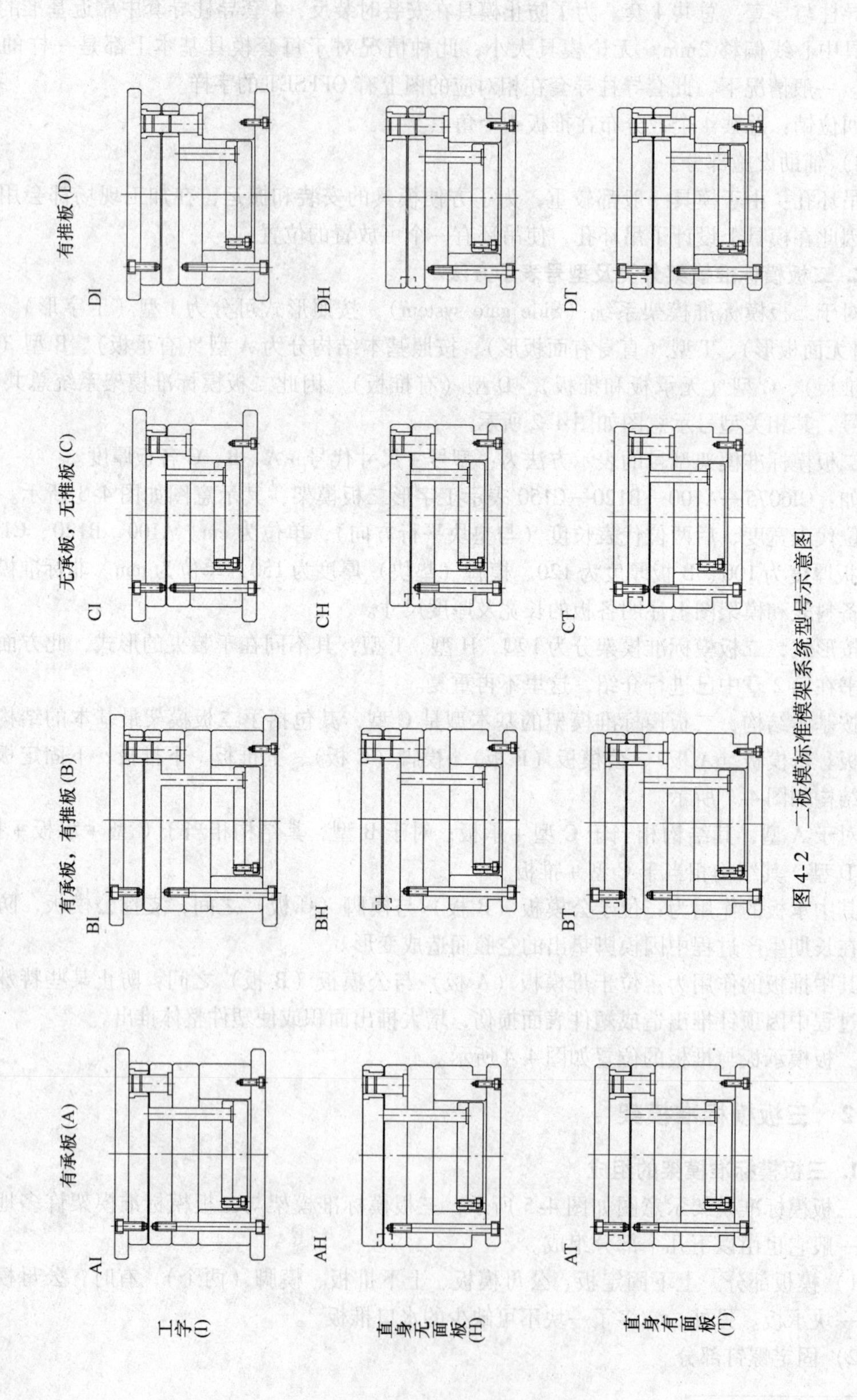

图 4-2 二板模标准模架系统型号示意图

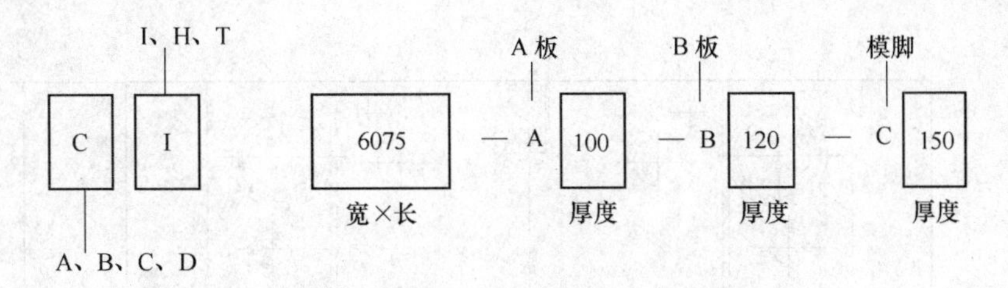

图4-3 二板模标准模架表示方法示例

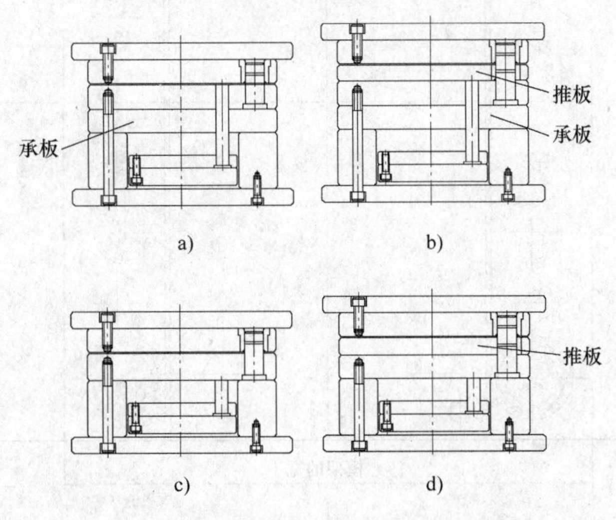

图4-4 二板模承板与推板的位置

a) A型 b) B型 c) C型 d) D型

S1：锁定下固定板与公模板，它穿过了模脚，与模脚是间隙配合，一般为4~6个。

S3：锁定上下推板，分布在推板的4个角上，一般为4个。

S2：锁定下固定板与模脚，一般为4~6个。

要特别注意的是：上固定板与水口推板、母模板之间没有螺钉进行锁定，依靠导柱B进行定位和导向，这因为水口推板需要运动。

3）辅助零件部分。

导柱与导套：分为两种，导柱导套A和导柱导套B［也称为拉杆或水口边钉（SP）］，总共8套。为了防止模具在安装时装反，8套导柱导套中靠近基准的两套向模具中心线偏移2mm，无论模具大小，对于每套模具都一样。注意这两套导柱导套在相对应的图上有OFF-SET的字样。对于这两种导柱导套，其中导柱导套A在设计时可以省略，但导柱导套B绝不能省略。当省略导柱导套A时，公模板上与导柱B相配合的导套最好不要省略；当有导柱导套A时，这一个导套可以不要。

回位销：总共4个，分布在推板的4个角上。

4）辅助设施部分。

吊环孔：由于模具一般都较重，为了方便模具的安装和搬运，在加工现场都会用到吊车，因此在模具上设计了吊环孔，使吊环有一个可放置的位置。

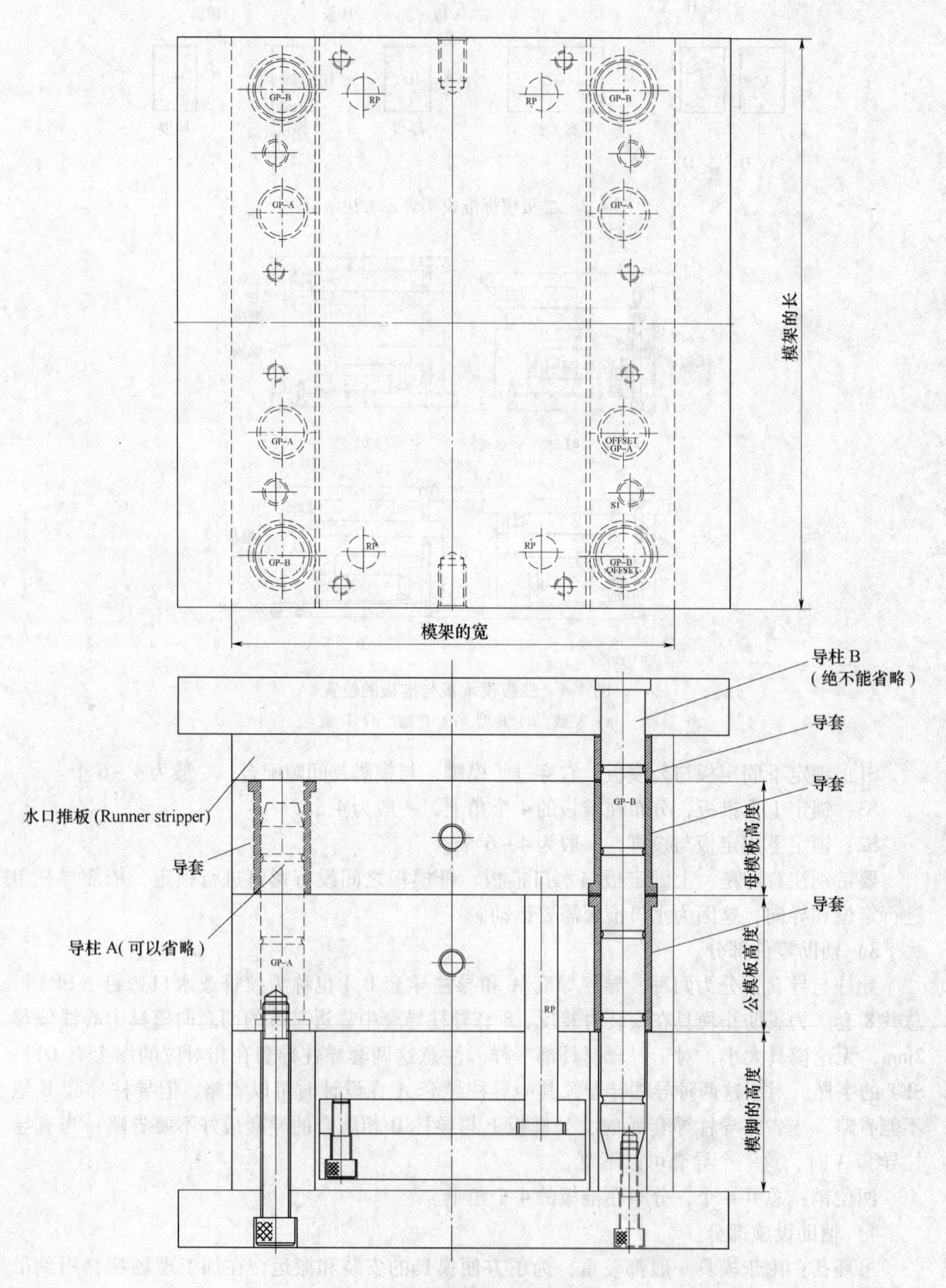

图 4-5　三板模标准模架示意图

2. 三板模标准模架分类及型号表示方法

三板模标准模架分为两种：一种称为小水口模架；另一种称为简化型小水口模架，由小水口模架演变而来，比小水口模架少了4根公母模之间的短导柱（如图4-5中的导柱A)。一般来说，若需要保持较好的产品表面质量，采用针点式浇口进浇的投影面积较大的塑料产品，都会选择三板模模架。采用三板模模架时产品可在任意位置进料，产品成型质量一般较好，并且可自动脱料，产品和浇注系统凝料从不同的分型面取出，有利于自动化生产，但这种模架结构相对较为复杂，成本也较高，模具本身重量增大，同时存在浇注系统较长的问题，故很少用于大型制品或流动性较差的塑料产品生产。

(1) 小水口模架（Pin point system）　按照有无水口推板可分为D型（有水口推板)、E型（无水口推板)；按照型号分为I型（工字形)、H型（直身形)，因小水口系统必须有面板，故没有T型；按照基本结构分为A（有承板)、B（有承板和推板)、C（无承板和推板)、D（有推板)。因此三板小水口模标准模架系统总共有16种型号，相关型号示意图如图4-6所示。

三板小水口标准模架型号的表示方法为：

型号+尺寸代号+A、B两板厚度+拉杆（即导柱B）长度+拉杆位置代号O/I

如：DCI4045—A90—B90—300—O。表示工字形有水口推板的小水口模架，其示意图如图4-7所示。尺寸前两位代表宽度，后两位代表长度（与垫块平行方向)，单位为cm。

A90、B90表示A板厚度为90、B板厚度为90，单位为mm。模脚高度一般情况下为标准高度，若需要加高则要另行标明，如DCI4045—A90—B90—C120—300—O。

300表示拉杆的长度，单位为mm。

O表示拉杆（长导柱B）的位置，若拉杆在外边则为O（Outside)，若在里边则为I（Inside)，一般情况下取O，当有滑块及产品特别大时，拉杆可放在里面。

按形式，三板小水口标准模架分为I型、H型，其不同在于装夹的形式。

按有无水口推板及基本结构，三板小水口标准模架基本型是EC型，其包括了小水口模架最基本的结构：上固定板、母模板（A板)、公模板（B板)、模脚（C板)、上推板、下推板、下固定板。

对于DA型，其结构相当于EC型+承板+水口推板；对于DB型，其结构相当于EC型+承板+推板+水口推板；对于DD型，其结构相当于EC型+推板+水口推板。对于EA型，其结构相当于EC型+承板；对于EB型，其结构相当于EC型+承板+推板；对于ED型，其结构相当于EC型+推板。

其中水口推板的作用为：将抓料销上的浇注系统凝料刮掉（水口推板和上固定板之间会脱开8~10mm的距离)，使水料口自行脱落，如图4-8所示。

(2) 简化型小水口模架（Three plate type system）　不设4根短导柱（GP）的小水口模架称为简化型小水口模架。按照有无水口推板可分为F型（有水口推板)、G型（无水口推板)；按照型号分为I型（工字形)、H型（直身形)，因小水口系统必须有面板，故没有T型；简化型小水口模是没有推板的，按照基本结构分为A（有承板)、C（无承板)。因此三板简化型小水口模标准模架系统总共有8种型号，其示意图如图4-9所示。

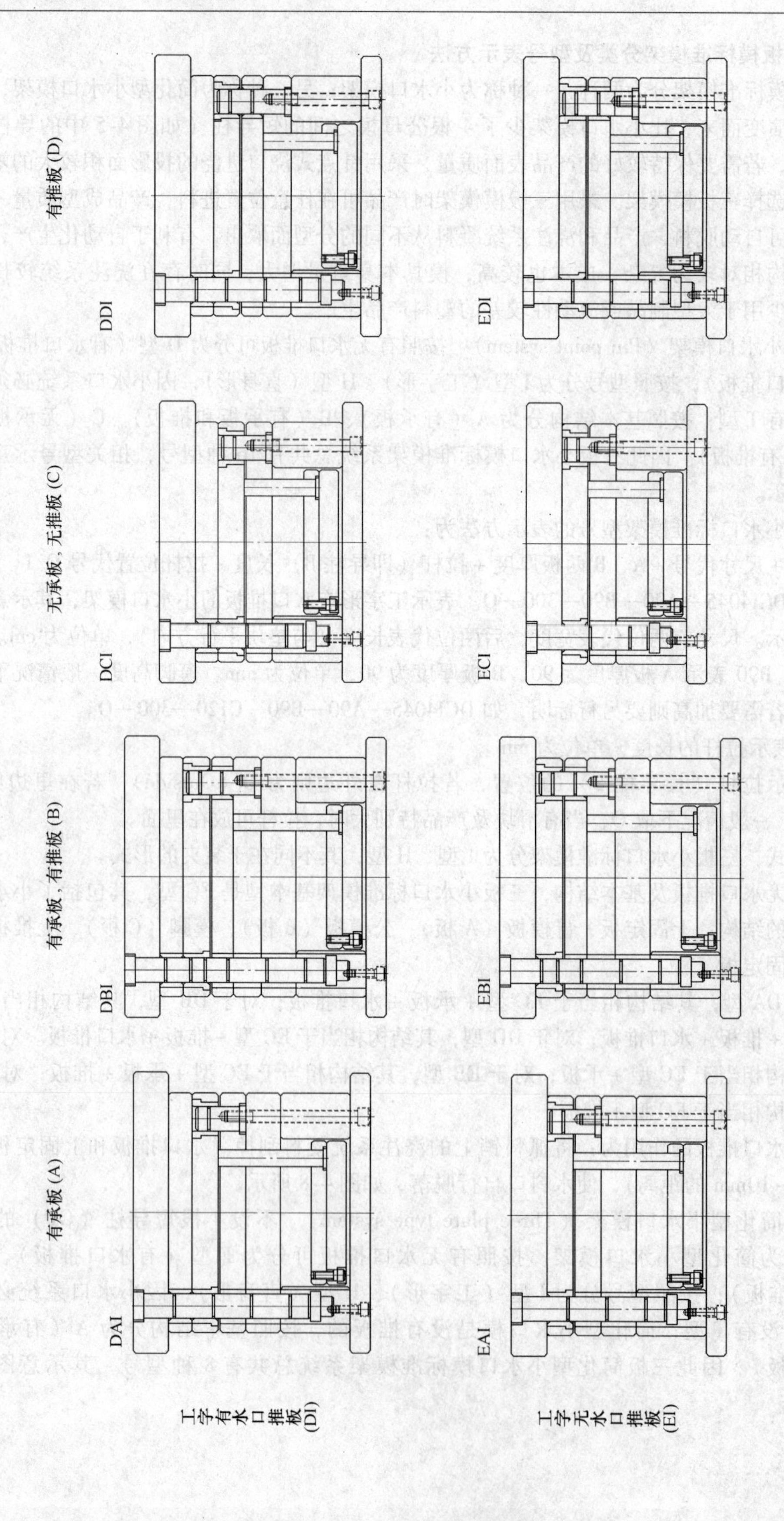
有推板(D)
无承板，无推板(C)
有承板，有推板(B)
有承板(A)
DDI
EDI
DCI
ECI
DBI
EBI
DAI
EAI
工字有水口推板(DI)
工字无水口推板(EI)

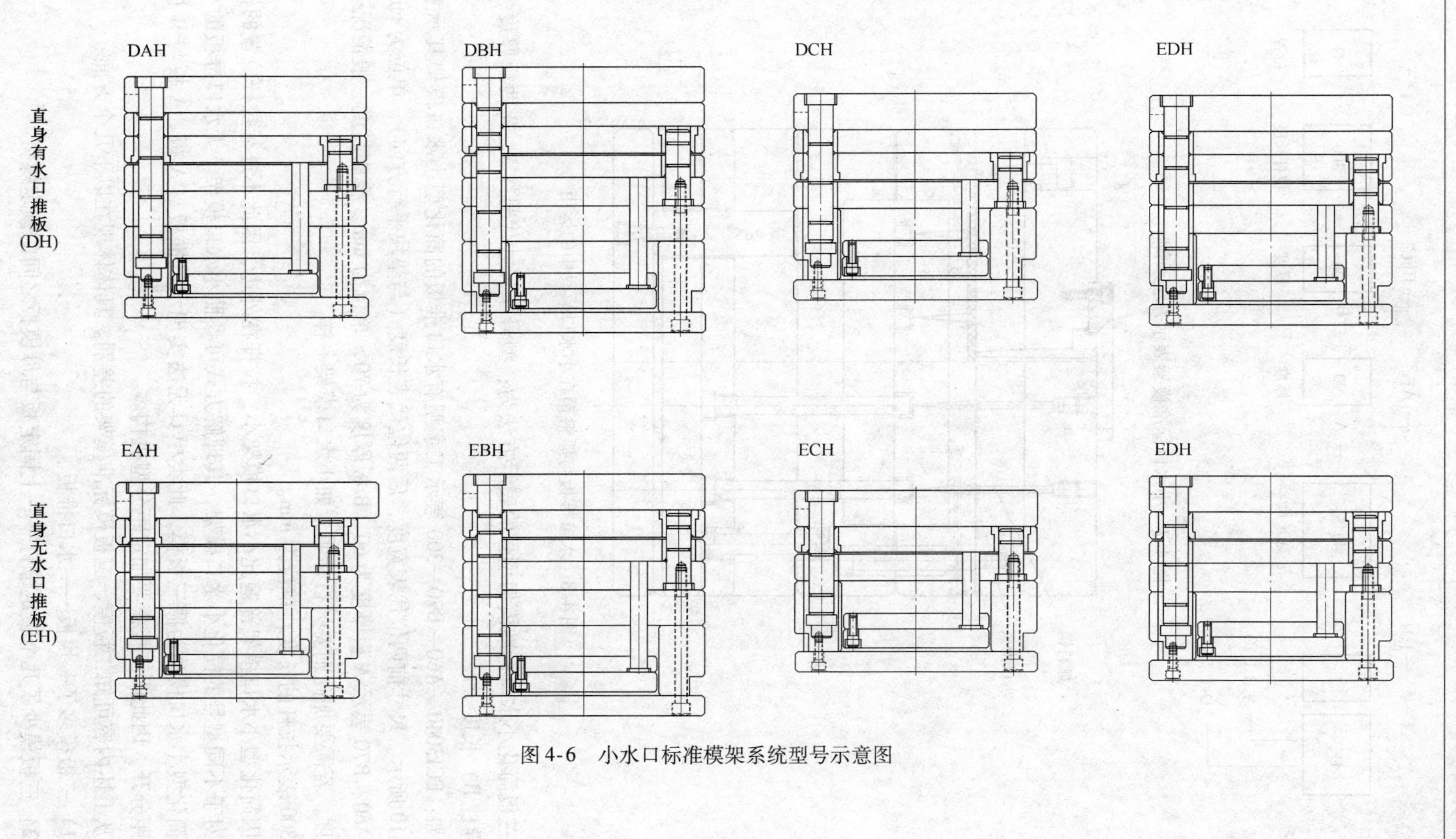

图4-6 小水口标准模架系统型号示意图

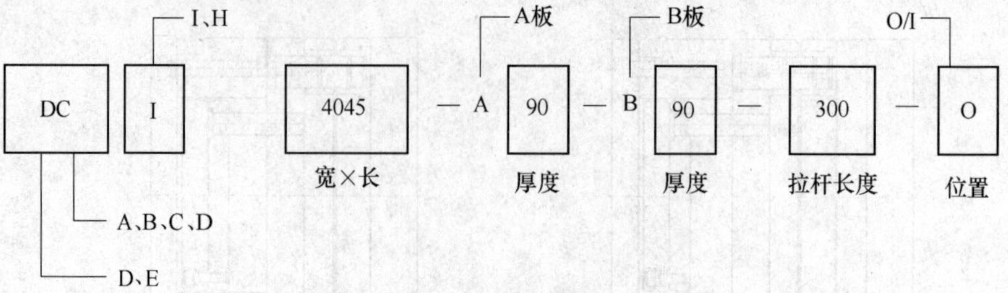

I、H　A板　B板　O/I

DC　I　4045 — A 90 — B 90 — 300 — O

宽×长　厚度　厚度　拉杆长度　位置

A、B、C、D

D、E

图 4-7　小水口标准模架表示方法示例

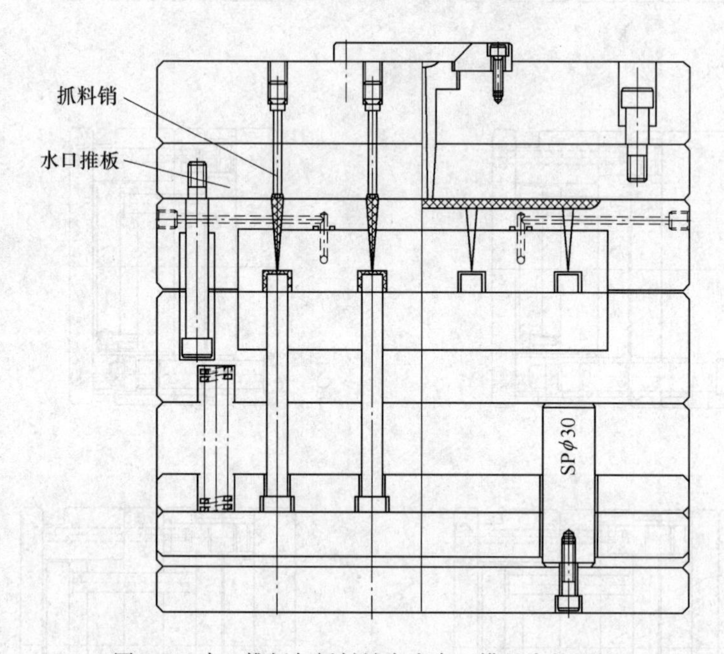

图 4-8　水口推板与抓料销在小水口模具中的运用

三板简化小水口标准模架型号的表示方法为：型号 + 尺寸代号 + A、B 两板厚度 + 拉杆（即导柱 B）长度

如：FCI3040—A60—B70—300 表示工字型有水口推板的简化型小水口模架其示意图如图 4-10 所示。尺寸前两位代表宽度，后两位代表长度（与垫块平行方向），单位为 cm。

A60、B70 表示 A 板厚度为 60、B 板厚度为 70，单位为 mm。模脚高度一般情况下为标准高度，若需要加高则要另行标明，如小水口模架一样。

300 表示拉杆的长度，单位为 mm。

因简化型小水口模架普遍比小水口模架小，拉杆在外边，因此不进行拉杆位置的标注。

对于不同型号的简化小水口模架，其理解方式可参照小水口模架。无水口推板的小水口模及简化型小水口模称为假三板模，此类模具无法实现水口推板与 A 板、A 板与 B 板之间的定距分开，因此假三板模要加定距分型机构。

从上述内容可知二板模、三板模标准模架的差别。具体体现在以下几个方面：

1）三板模多了一块板——水口推板。

2）三板模少了几个锁定螺钉——上固定板与母模板之间的锁定螺钉。

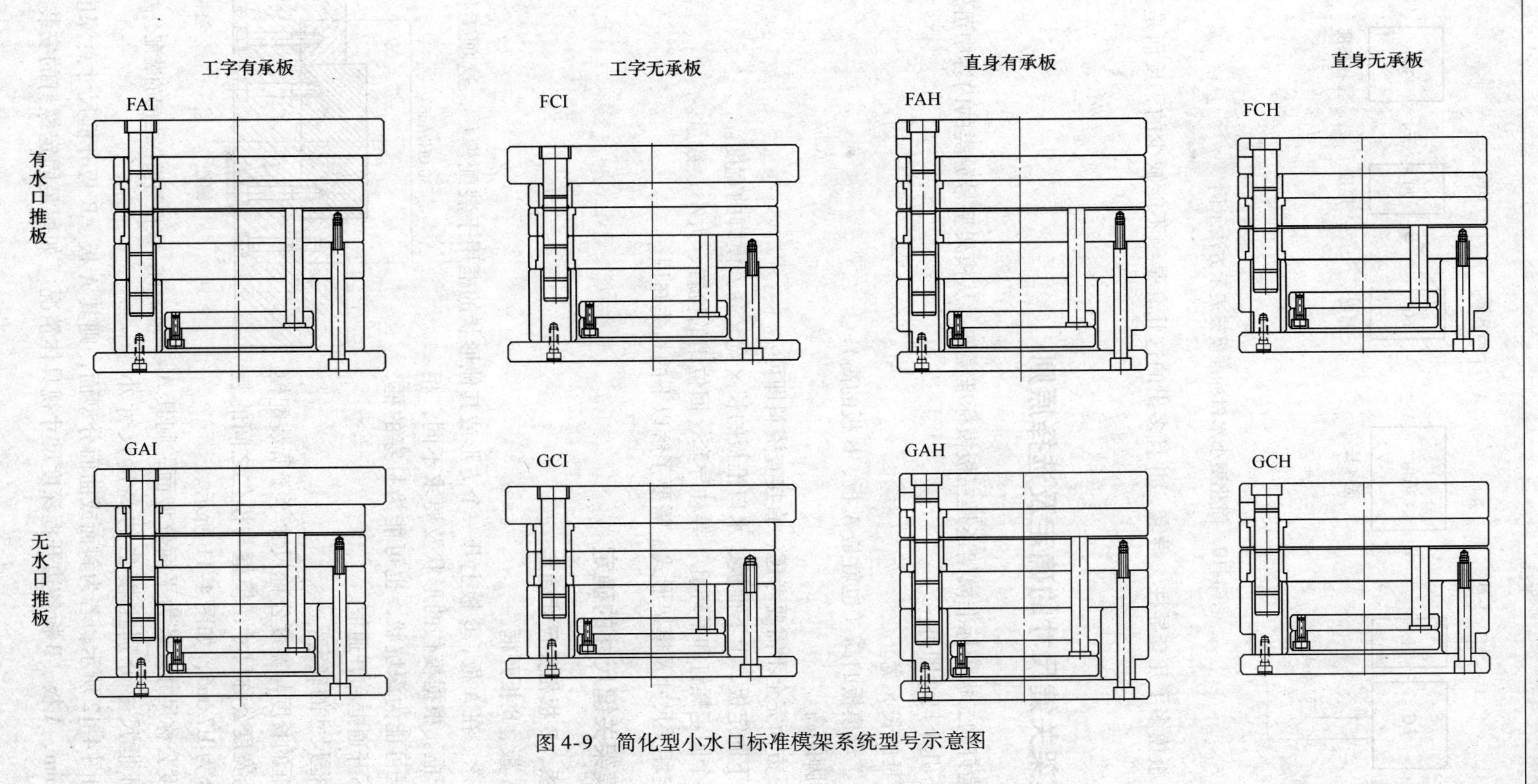

图 4-9 简化型小水口标准模架系统型号示意图

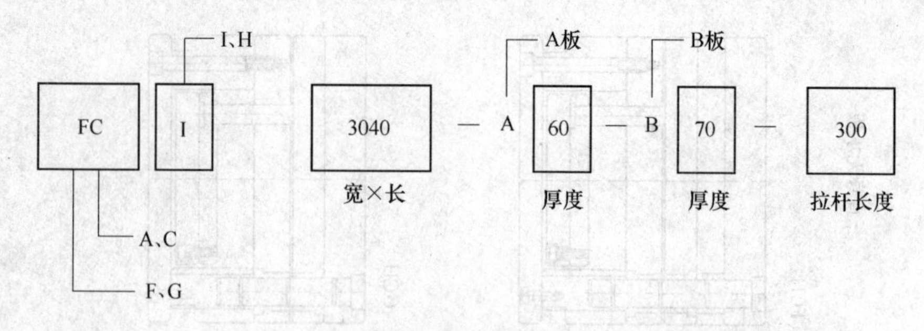

图4-10 简化型小水口标准模架表示方法示例

3）三板模多了几套导柱、导套，并且多出的这几套是绝不能缺少的，反而是其他的可以省略。

4.2 模架关键尺寸的确定及选择原则

无论是订购二板模标准模架还是三板模标准模架，从模架型号分类的内容中可知，只需要决定以下几个尺寸即可：

1）模具的长×宽。

2）公、母模板的高（也就是A板、B板的高）。

3）模脚的高。

而以下方面完全不需要考虑，直接查资料即可：

1）上下固定板、上下推板、水口推板的长×宽×高，模脚的宽度。

2）各个固定螺钉和吊环孔、导柱导套、回位销的位置、大小、数量。

为确定相关尺寸及模架形式，需要了解以下的相关知识。

4.2.1 模架关键尺寸的确定

1. A板、B板相关尺寸确定

（1）A板、B板开框

1）概念。在A板、B板上开一个方形或其他形状的框用于装配模仁，这项工作称为A板、B板开框。根据模仁的形状及要求不同，相应开设的框可能为深坑状，也可能为打穿的框，分别称为不开通框和开通框。

2）开框尺寸的确定。

① 开框的长度与宽度公称尺寸等于所装配模仁的长度与宽度公称尺寸，模框与模仁之间的装配公差配合为H7/m6，如图4-11所示。

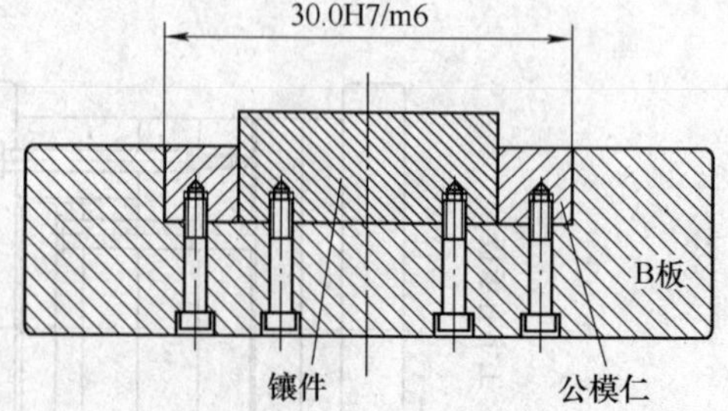

图4-11 模框与模仁之间的装配公差配合

② 深度公称尺寸。若为平面分型面，则其A板、B板开框尺寸分别比模仁的高度尺寸小0.5mm，如图4-12所示；若为斜面或曲面分型面，则其A板、B板开框尺寸总深度=模仁总高度-1mm，A板、B板各边开框深度尺寸视具体情况（如留足固定螺钉的安装长度等）

而定，如图4-13所示。

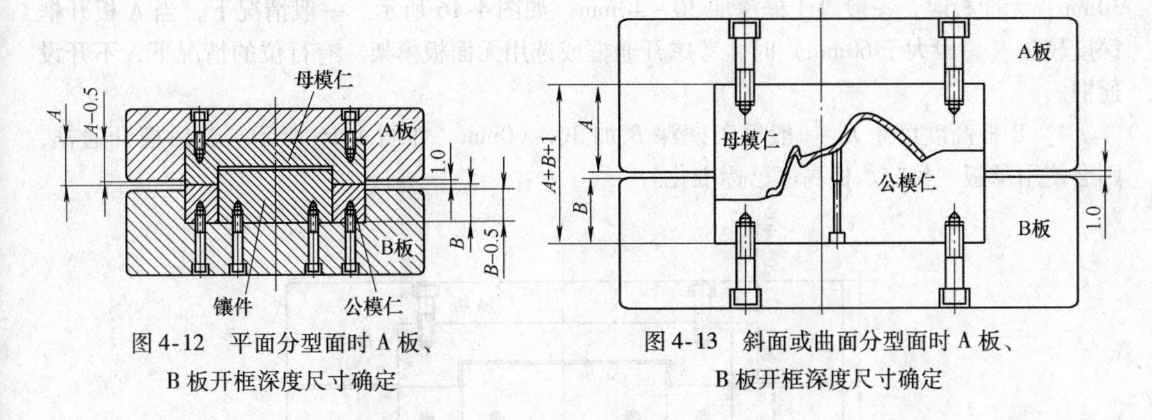

图4-12 平面分型面时A板、B板开框深度尺寸确定

图4-13 斜面或曲面分型面时A板、B板开框深度尺寸确定

（2）A板、B板开框圆角

1）概念。由于A板、B板开框时所用机床的刀具加工时难以加工直内角，且直内角容易形成应力集中，对模具结构来讲是不利的，因此将内角加工成为圆角形式，称为开框圆角。

2）开框圆角尺寸的确定。按照实际经验，一般来说，当框深为1～50mm时，开框圆角$R=13$mm；框深为50～100mm时，开框圆角$R=16.5$mm；100～150mm时，开框圆角$R=26$mm；框深大于150mm时，开框圆角$R=32$mm。开框圆角R及框深D示意图如图4-14所示。

（3）A板、B板宽度、长度、高度的经验确定

1）模架宽度参考。模架中顶针板宽度B应和模仁宽度A相当，两者之差应在5～10mm范围之内。因在标准模架中顶针板宽度与模架宽度具有对应关系，因此顶针板宽度可为模架宽度的确定提供参考，如图4-15所示。

2）模架长度参考。框边至复位杆孔外圆的距离$C\geqslant15$mm（40mm以上的模坯最好取15mm），如图4-15所示。

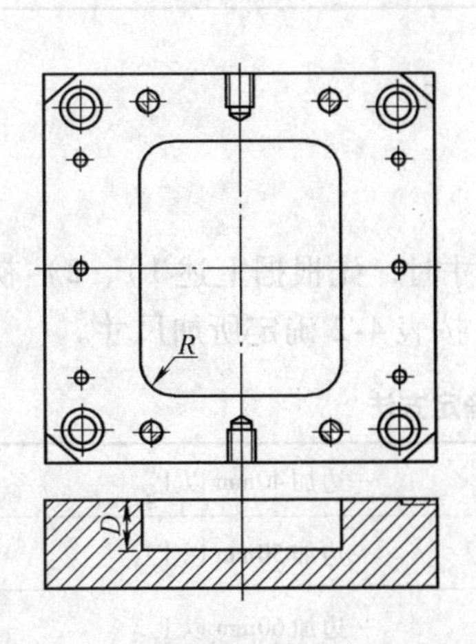

图4-14 开框圆角R及框深D示意图

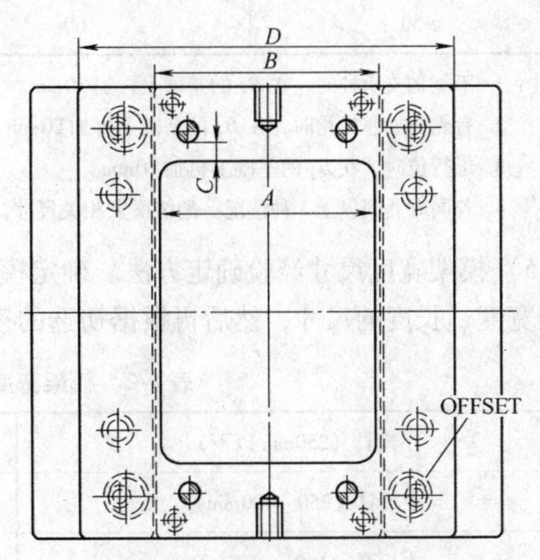

图4-15 模架宽度及长度参考

3）A板高度尺寸。选用有面板模架时，一般A板高度尺寸 H_a 等于框深 A 加20~30mm；无面板时，一般等于框深加30~40mm，如图4-16所示。一般情况下，当A板开框深度较深（一般大于60mm）时，考虑开通框或选用无面板模架。有行位的情况下，不开设通框。

4）B板高度尺寸 H_b 一般等于框深 B 加30~60mm，如图4-16所示。若后模开通框，则会使用承板，目前承板高度已标准化。

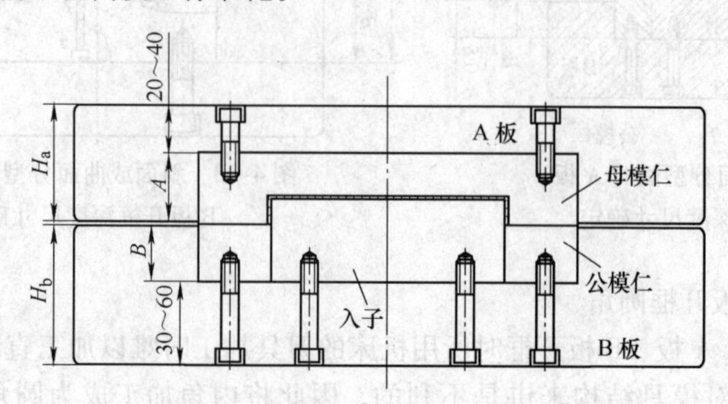

图4-16　A板、B板高度尺寸确定

对于不同的模仁尺寸，B板高度经验确定方法见表4-1。

表4-1　B板高度经验确定方法　（单位：mm）

B	B_X
≤20	20~25
20~30	25~35
30~40	35~45
40~50	45~55
≥50	60

注：1. 不能加支承柱时，在 B_x 的基础上再加10mm。
2. 有侧向抽芯机构时，在 B_x 的基础上再加20mm。
3. 走行位时，在 B_x 的基础上再加10mm。
4. 若同时遇到以上3种情况，酌情增大相关尺寸。

5）模架宽度尺寸经验确定方法。确定模架宽度尺寸时，先根据上述1）、2）初步确定模架宽度、长度的尺寸，然后再根据初选的模架尺寸，按表4-2确定所加尺寸。

表4-2　模架宽度尺寸经验确定方法

小模具（250mm以下）	一边加40mm以上
中模具（250~400mm）	一边加50mm以上
大模具（400mm以上）	一边加60mm以上

注：有侧向抽芯机构时，单边加90mm。

根据以上5点，对A板、B板相关尺寸的确定进行总结。

A板、B板各种尺寸示意图如图4-17所示。

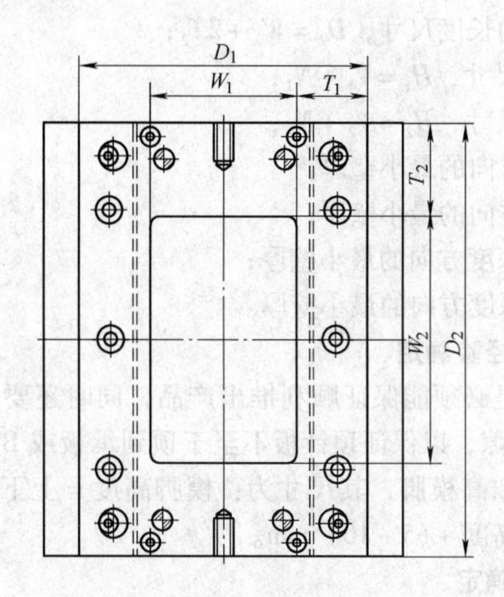

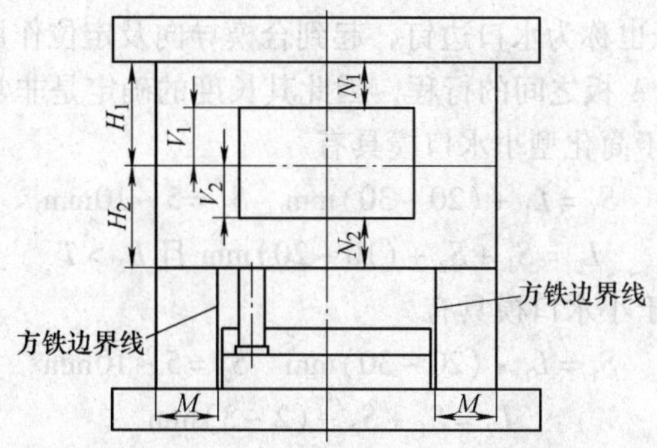

图4-17　A板、B板各种尺寸示意图

A板、B板各尺寸的经验参考值见表4-3。

表4-3　A板、B板各尺寸的经验参考值　（单位：mm）

W_1	$T_{1\min}$	W_2	$T_{2\min}$	V_1	$N_{1\min}$	V_2	$N_{2\min}$
≤250	40	≤250	50	≤30	20	≤30	25
250~400	50	250~400	60	30~50	25	30~50	35
>400	60	>400	70	>50	30	>50	60

相关尺寸关系如下：

W_1——模仁的宽度尺寸，其尺寸的确定见本书第5章；

W_2——模仁的长度尺寸，其尺寸的确定见本书第5章；

V_1——母模仁的开框深度尺寸，其尺寸的确定见本书第5章；

V_2——公模仁的开框深度尺寸，其尺寸的确定见本书第5章；

D_1——A板、B板的宽度尺寸，$D_1 = W_1 + 2T_1$；

D_2——A板、B板的长度尺寸，$D_2 = W_2 + 2T_2$；

H_1——A板的高度尺寸，$H_1 = V_1 + N_1$；

H_2——B板的高度尺寸，$H_2 = V_2 + N_2$；

T_{1min}——模架宽度方向的最小壁厚；

T_{2min}——模架长度方向的最小壁厚；

N_{1min}——A板开框深度方向的最小壁厚；

N_{2min}——B板开框深度方向的最小壁厚。

2. 模脚的高度尺寸经验确定

对模脚高度的要求是必须能保证顺利推出产品，同时还要保证顶针板与承板或B板间保持5~10mm的安全间隙，以保证顶针板不至于顶到承板或B板从而顺利推出产品，所以当产品较高时，要注意加高模脚，其尺寸为：模脚高度 = 上下顶针板高度 + 推出距离，其中，推出距离≥需推出高度 +（5~10）mm。

3. 拉杆的长度尺寸确定

根据前面所述，拉杆也称为水口边钉，起到合模导向及定位作用，其承托母模重量，限制定模面板、水口料板、A板之间的行程，因此其长度的确定是非常重要的。

如图4-18所示，对于简化型小水口模具有

$$S_1 = L_1 + (20 \sim 30)\text{mm} \quad S_2 = 5 \sim 10\text{mm}$$

$$L_2 = S_1 + S_2 + (10 \sim 20)\text{mm 且 } L_2 > T$$

如图4-19所示，对于小水口模具有

$$S_1 = L_1 + (20 \sim 30)\text{mm} \quad S_2 = 5 \sim 10\text{mm}$$

$$L_2 = S_1 + S_2 - (2 \sim 3)\text{mm}$$

其减2~3mm的目的是让水口边介子起限位作用。

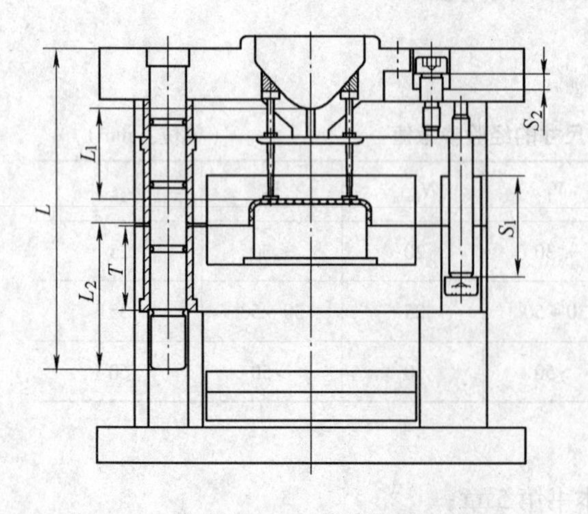

图4-18　简化型小水口模具拉杆长度确定

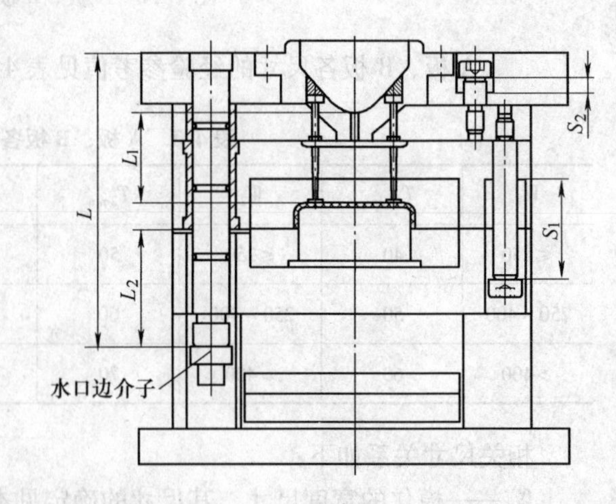

图4-19　小水口模具拉杆长度确定

4.2.2　模架选择原则

1. 模架选择应遵循的原则

1）能选用大水口模架时，尽量不选用小水口模架。

2）以下场合宜选用小水口模架：

① 精度要求高、寿命要求高的模具。

② 一次成型一个产品的单型腔模中，若成型的产品在分型面上的投影面积较大，要求多个方位同时进浇（也称为多点入水）的情况。

③ 在一次注塑成型多个产品的一模多腔的情况下，某些产品较大必须多个方位同时进浇而同时某些产品必须从中心进浇的情况，或者是各腔大小悬殊，若采用大水口模时浇口套要偏离中心较远设置的情况。

④ 齿轮模、多型腔的轮胎吹气模等。

⑤ 所制产品的壁厚比较薄，同时型腔又比较复杂的模具。

⑥ 高度过高的桶形、盒形或壳形产品。

3）以下场合常使用简化型小水口模架：

① 模具两侧存在尺寸较大的行位（滑块），用小水口模架时会造成模架很大，此时可改用简化型小水口模架。

② 简化型小水口模架中的GCI型和GAI型常用于有母模行位的大水口浇注系统模具。

4）按照经验，当模架宽度在250mm以下时，使用工字形模架，当模架宽度为250～350mm时，用直身有面板形；模架宽度在400mm以上并且有行位时适宜用直身有面板模架，没有行位时用直身无面板模架。

2. 模架尺寸与产品结构及注塑机规格的关系

（1）模架宽度　模架宽度应小于所选注塑机两根导柱间距。

（2）模架厚度　模架厚度要保证满足如下要求。

1）在注塑机前后夹板开合极限尺寸范围内。

2）模具结构的要求。

3）模具强度和刚度方面的要求。在注塑成型过程中，型腔承受塑料熔体的高压作用，因此模具型腔应该有足够的强度，型腔强度不足将发生塑性变形，甚至破裂；刚度不足将产生过大的弹性变形，导致型腔向外膨胀，并导致产品卡在母模侧或产生分型面飞边缺陷。

① 强度计算条件。在各种受力形式下，型腔产生的应力不应超过材料的许用应力，通常许用应力为

$$[\sigma] = \frac{1}{2}\sigma_\zeta$$

式中　σ_ζ—材料的屈服强度。

② 刚度计算条件。刚度计算的主要依据有以下几个方面。

a. 保证分型面不产生飞边。此时把塑料不产生飞边的最大间隙作为型腔允许变形量[δ]。常用塑料[δ]值见表4-4。

表 4-4 常用塑料［δ］值表

黏度特性	塑料品种	［δ］值公差范围/mm
高黏度	PC、PPO	0.06 ~ 0.08
中黏度	PS、ABS、PMMA	0.04 ~ 0.05
低黏度	PA、PE、PP	0.025 ~ 0.04

b. 保证塑件尺寸精度。此时型腔允许变形量［δ］由塑件的尺寸及其公差值决定，可由表 4-5 算得。

表 4-5 型腔允许变形量［δ］值表

塑件尺寸/mm	［δ］计算公式	附 注
<10	$\frac{\Delta}{3}$	Δ——塑件公差值
10 ~ 50	$\frac{\Delta}{3}(1+\Delta)$	
50 ~ 200	$\frac{\Delta}{5}(1+\Delta)$	
200 ~ 500	$\frac{\Delta}{10}(1+\Delta)$	
500 ~ 1000	$\frac{\Delta}{15}(1+\Delta)$	

c. 保证塑件顺利脱模。此时型腔允许变形量［δ］应小于塑件壁厚的收缩值以免脱模时擦伤塑件。

③ 型腔刚度校核计算。型腔额定厚度为

$$h=\sqrt[3]{\frac{5PbL^4}{32EB\delta}}$$

式中 P——内模所受压强（kg/cm^2）；

δ——允许变形量；

E——弹性模量，为 $2.1\times10^6 kg/cm^2$；

h、L、b、B——如图 4-20 所示（mm）。

又

$$P=\frac{(F+P_{胶}S)}{bL}$$

式中 F——锁模力（kg）；

$P_{胶}$——成型压力，为 $3T/1in^2 = 3000kg/(25.4in)^2 = 4.65kg/mm^2$；

S——塑件投影面积（mm^2）。

最终可得

$$h=\sqrt[3]{\frac{5(F+P_{胶}S)L^3}{32\times2.1\times10^6B\delta}}=\sqrt[3]{7.44\times10^{-8}\frac{(F+4.65S)L^3}{B\delta}}$$

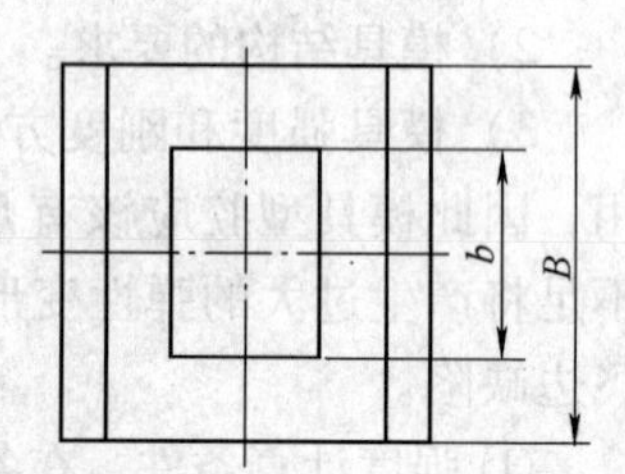

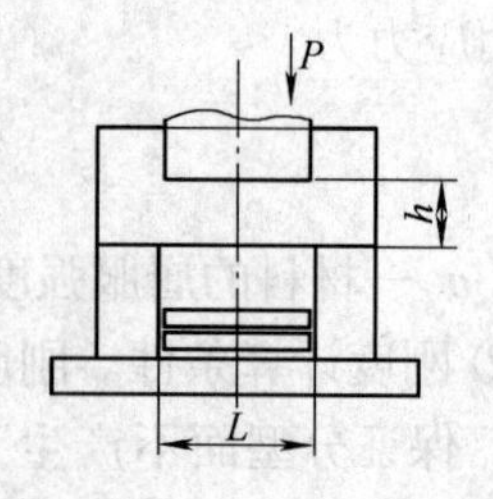

图 4-20 相关尺寸示意图

4.3 模架中其他结构件的设置与确定

4.3.1 导向定位系统的设置

因为模具精度要求高、寿命要求高，且在使用中，公母模要反复开合，并且生产过程中要承受高温高压，因此在模具中需要设置导向定位系统。其中，注射模中保证活动零件按照既定的轨迹运动的结构称为导向系统；保证前后模之间及各活动零件之间相对位置精度的结构称为定位系统。在选择模架的时候，也应该考虑相关导向定位系统结构的形式，导向定位系统结构如图4-21所示。

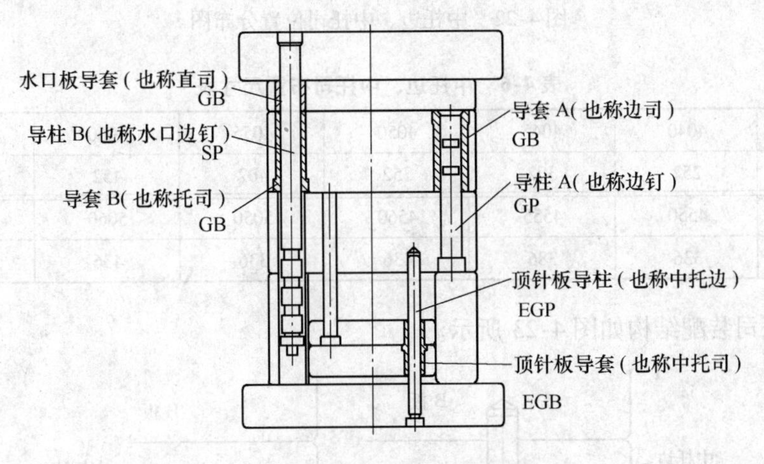

图4-21 导向定位系统结构

主要要考虑的就是边钉（GP）、水口边钉（SP）、中托边（EGP）3种结构的分类使用问题。边钉、水口边钉在前面已有介绍，下面介绍中托边。

中托边与中托司配合，作用为对顶针板实施导向，以提高顶针板运动时的精度。其选择原则如下：

1）顶针板长度在400mm以上。

2）模具排位偏离中心。

3）配有较多推管、较小顶针（<2mm）、顶针数量过多或一边多一边少。

4）有较多斜顶和扁顶针。

5）推出行程超过50mm。

6）有其他特殊要求。

中托边、中托司需按模架大小相应选择2根或4根，并在顶针板上对称分布，其具体选择原则为：

1）4040以下模架采用2根中托边，B_1 = 复位杆之间距离，直径等于回位销直径或比回位销直径大5mm。

2）4040以上模架采用4根中托边，A_1 = 复位杆间距，B_2 参见表4-6，直径等于回位销直径。

3）中托边、中托司位置分布图如图4-22所示。

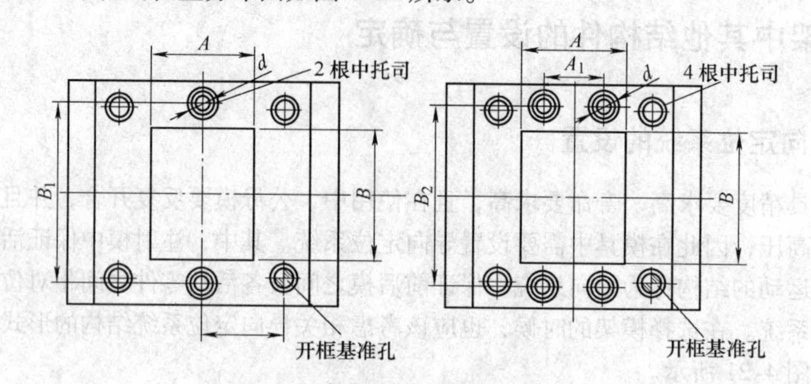

图4-22　中托边、中托司位置分布图

表4-6　中托边、中托司布置尺寸表

模架	4040	4045	4050	4055	4060	4545
B_2/mm	252	302	352	402	452	286
模架	4550	4555	4560	5050	5060	5070
B_2/mm	336	386	436	336	436	536

中托边、中托司装配结构如图4-23所示。

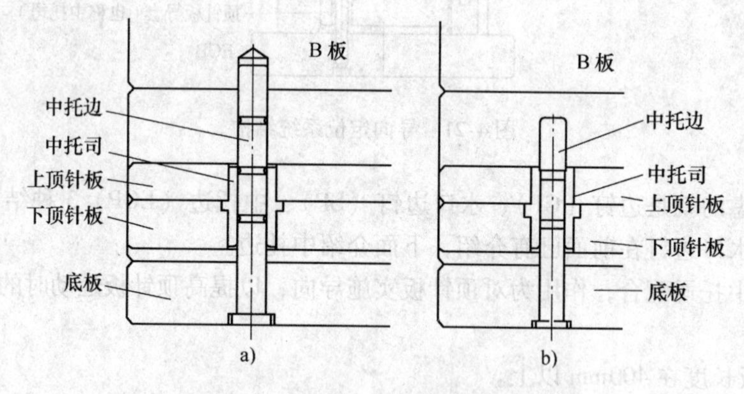

图4-23　中托边、中托司装配结构

a）样式一　b）样式二

4.3.2　支承柱及垃圾钉的设置

1. 概念

支承柱（SP）：在大产量生产时，起到承托B板、减少因注塑时受压而变形的作用。

垃圾钉（ST）：承托顶针板，由于它面积较小，减小了顶针板和底板的接触面积，从而防止因垃圾掉落而影响顶针复位，并可防止垃圾积在上面造成顶针板不平或变形。

2. 支承柱的设计

（1）支承柱的装配结构　支承柱装配结构示意图，如图4-24所示。

（2）位置与数量　尽量放中间或对称布置，数量应尽量多，但最多不超过6根。

（3）大小 一般情况下，直径在25~60mm之间，其值尽量取大，以不干涉其他结构为准。

（4）长度 （图4-24） 当模宽小于300mm时，$H_1=H+0.05$mm；当模宽在400mm以下时，$H_1=H+0.1$mm；当模宽为400~700mm时，$H_1=H+0.15$mm。

3. 垃圾钉的设计

垃圾钉装配结构示意图如图4-25所示，通常为4根，其位置就在回位销的下面。当然，当模具较大较长时，可增加至6根、8根、10根，其依据的标准为：模宽350mm以下为4根，350~550mm为6根，550mm以上为10根，可根据实际情况与设计酌情增减。

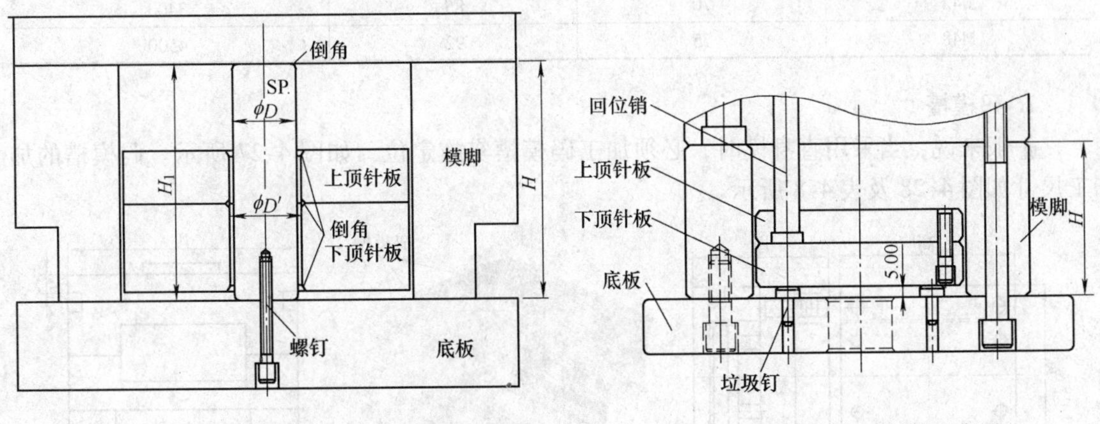

图4-24 支承柱装配结构示意图　　图4-25 垃圾钉装配结构示意图

4.3.3 吊环孔、码模槽及撬模槽的设置

1. 吊环孔

吊环孔即起吊孔。尺寸主要为M12或者M16，或者更大，视起吊质量而定。在板件的4面各一个，攻深25~30mm，居中布置。但是，若模仁过大，质量超过60kg，则必须在模仁上加装吊环孔。模仁安装吊环孔示意图如图4-26所示。

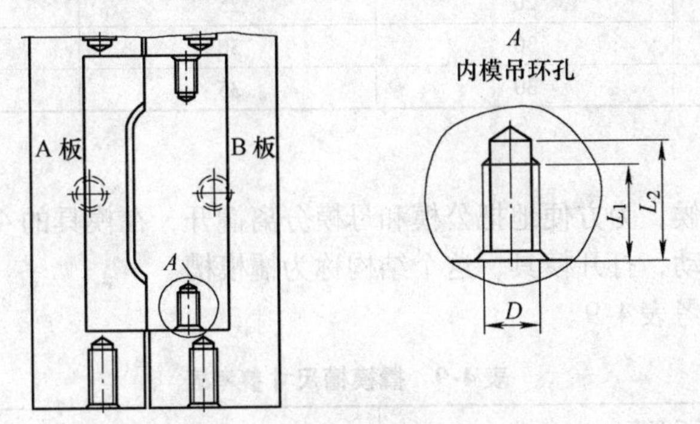

图4-26 模仁安装吊环孔示意图

吊环孔的规格见表4-7。

表 4-7 吊环孔的规格

吊环孔规格（D）	L_1/mm	L_2/mm	起吊质量/kg
M10	20	25	150
M12	24	31	220
M16	29	36	450
M20	33	42	630
M24	41	51	950
M30	49	61	1500
M36	59	74	2300
M42	70	85	3400
M48	75	92	4500

2. 码模槽

一般来说，当采用直身模时，必须加工码模槽实施定位，如图 4-27 所示。码模槽的加工尺寸如图 4-28 及表 4-8 所示。

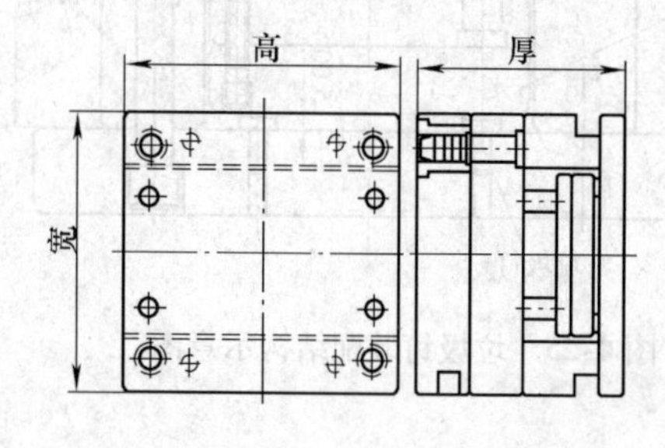

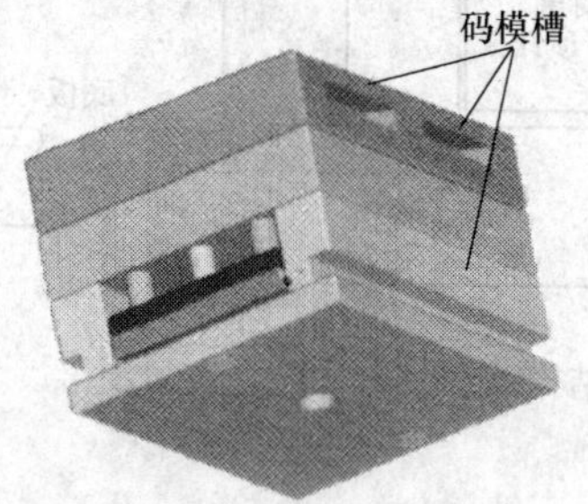

图 4-27 码模槽

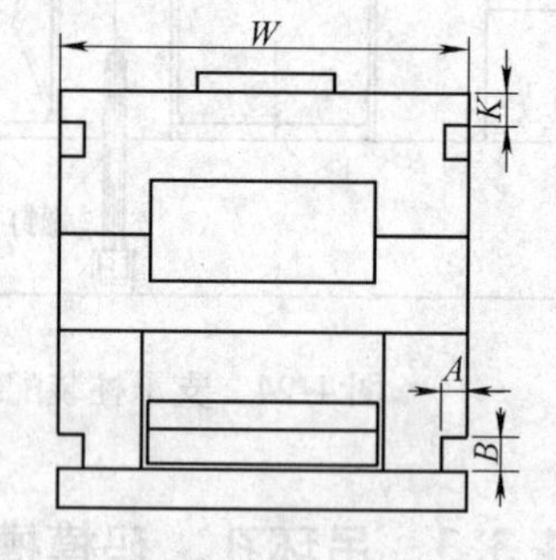

图 4-28 码模槽加工尺寸

表 4-8 码模槽加工尺寸 （单位：mm）

W（模板宽度）	A	B	K
<290	15	20	25
300 ~ 400	20	25	30
450 ~ 500	30	30	35
>500	30	35	35

3. 撬模槽

在模具维修的时候，为方便地把公模和母模分离撬开，在模具的 4 个角上会各制造一个坑槽，以便 4 个角撬动，打开模具，这个结构称为撬模槽。

撬模槽的尺寸参考表 4-9。

表 4-9 撬模槽尺寸参考表 （单位：mm）

W（模板宽度）	撬模槽尺寸
450 以下	30 × 45° × 5（深）
450 ~ 600	40 × 45° × 5（深）
650 以上	50 × 45° × 5（深）

在特殊情况下，模板的4个角不能加工撬模槽时，可在模板的两边加工撬模槽，如图4-29所示。

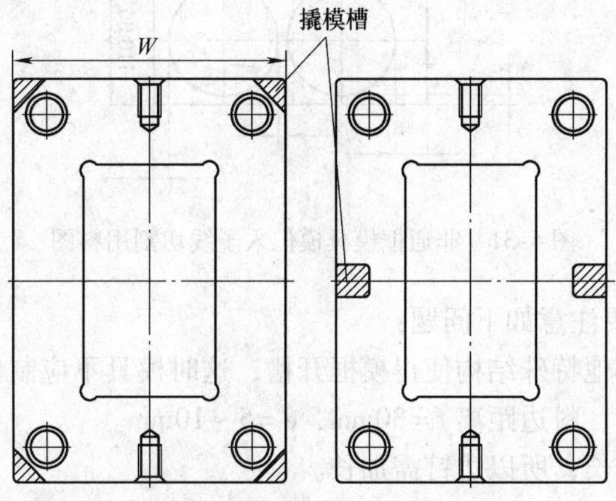

图4-29　撬模槽开设位置及形状

4.4　模具的报价与订料

模具报价或模具订料是模具设计和制造前所做的两项准备工作，是指根据客户提供的产品报价（参考）资料或正式产品资料，确定产品在模具中的位置和数量，以及模架和模具的尺寸、材料等。

模具报价资料包括报价图和订料单。报价图是模具最初的设计方案，它为模具订料提供参考说明。下面介绍绘制报价图及订料单的基本流程。

4.4.1　绘制报价图

根据前面章节所述的内容，模具开框有非通框和通框之分，以实际产品为例，非通框模具报价图如图4-30、图4-31所示。

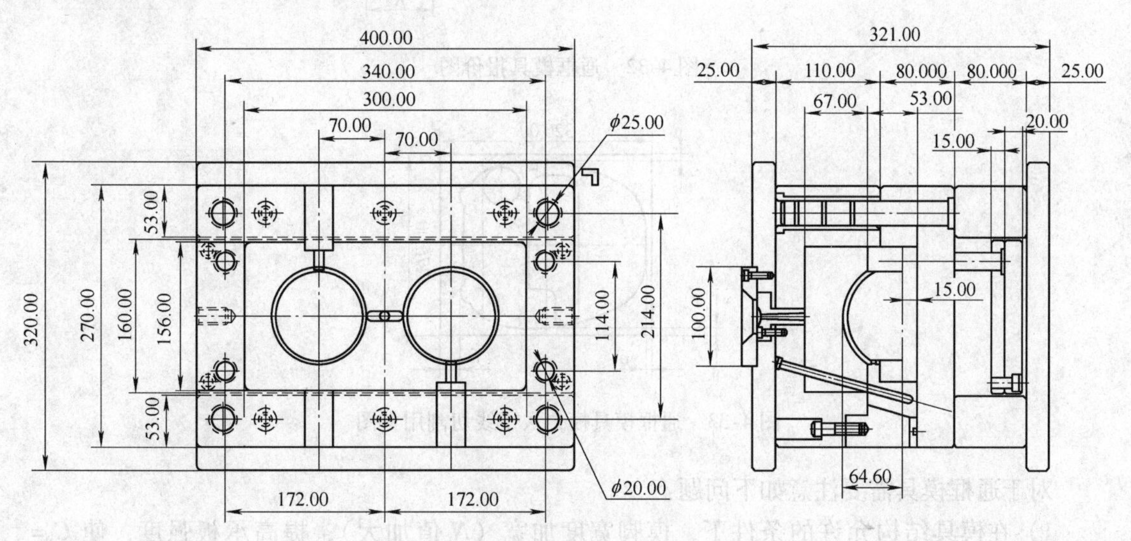

图4-30　非通框模具报价图

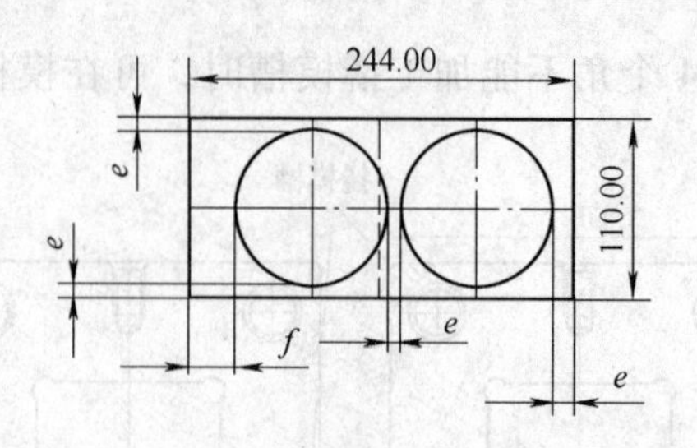

图 4-31　非通框模具模仁入子线切割用料图

对于非通框模具需要注意如下问题：

1）模具因行位或其他特殊结构使得模框开槽，这时模具不应制作通框。

2）线切割用料图中，料边距离 $f = 30\text{mm}$，$e = 5 \sim 10\text{mm}$。

3）由于行位引导伸长，所以边钉需加长。

通框模具报价图如图 4-32、图 4-33 所示。

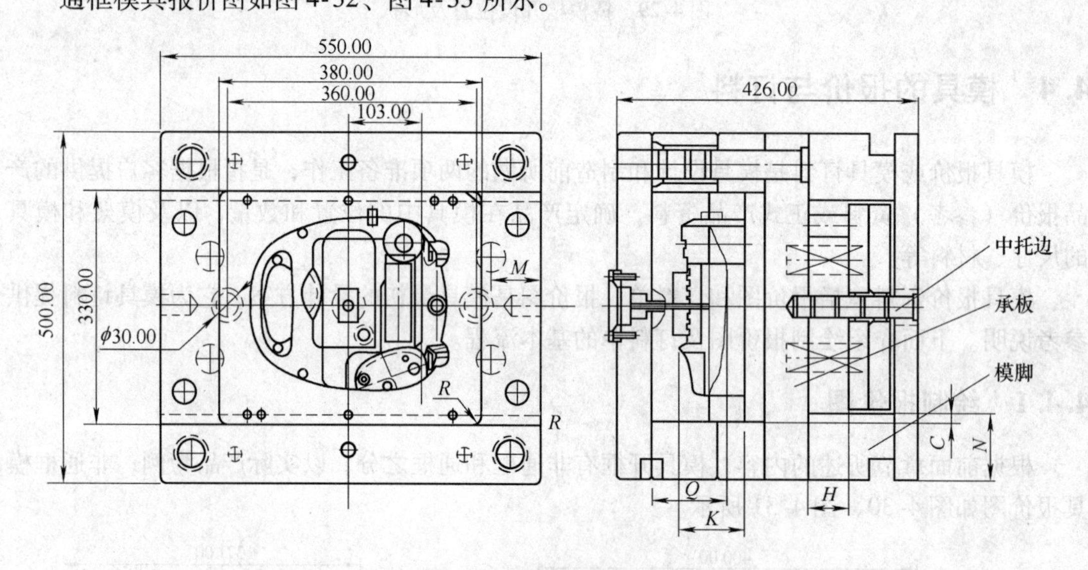

图 4-32　通框模具报价图

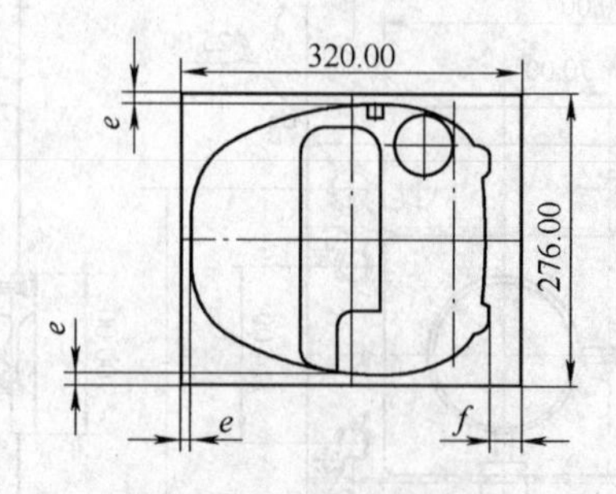

图 4-33　通框模具模仁入子线切割用料图

对于通框模具需要注意如下问题：

1）在模具结构允许的条件下，模脚宽度加宽（N 值加大），提高承板强度，使 $C = 5 \sim 15\text{mm}$。

2）当模宽<550mm时，增加两个中托边；当模宽≥550mm时，增加4个中托边。

3）因有吊环孔，因此中托边到边框距离 $M=40$mm。

4）模具精框角位 R 值为：当框深为1～50mm时，$R=13$mm；当框深为51～100mm时，$R=16.5$mm。

5）线切割用料图中，料边距离 $f=30$mm，$e=5\sim10$mm。

从上面报价图示例来看，绘制的报价图应能反映模具以下几方面的内容：

1）依据型腔数要求，进行产品排位（详见本书第5章内容）。

2）确定产品进浇方式，选择模具类型，如二板模或三板模。

3）绘出模具机构的大体形状及位置要求，如行位斜度、行出距离及锁紧机构等。

4）适当调整模具外形尺寸（宽×高×厚），使模具能在最经济（较小）的注塑设备上生产。

4.4.2 订料

订料是在已有报价图的基础上，绘制模架简图，填写订料单，如图4-34、图4-35所示。

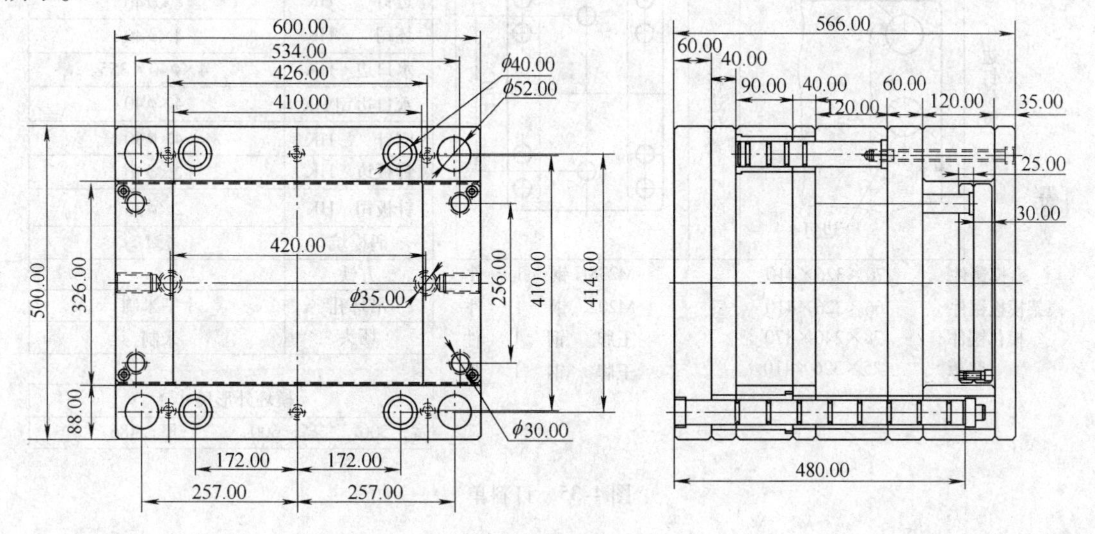

图4-34 模架简图

模架简图和订料单的制作需注意以下几点：

1）为保证模架简图和订料单在传送过程中清楚，模架简图和订料单中的数值（除特殊值外）以整数表示。

2）模架简图只反映需要模架制造公司制作的内容，因此，报价图中的其他结构内容都必须删去。

3）对于模具前、后模型腔板，必须注明开精框或粗框，及通框分中或非通框分中，非通框分中还必须有深度值；加工非对称框时，模架简图中必须详细绘出注明。

4）模具入子的料厚应预留加工余量，在报价图厚度尺寸上加厚1～2mm。

5）选择模具钢材料时应保证前模硬度高于后模，前、后模硬度相差5HRC以上；当模具钢需要淬火处理时，选用M310或S136。

工模钉料单

大水口	否		成品编号	30-×××××-×××-×××
小水口	是		成品编号	
出件数	1件	模坯型号：DAT5060	成品编号	

板厚	厚	阔	长	件数	材料	边方向	附加
1	60	500	600	1	王		
2	40	500	600	1	王		
3	40	500	600	1	王		
4	70	500	600	1	王		精、通框分中:326×410
5	70	500	600	1	王		精、通框分中:326×410
6	60	500	600	1	王		
7	110高	100	600	2	铁		
8	25	296	600	1	王		
9	30	296	600	1	王		
10	35	500	600	1	王		
11							

零件	尺寸
边钉　HK	4×ϕ40
坯司　HK	4×ϕ40
水口边　HK	4×ϕ40×355
水口边司 HK	4×ϕ40
回针　HK	4×ϕ30
针板边　HK	2×ϕ30
针板司　HK	2×ϕ30
码模坑	板1
方铁	
吊环孔	十字米制
坯头	米制

名称	尺寸	材料		数量	
模镶件：	70×326×410	M238H	钢	1	件
模架模板镶件：	66×326×410	M202	钢	1	件
模仁镶件：	78×240×370	王牌	钢	1	件
垫板：	25×326×410	王牌	钢	1	件

模坯外形尺寸		
宽：500	高：600	厚：486

图4-35　订料单

4.5　模架的选择实例解析

注射模架的类型很多，不同厂家的标准也不尽相同，但主体还是一样的，此处采取我国的龙记（LKM）模架为例进行设计。模架起着固定成型零件、导向定位等作用，选择了模架类型就决定了整套模具的整体结构，一般在分析产品结构之后就要初步选择模架类型，之后才进行模具的局部结构设计。

4.5.1　模架选择知识要点

需要说明的是对一个产品进行模具设计时，模架的选择不是唯一的，这与设计人员的设计思路有关，模架的选择包含以下两个方面。

1. 模架类型的选择

模架有3种类型：大水口模架、小水口模架和简易小水口模架。其中大水口模架的特点为：一个分型面，有4根导柱；小水口模架的特点为：两个分型面，有4根向上和4根向下的导柱；简易小水口模架的特点为：两个分型面，有4根向下的导柱。

根据以上3种模架的特点来选择模架，同时还要考虑到浇注方式、塑件的推出方式、凸模镶拼方式和流道的脱落方式等，主要的选择依据如下：

(1) 针点式浇口　需两个分型面，当采用推出板推出时，选用小水口模架；当采用顶针、推管推出时，优先选用简易小水口模架。

(2) 其他浇口　一个分型面，选用大水口模架，需要根据产品推出方式和是否需要B板下托板来具体选择模架型号。

由于小水口模比大水口模复杂，因此在满足产品要求的条件下，优先选择大水口模，并且尽量选择标准模架。

2. 模架尺寸规格的选择

在确定好模架的类型之后，就需要选择它的尺寸规格，以作为模具设计的基础与订购模架的依据。模架尺寸规格的选择包括如下方面：

1) A板、B板尺寸的确定。它们的尺寸需要根据模仁的尺寸决定，并且需要使模仁短边对应A板、B板的宽，使模仁的宽度不大于两块C板内侧边界线之间的距离，具体尺寸选择见4.2节。

2) C板厚度的确定。C板厚度与模具的推出行程有关，因此必须保证B板厚度大于产品的推出行程。

3) 如果是小水口模架，则还需要确定水口边钉（SP）的长度，它用来保证模具有足够的空间进行脱料，具体的数据确定方法见本章第4.2节。

4.5.2　遥控器后盖模架选择分析

针对遥控器后盖进行的模架选择，同样包括模架类型的选择和模架尺寸规格的选择，具体分析如下。

1. 模架类型选择分析

(1) 选大水口模架　大水口的常见进浇方式有直接浇口、侧浇口和潜伏式浇口等。由于对遥控器后盖外表面有美观的要求，同时产品与前盖的配合部分也不能出现疤痕，因此产品不能采用直接浇口和侧浇口，否则将影响产品美观。而潜伏式浇口由于是在遥控器内部进浇，因此可以作为它的进浇方式。

(2) 选简化型小水口模架　在选择此类模架时，为了不留任何痕迹在外表面，进浇点需选择在装电池的区域，如图4-36中椭圆形区域所示。

因此，模架可以选择大水口模架，但要采取潜伏式浇口；也可选择简化型小水口模架，采取针点式浇口。考虑到潜伏式浇口比针点式浇口加工难度大，设计难度也大，并且容易堵塞流道，因此选择简化型小水口模架，具体为龙记有水口推板的FCI工字模架（图4-37）。

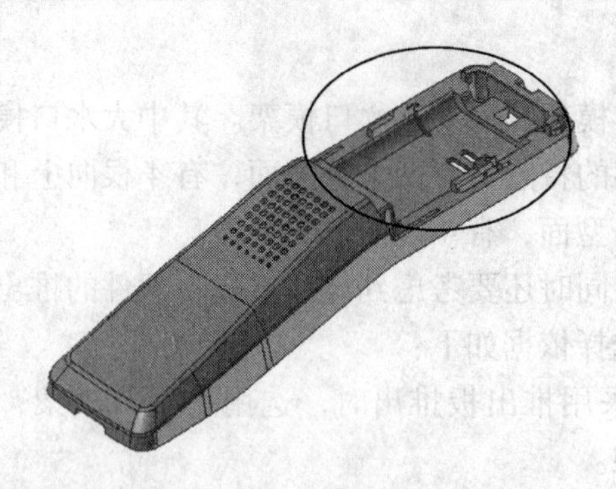

图4-36 遥控器后盖进浇点选择区域

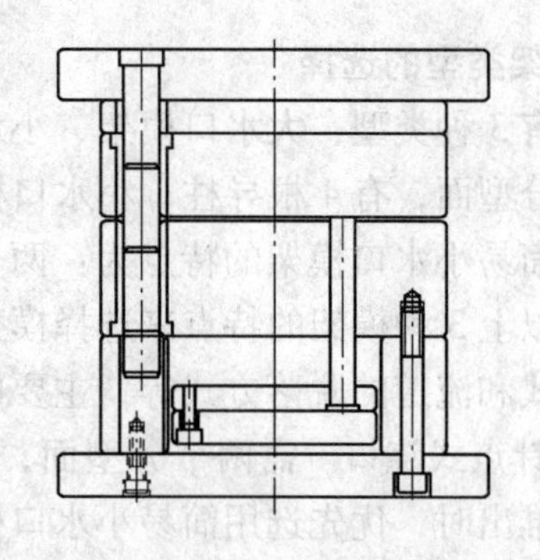

图4-37 FCI工字模架

2. 模架尺寸规格选择分析

模架尺寸的确定与模仁尺寸有关，同时也与是否存在滑块系统有关。此产品采取一模一腔的方式，模仁尺寸规格确定依据见本书第5章内容，前模仁尺寸为110mm×220mm×58mm，后模仁尺寸为110mm×220mm×61mm。

（1）A板、B板尺寸的确定　A板、B板宽度与模仁宽度有关，在模仁宽度的基础上加上适当的壁厚就构成了A板、B板宽度，查相关表可得最小壁厚为40mm，则A板、B板宽度为190mm，考虑到模仁边界线不超过C板边界线，壁厚最后确定为60mm，最终确定A板、B板宽度为230mm。

A板、B板的长度确定方法类似，但要考虑到模具在这个方向上存在滑块，因此为了保证有足够的空间放置滑块，需要适当加大壁厚，最终确定A板、B板长度为400mm。

确定A板、B板的厚度时，需同时考虑模板的强度和保证放置水路所需的空间，中小型模一般取20mm左右，B板由于需承受注塑机的注射压力，一般要比A板厚15mm左右。由于上、下模仁厚度相等，加上相应的壁厚得出最终的A板厚度为75mm，B板厚度为100mm。

（2）C板厚度的确定　由于产品的开模方向的尺寸约为25mm，因此选取FCI类型的2340模架推荐的C板厚度值80mm就可以，它有40mm的推出空间，完全满足要求。

（3）水口边钉（SP）长度的确定　确定S.P.的长度时，需要先设计出浇注系统才能进行计算，因此其长度的具体算法见本书第6章，计算得S.P.的长度为270mm。

因此，最终确定龙记模架为：FCI 2340—A75—B100—C80—270，依此进行模架的订购。

第5章　塑件的分型及成型部件设计

塑件的分型主要指的是分型面的设计，它除了受排位的影响外，还受塑件的形状、外观、精度、浇口位置、行位、推出、加工等多种因素影响。合理的分型面是塑件能够顺利成型的先决条件，一般应从以下几个方面综合考虑：

1）符合塑件脱模的基本要求，即能使塑件从模具内取出，分型面应设在塑件脱模方向最大的投影边缘部位。

2）确保塑件留在后模一侧，并利于推出且顶针痕迹不显露在外观面上。

3）分型线不影响塑件外观，分型面应尽量不破坏塑件光滑的外表面。

4）确保塑件质量，如将有同轴度要求的塑件部分放到分型面的同一侧。

5）选择分型面时应尽量避免形成侧凸、侧凹，若需要行位成型，则应尽量使行位结构简单，尽量避免前模行位。

6）合理安排浇注系统，特别是浇口位置。

7）满足模具的锁紧要求，将塑件投影面积大的方向放在前、后模的合模方向上，而将投影面积小的方向作为侧向分型面；当分型面是曲面时，应加斜面锁紧机构。

8）有利于模具加工。

成型部件的设计指的是与塑件接触的凸、凹模结构设计，它同样取决于塑件的形状、外观、精度和加工的方便性等因素。

5.1　分型面的分类与设计原则

5.1.1　分型面的概念

分型面是指塑件与模具接触的面，即能够取出塑件或流道废料的可分离的接触面。分型面的选取方法有两种：一种是选择产品外表面作为分型面，另外一种则是选择内表面作为分型面。与分型面对应的是分型线（Parting line，PL），它是将塑件分为前模和后模两部分的分界线，分型线向模仁四周延拓加上塑件与模具接触的面就得到完整的用于3D分模的分型面。

5.1.2　分型面的分类

1. 平面式分型面

此类分型面设计简单，在3D软件如NX中，只需要做一个片体，抽取出产品内表面或外表面进行片体剪切，修补上破孔，最后缝合就可以设计完成。平面式分型面如图5-1所示。

2. 斜面式分型面

斜面式分型面在设计时需要注意枕位要先做出最小为5～10mm的胶位A，之后才转平，

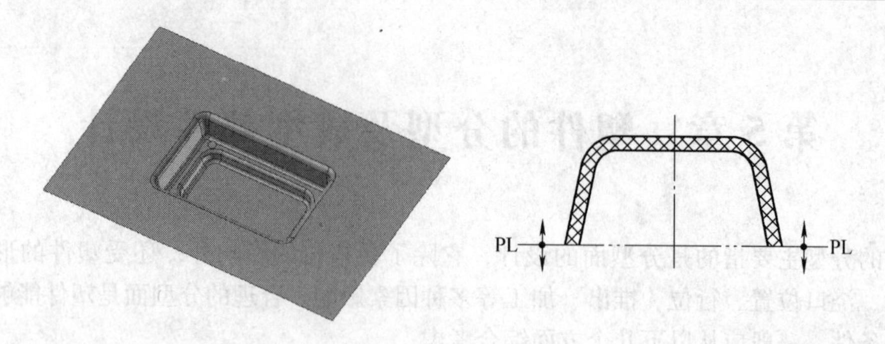
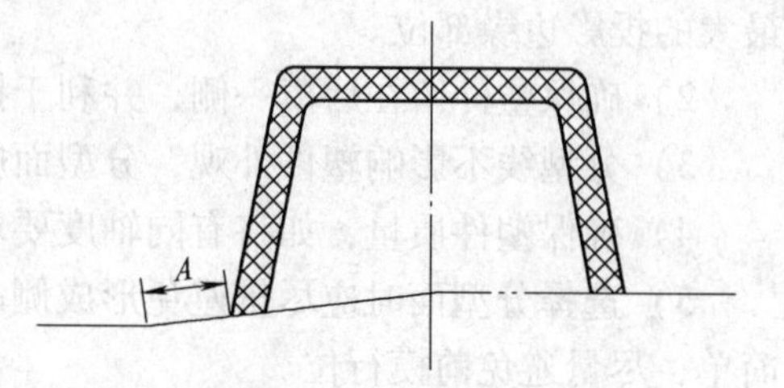

图 5-1 平面式分型面

如图 5-2 所示，其主要目的是防止产生尖钢及尖角形的封胶面，尖角形封胶面不易封胶且易于损坏。

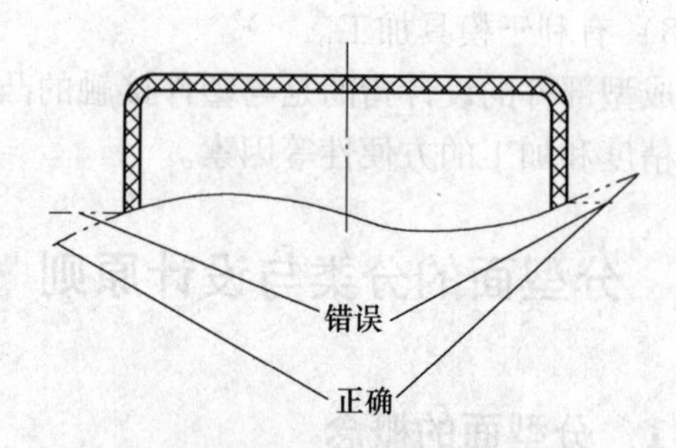

图 5-2 斜面式分型面

3. 曲面式分型面

当选用的分型面具有单一曲面（如柱面）特性时，如图 5-3 所示的塑件，要求按图 5-4 所示的方式处理，设计方法与斜面式分型面类似，即沿曲面的曲率方向伸展一定距离建构分型面，否则将形成如图 5-5a 所示的不合理结构，改正的分型面如图 5-5b 所示。

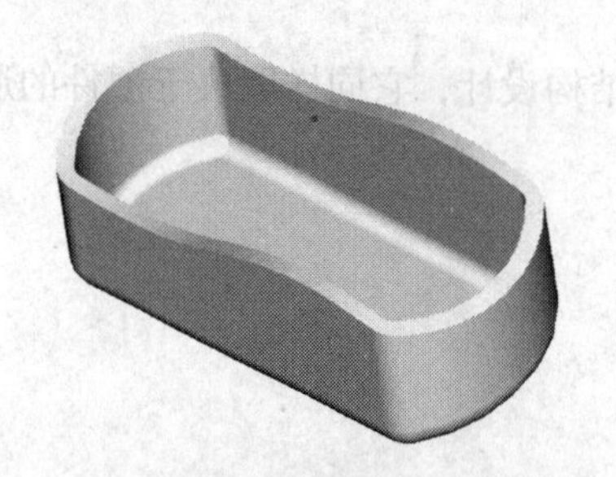

图 5-3 分型面具有单一曲面特性

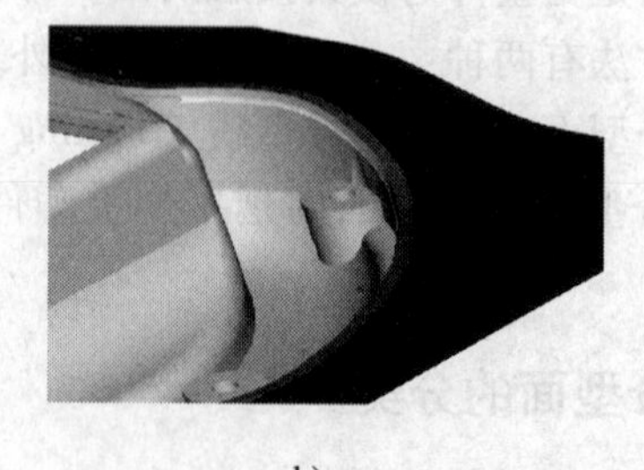

图 5-4 曲面式分型面设计

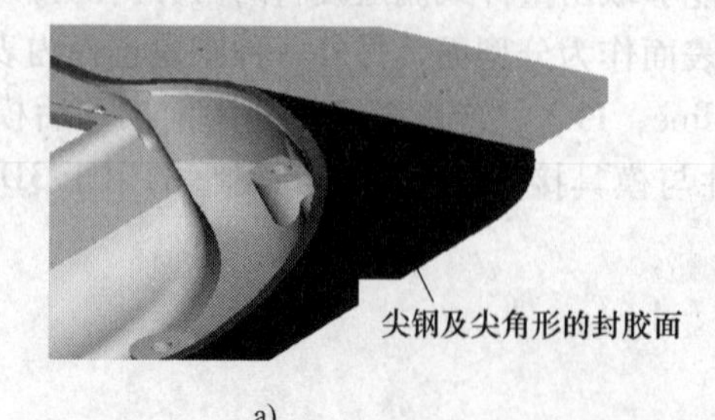

a)

b)

图 5-5 防尖钢出现的曲面式分型面设计

4. 侧面穿孔分型面

侧面穿孔分型面如图 5-6 所示，在设计时有两种设计方式，采取 A 形式时，不易封胶，且易形成飞边，使孔的尺寸缩小；采取 B 形式时，易于封胶，设计时尽量使擦穿面具有 3°

或以上的斜度以保证模具开合顺畅，推荐采取B形式设计。

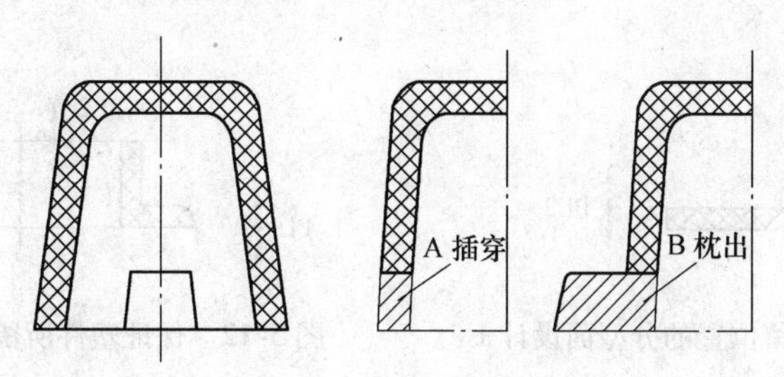

图5-6　侧面穿孔分型面

5. 台阶状分型面

塑件侧壁有时存在台阶状的通底槽，如图5-7所示。针对这类结构，分型面的设计有3种方法，其各有优缺点。

图5-8所示为台阶状分型面设计方法1，此方法分型线与塑件形状一致，成型后塑件上无熔接痕，但较复杂，此类分型线一般用于外观件的分模。

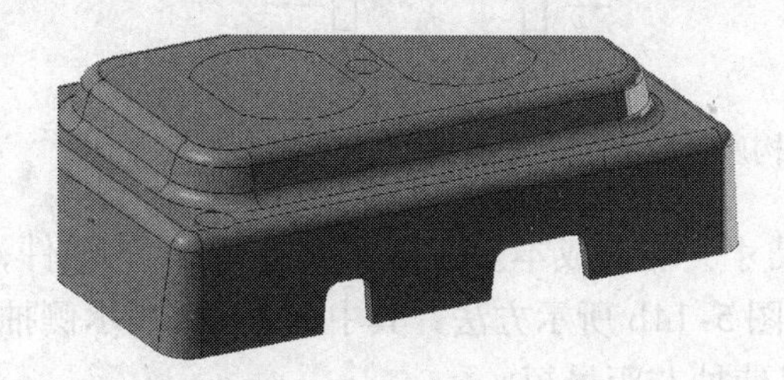

图5-7　台阶状结构

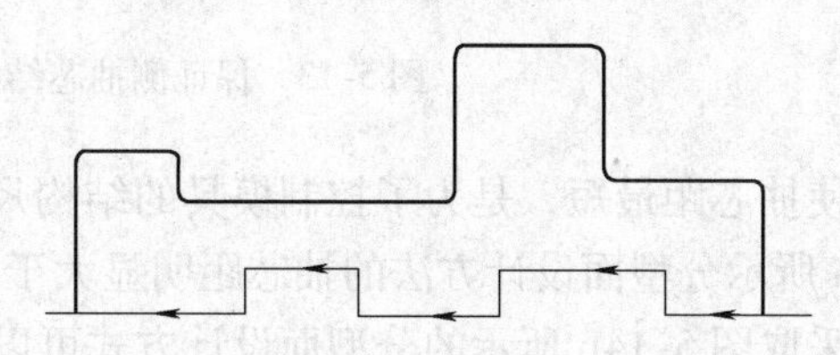

图5-8　台阶状分型面设计方法1

台阶状分型面设计方法2如图5-9所示，此方法中间设计成一个大的连通枕位，使加工方便，但塑件中间部位会形成熔接痕。

台阶状分型面设计方法3如图5-10所示，此类设计方法主要用在塑件为内部件时，塑件上会形成较多的熔接痕，由于没有表面美观的要求，因此设计成平面分型面以方便加工。

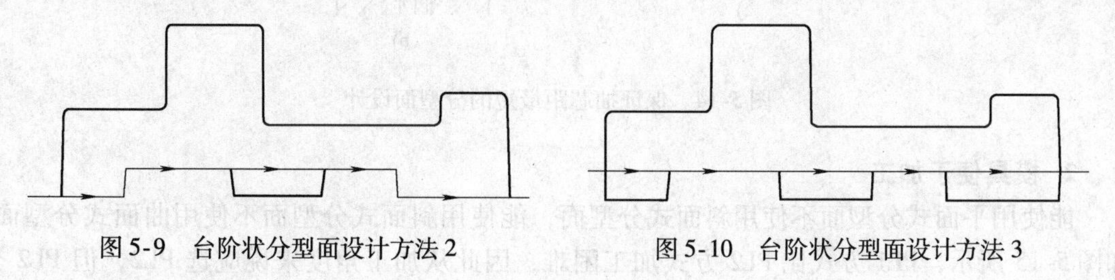

图5-9　台阶状分型面设计方法2　　图5-10　台阶状分型面设计方法3

5.1.3　分型面的设计原则

1. 有利于塑件脱模

1）开模后塑件要留在有推出机构的一侧，通常为后模上。如图5-11所示，如采取PL1的方式，塑件全部由前模仁成型，开模后塑件就留在了前模，不利于生产的自动化，因此应采取PL2的方式。如图5-12所示的塑件，如采取PL1的方式，形成塑件内孔的模具部位只能在前模仁上，由于塑料冷却的收缩会包紧前模，塑件也会留在前模，采取 PL2 的方式可以避免这个问题。

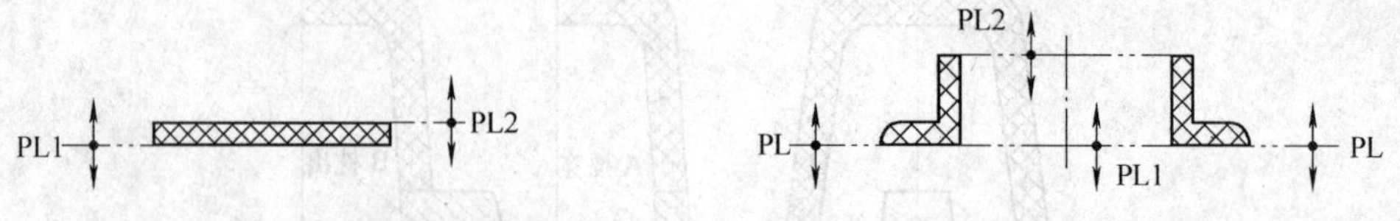

图 5-11　保证塑件所留位置的分型面设计 1　　图 5-12　保证塑件所留位置的分型面设计 2

2）为有利于侧向分型，应使侧抽芯结构尽量留在后模，且抽芯距离最短。如图 5-13 所示，采取 PL2 的分型方式可以使侧抽芯结构留在后模一侧，有利于利用模具开合动作完成侧抽芯，具体抽芯结构设计见第 7 章。

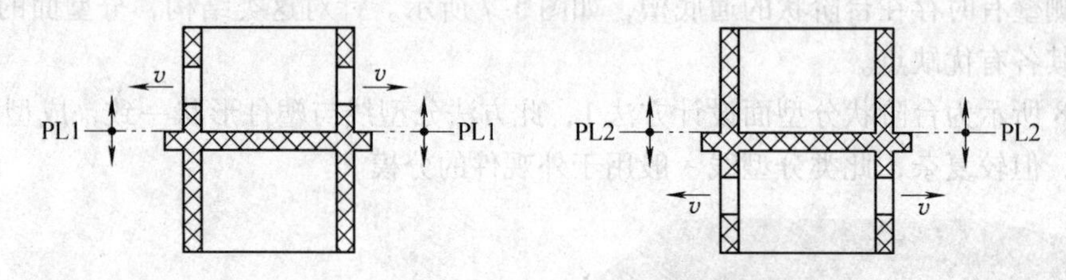

图 5-13　保证侧抽芯结构所处位置的分型面设计

使抽芯距最短，是为了控制模具的结构尺寸，节约成本。对于图 5-14 所示的塑件，图 5-14a 所示分型面设计方法的抽芯距明显大于图 5-14b 所示方法，其中 SLIDER 表示侧抽芯，因此采取图 5-14b 所示的分型面设计方式可以使抽芯距最短。

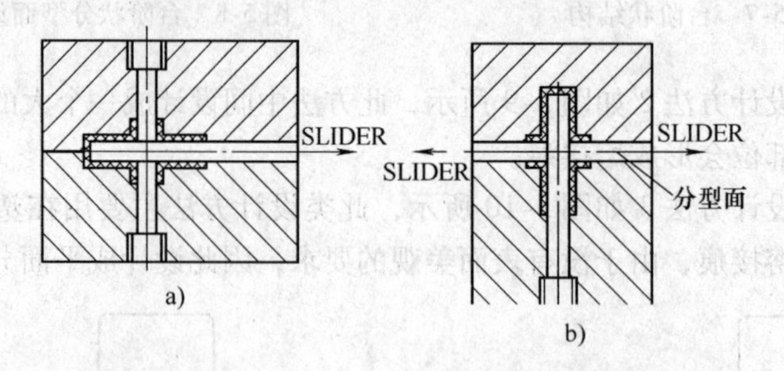

图 5-14　保证抽芯距最短的分型面设计

2. 模具便于加工

能使用平面式分型面不使用斜面式分型面，能使用斜面式分型面不使用曲面式分型面。如图 5-15 所示，PL1 方式比 PL2 方式加工困难，因此从加工角度来说应选 PL2，但 PL2 会造成塑件熔接痕，在选择分型面时要考虑客户的具体要求。

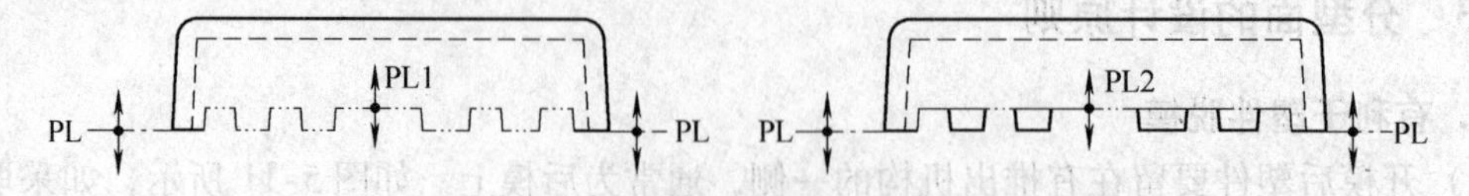

图 5-15　便于模具加工的分型面设计

3. 有利于保证塑件精度

（1）塑件同轴度要求　如图5-16所示，若采取图5-16a所示的方式，则在模具合模时前、后模仁有可能偏动，从而影响塑件上、下轴的同轴度，而若采取图5-16b所示的方式，则塑件的成型全在后模仁，就不存在上述的问题，因此应选择图5-16b所示形式的分型面。

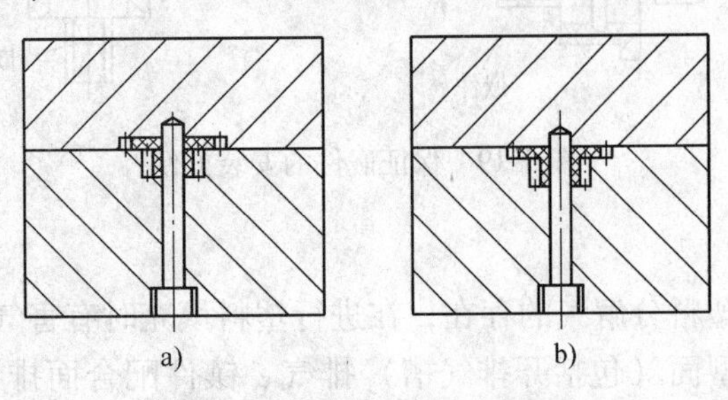

图5-16　保证塑件同轴度要求

（2）塑件厚度均匀要求　如图5-17所示，塑件壁厚T要求在±0.02mm的公差范围内，如采取PL1的设计方式，可能会因为模具合模时的偏差最终影响塑件厚度均匀，PL2分型面设计方式就可以避免这类情况的发生，因为此时存在合模定位结构，可以保证模具合模的精度。

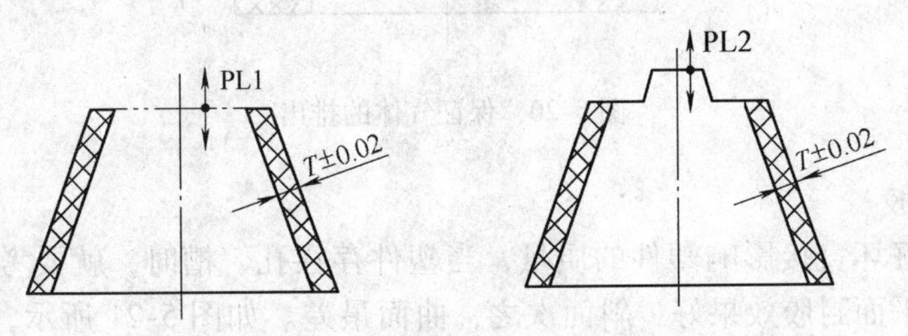

图5-17　保证塑件厚度均匀要求

4. 有利于提高塑件外观质量

外壳类塑件一般不允许有影响美观的熔接痕或飞边，因此分型面应尽量避免选在外观面上。如图5-18所示，虽然选择PL1分型面方式可以避免设计滑块（行位），但由于该产品的外观面在侧面，它不允许有熔接痕，因此选PL2方式可以通过设计滑块改变熔接痕出现的位置，使它出现在非外观面上。

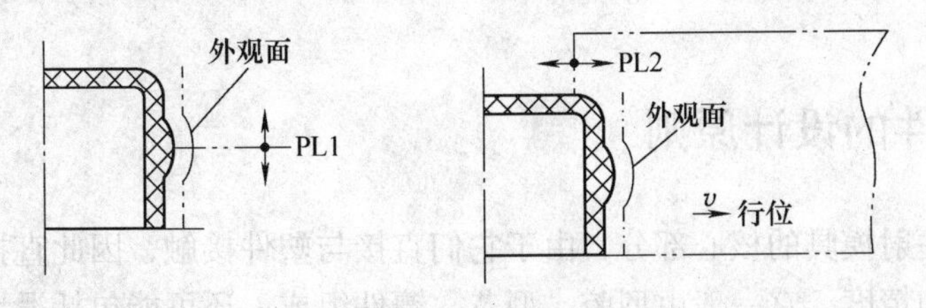

图5-18　保证塑件的外观要求

5. 有利于嵌件安装

对于塑件在成型时内部有嵌件的情况，设计分型面时需考虑嵌件安装的方便性，因为在该过程中一般都需要手动放置嵌件，且要使嵌件可靠、方便地定位，如图5-19所示，PL1

方式塑件横放，定位效果难以保证，而 PL2 方式安装方便，且可以保证定位和封胶效果。

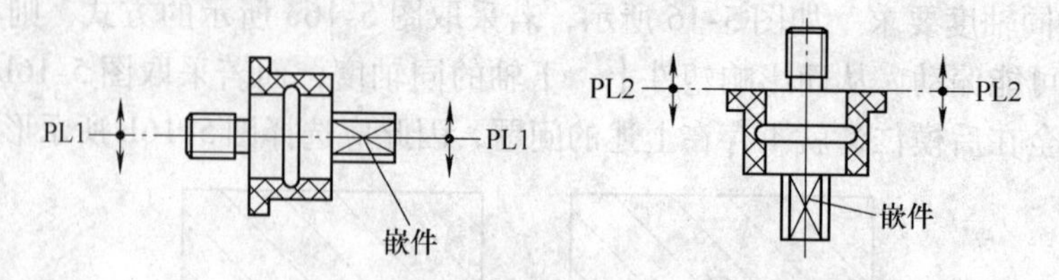

图 5-19　保证嵌件的安装方便

6. 有利于排气

由于空气、水汽和塑料分解气的存在，在进行塑料填充时有害气体也一进行入模具。模具的排气方式主要有分型面（包括开排气槽）排气、镶件配合面排气、顶针（或推管）与后模镶件的配合面排气等。在设计分型面时为了便于气体排出，应将分型面选择在塑料最后填充的部位，如图 5-20 所示，PL2 分型面选在塑料最后填充的位置，有利于气体排出。

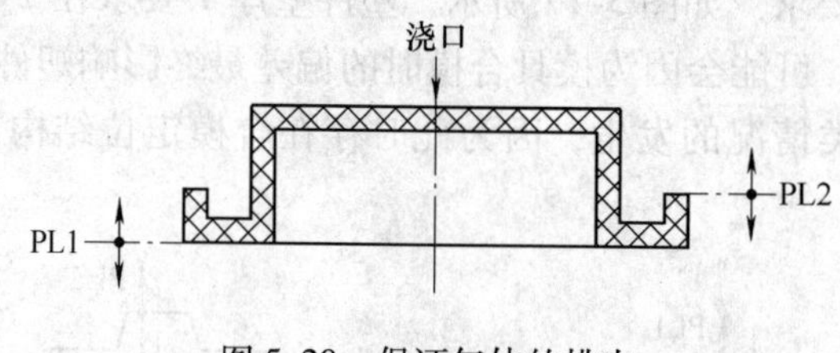

图 5-20　保证气体的排出

7. 有利于封胶

封胶效果的好坏直接影响塑件的质量，当塑件存在孔、槽时，就要考虑模具的封胶效果，一般来说，平面封胶效果好，斜面次之，曲面最差。如图 5-21 所示，PL1 采取的斜分型面封胶效果就没有 PL2 的阶梯分型面好。

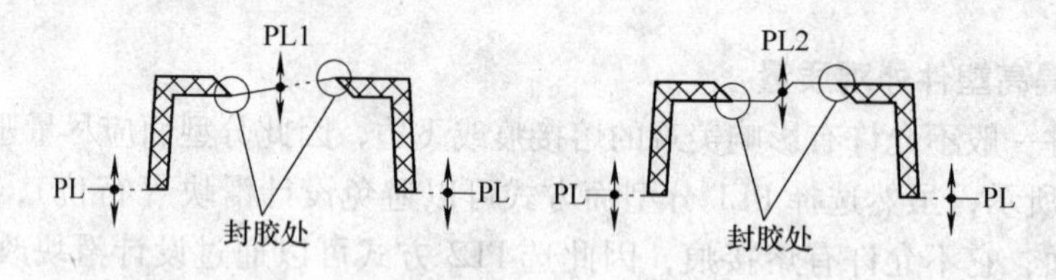

图 5-21　保证好的封胶效果

5.2　成型零件的设计原则

成型零件是注射模具的核心部分，由于它们直接与塑件接触，因此直接影响到塑件的形状、外观、尺寸和精度。它一般由型腔、型芯、镶件组成，还可能包括滑块和斜顶等。

设计成型零件时，应充分考虑塑料的收缩率、脱模斜度和制造与维修的工艺性等。

1. 塑料的收缩率

塑料的成型收缩受多方面的影响，如塑料类型、塑件几何形状及大小、模具温度、注射压力、充模时间和保压时间等，其中影响最显著的是塑料类型、塑件几何形状及壁厚。

2. 脱模斜度

合理的脱模斜度是便于脱模、获取高质量表面的必要条件。在塑件设计时，一般都会给出较为合理的脱模斜度，但由于有时考虑不周，塑件会存在不合理的脱模斜度，这势必影响塑件的表面质量，所以在模具设计时应对塑件的脱模斜度进行检查，并与相关的负责人协商解决不合理的地方。对脱模斜度的一般要求在3.2.2节已进行了介绍，此处不重述。

3. 成型零件的工艺性

在进行模具设计时，应尽量保证成型零件具有较好的装配、加工及维修性能。为了提高成型零件的工艺性，主要应从以下几点考虑：

（1）不能产生尖钢、薄钢　如图5-22和图5-23所示，尖钢、薄钢对模具的加工和寿命都是不利的，在设计时需要改善镶件分割的方式，避免出现此类缺陷。

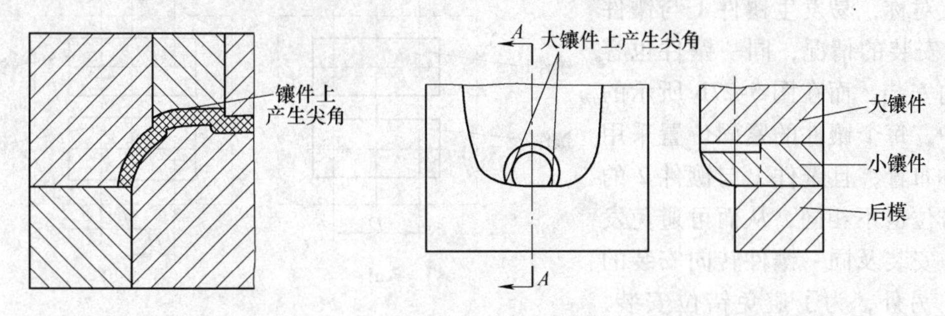

图5-22　镶件存尖角形式1　　图5-23　镶件存尖角形式2

（2）易于加工　易于加工是成型零件设计的基本要求，模具设计时，应充分考虑每一个零件的加工性能，通过合理的镶拼组合来满足加工工艺要求。例如，为了使塑件止口部位易于加工，一般采用图5-24a、b所示的镶拼结构，其他组合方式或不做镶拼均为不合理的设计。

（3）易于修整尺寸及维修　对于成型零件中，尺寸有可能变动的部位应考虑镶拼结构，如图5-25所示；对于易磨损的碰、擦位，为了保证强度及维修方便，也应采用镶拼结构。

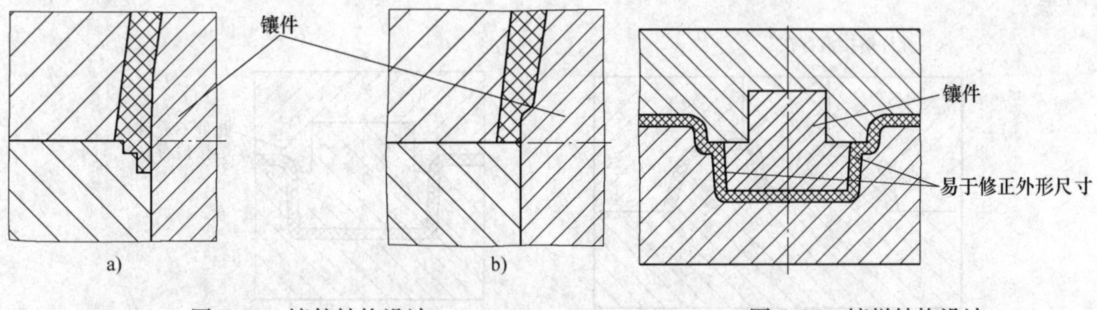

图5-24　镶件结构设计　　图5-25　镶拼结构设计

（4）保证成型零件的强度　这主要反映在成型零件的钢材厚度、镶件的结构尺寸上，如图5-26所示，具体的强度计算见5.3节和5.4节。

（5）易于装配　对于镶拼结构的成型零件而言，易于装配是模具设计的基本要求，而

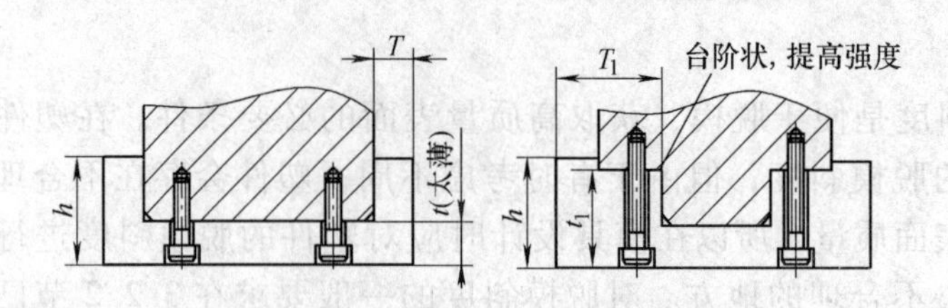

图 5-26　提高强度的结构设计

且应避免安装时出现差错。对于镶件形状规整或模具中有多个外形尺寸相同的镶件的情况，设计时应考虑避免镶件错位安装和同一镶件的转向安装问题，经常采用的方法是镶件非对称紧固或定位，如图 5-27 所示。

在图 5-27a 所示的方式中，紧固位置对称，易发生镶件 1 与镶件 2 错位安装的情况，同一镶件也容易转向安装。而在图 5-27b 所示的方式中，每个镶件的紧固位置采用非对称布置，且镶件 1 与镶件 2 的紧固排位也不相同，从而可避免发生错位安装及同一镶件转向安装的情况。另外，为了避免错位安装，也可采用定位销非对称排布的方法。

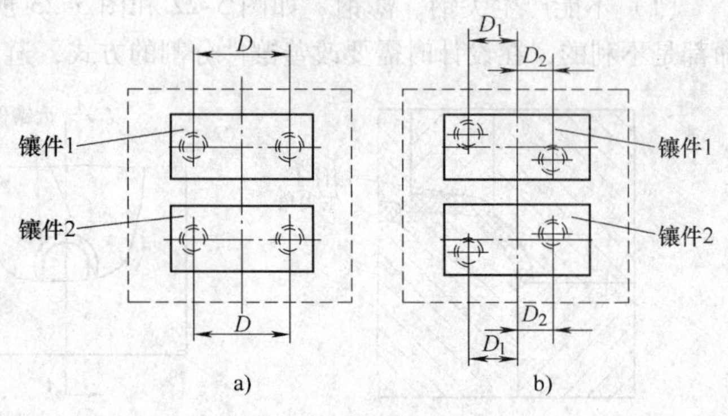

图 5-27　镶件的固定方式

（6）不能影响外观　在进行成型零件设计时，不仅要考虑其工艺性要求，而且要满足塑件外观面的要求。塑件是否允许熔接痕存在是决定能否制作镶件的前提，若允许熔接痕存在，则应考虑镶拼结构，否则，只能采用其他结构形式。如图 5-28 所示，塑件表面允许熔接痕存在，则可以采用镶拼结构，以利于加工，如图 5-29 所示，塑件正表面不允许熔接痕存在，为了利于加工或其他目的，可将熔接痕位置移向侧壁，从而采用镶拼结构。在图5-30中，当圆弧处不允许存在熔接痕时，更改镶拼结构，将熔接痕位置移向内壁。

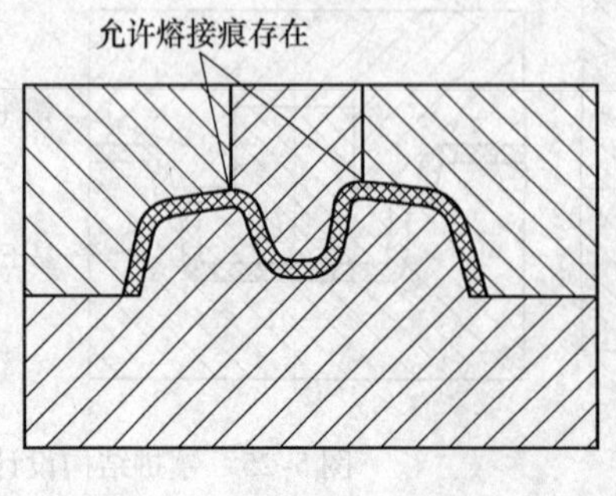

图 5-28　塑件允许有熔接痕

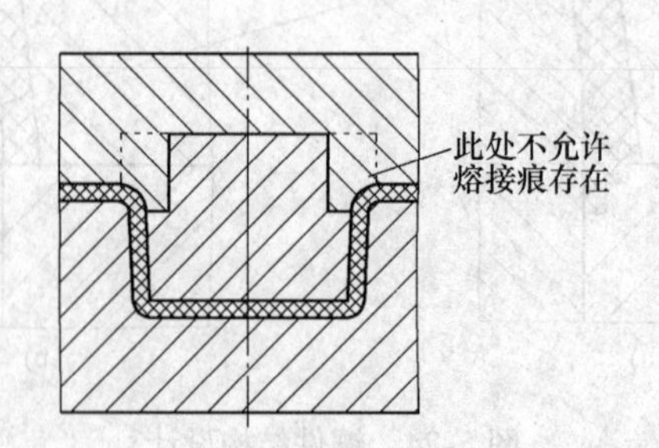

图5-29　塑件正表面不允许有夹线

（7）综合考虑模具冷却　成型零件采用镶拼结构后，若造成局部冷却困难，则应考虑采用其他冷却方法或整体结构。

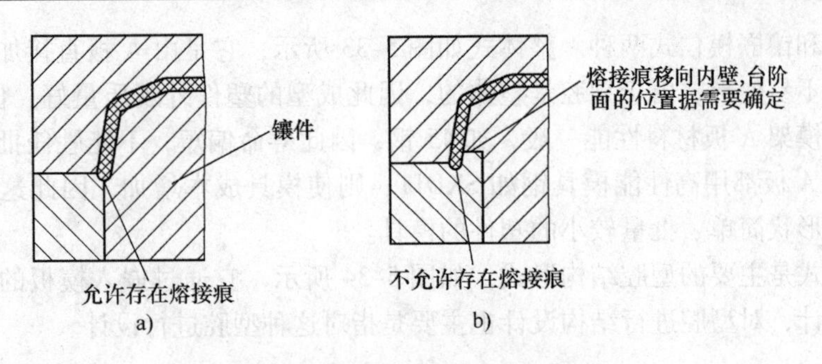

图5-30　塑件圆弧处不允许有夹线

5.3　型腔结构的设计及尺寸确定

5.3.1　排位

在进行型腔结构设计之前，需要首先确定塑件的排位，它是指按照一定的位置分布把产品排布在模仁中，根据产品大小、结构等因素确定一模生产的塑件数量，如一模一腔、一模两腔等。在设计排位时，需依据以下两条原则。

1. 平衡性原则

在一模多腔的排位中，需要保证模具压力、温度和进料的平衡，这有利于型腔内塑件的质量趋于一致。需要注意的是，有时一个模具会同时成型不同的产品，此时同样需要遵循平衡性原则，如图5-31所示。

2. 协调性原则

模仁的长、宽比例要协调，模具的长度应在宽度的两倍以内，如图5-32所示的一模四腔的排位，其中$L \leqslant 2W$。如果模具的尺寸大则需要在大的注塑机上安装，否则就可以在小的注塑机上安装。

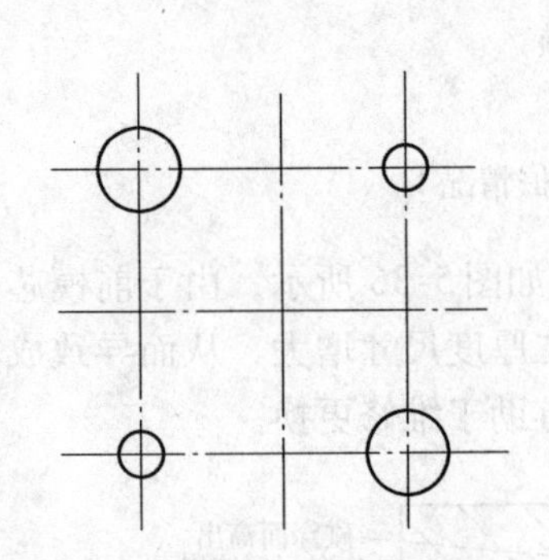

图5-31　使压力与温度平衡的排位

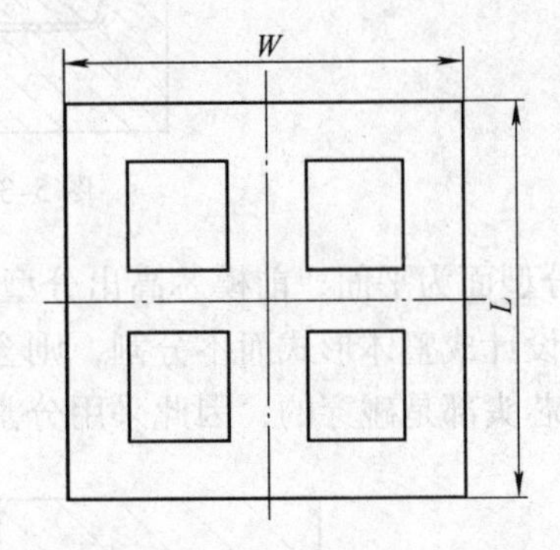

图5-32　长宽比协调的排位

5.3.2　型腔结构设计

1. 型腔的结构形式分类

型腔又称为凹模、母模、前模仁、定模仁等，一般用于塑件外表面的成型，其结构形式主要有整体式和镶嵌模仁式两种。整体式如图 5-33 所示，它是由 A 板直接加工而成，具有较高的强度，不易变形，由于型腔是整体的，因此成型的塑件外观质量好，但不方便维修，且直接购买的模架 A 板材料性能一般，如 45 钢，因此寿命偏短，不能胜任批量大的塑件成型，如果整块 A 板都用高性能模具钢如 SKD11，则使模具成本增加，因此这类结构应用不多，主要用于形状简单、批量较小的塑件的模具。

镶嵌模仁式是主要的型腔结构形式，如图 5-34 所示，它通过嵌入模板的优质钢材进行结构的灵活设计，对型腔进行结构设计也主要是指对这种型腔进行设计。

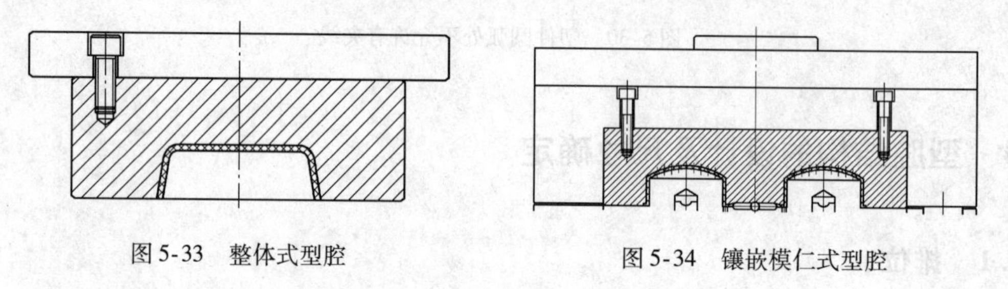

图 5-33　整体式型腔　　　图 5-34　镶嵌模仁式型腔

2. 型腔结构设计要点

首先需要注意的是前模镶件尽量不镶拼，以保证塑件的外观质量，但以下情况宜镶拼。

1）前模镶件结构复杂，采用整体式难以加工。如图 5-35 所示，产品中存在复杂的结构，如不对型腔的相应部位进行分割，则型腔该部位无法进行铣加工，甚至由于型腔过大，采取电火花加工也不方便。

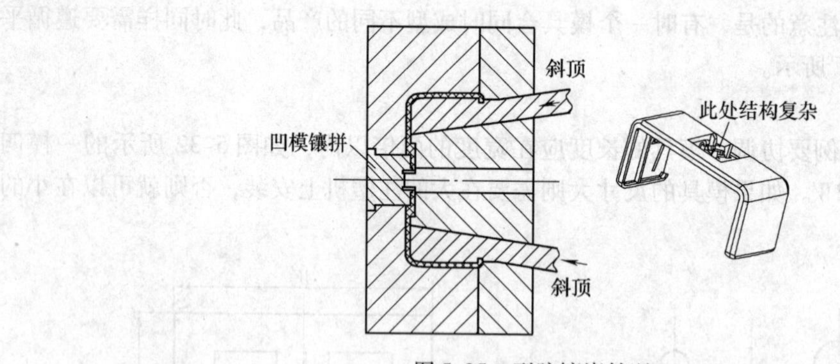

图 5-35　型腔镶嵌情况 1

2）分型面为平面，前模芯高出分型面较多。如图 5-36 所示，由于前模芯高出分型面较多，如果设计成整体形式而不分割，则会使前模仁厚度尺寸增大，从而导致成本增加，并且由于前模芯头部是碰穿的，因此采用分割形式也有助于维修更换。

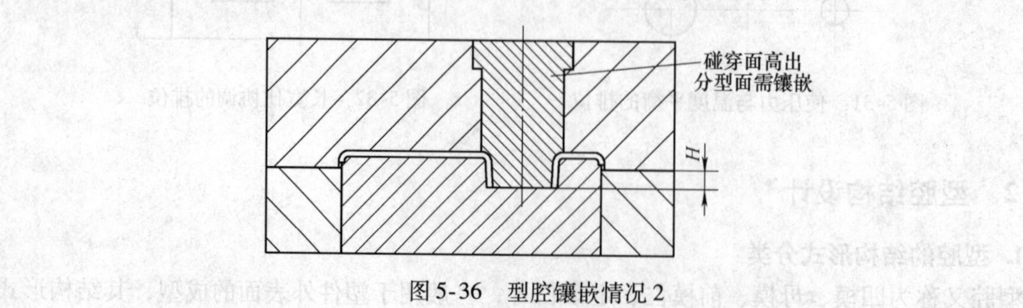

图 5-36　型腔镶嵌情况 2

3）产品批量大，对易损零件采用镶拼，方便维修。如图 5-37 所示，由于两个小通孔处需要设计成碰面，容易磨损，因此为了维修方便应进行镶件分割。

4）如果产品销往多个国家，则其商标的成型部分要镶拼，以便更换。如图 5-38 所示，对有文字的结构进行镶件分割，以便直接更换。

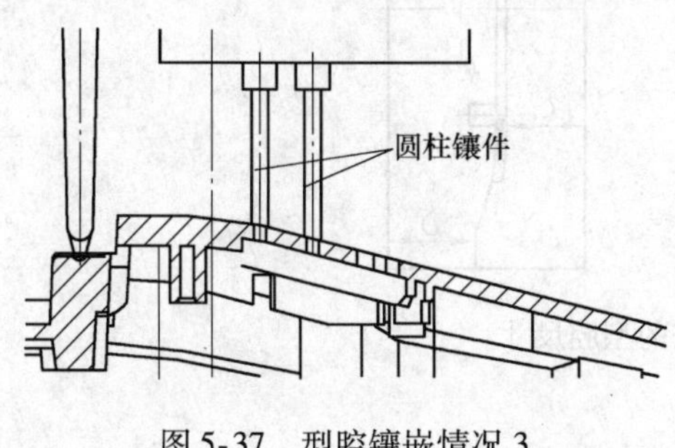

图 5-37　型腔镶嵌情况 3

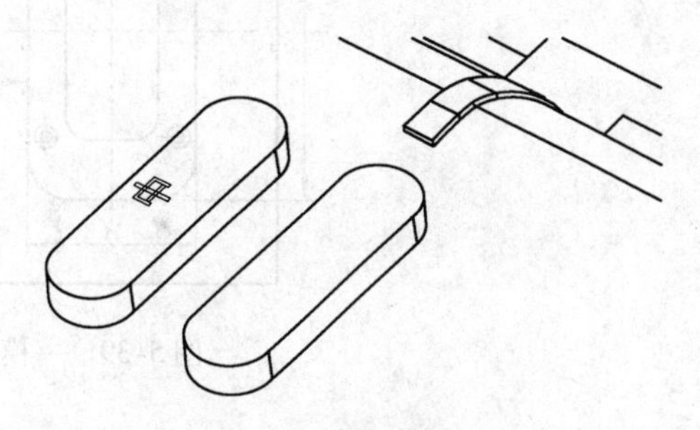

图 5-38　型腔镶嵌情况 4

5.3.3　型腔尺寸设计

型腔的尺寸即前模仁的尺寸，其确定方法有理论计算法、查表法和经验法，在实际的型腔尺寸设计中，为了方便一般都是按照经验法进行的。经验法的主要思路是由塑件轮廓尺寸加上相应的钢料壁厚尺寸从而得出型腔尺寸，在设计中还要注意，一些特殊结构需要占据一定的空间。

1. 一模一腔的型腔尺寸

图 5-39 所示的一模一腔的型腔各尺寸选取参照表 5-1。需说明的是，表 5-1 提供的数据只供参考，在实际选取数据时可以比表中的值偏大，在特殊情况下需视具体情况而定。如前文的遥控器后盖，由于其长宽比较大，为了使模具不至于长宽比例失调，虽然宽度尺寸较小，但是其钢料厚度 *B* 也应比 *A* 要大。

表 5-1　型腔各尺寸参照表

塑件尺寸（X、Y）/mm	（A、B）/mm	C/mm
50 以下	15	25
100 以下	20	
150 以下	25	30
250 以下	30	35
400 以下	40	40
650 以下	50	50
800 以下	60	70
$D = C + (5 \sim 10)$		

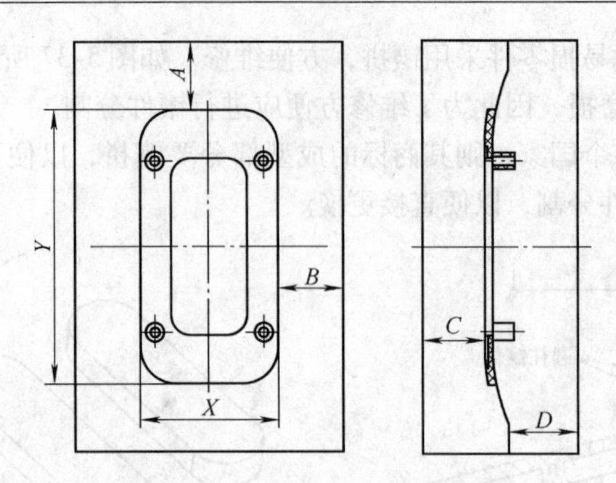

图 5-39　一模一腔的型腔尺寸

2. 一模多腔的型腔尺寸

一模多腔的型腔尺寸如图 5-40 所示，其尺寸的选取原则如下。

（1）各型腔之间钢位 B 的选取　B 一般取 12～20mm，特殊情况下，如在该处进浇、布置水路、塑件较大较深、各型腔进行分割，且型腔镶件镶通、浇口为潜伏式等，可以取 20～30mm。

（2）各型腔之间钢位 A 的选取　钢位 A 与型腔的深度有关，见表 5-2。

表 5-2　A 值尺寸参照表

型腔深度/mm	A/mm
≤20	15～20
20～30	20～25
30～40	25～30
>40	30～50

（3）型腔厚度的确定　厚度的确定必须保证模具有足够的强度和刚度，一般情况下，厚度 = 型腔深度 +（15～20）mm。

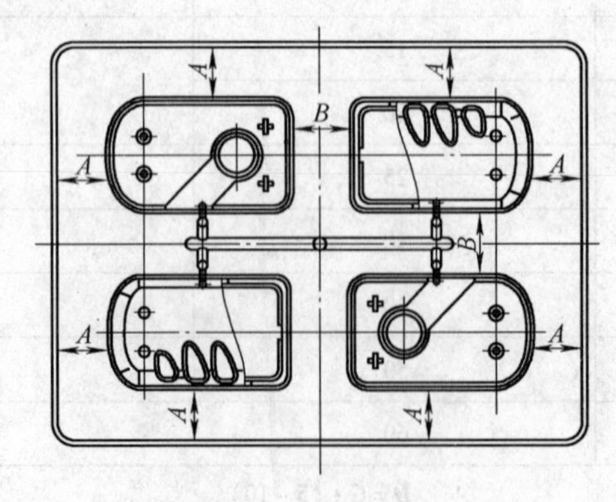

图 5-40　一模多腔的型腔尺寸

3. 特殊结构塑件的型腔尺寸

（1）当塑件高度较大时　如高度较大的桶形塑件，由于注射压力对侧壁的影响较大，所以产品四周到内模边距 A 应相对增大，如图 5-41 所示。

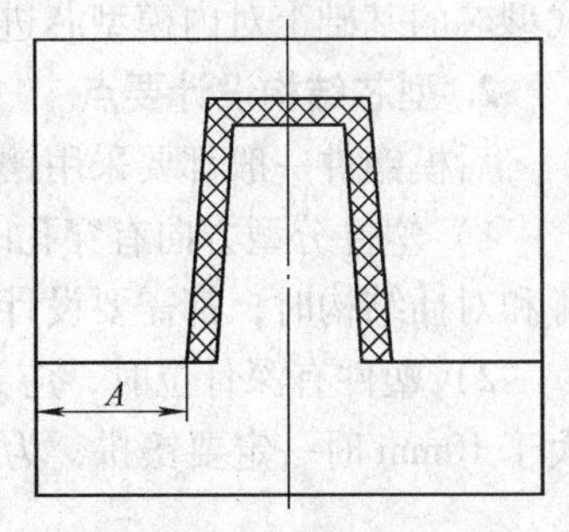

图 5-41　塑件高度较大的壁厚 A 选取

（2）当塑件中间部位存在大面积的碰穿位时　由于塑料对前模的冲击力小，所以胶位面到内模顶的距离 E 可适当减小，如图 5-42 所示。

（3）当塑件整体比较平坦时　由于 $h<10\text{mm}$ 时，塑料对钢的侧向冲击力较小，所以塑件四周到内模边距 A 可适当减小，如图 5-43 所示。

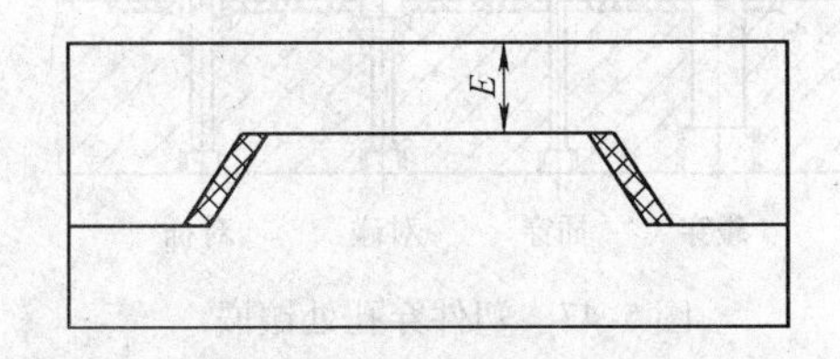

图 5-42　塑件有大面积碰穿位的壁厚 E 选取

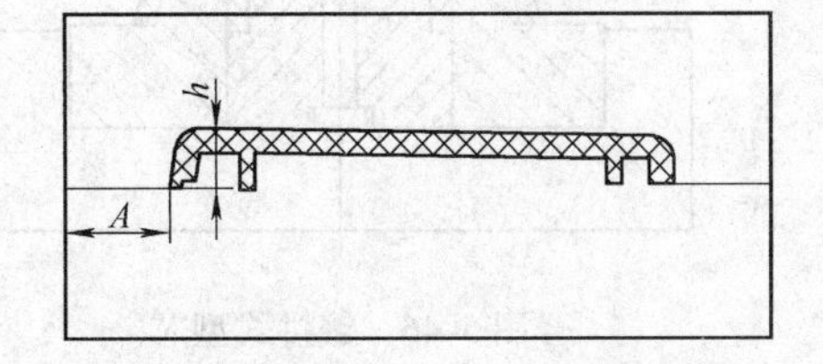

图 5-43　塑件整体平坦的壁厚 A 选取

5.4　型芯结构的设计与尺寸确定

5.4.1　型芯结构设计

1. 型芯的结构形式分类

型芯又称为凸模、后模仁、动模仁、公模等，一般用于成型塑件的内部结构，其结构有整体式、整体组合式和镶拼式。

（1）整体式　如图 5-44 所示，整体式型芯是由 B 板直接加工而成的，具有较高的强度，不易变形，但维修不便，且与整体式型腔一样，有寿命和成本控制的矛盾，只适用于形状简单的塑件成型。

（2）整体组合式　如图 5-45 所示，整体组合式型芯由整体的内模镶件组成，通过螺钉或台肩固定在 B 板上，这种结构可以很好地平衡整体式型芯出现的矛盾，在成型塑件的部分镶嵌优良的钢材，它同样适合于形状简单的塑件，但可以大批量生产。

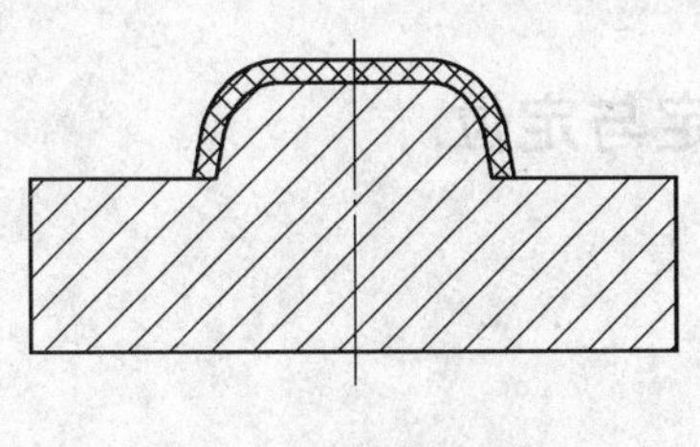
图 5-44　整体式型芯

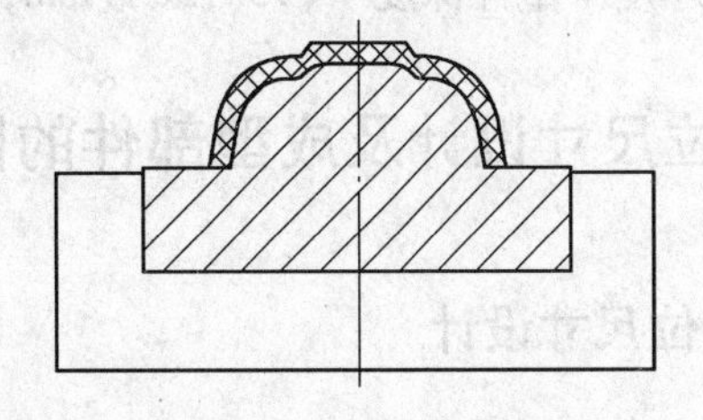
图 5-45　整体组合式型芯

（3）镶拼式　如图 5-46 所示，考虑到型芯加工与排气的方便，镶拼式型芯在整体组合式型芯的基础上对内模型芯进行进一步的拆分，使型芯便于加工和维修。

2. 型芯结构设计要点

后模镶件一般都要采用镶拼形式，以方便排气、加工、维修及节省价格高的材料。

1）塑件分型方向有穿孔时，应进行镶嵌。如图5-47所示，在穿孔处是碰穿、插穿、对碰和对插结构时，都需要设计出镶件。

2）塑件有深骨位时，应进行镶嵌。如图5-48所示，骨位的高度小于5mm时不镶拼，大于10mm时一定要镶拼，为5～10mm时视情况而定。

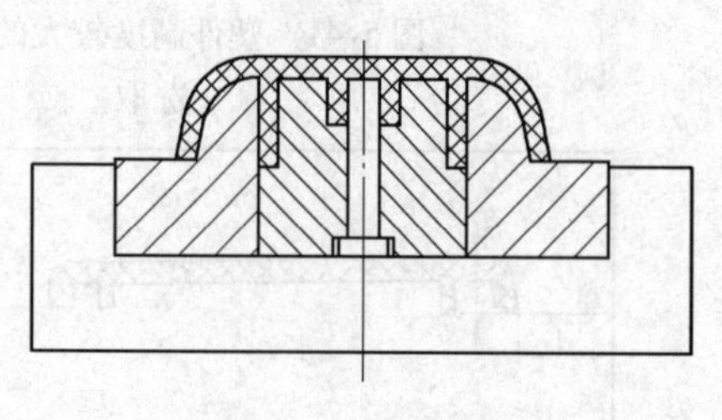

图5-46 镶拼式型芯

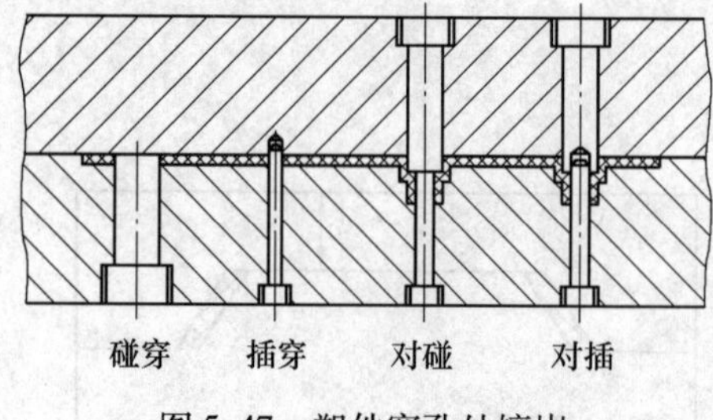

图5-47 塑件穿孔处镶嵌

3）塑件内部尺寸精度要求高时，应进行镶嵌（又称镶冬菇），如图5-49所示，以便于塑件的内部尺寸修正。

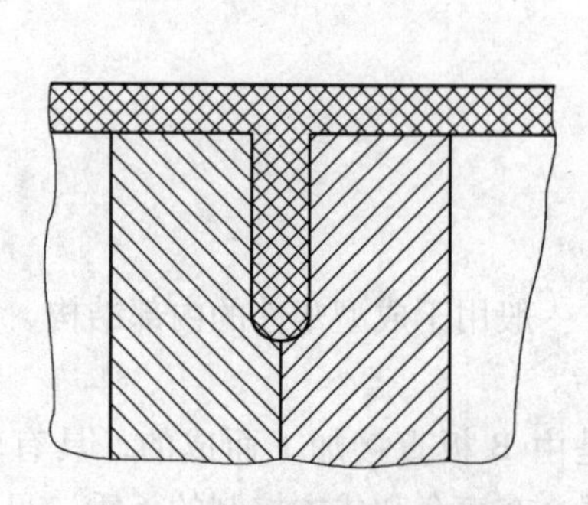

图5-48 塑件深骨位处镶嵌

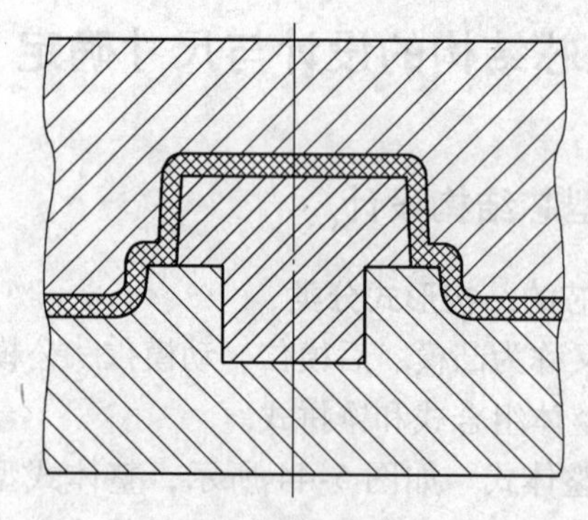

图5-49 镶冬菇

5.4.2 型芯尺寸设计

型芯的尺寸指的是后模仁尺寸，而非某个局部的小镶件型芯，它的长、宽尺寸与前模仁尺寸相等，厚度＝塑件深度＋(15～30) mm，厚度的确定必须保证模具有足够的强度。

5.5 胶位尺寸设计及成型部件的固定与定位

5.5.1 胶位尺寸设计

1. 影响塑件尺寸的因素

1）塑料的收缩率。

2）成型零件的制造误差。

3）成型零件的装配误差。

4）脱模斜度引起的误差。

5）磨损造成的误差。

6）开、合模造成的运动误差。

2. 确定成型零件尺寸的原则

1）确定合适的收缩率。

2）根据磨损后尺寸的性质（变大、变小、不变）来确定成型零件的各部分尺寸。

3）根据脱模斜度方向来确定尺寸（外形以大端为准，内形以小端为准）。

4）根据成型零件开、合模运动产生的误差来修正某些尺寸。

3. 成型零件胶位尺寸的确定

若磨损后尺寸增大，则计算公式为

$$D_m = \left[D_{max}(1+S) - \frac{3}{4}\Delta\right]_0^{+\delta}$$

$$H_m = \left[H_{max}(1+S) - \frac{2}{3}\Delta\right]_0^{+\delta} \tag{5-1}$$

若磨损后尺寸减小，则计算公式为

$$d_m = \left[d_{min}(1+S) + \frac{3}{4}\Delta\right]_{-\delta}^{0}$$

$$h_m = \left[h_{min}(1+S) + \frac{2}{3}\Delta\right]_{-\delta}^{0} \tag{5-2}$$

若磨损后尺寸不变，则计算公式为

$$C_m = \left[C_0(1+S)\right] \pm \frac{\delta}{2} \tag{5-3}$$

式中 D_{max}——径向最大尺寸；

H_{max}——高度方向最大尺寸；

d_{min}——径向最小尺寸；

h_{min}——高度方向最小尺寸；

C_0——塑件尺寸中间值；

S——塑料收缩率；

D_m、H_m、d_m、h_m——模具尺寸；

Δ——塑件尺寸公差；

δ——取 $1/4\Delta$。

5.5.2 成型部件的固定与定位

1. 成型部件的固定

如图5-50、图5-51所示，成型部件的固定形式主要有螺钉锁定和挂台固定两种。

2. 成型部件的定位

塑件较高时，为了保证合模的精度，一般需要将模仁的4个角设计成凸、凹对合的原身定位结构，即虎口，如图5-52所示。

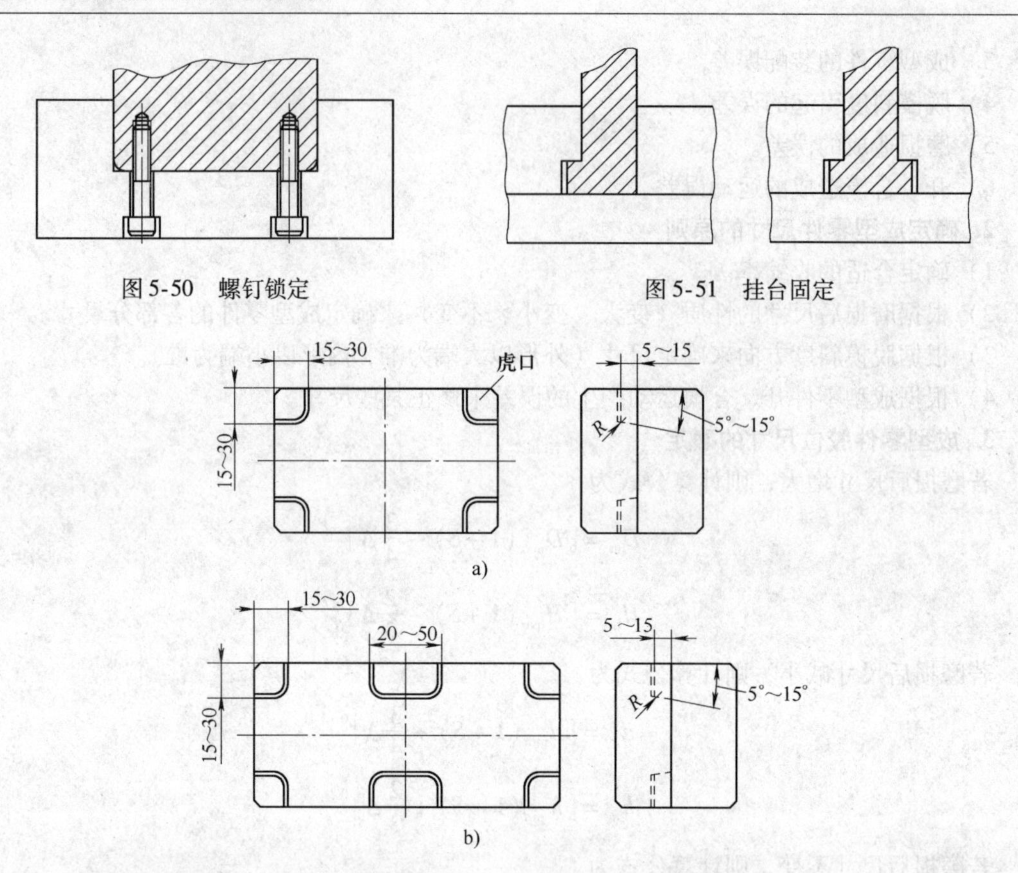

图 5-50　螺钉锁定

图 5-51　挂台固定

图 5-52　虎口定位

a）4 个虎口（用于尺寸 <300mm 时）　b）6 个虎口（用于尺寸 ≥300mm 时）

5.6　塑件分型及成型部件设计实例解析

仍以遥控器后盖为例进行分析，由于塑件有外观要求，且有较复杂的结构，考虑到塑件长度较大，宽度较小，如果采取一模多腔的方式进行设计，则会导致模具长宽比失调，且模具加工难度增大，如第 4 章在模架的选择实例解析中分析的潜伏式浇口的加工，因此采取一模一腔的方式较合理。

在进行 3D 分模之前，需要对塑件进行一定比例的放大，该塑件材料为 ABS，对塑件进行（1 +0.5%）倍的放大。

进行塑件模仁设计时，主要从分型面的设计方法，凸、凹模的设计细节进行分析。

5.6.1　分型面设计

1. 分型面设计知识要点

分型面设计的一般原则如下：

1）有利于脱模。保证开模后产品留在有推出机构的一侧，通常为后模上；有利于侧面分型，使抽芯距离最短。

2）便于加工。能采用平面式分型面不采用斜面式分型面，能采用斜面式分型面不采用曲面式分型面。

3）有利于保证塑件精度。

4）便于嵌件安装。

5）保证外观质量。

6）分型面不得有尖角。

7）采用斜面式分型面或曲面式分型面时，分型面要定位。

2. 分型面设计依据

在设计分型面之前，需要仔细观察塑件的结构特征，并进行相应的脱模斜度分析，具体见第3章的3.4节。在修补各类型的破面时需要考虑加工的方便性、封胶的效果和模具的寿命，下面针对产品的结构进行具体的分型面设计。

（1）碰穿孔的修补　修补碰穿孔时，首先要确定修补的位置，这主要依据脱模斜度分析的结果进行，即修补的位置应与该碰穿孔进行脱模斜度分析时的颜色分界线相同，避免出现无法脱模的现象。

在进行碰穿孔修补时，要保证修补的孔与孔旁边的面相切过渡，从而保证模具加工方便，接下来就可以对产品中出现的碰穿孔进行点评及修补。

产品中间的一个圆形区域中存在小孔，如图5-53所示，仔细观察发现脱模斜度分析的颜色分界线在小孔的中间位置，因此修补也要在中间位置进行，考虑到合模的稳定性和加工的方便，直接选择孔在该位置的边缘线进行平面的修补，如图5-54所示。在NX软件中可以考虑使用“N边曲面”命令。

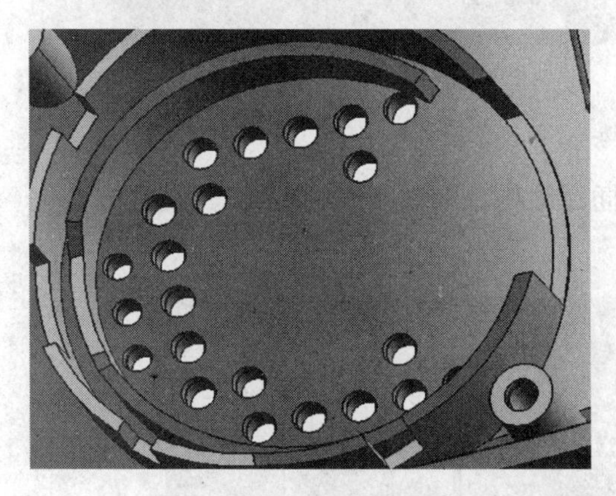

图5-53　碰穿孔1区域

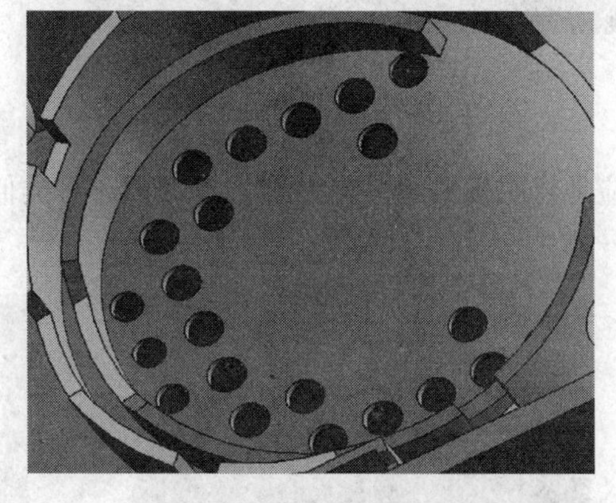

图5-54　碰穿孔1区域修补

产品中存在如图5-55中椭圆形区域所示的碰穿孔，其修补方法与碰穿孔1区域的修补方法相同，修补完成后如图5-56所示。

（2）插穿孔的修补　首先要判断产品中的穿孔或槽是否需要设计成插穿结构，如图5-57所示的孔有两种修补方法，分别如图5-58和图5-59所示。

若按照图5-58所示的方式进行修补，则分型面在该区域没有插穿结构，可直接将孔边缘作为侧面，下部做一小块碰穿面，采取这种方式设计分型面时，凸、凹模封胶的效果不理想，应尽量避免，而要尽量做成图5-59所示的插穿结构，在进行插穿设计时要注意插穿本身的脱模斜度，使凸、凹模开合顺畅，考虑到穿孔竖直面的脱模斜度为3°，插穿外侧面也

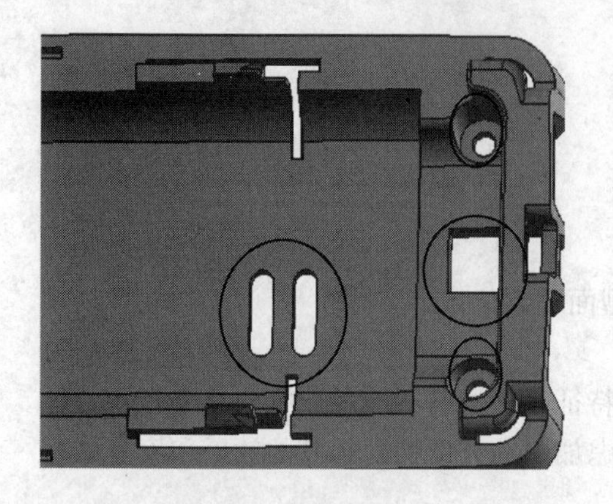

图 5-55　碰穿孔 2 区域

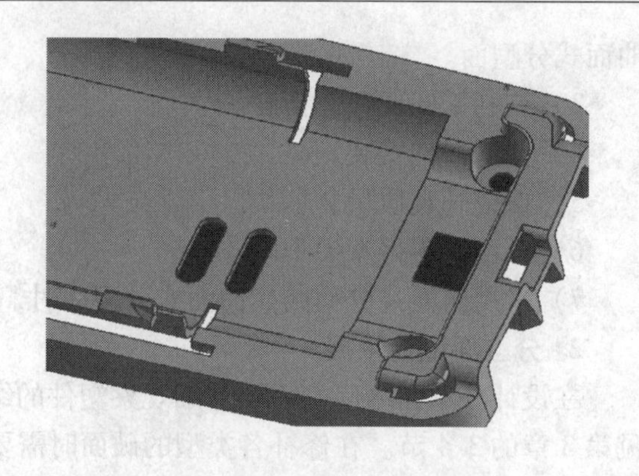

图 5-56　碰穿孔 2 区域修补

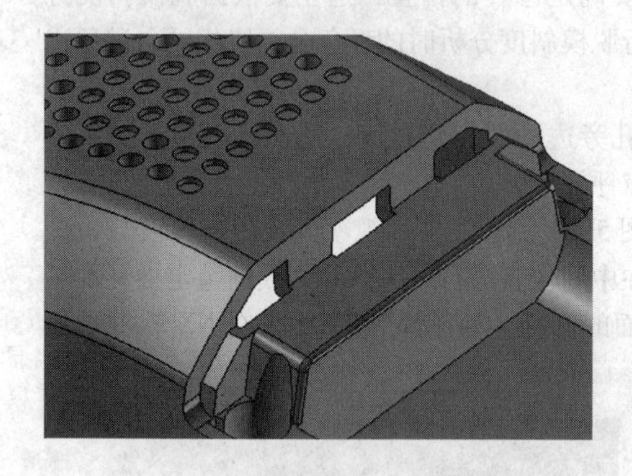

图 5-57　产品穿孔 1

图 5-58　穿孔 1 修补方法 1

相应地将脱模斜度设置为 3°。产品中还有类似的插穿结构，如图 5-60 所示，其设计方法完全一样。

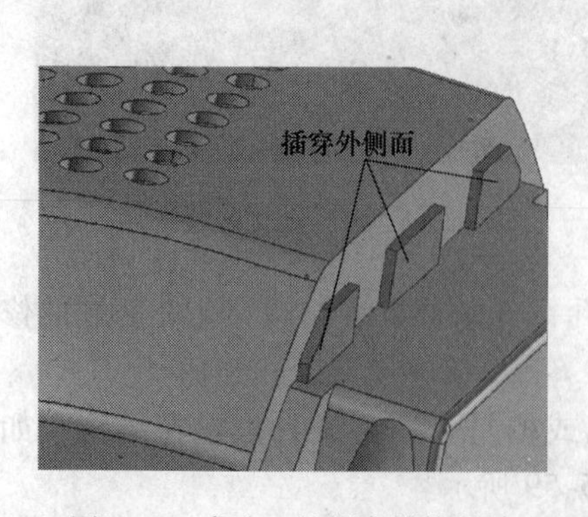

图 5-59　穿孔 1 的插穿结构设计

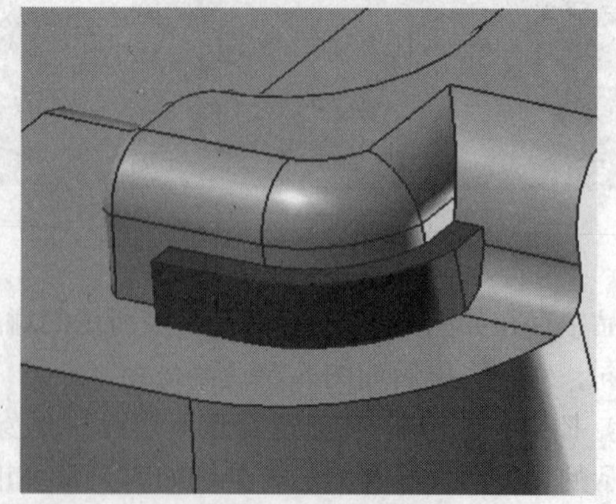

图 5-60　穿孔 2 的插穿结构

产品尾部的通底槽也要设计成插穿结构，在第 3 章 3.4 节中已进行了说明。产品中还存在两处插穿与碰穿并存的穿孔，如图 5-61 中的椭圆形区域所示，与穿孔 1 的分析一样，考虑到封胶效果和模具加工的方便，设计成如图 5-62 所示的修补面。

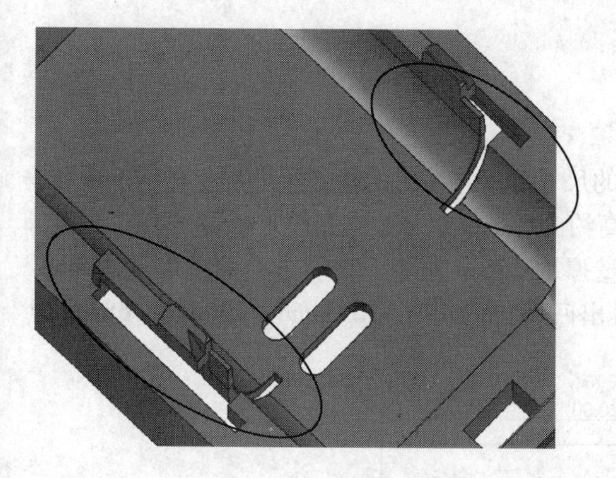

图5-61　产品穿孔3

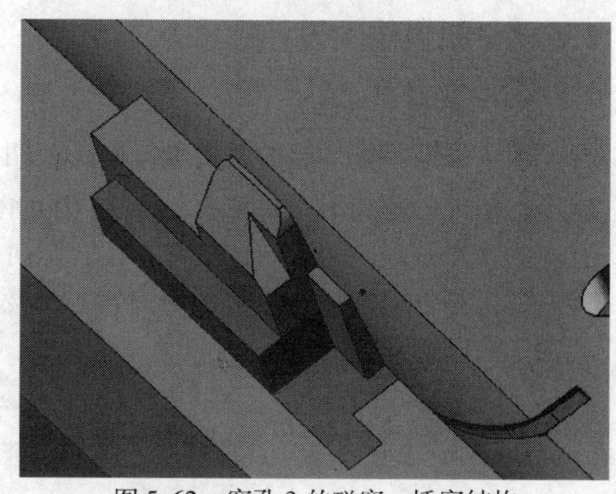

图5-62　穿孔3的碰穿、插穿结构

（3）滑块区的分型面设计　产品头部结构如图5-63所示，在第3章3.4节中已进行了结构设计分析，得出该区域不适合做插穿结构，且为了加工方便，分割出了相应的方形镶件，利用产品该区域的边缘做面，如图5-64所示。

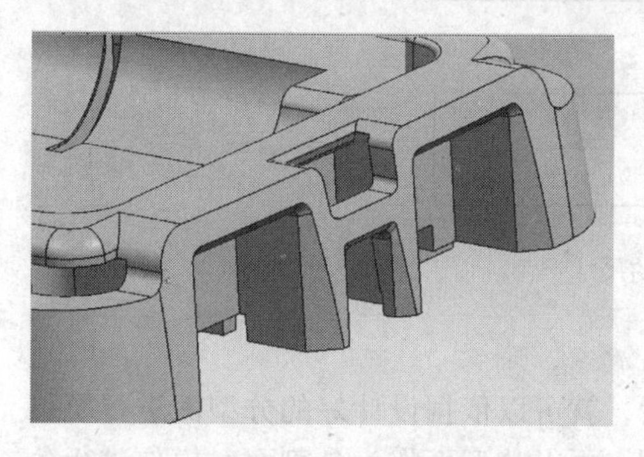

图5-63　产品头部结构

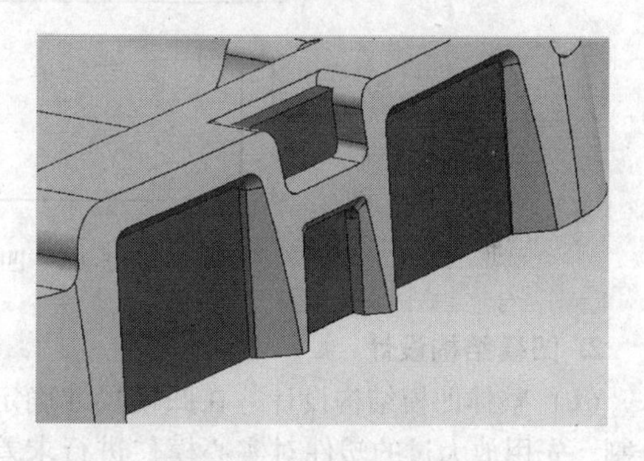

图5-64　产品头部分型面设计

最后，把产品上表面的面抽取出来，与修补的片体进行缝合，最终得到如图5-65所示的分型面。

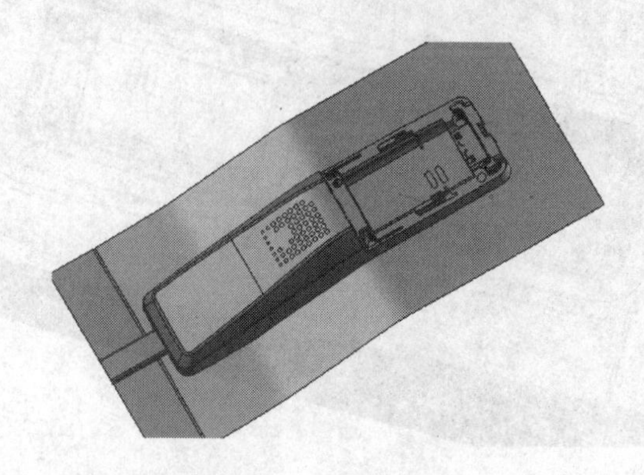

图5-65　主体分型面

5.6.2 凹模结构设计

1. 凹模尺寸的确定

由于采取一模一腔的方式进行设计，凹模的尺寸等于收缩后的塑件尺寸加上相应的模仁壁厚，塑件的宽约为40mm、长约为170mm、高约为33mm，为了协调模仁长宽比例，宽度方向的壁厚按经验取35mm左右，长度方向的壁厚取25mm左右，高度方向的壁厚取25mm左右。由塑件尺寸加上两倍的壁厚再取整数得出凹模仁的尺寸为110mm×220mm×58mm，如图5-66所示。

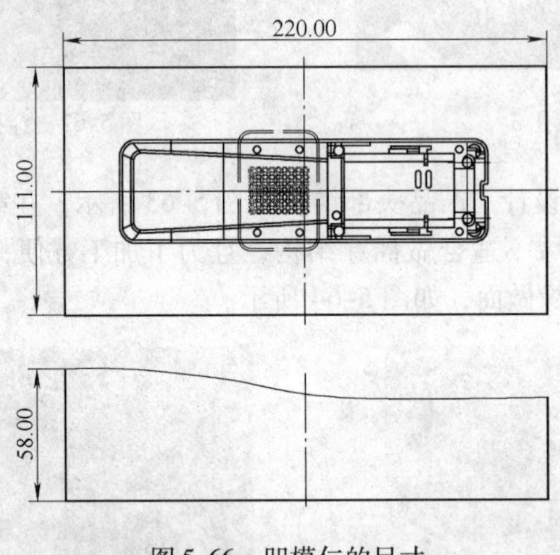

图5-66 凹模仁的尺寸

2. 凹模结构设计

（1）整体凹模结构设计 在凹模尺寸确定之后，就可以依据设计好的分型面进行模仁分割，先用放大过的塑件对实心模仁进行求差处理，再以分型面作为分割面对模仁进行分割，得到如图5-67所示的凹模。

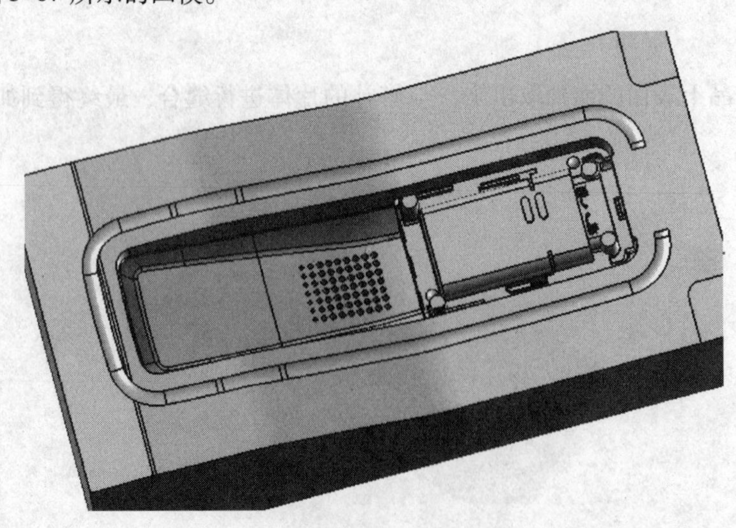

图5-67 凹模

在分模时，如果分割失败，则要细心检查分型面是否有破孔、曲面是否重叠相交，注意观察失败时显示的高亮区域以便查错，如果发现分型面没有错误，可以凭经验尝试先用分型面进行分割，再用分割出的模仁对产品进行求差，调换顺序后有时可以顺利地完成分模。

（2）凹模镶件结构设计　镶件的分割是指由于一些特殊的原因需要将凸、凹模的某些局部结构进行分割，再将凸、凹模与被分割出来的独立小部件（即镶件）重新装配在一起。需要说明的是镶件不能随意增加，要按以下原则来确定是否必要：

1）分割镶件使加工更简单，这是分割镶件的主要原因。

2）有些局部结构易受损，可以分割镶件使其更换容易。

3）考虑成本问题，如模具中有一处约300mm的突出部位，而其他位置只有200mm，此时只需将高300mm的部位做成镶件，则订购材料时就不采用整个一块300mm厚的大料了。

4）考虑到排气问题，有时候也需要分割出镶件。细心观察凹模面，发现产品中间一方形区域中存在大量的圆形小凸台，如图5-68所示。

由于圆形凸台排布密集，无法用铣加工出来，因此这个部分需要进行镶件分割，考虑到圆形凸台多且密，可以设计成如图5-69所示的拼接镶件结构。

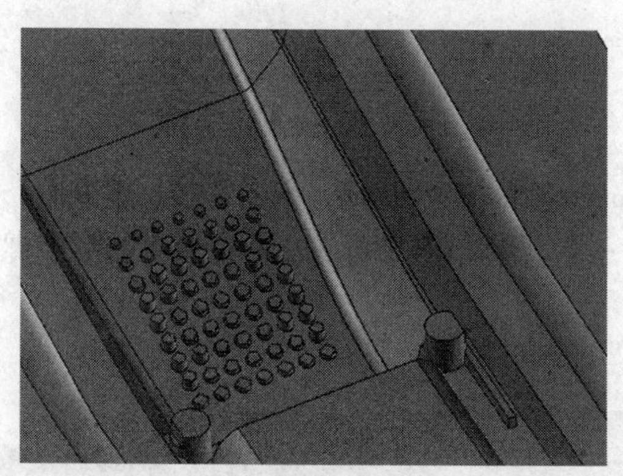

图5-68　凹模圆形小凸台

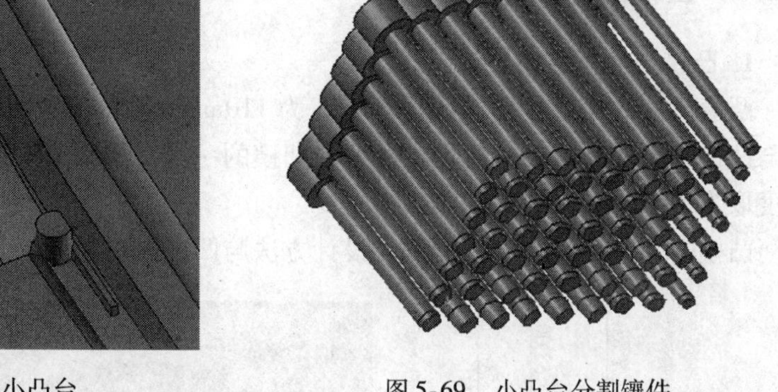

图5-69　小凸台分割镶件

（3）凹模其他结构设计　为了保证凸凹模的对合精度，可以设计出4个角的对合结构，即虎口，如图5-70的椭圆形区域所示，在设计虎口时，要设计出脱模斜度以保证开合模的顺畅，该处设为1°，深度为8mm。

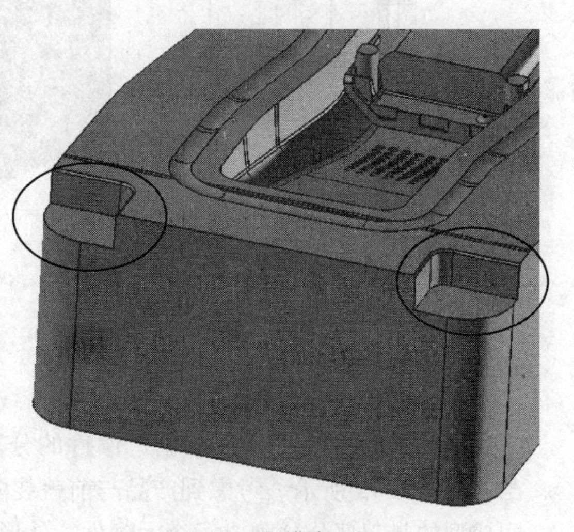

图5-70　凹模虎口

凹模是嵌入A板的，为了固定需用螺钉对它们进行锁定，锁定位置一般在凹模的4个角上，尽量设计成对称排布，在此选择M8的螺钉，考虑到螺钉锁定距离一般约为1.5倍的螺钉直径，因此螺钉长度取46.5mm。为了方便凹模放入A板，把凹模3个角设计成圆形过渡，在A板相应位置要设计出避空结构，凹模还有1个角没有设计成圆形过渡，这是为了保证装配时不出现方位相反而错装的情况。螺钉位置排布与壁空结构如图5-71所示，螺钉锁定凹模主视图如图5-72所示。

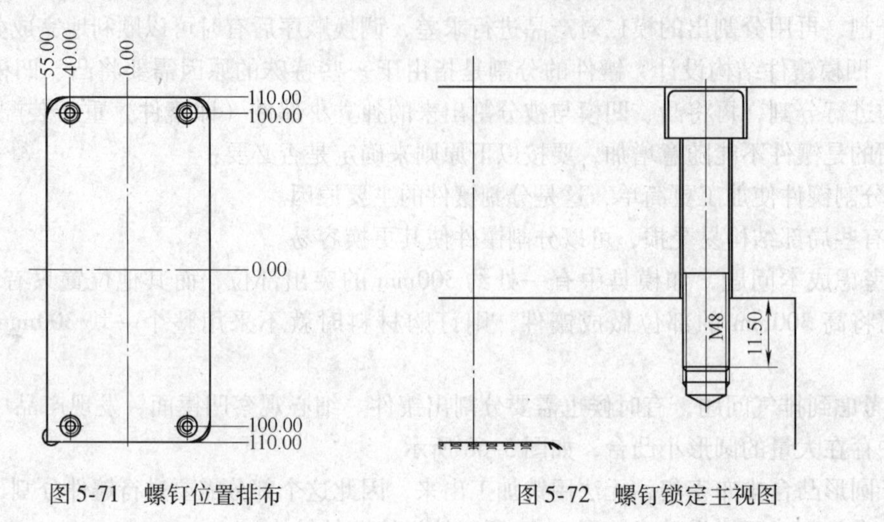

图5-71 螺钉位置排布　　图5-72 螺钉锁定主视图

凹模内也存在冷却用的水路，具体方式与水路的设计见第9章。

5.6.3 凸模结构设计

1. 凸模尺寸与结构设计

凸模尺寸的确定方法与凹模相同，为110mm×220mm×61mm。由于在长、宽方向，凸模与凹模的尺寸相同，因此锁定螺钉与凹模的一样，都用M8的螺钉，考虑到B板厚度螺钉长度取为58.5mm，如图5-73所示。

凸模的虎口是与凹模相配的，设计方法与凹模虎口相同，如图5-74所示。

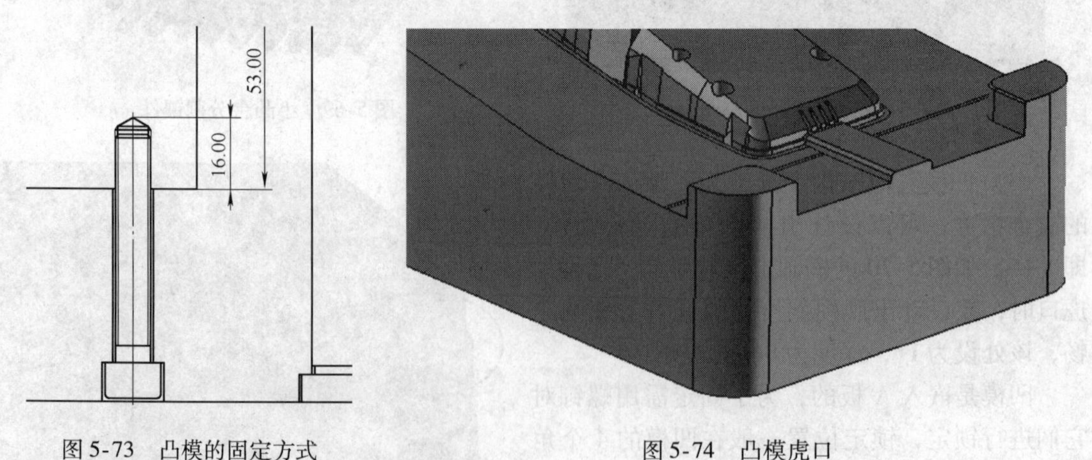

图5-73 凸模的固定方式　　图5-74 凸模虎口

2. 凸模镶件结构设计

（1）凸模大镶件分割依据　镶件的分割是在主体凸、凹模已经分模的情况下进行的，凸模如图5-75所示。考虑到产品与前盖装配的边缘为尖角，不能直接铣出，因此可以把中间成型的凸起部分分割成一个大镶件，外形可以用线切割进行加工，如图5-76所示。

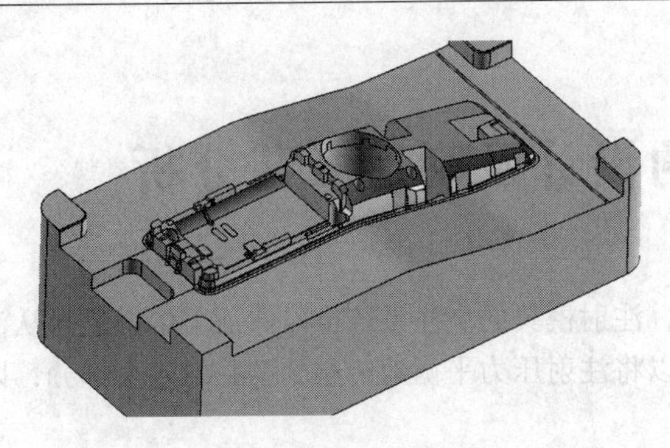

图5-75 凸模

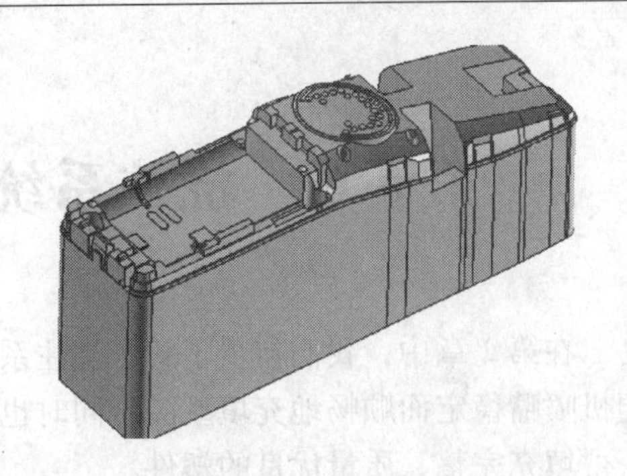

图5-76 凸模大镶件

（2）凸模小镶件分割依据 产品内部有很多细小的方孔和圆孔，它们没有穿透产品，局部放大图如图5-77中的椭圆形区域所示。如果按照整体凸模来加工，则在成型这些结构的部位必须要进行大量的电火花加工，这类加工会很大程度地增加模具的加工成本，因此这些部位应该分割出小镶件，从而直接用铣就可以完成加工，图5-78所示为小镶件结构，为了装配时定位，需要做出挂台结构。

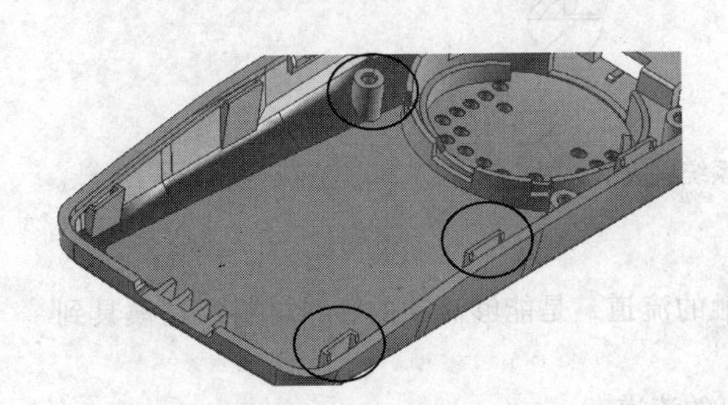

图5-77 方孔与圆孔结构

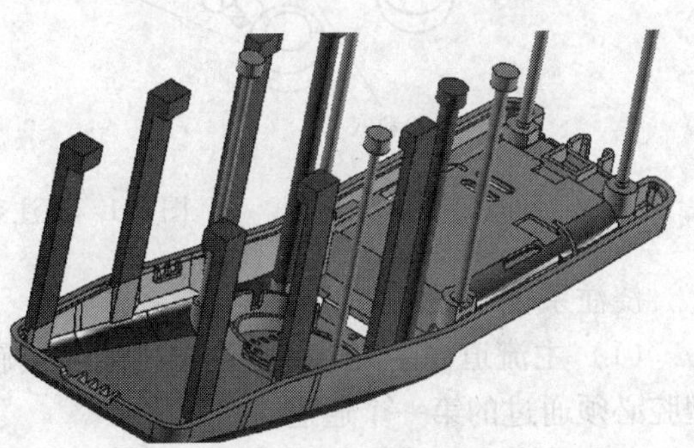

图5-78 小镶件结构

（3）凸模大圆柱镶件分割依据 产品中间有一圆形结构，且中间有大量的小孔，把凸模该部分放大观察，如图5-79所示，发现同样存在难以用铣加工出的窄小细槽，因此同样需要进行镶件分割，如图5-80所示。

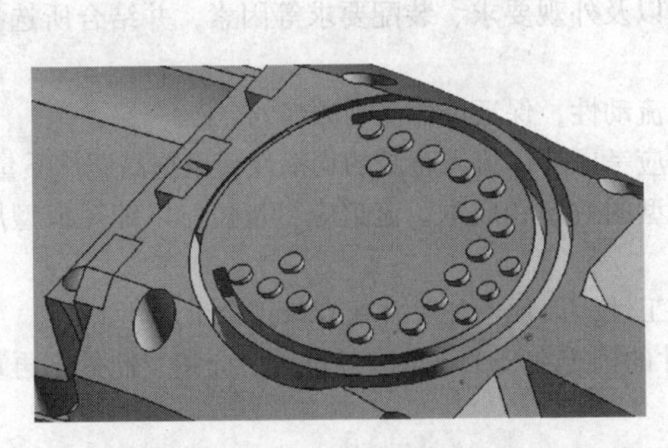

图5-79 窄小的细槽结构

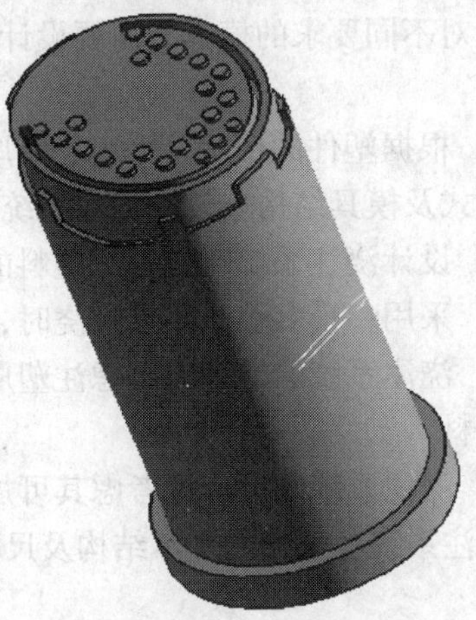

图5-80 大圆柱镶件

第6章　浇注系统的设计及制造工艺分析

在第2章中，我们初步了解了浇注系统，注射模具的浇注系统可以保证了熔融塑料从注塑机喷嘴稳定而顺畅地充填型腔，同时也可以将注射压力平衡地传递到型腔的各个部分，以获得填充完整、质量优良的塑件。

浇注系统的组成如图6-1所示。

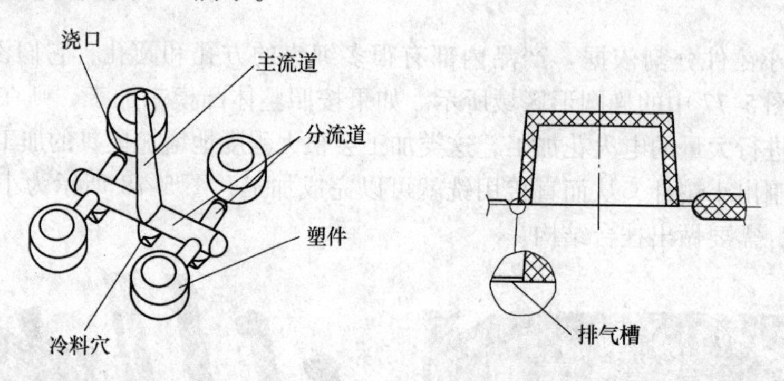

图6-1　浇注系统组成示意图

浇注系统一般由如下部分组成。

（1）主流道　主流道是与注塑机喷嘴接触的流道，是能够流动的塑料材料经过模具到型腔必须通过的第一个通道。

（2）分流道　分流道是连接主流道与浇口的流道。

（3）浇口　浇口是连接分流道与塑件的流道。

（4）冷料穴　冷料穴可以防止冷料流入塑件。

（5）拉料钩　拉料钩可以控制流道冷料的流向，钩住冷凝料。

（6）排气槽　设置排气槽以便于排出型腔内的气体，防止塑件内出现气泡。

针对不同要求的模具，需要设计不同的浇注流道与系统，但不管如何设计，均要遵循以下原则：

1）根据塑件的形状、大小、壁厚以及外观要求、装配要求等因素，并结合所选择分型面的形式及模具结构来设计浇注系统。

2）设计浇注系统时应考虑塑料的流动性，保证熔体流动顺畅。

3）采用一模多腔或多点进浇时，应考虑熔体流入型腔的均衡性，以提高塑件质量。

4）浇注系统的设计应考虑注塑成型的效率和成本，流道应尽量短，以缩短成型周期及减少废料。

5）浇注系统的设计应考虑其可加工性，以便于加工并留有修正余量。

浇注系统各部分的基本结构及尺寸的确定在2.1.3节中已进行了介绍，此处不再重复。

6.1　浇注系统分类

（1）大水口浇注系统　塑件和水口料从同一分型面取出，如图6-2所示。

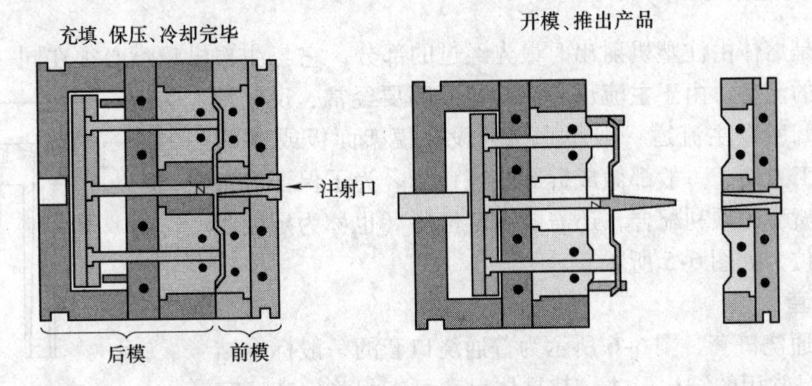

图6-2　大水口浇注系统

（2）小水口浇注系统　塑件和水口料从不同的分型面取出，如图6-3所示。

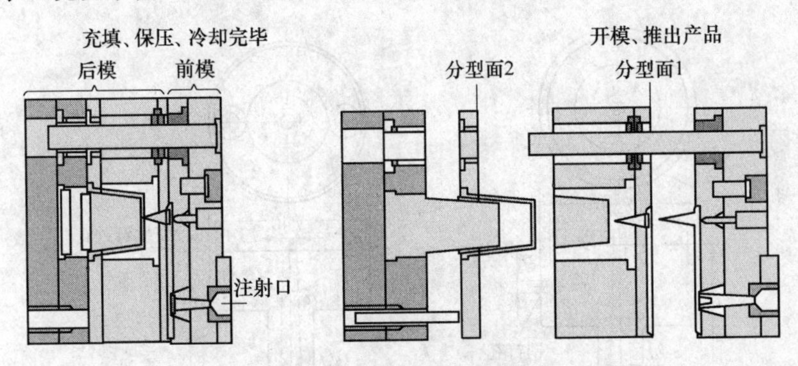

图6-3　小水口浇注系统

（3）无流道浇注系统　在工作过程中流道一直处于融熔状态，如图6-4所示。

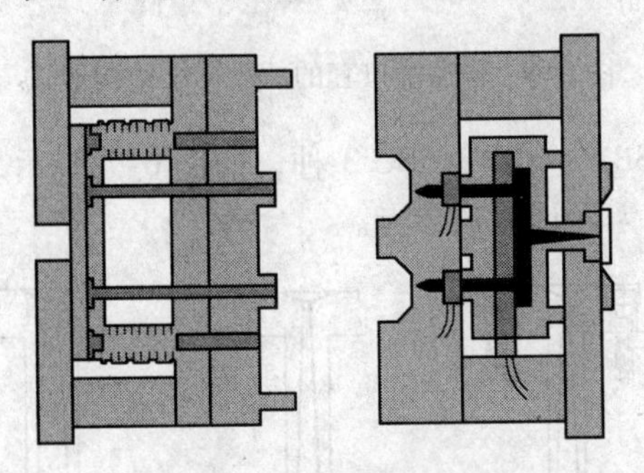

图6-4　无流道浇注系统

6.2 流道的设计及合理化制造工艺

6.2.1 主流道的设计

主流道是熔体由注塑机射出时最先经过的部分，它与注塑机喷嘴必须在同一轴心线上，以利于熔体的流动。由于主流道与注塑机喷嘴要经常、反复地接触和碰撞，所以主流道一般不直接开设在模架面板或 A 板上，为了加工方便，一般都做成拆卸式浇口套。为了保证浇口套与注塑机喷嘴的顺利配合，还需要用定位环（也称为定位圈或法兰）定位，如图 6-5 所示。

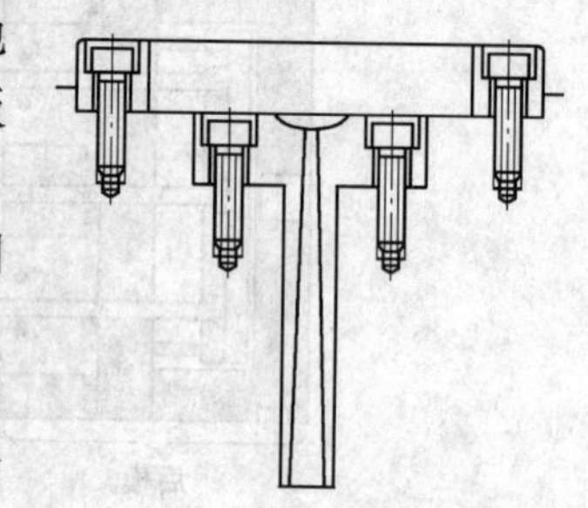

图 6-5　浇口套与定位环配合

1. 浇口套

（1）普通浇口套　图 6-6 所示为普通浇口套的一般标准结构形式，也是常用的结构形式，其具体尺寸可查相关生产厂家的资料。图 6-6a 所示为需要采用压紧定位、用销钉防转的结构形式，图 6-6b 所示为带螺钉固定的结构形式。

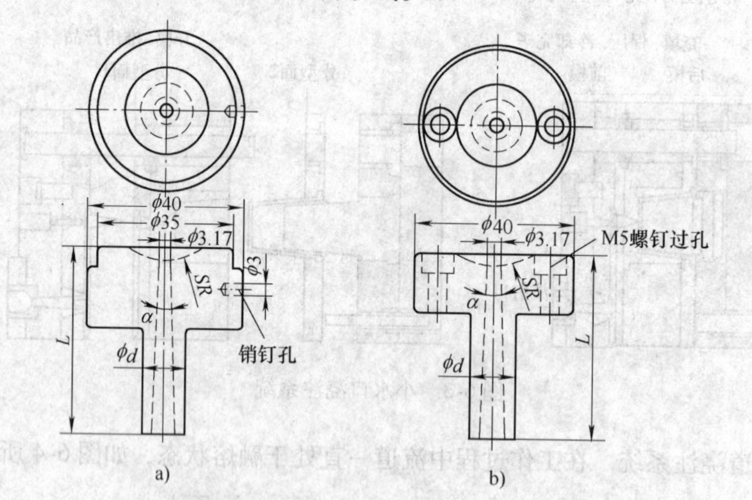

图 6-6　普通浇口套的一般标准结构形式

浇口套的类型一般有 SBA、SBB、SBC 3 种，如图 6-7 所示，其常用尺寸见表 6-1。图 6-6 及表 6-1 中的尺寸可作为设计时的参考。

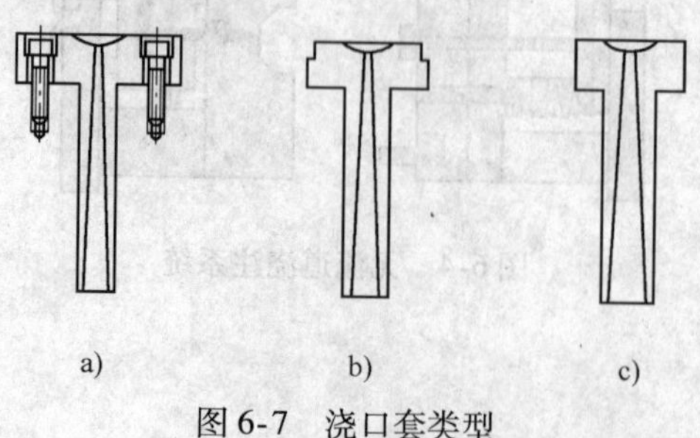

图 6-7　浇口套类型

a）SBA 型　b）SBB 型　c）SBC 型

表6-1　浇口套常用尺寸　（单位：mm）

浇口套类型	直径	外径	厚度	球面半径 SR	小端直径 d	双边角度 α	螺距	螺钉规格
SBA	12、16、20	50	15	11、12、13、15、16、18、20	2、2.5、3、3.5、4、4.5、5、5.5、6	2°~6°（一般情况下，取3°~4°）	36	M4、M5、M6、M8
SBB	16、20	40					—	—
SBC	12、16、20	25					—	—

（2）延伸浇口套　图6-8所示为延伸浇口套的一般结构形式，也是常用的结构形式。其尺寸可根据模具的具体结构而定，L_1 和 L_2 需要根据模架模板厚度而定。图6-8及表6-2中的尺寸可作为设计时的参考。

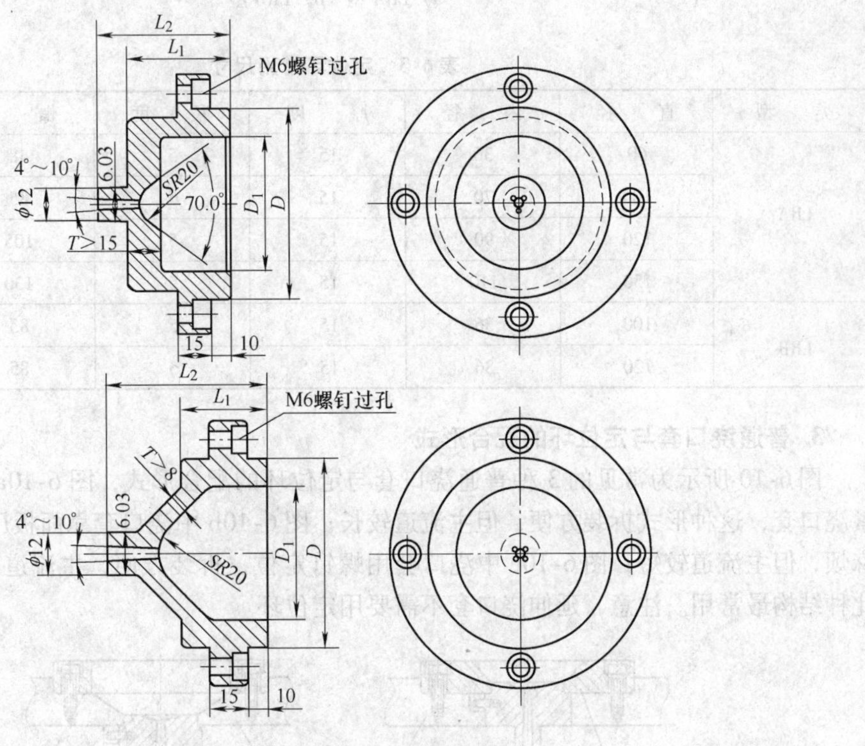

图6-8　延伸浇口套的一般结构形式

表6-2　延伸浇口套常用尺寸

D/mm	D_1/mm	适用注塑机范围
100	70	80~180t
120	90	250t
150	120	300t或以上

2. 定位环

图6-9所示为定位环的一般结构形式，也是常用的结构形式，其类型为LRA型和LRB型。表6-3中所列出的定位环常用尺寸可作为设计时的参考。

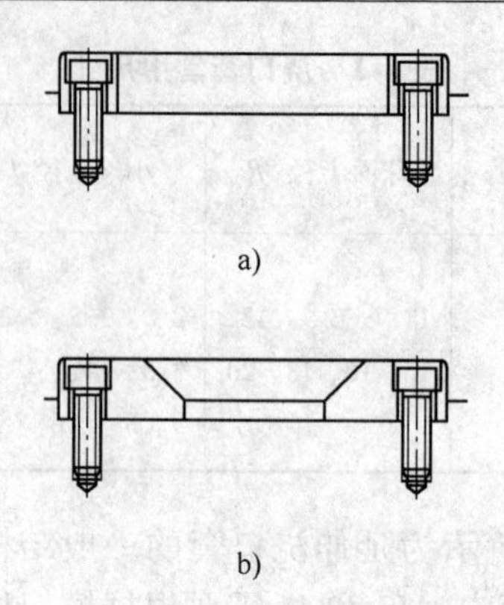

图 6-9 定位环的一般结构形式

a）LRA 型 b）LRB 型

表 6-3 定位环常用尺寸 （单位：mm）

类型	直径	内径	厚度	深度	螺距	螺钉规格
LRA	60	36	15	5	48	M4
	100	70	15	5	85	M6
	120	90	15	5	105	M6
	150	110	15	5	130	M8
LRB	100	36	15	5	85	M6
	120	36	15	5	85	M6

3. 普通浇口套与定位环的配合形式

图 6-10 所示为常见的 3 种普通浇口套与定位环的配合形式，图 6-10a 中定位环直接压紧浇口套，这种形式拆装方便，但主流道较长；图 6-10b 中浇口套靠面板压紧固定，拆装较麻烦，但主流道较短；图 6-10c 中浇口套用螺钉定位，拆装方便，主流道长度可任意控制，此种结构最常用。注意，延伸浇口套不需要用定位环。

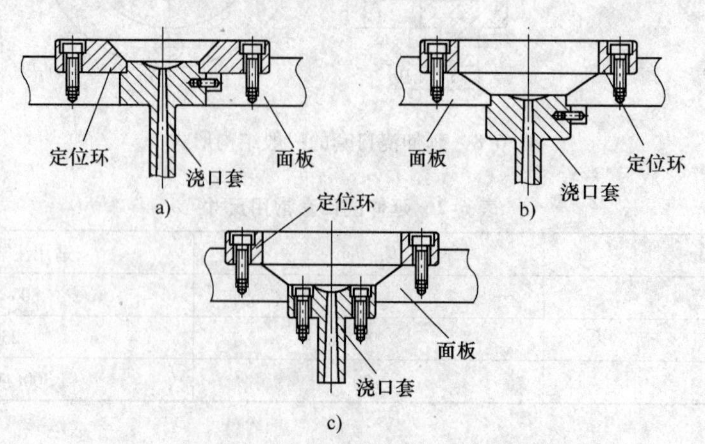

图 6-10 普通浇口套与定位环的配合

4. 浇口套与注塑机喷嘴的配合要求

对浇口套与喷嘴的尺寸关系要求为

$$SR = SR_1 + 1.0,\ d = d_1 + 0.5$$

浇口套包括普通浇口套和延伸浇口套，为了防止注塑成型时浇口套与喷嘴配合不良导致漏胶，在设计时要根据注塑机喷嘴的尺寸 SR_1 和 d_1 的大小来设计浇口套的尺寸 SR 和 d，具体要求如图 6-11 所示。

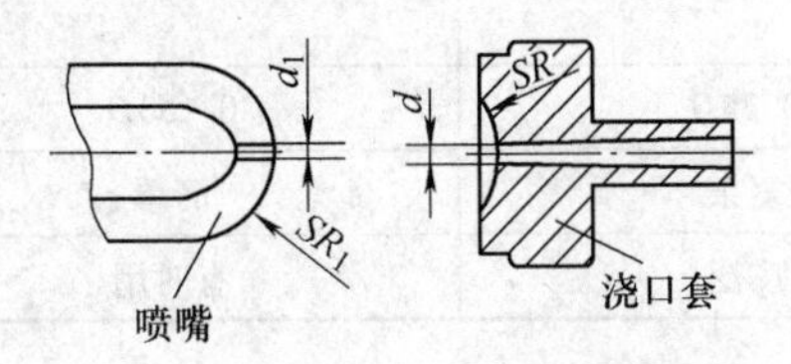

图 6-11　浇口套与注塑机喷嘴的尺寸关系

6.2.2　分流道的设计

分流道是使熔体从主流道通过分支流道平稳地进入浇口的通道，它起着分流和转向的作用。

1. 分流道的设计原则

分流道的设计原则如下：

1）在满足注塑成型工艺的前提下，分流道截面面积应尽量小，以减少流道废料。流道截面面积不能过小也不能过大，过小会降低注射速率，延长填充时间，且塑件易出现冷胶、缩孔等缺陷；过大则流道废料会增多，冷却时间会延长。

2）采用一模多腔时，分流道的截面面积不能小于浇口截面面积之和，同时分流道截面面积之和也不能大于主流道大端截面面积。

3）分流道和型腔的分布应排列紧凑、间距合理，尽量对称、均匀、平衡。

4）分流道效率应尽量高，以便于减小熔料的散热面积、摩擦力和压力损失，流道效率见表 6-4。

5）分流道长度应尽量缩短，转向次数应尽量减少，并在转角处用圆角过渡，以利于熔料的流动，减少压力损坏和流道废料。

6）分流道的表面必须打磨，但不必很光，一般 Ra 取 1.6μm。表面稍粗糙有利于流道表层在摩擦阻力的作用下减小流速，使其产生冷却凝固层，以便保持熔料的温度。

7）设计分流道时，应结合分型面结构、冷却系统以及推出系统等多种因素进行综合考虑，合理设计其布局及大小。分流道的形状有圆形、梯形等几种，从减少压力和热量损失的角度来看，圆形流道是最佳的流道形状。当分型面是平面或者曲面时，一般采用圆形流道；小水口模选用梯形流道；当流道只开在前模或者后模时，则选用梯形流道。设计分流道尺寸时，应充分考虑制品大小、壁厚、材料流动性等因素，流动性不好的材料如 PC 料，其流道应相应加大，并且分流道的截面尺寸一定要大于制品壁厚，同时应采用适合制品形状的流道长度。流道长则温度降低明显，流道过短则剩余应力大，容易产生喷池，推出也较困难。

表 6-4　分流道截面形状及效率

截面形状 （*D* 常取 4 ~ 8mm）	*D*	*D*	10°～20° *D* 2/3*D* *R*
流道效率 η	0.25*D*	0.153*D*	0.195*D*
加工性	复杂	简单	简单
应用	广泛	有时用	广泛

流道效率的计算公式为

$$流道效率（\eta）= 截面面积（S）/ 截面周长（L）$$

2. 分流道的布局形式

（1）平衡式　平衡式分流道的特点是分流道长度、大小相同，流入每个型腔的路径一致。其优点是有利于保证进浇的平衡，有利于控制同一模内相同塑件的一致性。不同产品的平衡式分流道布置图如图 6-12 所示。

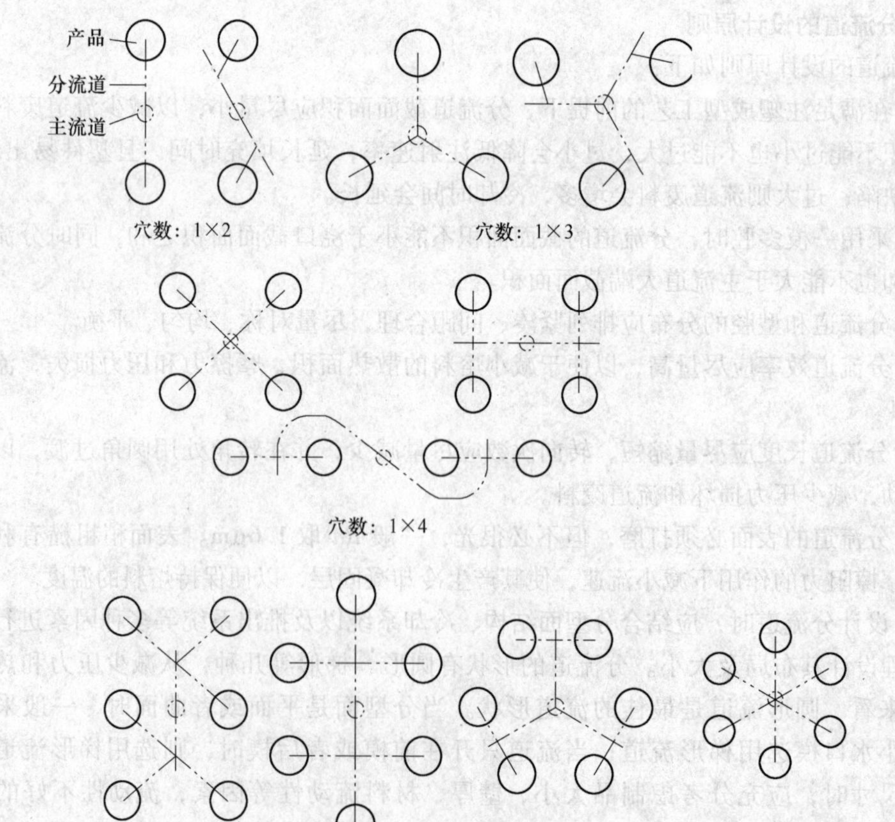

图 6-12　平衡式分流道布置图

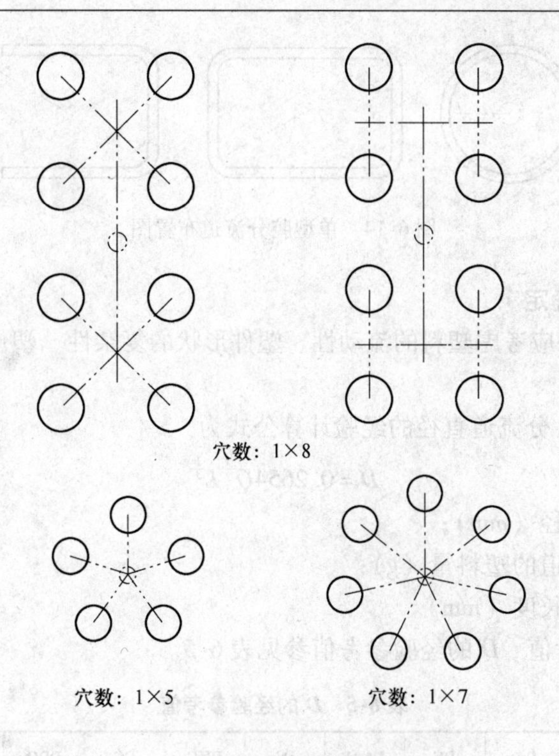

图6-12　平衡式分流道布置图（续）

（2）非平衡式　非平衡式分流道的特点是分流道长度、大小不同，流入每个型腔的路径不一致。其优点是可以缩短分流道长度，便于塑件在模具中排列，非平衡式分流道布置图如图6-13所示。

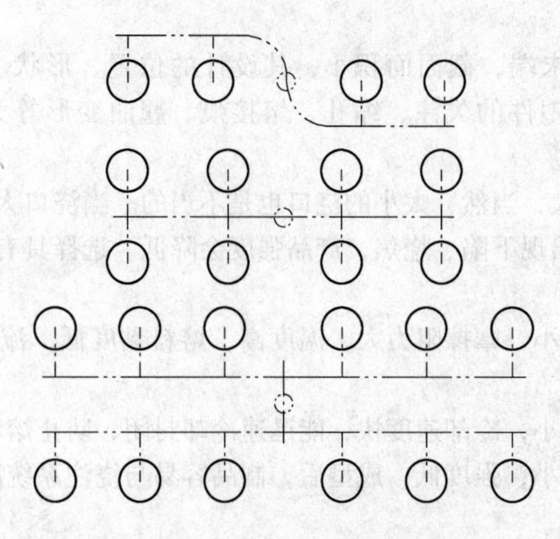

图6-13　非平衡式分流道布置图

（3）单型腔分流道　单型腔分流道布置图如图6-14所示。

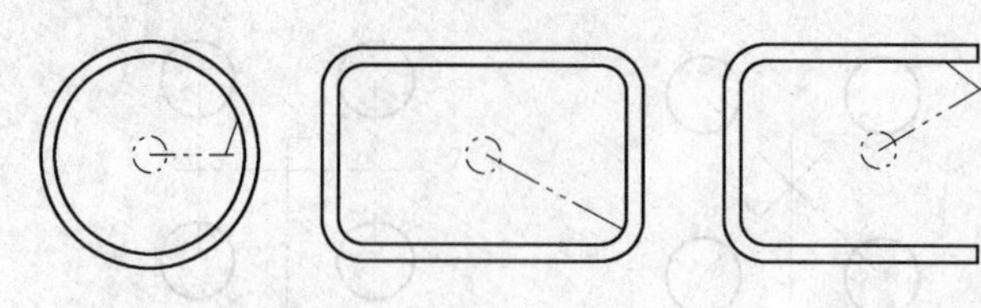

图 6-14　单型腔分流道布置图

3. 分流道尺寸的确定

确定分流道尺寸时应考虑塑料的流动性、塑件形状的复杂性、塑件尺寸的大小以及模具的结构等。

（1）经验计算法　分流道直径的经验计算公式为

$$D = 0.2654 Q^{\frac{1}{2}} L^{\frac{1}{4}}$$

式中　D——分流道直径（mm）；

Q——流经分流道的塑料量（g）；

L——分流道的长度（mm）。

（2）D 的经验参考值　D 的经验参考值参见表 6-5。

表 6-5　D 的经验参考值

材料	ABS	PP	PA	PE	POM	PS	PVC	PC	PPO	PSU	PBT	AS
D/mm	4～8	4～8	2～8	2～8	4～10	4～10	4～10	4～10	6～12	6～12	6～12	4～8

6.3　浇口的合理化设计

浇口是浇注系统的末端，截面面积小，其设计的位置、形状、尺寸直接影响塑件的质量和注射效率。一般塑件的欠注、缩孔、熔接痕、翘曲变形等大多是由浇口设计不当引起的。

浇口的尺寸不宜过大，当然，太小的浇口也是不当的。当浇口太小时，可能会出现填充不足的问题，成品容易出现下陷、烧焦，产品强度会降低。选择具有较小截面面积的浇口具有以下优点：

1）浇口处截面面积小，摩擦阻力大，温度高，熔料黏度低，流动速度快，可使熔料快速充满型腔。

2）浇口处截面面积小，冷却速度快，能迅速冷却封闭，防止熔料回流。

3）浇口处截面面积小，强度低，成型后，制品容易与浇注系统凝料分离。

6.3.1　浇口的类型

1. 直接浇口

2.3.1 节中已经介绍过直接浇口的结构形式，其特点及应用如下：

（1）直接浇口的特点　熔料从主流道直接进浇。

（2）直接浇口的应用　一般适用于单穴深腔塑件，以及熔料流动性差的壳类零件。

(3) 直接浇口的优点　加工简单，熔料在其中流动性好，易充满型腔。

(4) 直接浇口的缺点　浇口凝料难分离，易产生内应力，引起塑件变形。

2. 盘形浇口

盘形浇口如图6-15所示。

(1) 盘形浇口的特点　熔料从四周注入型腔。

(2) 盘形浇口的应用　适用于通孔较大的塑件。

(3) 盘形浇口的优点　进浇均匀，易排气，塑件上无熔接痕，熔料易充满型腔。

(4) 盘形浇口的缺点　浇口凝料较难分离，易形成真空，需设进气装置。

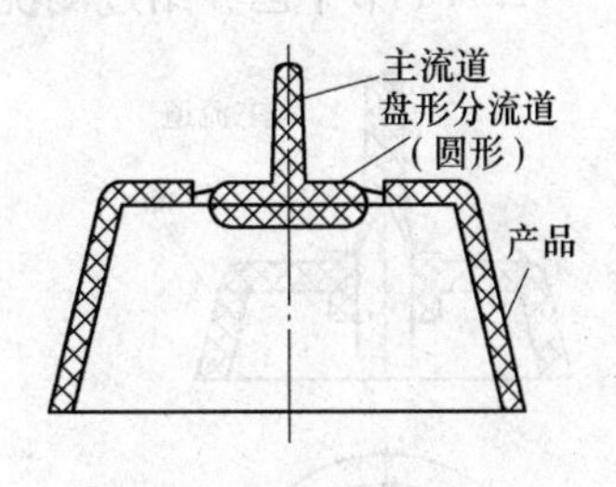

图6-15　盘形浇口

3. 分流式浇口

分流式浇口如图6-16所示。

(1) 分流式浇口的特点　锥体分流，熔料从四周进浇。

(2) 分流式浇口的应用　适用于通孔较小和同轴度要求高的塑件。

(3) 分流式浇口的优点　进浇均匀，易排气，塑件上无熔接痕，熔料易充满型腔。

(4) 分流式浇口的缺点　易形成真空，浇口痕迹会影响外观。

4. 轮辐式浇口

轮辐式浇口如图6-17所示。

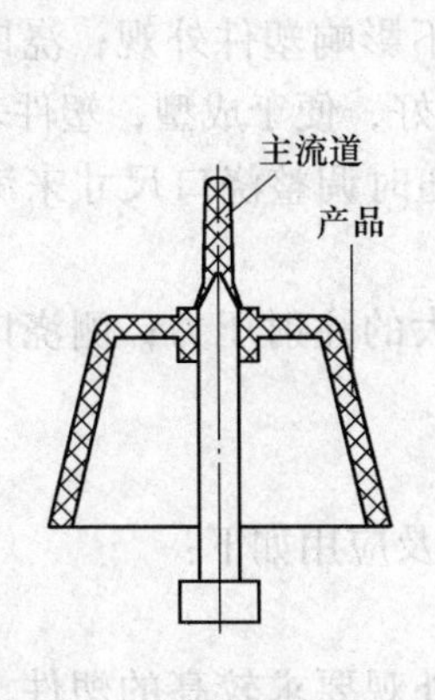

图6-16　分流式浇口

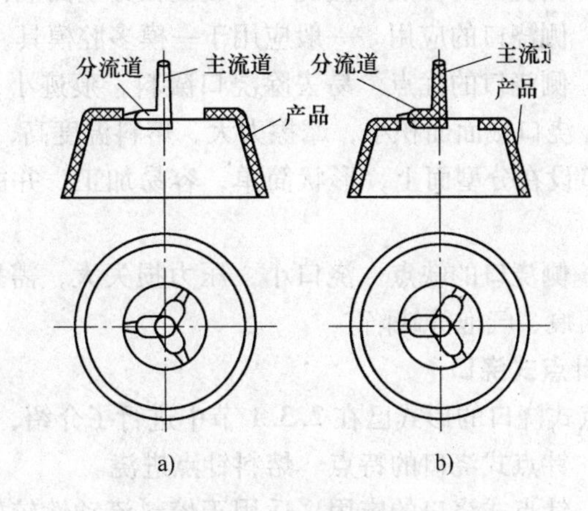

图6-17　轮辐式浇口
a) 直接进浇式　b) 搭底进浇式

(1) 轮辐式浇口的特点　四周多点进浇。

(2) 轮辐式浇口的应用　适用于通孔较大的塑件。

(3) 轮辐式浇口的优点　易进浇，易去除浇口凝料，不会形成真空。

(4) 轮辐式浇口的缺点　有接合痕迹产生，塑件强度较低。

5. 爪形浇口

爪形浇口如图6-18所示。

(1) 爪形浇口的特点　锥体分流，四周多点进浇。

(2) 爪形浇口的应用　适用于通孔较小、同轴度要求高的塑件。

（3）爪形浇口的优点　易进浇，易去除浇口凝料，塑件孔同轴度高，不会形成真空。

（4）爪形浇口的缺点　塑件上有熔接痕产生。

6. 侧浇口

2. 3. 1 节中已介绍过侧浇口，它的形式有几种，如图 6-19 所示。

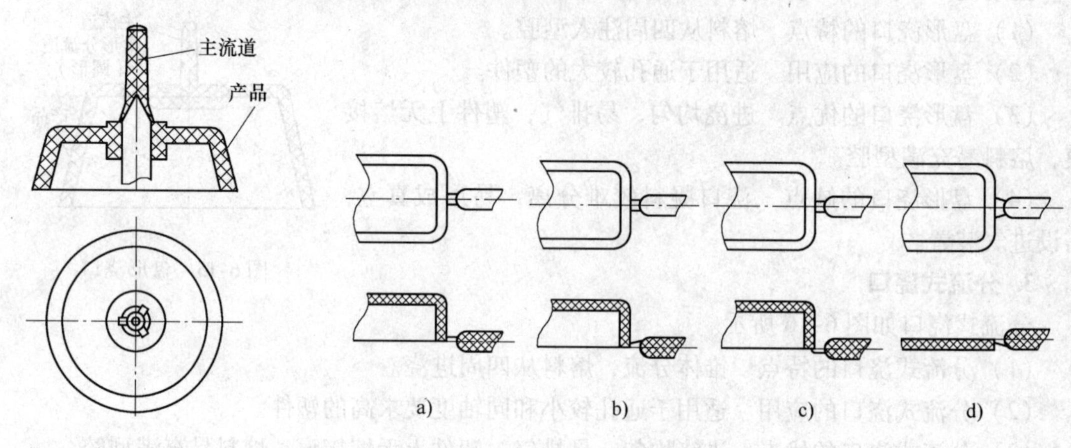

图 6-18　爪形浇口

图 6-19　侧浇口形式

a）矩形侧浇口　b）锥形侧浇口　c）搭底侧浇口　d）扇形侧浇口

（1）侧浇口的特点　侧浇口一般设在分型面上，从侧面进浇。

（2）侧浇口的应用　一般应用于一模多腔模具，适用于成型各种形状的塑件。

（3）侧浇口的优点　易去除浇口凝料，痕迹小，一般不影响塑件外观；浇口位置可灵活选择；浇口截面面积小，摩擦力大，熔料温度高，流动性好，便于成型，塑件表面粗糙度小；浇口设在分型面上，形状简单，容易加工，并能通过随时调整浇口尺寸来满足不同的需求。

（4）侧浇口的缺点　浇口小，压力损失大，需采用较大的注射压力；侧浇口易形成熔接痕、缩痕、气泡等缺陷。

7. 针点式浇口

针点式浇口的形式已在 2. 3. 1 节中进行了介绍，其特点及应用如下：

（1）针点式浇口的特点　熔料针点进浇。

（2）针点式浇口的应用　适用于熔料流动性较好以及外观要求较高的塑件，可用于一模单腔，也可用于一模多腔，可用于一点进浇，也可用于多点进浇。

（3）针点式浇口的优点　进浇点小，痕迹小，不会影响外观；浇口小，摩擦力大，熔料温度高，利于流动，塑件表面质量好；浇口凝料与塑件易分离，可实现自动化生产。

（4）针点式浇口的缺点　浇口小，压力损失大，塑件收缩大，浇口附近流速快，局部易产生内应力，可能引起塑件翘曲变形等。

针点式浇口常用尺寸设计如图 6-20 所示。

8. 潜伏式浇口

潜伏式浇口如图 6-21 所示。

对于外观以及质量要求较高的产品，在模具设计时可以采用这种进浇方式。此外，在推出产品之后，浇口凝料不会与产品粘附在一起，从而免除了产品的后加工处理。

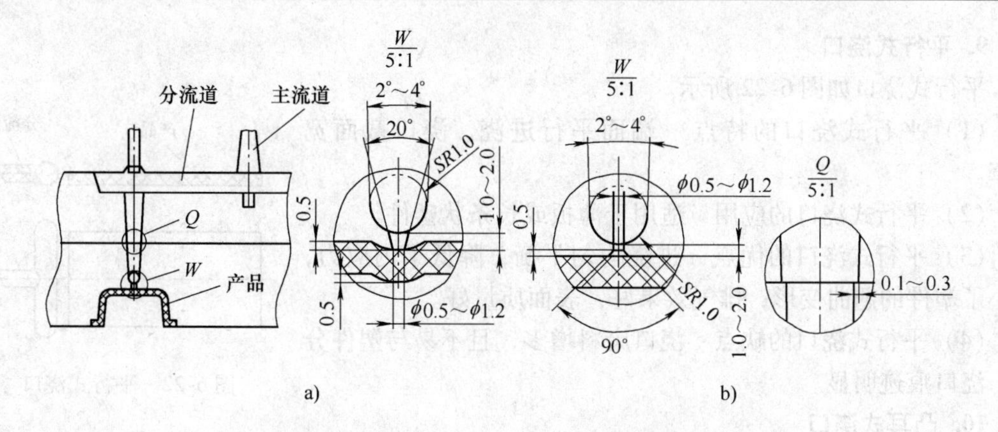

图6-20　针点式浇口常用尺寸设计

a）方案一　b）方案二

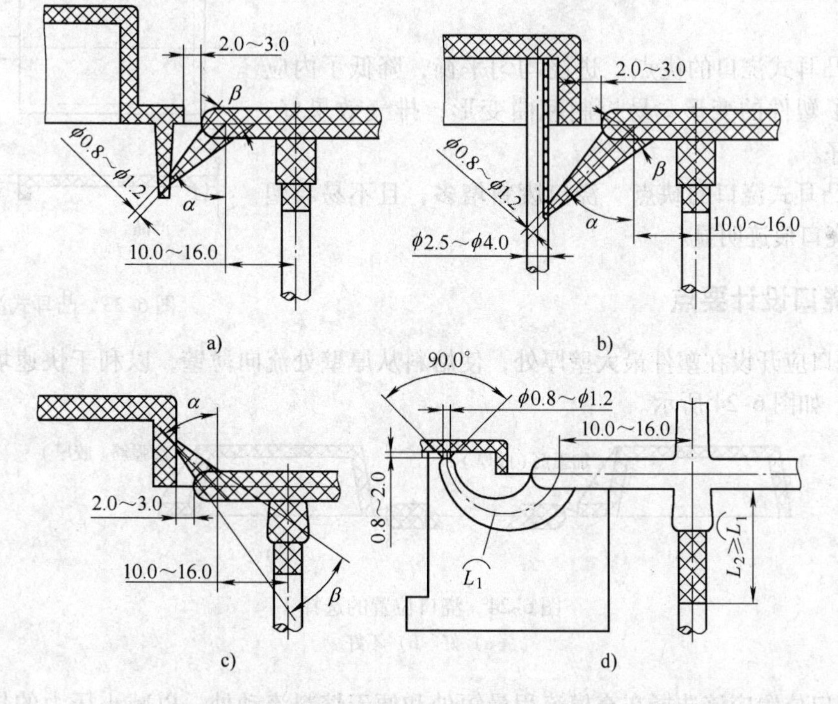

图6-21　潜伏式浇口

a）推切式潜表面　b）推切式潜顶针　c）拉切式潜表面　d）弯钩式潜水

（α 取值范围为 30°～50°，常取 40°或 45°；β 取值范围为 15°～30°，常取 20°）。

（1）潜伏式浇口的特点　浇口直径小，侧向潜入式进浇。

（2）潜伏式浇口的应用　适用于外观要求高的塑件，塑料的弹性变形要好，不适用于脆性材料。

（3）潜伏式浇口的优点　易去除浇口凝料，痕迹小，一般不影响塑件外观；浇口位置可灵活选择；可以实现自动化生产。

（4）潜伏式浇口的缺点　浇口废料增多，且不易与塑件分离，浇口痕迹明显。

9. 平行式浇口

平行式浇口如图6-22所示。

(1) 平行式浇口的特点　端面平行进浇，浇口截面宽而窄。

(2) 平行式浇口的应用　适用于薄板或长条状塑件。

(3) 平行式浇口的优点　进浇均匀平衡，降低了内应力，减小了塑件的翘曲变形；排气效果好，表面质量好。

(4) 平行式浇口的缺点　浇口废料增多，且不易与塑件分离，浇口痕迹明显。

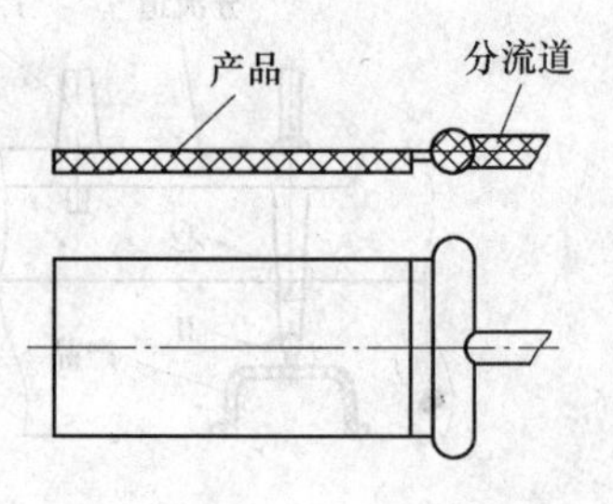

图6-22　平行式浇口

10. 凸耳式浇口

凸耳式浇口如图6-23所示。

(1) 凸耳式浇口的特点　熔料先注入凸耳，再从侧面进入型腔。

(2) 凸耳式浇口的应用　适用于难成型的塑件，塑件质量好。

(3) 凸耳式浇口的优点　进浇均匀平衡，降低了内应力，减小了塑件的变形，易控制翘曲变形；排气效果好，表面质量好。

(4) 凸耳式浇口的缺点　浇口废料增多，且不易与塑件分离，浇口痕迹明显。

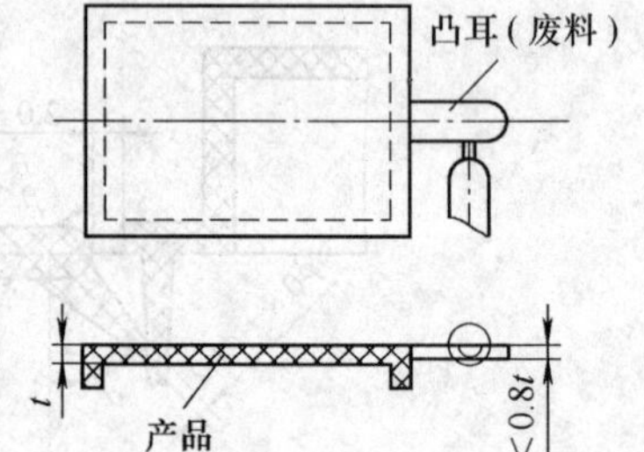

图6-23　凸耳式浇口

6.3.2　浇口设计要点

1) 浇口应开设在塑件最大壁厚处，使熔料从厚壁处流向薄壁，以利于快速填充，保证填充完全，如图6-24所示。

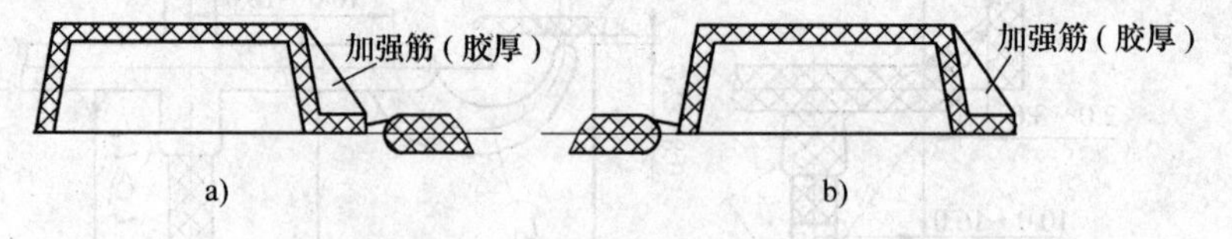

图6-24　浇口位置的选择Ⅰ

a) 好　b) 不好

2) 浇口位置应该选择在充模流程最短处和便于熔料流动处，以减小压力的损失，如图6-25所示。

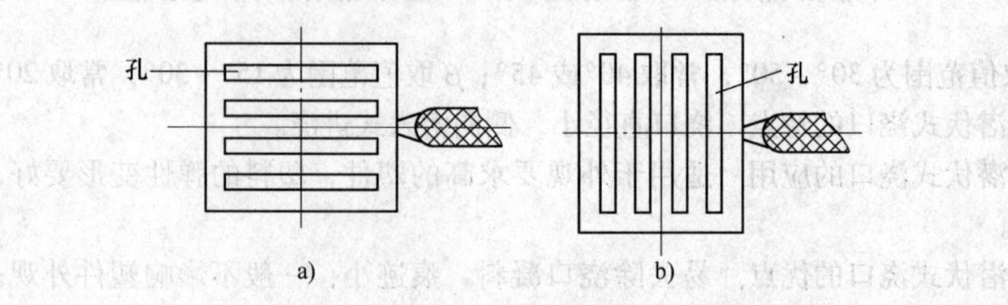

图6-25　浇口位置的选择Ⅱ

a) 好（顺着孔方向）　b) 不好（垂直于孔方向）

3）浇口应开设在不影响塑件使用性能的位置，如图6-26所示。

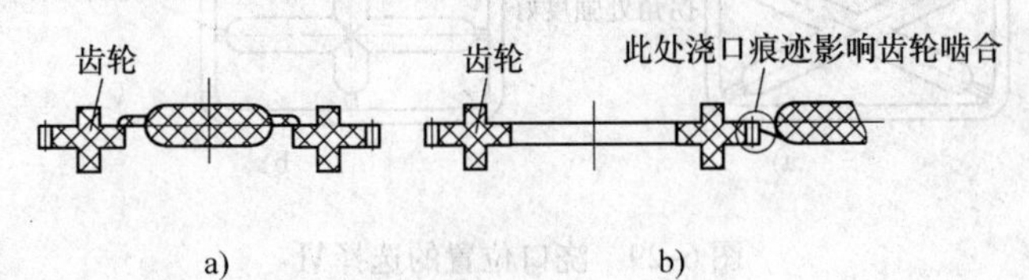

图6-26　浇口位置的选择Ⅲ
a）好　b）不好

4）浇口应尽量选择在不影响塑件外观的位置，如图6-27所示。

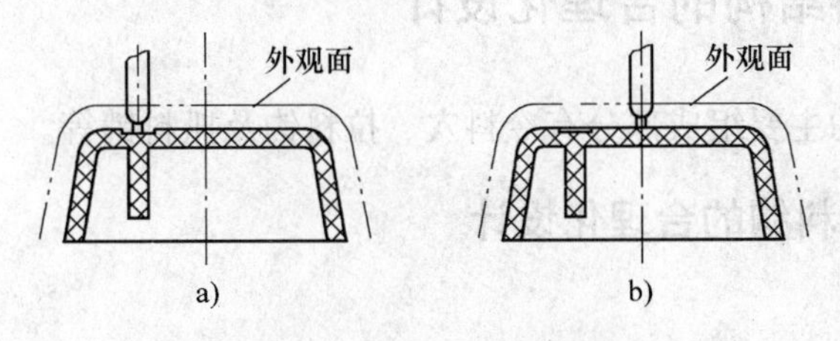

图6-27　浇口位置的选择Ⅳ
a）好（设计在凹孔处）b）不好（外观面上）

5）选择浇口位置时，应尽量避免或减少由于浇口设计不当而出现的熔接痕，如图6-28所示。

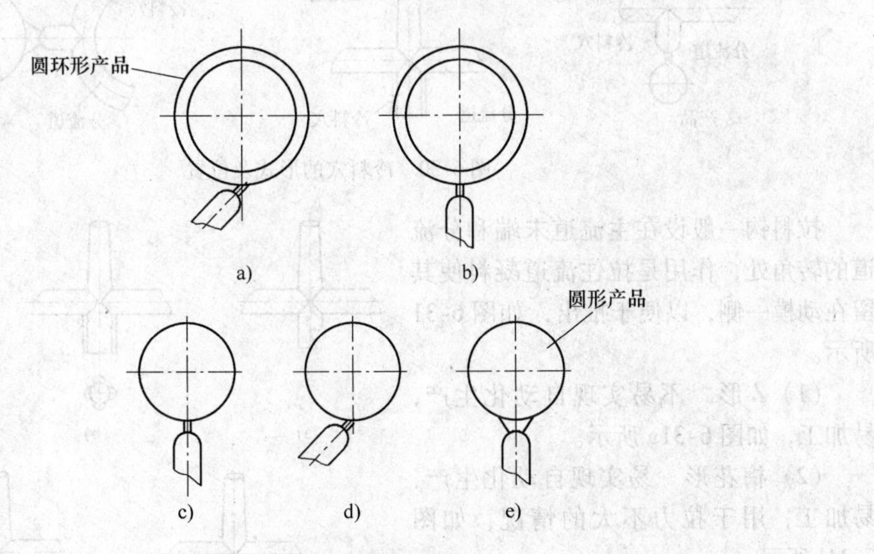

图6-28　浇口位置的选择Ⅴ
a）、e）好　b）、c）、d）不好

6）对于大型和不易填充的塑件，为防止塑件翘曲变形和缺料，可采用多点进浇。

7）浇口应尽量设计成便于切除的形式，如针点式浇口、潜伏式或侧浇口等，以便于实现自动化生产。

8）浇口的设计应尽量避免或减小塑件的变形，如图6-29所示。

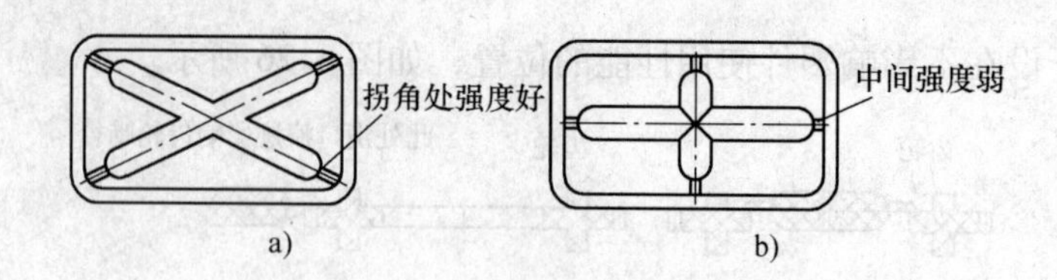

图6-29 浇口位置的选择Ⅵ

a）好 b）不好

9）浇口初始尺寸应选择较小的尺寸，为以后在试模时留下修正余量。

6.4 拉料、冷料结构的合理化设计

拉料、冷料结构的主要组成部分有冷料穴、拉料钩及抓料销等。

6.4.1 冷料穴及拉料钩的合理化设计

1. 定义及作用

冷料穴是为避免因喷嘴与低温模具接触而在料流前锋产生的冷料进入型腔而设置的，也起到一定的拉料作用。冷料穴一般设置在主流道的末端，分流道较长时，其末端也应设冷料穴，其形式及位置如图6-30所示。

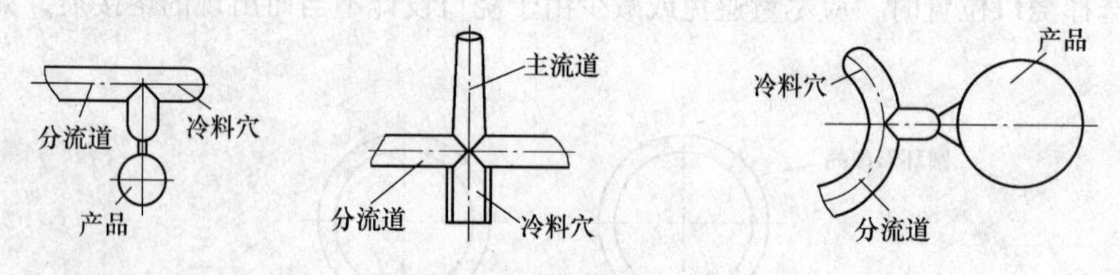

图6-30 冷料穴的形式及位置

拉料钩一般设在主流道末端和分流道的转角处，作用是拉住流道凝料使其留在动模一侧，以便于推出，如图6-31所示。

（1）Z形 不易实现自动化生产，易加工，如图6-31a所示。

（2）梅花形 易实现自动化生产，易加工，用于拉力不大的情况，如图6-31b所示。

（3）倒锥形、内环形 易实现自动化生产，不易加工，如图6-31c、d所示。

（4）螺纹形 易实现自动化生产，易加工，用于拉力大的情况，如图6-31e所示。

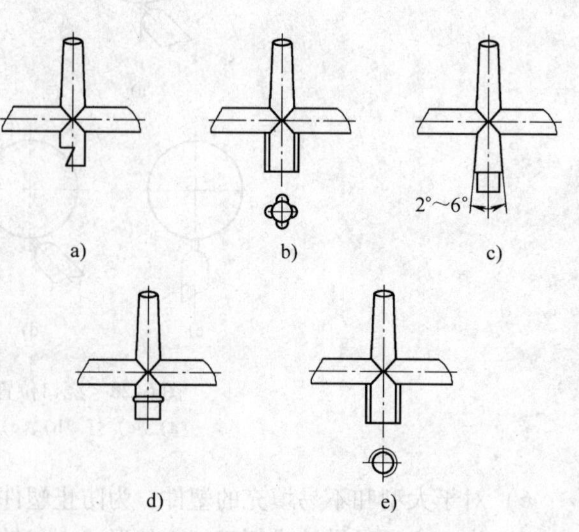

图6-31 拉料钩

a）Z形 b）梅花形 c）倒锥形 d）内环形 e）螺纹形

2. 设计原则

一般情况下，主流道冷料穴为圆柱体，其直径为6～12mm，深度为6～10mm。对于大型制品，冷料穴的尺寸可适当加大。分流道冷料井的长度为1～1.5倍的流道直径。

3. 分类设计

（1）底部带拉料钩的冷料穴　底部带拉料钩的冷料穴如图6-32所示。

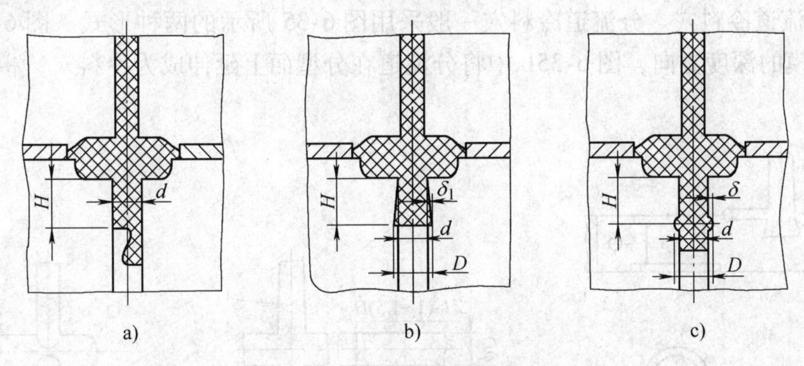

图6-32　底部带拉料钩的冷料穴

由于图6-32a所示的拉料钩加工方便，故常采用。但Z形拉料钩不宜多个同时使用，否则不易从拉料杆上脱落浇注系统凝料。如需使用多个Z形拉料钩，则应确保缺口的朝向一致。但对于脱模时无法作横向移动的制品，应采用图6-32b、c所示的拉料钩，此时应根据塑料不同的伸长率选用不同的倒扣深度δ。若满足$(D-d)/D<\delta_1$，则表示冷料穴可强行脱出，其中δ_1为塑料的伸长率。常用树脂的伸长率见表6-6。

表6-6　常用树脂的伸长率　　（单位：%）

树脂	PS	AS	ABS	PC	PA	POM	PE-LD	PE-HD	RPVC	SPVC	PP
δ_1	0.5	1	1.5	1	2	2	5	3	1	10	2

（2）推板推出的冷料穴　这种拉料钩专用于塑件以推板或推块脱模的模具中。

锥形头拉料钩（图6-33c）靠塑料的包紧力将主流道拉住，不如球形头拉料钩（图6-33a）和菌形头拉料钩（图6-33b）可靠，为增大锥面的摩擦力，可采用小锥度，或增大

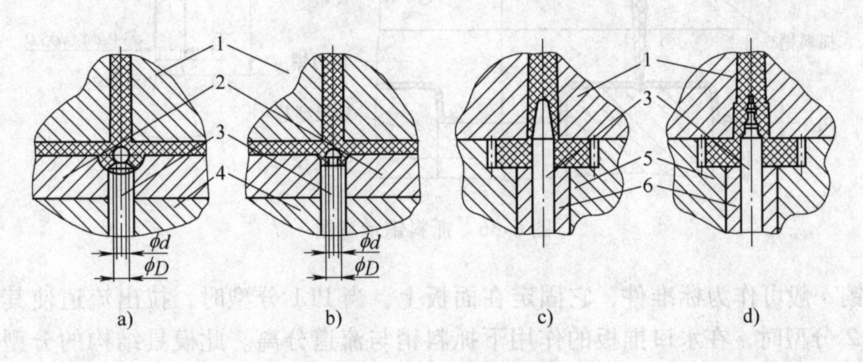

图6-33　用于推板模的拉料钩

1—前模　2—推板　3—拉料钩　4—型芯固定板　5—后模　6—推块

锥面的表面粗糙度，或用复式拉料钩（图 6-33d）替代。图 6-33c、d 所示的拉料钩由于尖锥的分流作用较好，常用于单型腔成型带中心孔的塑件模具，如齿轮模具。

（3）无拉料钩的冷料穴　对于具有垂直分型面的注射模（哈夫模），其冷料穴在左右两半模的中心线上，开模时，分型面左右分开，制品与前锋冷料一起拔出，冷料穴不必设置拉料钩，如图 6-34 所示。

（4）分流道冷料穴　分流道冷料穴一般采用图 6-35 所示的两种形式。图 6-35a 中将冷料穴置于公模的深度方向，图 6-35b 中将分流道在分型面上延伸成为冷料穴，相关尺寸设计参考图 6-35。

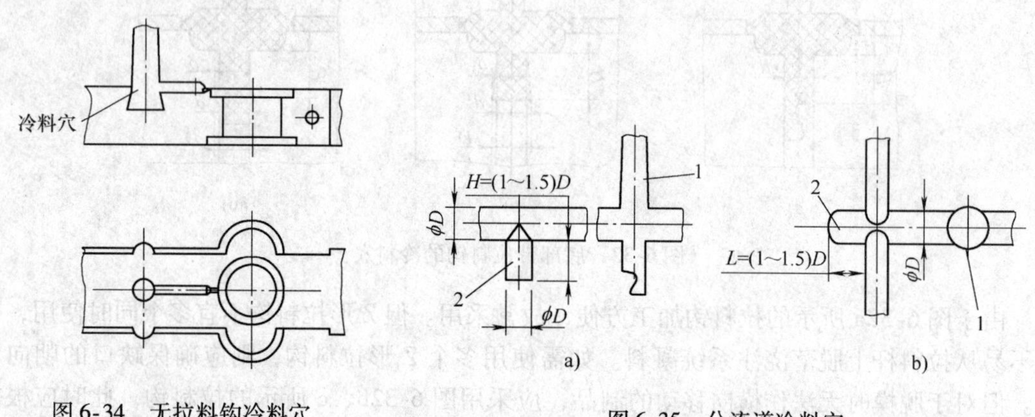

图 6-34　无拉料钩冷料穴

图 6-35　分流道冷料穴
1—主流道　2—分流道冷料穴

6.4.2 抓料销的合理化设计

抓料销一般用于三板模小水口模具中，如图 6-36 所示。

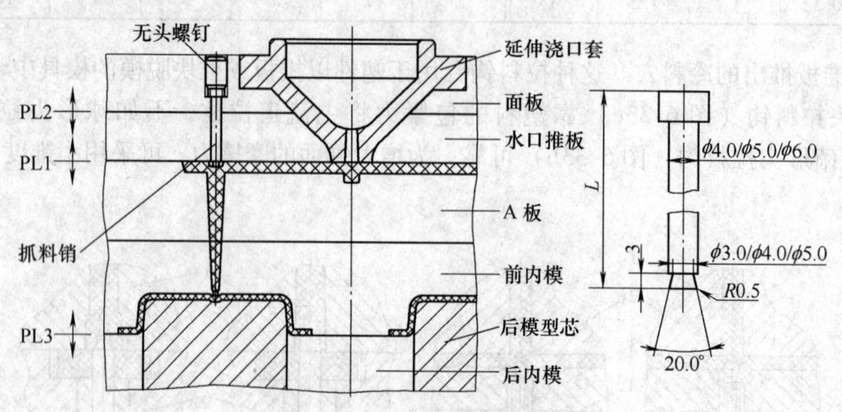

图 6-36　抓料销示意图

抓料销一般可作为标准件，它固定在面板上，当 PL1 分型时，拉出流道使其与制品分离；当 PL2 分型时，在水口推板的作用下抓料销与流道分离。此模具结构的分型顺序不能调换，否则不能起到应有的作用。

6.5 引气、排气结构的合理化设计

模具内的气体不仅包括型腔内的空气，还包括流道内的空气和塑料熔体分解产生的气体。在注塑时，这些气体都应排出，若排气不良，则将产生如下危害：

1）在制品表面形成烘印、气花、接缝，使表面轮廓不清。

2）充填困难，或局部产生飞边。

3）严重时在表面上产生焦痕。

4）降低充模速度，延长成型周期。

模具中的气体包括以下几类：

1）合模时的自然空气。

2）塑料中水分蒸发而形成的水蒸气。

3）塑料受热分解产生的低分子挥发性气体。

4）塑料中某些添加剂的挥发和化学反应所生成的气体。

6.5.1 排气系统的合理化设计

为将模具型腔中的气体有序而顺利地排出，以免制件产生气泡、疏松等缺陷，应合理地设计排气系统，排气系统设计要点如下：

1）应保证能迅速有序地排出气体。

2）应根据浇口位置，将排气槽设计在最后填充的地方。

3）排气槽应尽量设在分型面上，且设在母模一侧，以便于加工。

4）排气槽不应开设在工人操作的地方。

5）应根据不同塑料的特点来选择，排气槽的深度并考虑注射压力、温度等因素的影响。

常用的排气方法及结构设计有以下几种。

（1）开排气槽　排气槽一般开设在母模分型面熔体流动的末端，如图6-37所示。

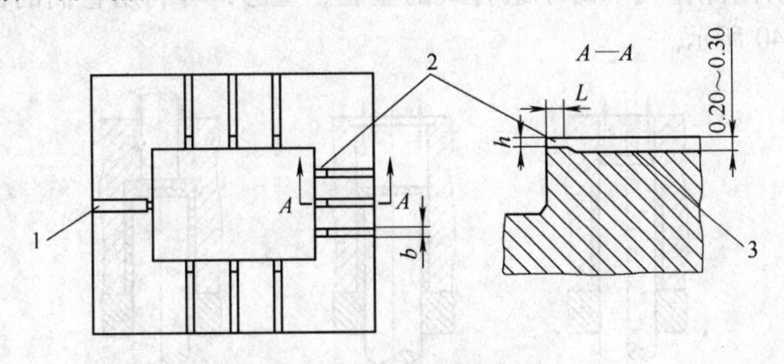

图6-37　排气槽设计

1—分流道　2—排气槽　3—导向沟

在图6-36中，宽度b为5～8mm，长度L为8.0～10.0mm。排气槽的深度h因树脂不同而异，主要从树脂的黏度及其是否容易分解两方面来考虑。一般而言，黏度低的树脂，排气槽的深度要浅；容易分解的树脂，排气槽的截面面积要大，各种树脂的排气槽深度可参考表6-7。

表 6-7 各种树脂的排气槽深度

树脂名称	排气槽深度/mm	树脂名称	排气槽深度/mm
PE	0.02	PA（含玻纤）	0.03 ~ 0.04
PP	0.02	PA	0.02
PS	0.02	PC（含玻纤）	0.05 ~ 0.07
ABS	0.03	PC	0.04
SAN	0.03	PBT（含玻纤）	0.03 ~ 0.04
ASA	0.03	PBT	0.02
POM	0.02	PMMA	0.04

（2）利用分型面排气　对于具有一定表面粗糙度的分型面，可利用分型面将气体排出，而不需要专门开设排气槽，如图 6-38a 所示。

（3）利用顶针排气　制件中间位置的困气，可通过加设顶针，利用顶针和型芯之间的配合间隙，或有意增加顶针之间的间隙来排气，如图 6-38b 所示。

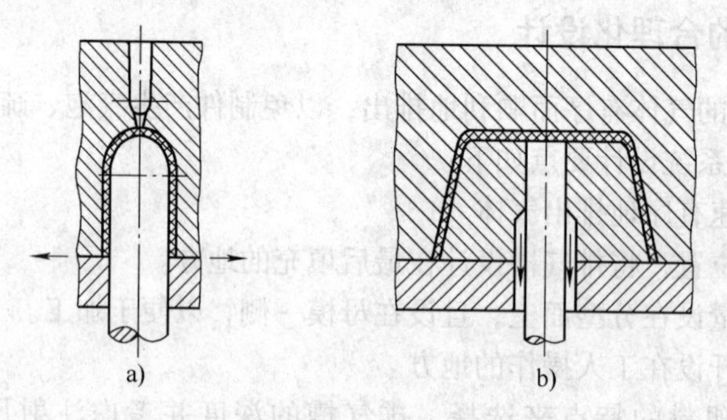

图 6-38　利用分型面或顶针排气示意图

a）利用分型面排气　b）利用顶针排气

（4）利用镶拼间隙排气　对于组合式的型腔、型芯，可利用它们的镶拼间隙来排气，如图 6-39、图 6-40 所示。

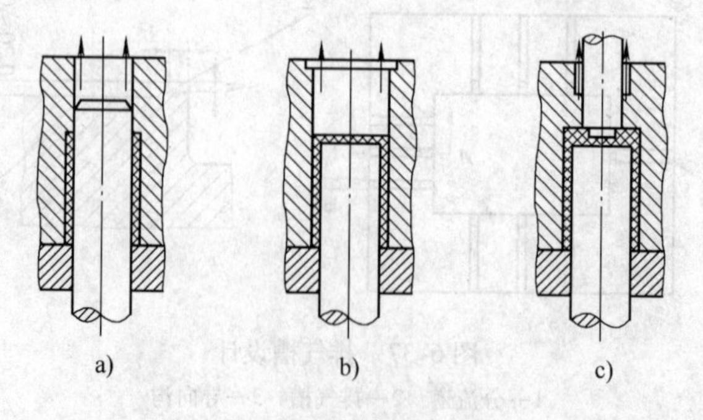

图 6-39　利用镶拼间隙排气 1

（5）增加小排气孔　对于喇叭骨之类的封闭骨位，为了减小困气对流动的影响，常增加小排气孔。设计时，小排气孔高出骨位的高度 h 为 0.50mm 左右，如图 6-41 所示。

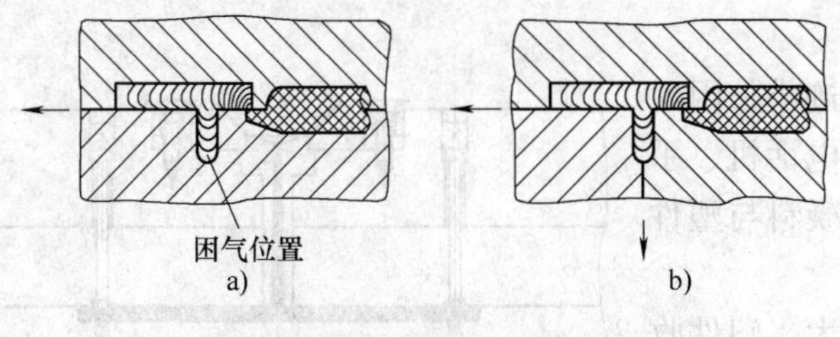

图6-40　利用镶拼间隙排气2

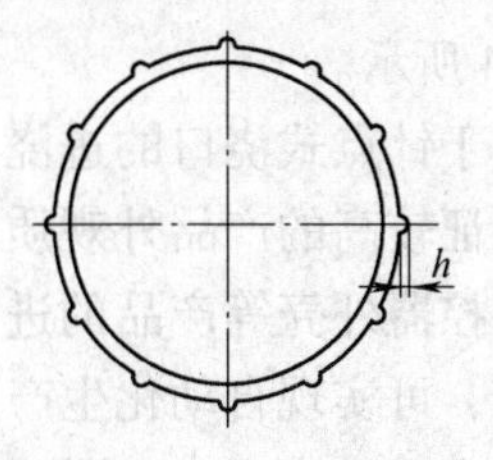

图6-41　增加小排气孔

（6）透气钢排气　透气钢是一种烧结合金，它是用球状的颗粒合金烧结而成的材料，强度较差，但质地疏松，允许气体通过。在需要排气的部位放置一块这样的合金即可达到排气的目的。但设计时，底部通气孔的直径 D 不宜太大，以防止型腔压力将其挤压变形，如图6-42所示。

由于透气钢的热导率低，不能使其过热，否则易产生分解物堵塞气孔。

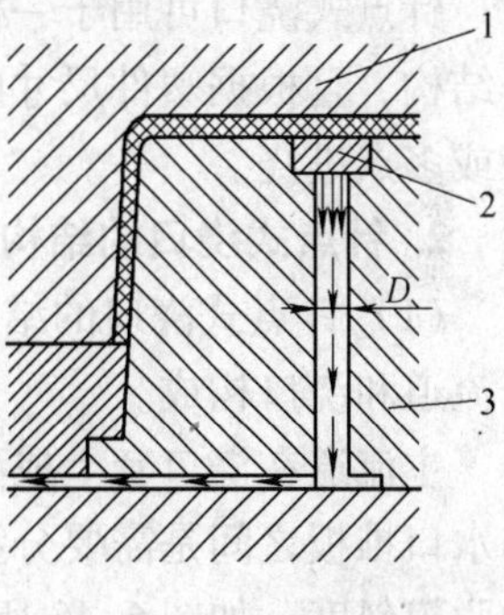

图6-42　透气钢排气

1—母模　2—透气钢　3—型芯

6.5.2　引气装置的合理化设计

引气装置用于模具型腔有真空产生、不易脱模时，它将空气引入密封型腔，从而可以避免真空的产生，便于制品与模具的分离。

引气装置的形式如图6-43所示。

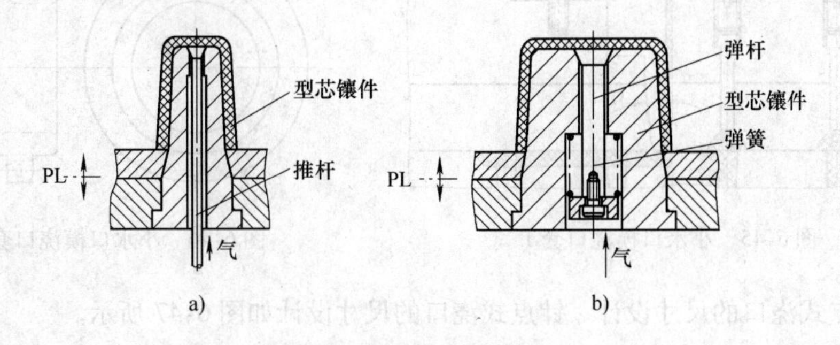

图6-43　引气装置的形式

a）推杆引气　b）弹杆引气

6.6　浇注系统设计实例解析

由4.3节分析可知，遥控器后盖采取针点式浇口进浇，选用简化型小水口模架FCI工字模形式，本节对此类浇口的设计进行详细讲解。

6.6.1　针点式浇口设计要点

1. 针点式浇口的特点

针点式浇口用于小水口三板模具，由于浇口尺寸很小，因此熔料是通过针点进浇的，如

图 6-44 所示。

由于针点式浇口的进浇点小，痕迹小，因此可以保证较高的产品外观质量，适合电话机、手机和遥控器外壳等产品的进浇。浇口凝料与塑件易分离，可实现自动化生产。

但由于其浇口小，因此压力损失大，塑件收缩大，所以要求成型的塑料具有良好的流动性，否则可能由于进浇点小而导致堵塞。

针点式浇口可用于一模一腔或一模多腔的模具结构，且根据塑件尺寸的大小可设计成一点进浇或多点进浇。

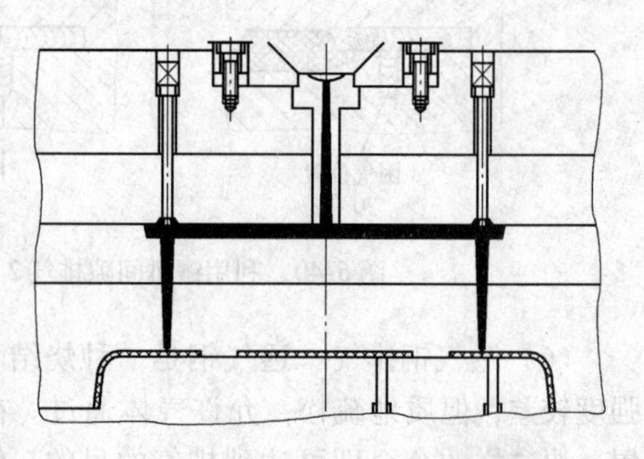

图 6-44　针点式浇口进浇

2. 针点式浇口的结构及尺寸设计

（1）针点式浇口的结构设计　如前文所述，针点式浇口系统由主流道、主分流道、次分流道和浇口构成。

主流道在浇口套上成型，用于小水口模的浇口套与大水口模是不同的，此时由于浇口套与水口推板之间是需要分型运动的，因此小水口模的浇口套在浇口的部位需要设计 4°～15°的脱模斜度，如图 6-45 所示。

图 6-46 所示为另外一种小水口模的浇口套，它把定位环和浇口套设计成了一个整体。

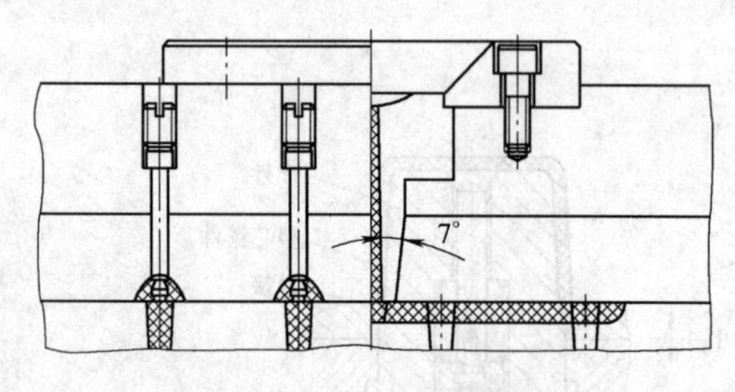

图 6-45　小水口模浇口套 1

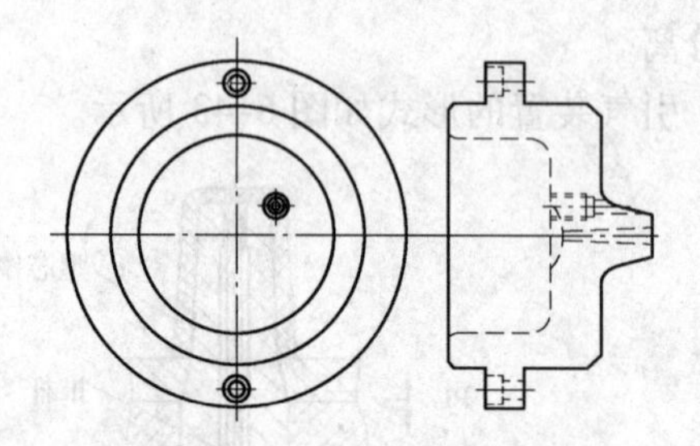

图 6-46　小水口模浇口套 2

（2）针点式浇口的尺寸设计　针点式浇口的尺寸设计如图 6-47 所示。

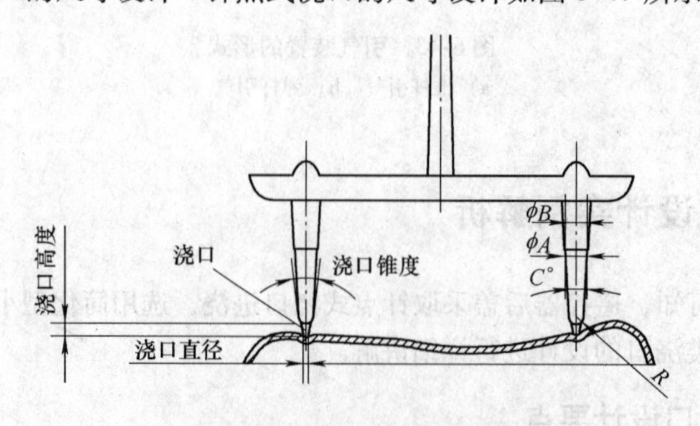

图 6-47　针点式浇口的尺寸设计

图6-47中尺寸要求如下：

1）浇口直径一般设计为0.3~2mm，常用0.5mm、0.8mm、1mm、1.2mm、1.5mm，设计时应偏小一些。

2）浇口高度一般为0.8~3mm，常用1.5mm、2mm、2.5mm、3mm，设计时应偏大一些。

3）R一般设计为1~3mm，常用1.5mm、2mm、2.5mm。

4）浇口锥度可自行设计，如20°、30°等。

5）在A板和定模仁里面的次分流道被分为两部分，ϕA必须小于ϕB，才能完成流道浇口的顺利脱模，一般单边大0.1~0.3mm。

6.6.2　遥控器后盖进浇设计细节分析

1. 浇口套的设计

遥控器后盖的浇口套采取与定位环设计成一个整体的方式，如图6-48所示，其中浇口套底部外径为16mm，主流道脱模斜度为5°，浇口套底部外侧与水口推板相配合的双向脱模斜度为30°，与注塑机圆孔相配合的尺寸为99.8mm，与喷嘴头相配合的球面半径为20mm。

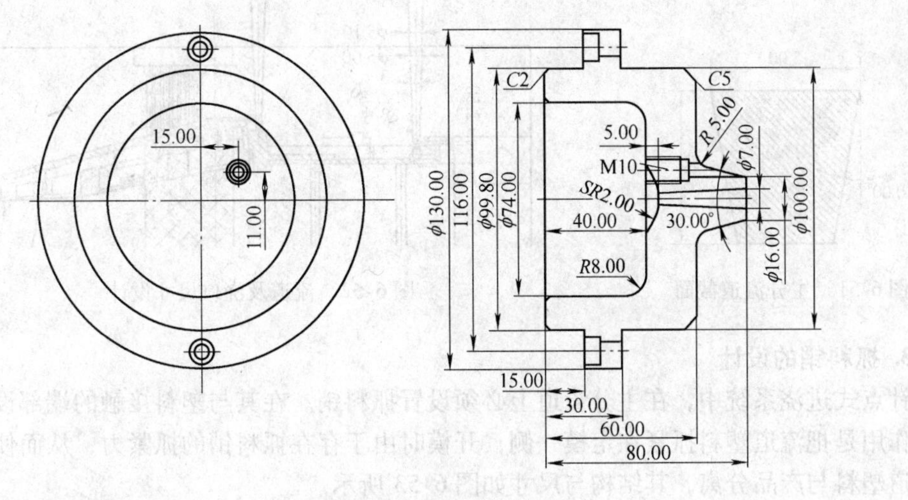

图6-48　浇口套设计

2. 流道的设计

为了不留任何痕迹在外表面，进浇点需选择在装电池的区域。考虑到塑件结构较复杂，电池区域不在产品中心位置，可以采取两点斜向进浇的方式，使成型更可靠、均匀，如图6-49、图6-50所示。

主分流道截面采取梯形结构，其尺寸如图6-51所示。

A板的次分流道下圆孔直径为5.1mm，定模仁次分流道上的圆孔直径为5.0mm，次分流道的脱模斜度为3°，浇口上方的球面半径为1.5mm，浇口高度为2.5mm，直径为1.2mm，如图6-52所示。

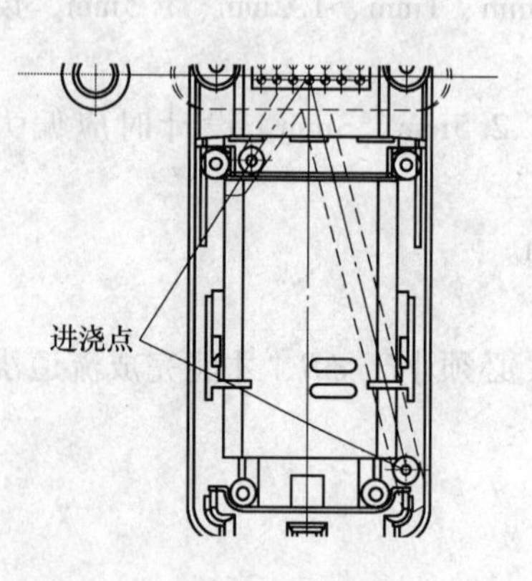

图 6-49　进浇位置

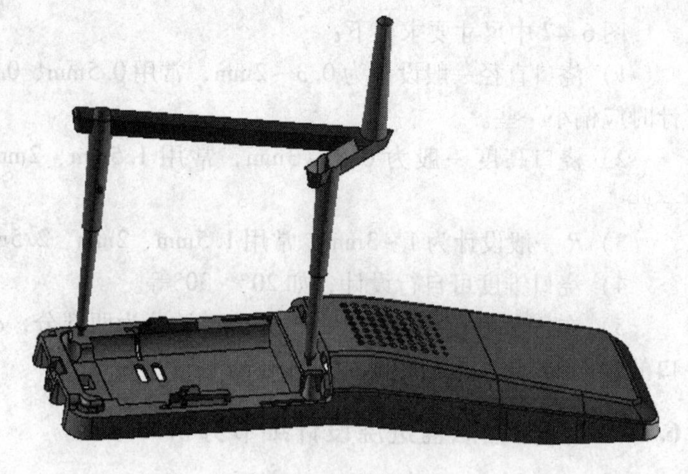

图 6-50　进浇方式

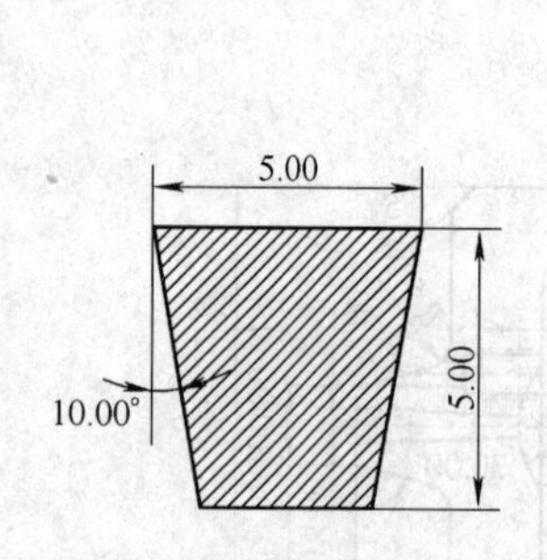

图 6-51　主分流道截面

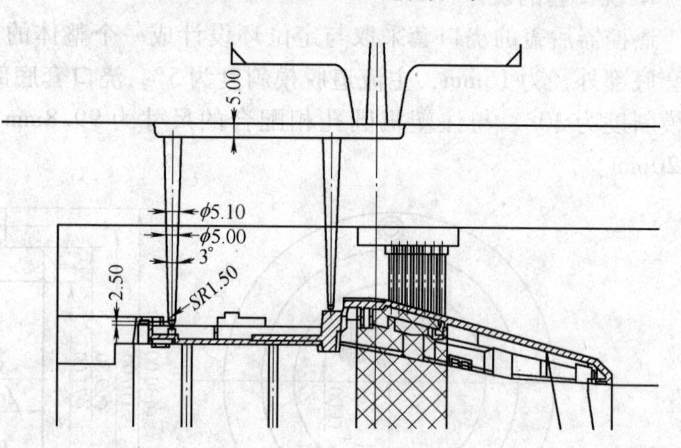

图 6-52　流道及浇口尺寸设计

3. 抓料销的设计

针点式进浇系统中，在主分流道上必须设置抓料销。在其与塑料接触的端部设有倒扣结构，作用是把流道塑料抓紧在定模一侧，开模时由于存在抓料销的抓紧力，从而使浇口位置的流道塑料与产品分离，其结构与尺寸如图 6-53 所示。

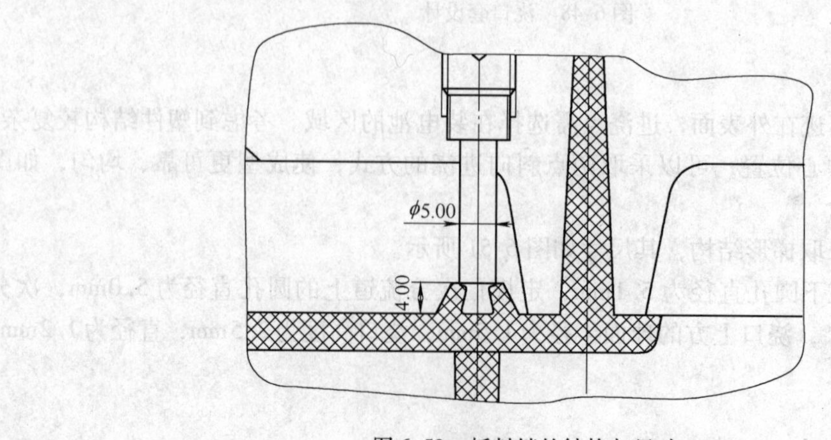

图 6-53　抓料销的结构与尺寸

第7章　侧向抽芯系统设计

当塑件中与开模方向垂直的面存在凹坑、凸台等结构时，在模具开模的过程中塑件就会被成型它们的零件阻碍，也可能在产品推出的时候被阻碍，产品中的这些结构称为死角，此时，产品不能进行正常的连续生产。因此，必须通过设计活动结构使阻碍开模及产品推出的零件结构在推出产品之前退出，这个过程称为侧向抽芯，全部活动结构称为侧向抽芯系统，它除了有抽出动作外，还有复位动作。

侧向抽芯系统设计是注射模具设计中的重要一环，侧向抽芯系统分为滑块结构系统和斜顶结构系统两大类。其中滑块结构分为前模滑块结构、后模滑块结构、内滑块结构、哈夫模滑块结构（由英文 Half 音译而来，由两个或多个滑块拼合形成型腔，开模时滑块同时实现侧向分型的行位机构称为哈夫模），斜顶结构分为一般斜顶结构和推杆斜顶结构。本章重点讲解后模滑块结构设计和一般斜顶结构设计，它们在侧向抽芯中最为常见。

7.1　滑块结构系统设计

7.1.1　后模滑块系统设计

1. 滑块系统的组成

滑块系统包括：滑块、斜导柱（或拔块）、楔紧块、耐磨块、定位钢珠（或限位螺钉）、滑块压块、弹簧等零件，如图 7-1 所示。

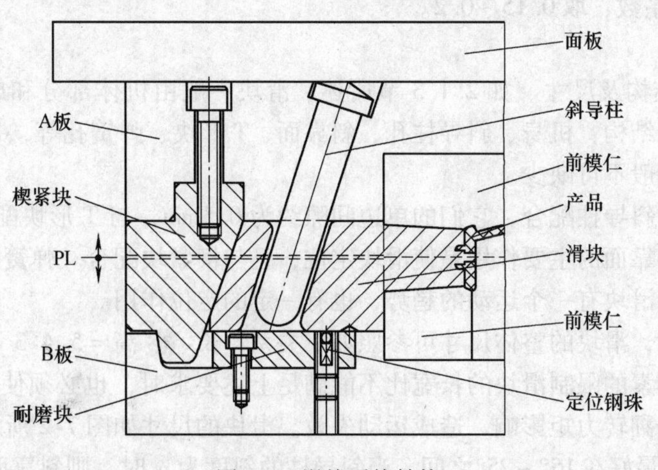

图 7-1　滑块系统结构

1）滑块包括机体部分和成型部分，侧向运动的实现由前者参与完成，产品死角部分的成型由后者完成。

2）斜导柱（或拔块）的作用是在开模时将滑块推出，向滑块提供动力。

3）楔紧块装在前模A板上，其作用是压住并固定滑块。

4）定位钢珠（或定位螺钉）起限制滑块侧向抽芯距离的作用，同时也保证滑块不至于在开模后掉出模具。

5）滑块挡块是对滑块的侧向运动进行导向的，其使滑块处在动模一侧。

6）耐磨块设计在滑块底部、楔紧块与滑块的接触面上，使滑块系统寿命更长。

2. 滑块系统的工作原理

如2.1.3节所述，滑块系统工作时，斜导柱固定，随着动模运动，由于斜导柱和弹簧的作用，滑块向侧向运动使死角脱离，最后由推出系统把产品推出。

3. 侧向抽拔力的确定

（1）抽拔力的影响因素

1）塑料的特性，包括收缩率的大小、材料的软硬、自润滑性的好坏等。

2）塑件成型部分的包容面积及断面形状，面积大脱模力大，断面形状越复杂脱模力越大，其中圆形断面的脱模力最小。

3）塑件的壁厚，厚度越大收缩就越大，从而包紧力也越大，因此脱模力就越大。

4）型芯的脱模斜度及表面粗糙度。

5）塑件侧面抽芯型芯的数量多少，型芯越多，脱模力越大。

6）成型工艺的影响，压力低，冷却时间短，收缩小，脱模力小。

（2）抽拔力的计算　侧向抽芯脱模力的确定公式为

$$F = LHP(\mu\cos\alpha - \sin\alpha)$$

式中　L——侧型芯被包紧的断面周长（mm）；

H——侧型芯被包紧的深度（mm）；

P——单位面积的包紧力，一般取8～12N/mm²；

α——脱模斜度（°）；

μ——摩擦系数，取0.15～0.2。

4. 滑块设计

（1）滑块的结构及尺寸　如2.1.3节所述，滑块一般由机体部分和成型部分组成，机体部分又包括以下结构：机身、斜导柱孔、斜靠面、T形块、弹簧孔等，每一个部分都有各自的独特作用，一般不可缺少。

斜导柱孔要与斜导柱配合，它们的单边间隙约为0.5mm，与T形块配合强迫滑块运动，从而处理死角。斜靠面的主要作用是使滑块定位，且与楔紧块配合。弹簧孔与弹簧配合，它们的主要作用是使滑块有一个运动的趋势，也有一定的定位作用。

在进行设计时，滑块的整体尺寸可参照如下关系：长∶宽∶高＝5∶4∶3（宽一般有变化），由于模具空间等因素的限制滑块的长宽比不能满足上述要求时，也必须使长宽比大于1，否则滑块运动时会受翻转力矩影响，造成运动失效。滑块的尺寸如图7-2所示。

斜导柱的斜度最好在15°～25°之间。当斜导柱的斜度为α时，则斜靠面的斜度为$\alpha+2°$。弹簧孔到各处的距离最好不要小于3mm，如图7-2中的A和B。T形块的高×宽一般为4mm×4mm、6mm×6mm、8mm×8mm、10mm×10mm等。

（2）滑块头部入子设计　滑块头部入子的连接方式由产品决定，对于不同产品，滑块入子的连接方式可能不同，滑块头部入子分为整体式和组合式两大类，具体入子的连接方式

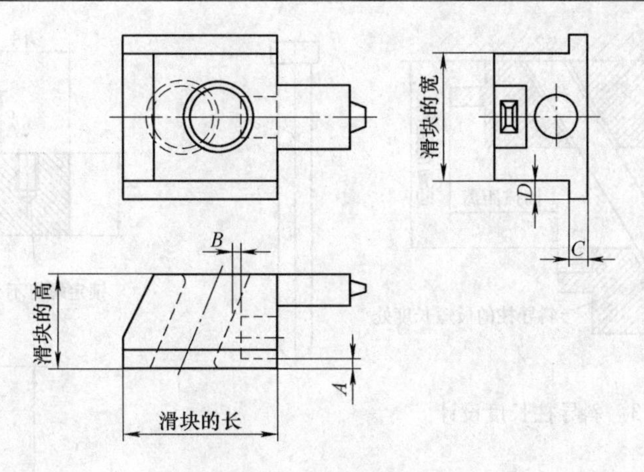

图7-2 滑块的尺寸

大致见表7-1。

表7-1 滑块头部入子设计

简 图	说 明	简 图	说 明
	滑块采用整体式结构，一般适用于型芯较大、强度较高的场合		采用螺钉固定，一般适用于型芯为圆形、且型芯较小场合
	采用螺钉的固定形式，一般适用于型芯为方形结构且型芯不大的场合		采用压板固定，适用于固定多型芯的场合

5. 驱动零件设计

滑块的驱动零件包括斜导柱和拔块两大类，材料可选S45C、S55C、NAK80、SKD61等。

（1）斜导柱的设计　斜导柱的斜度与滑块斜导柱孔一致，直径一般设计成8mm、10mm、12mm、14mm、16mm、20mm、…，它的长度L取决于它的斜度和抽拔距离，可在AutoCAD上画直角三角形确定其最短长度，再加上适当的长度，从而得到斜导柱的长度，斜导柱长度设计如图7-3所示。

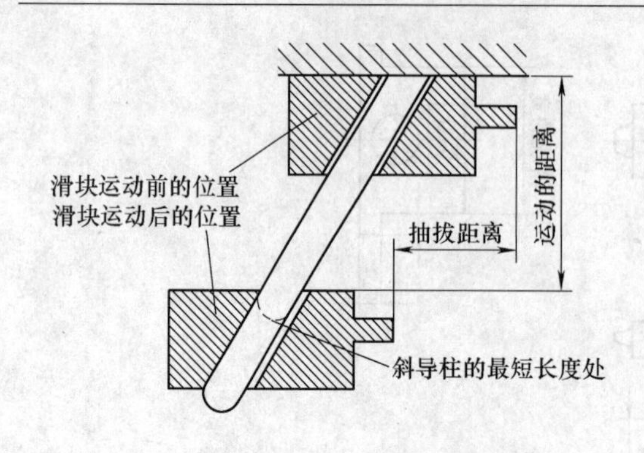

图 7-3 斜导柱长度设计

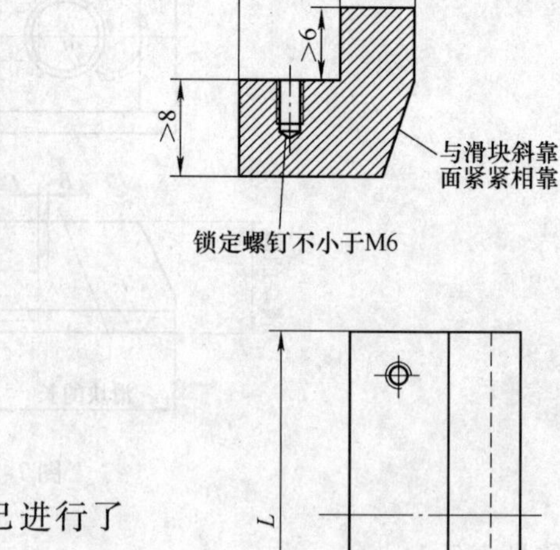

图 7-4 楔紧块的设计细节

(2) 拔块的设计 拔块的设计在 2.3.1 节已进行了介绍。

6. 锁定装置设计

(1) 楔紧块设计 由于成型机注射产品时产生很大的压力，为防止压力导致滑块位移，从而影响产品的尺寸及外观（如产生飞边），因此滑块应采用锁紧定位，通常称此机构为楔紧块。楔紧块的设计细节如图 7-4 所示，一般 L 比滑块的宽度单边小 1～2mm，滑块宽度较大时，可另外设计。常见的锁紧方式见表 7-2。

表 7-2 常见的锁紧方式

简 图	说 明	简 图	说 明
	滑块采用镶拼式锁紧方式，通常可用标准件，可查标准零件表，结构强度好，适用于锁紧力较大的场合		采用嵌入式锁紧方式，适用于较宽的滑块
	滑块采用整体式锁紧方式，结构刚性好，但加工困难，脱模距小，适用于小型模具		采用嵌入式锁紧方式，适用于较宽的滑块
	采用拨动兼止动稳定性较差，一般用在滑块空间较小的情况下		采用镶式锁紧方式，刚性较好一般适用于空间较大的场合

（2）滑块挡块设计　在导滑中，滑块活动必须顺利、平稳，这样才能保证在生产中滑块不发生卡滞或跳动现象，否则会影响成品品质、模具寿命等。滑块挡块的设计细节如图7-5所示，常用的滑块挡块设计见表7-3。

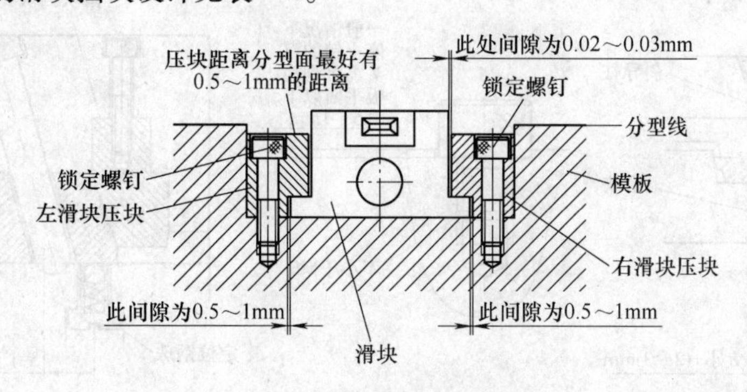

图7-5　滑块挡块设计细节

表7-3　常用的滑块挡块类型

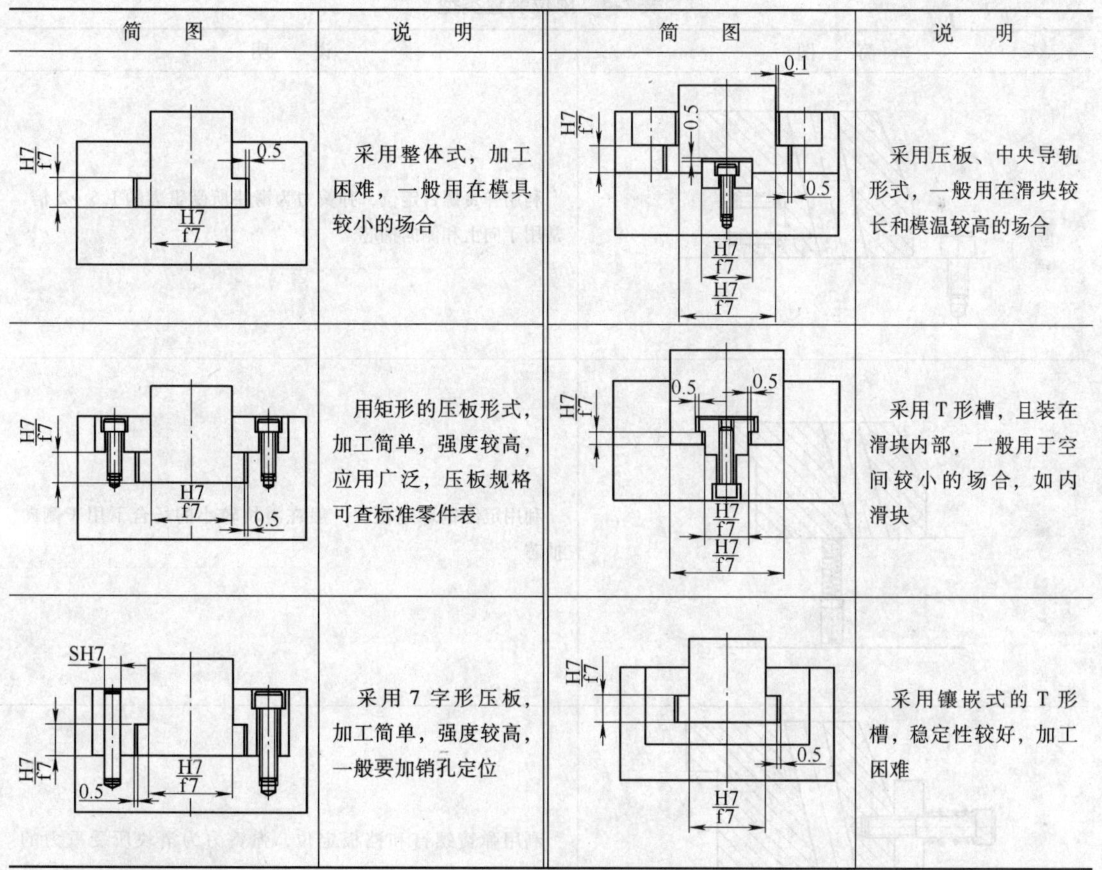

简　图	说　明	简　图	说　明
	采用整体式，加工困难，一般用在模具较小的场合		采用压板、中央导轨形式，一般用在滑块较长和模温较高的场合
	用矩形的压板形式，加工简单，强度较高，应用广泛，压板规格可查标准零件表		采用T形槽，且装在滑块内部，一般用于空间较小的场合，如内滑块
	采用7字形压板，加工简单，强度较高，一般要加销孔定位		采用镶嵌式的T形槽，稳定性较好，加工困难

7. 限位装置设计

滑块在开模过程中要运动一定距离，因此要使滑块能够安全复位，必须给滑块安装限位装置，且限位装置必须灵活可靠，以保证滑块在原位不动。滑块的限位装置有定位钢珠、限位螺钉和限制块3类，它们限制滑块的抽出距离 S = 产品死角大小 +（2～3）mm，其中前两者较常用。限位螺钉设计细节如图 7-6 所示，定位钢珠设计细节如图 7-7 所示，当滑块运动时，定位钢珠里面的钢珠与坑口一经配合，就可以对滑块进行限位。限位装置类型见表 7-4。

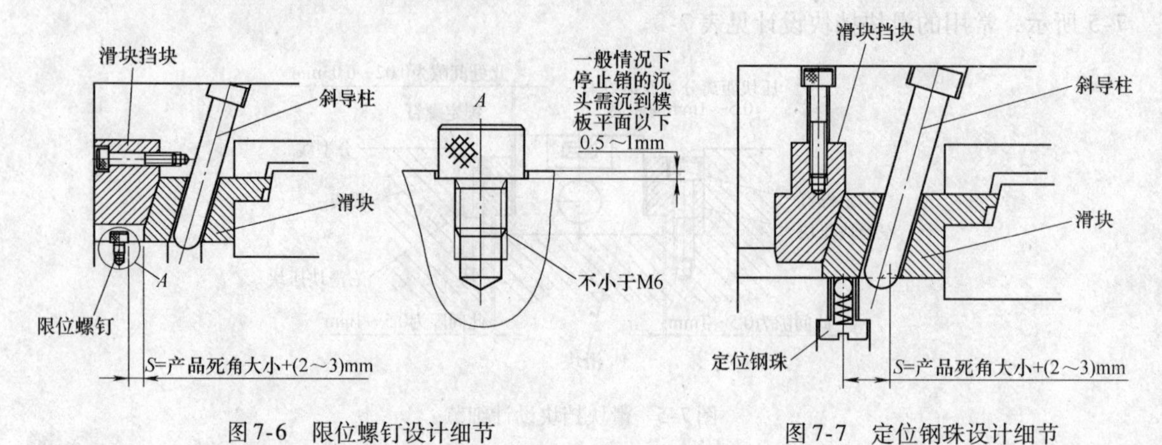

图 7-6　限位螺钉设计细节　　　　图 7-7　定位钢珠设计细节

表 7-4　限位装置类型

简　图	说　明
	利用弹簧螺钉定位，弹簧力为滑块所受重力的 1.5～2 倍，常用于向上和侧向抽芯
	利用定位钢珠定位，一般在滑块较小的场合下用于侧向抽芯
	利用弹簧螺钉和挡板定位，弹簧力为滑块所受重力的 1.5～2 倍，适用于向上和侧向抽芯

（续）

简　图	说　明
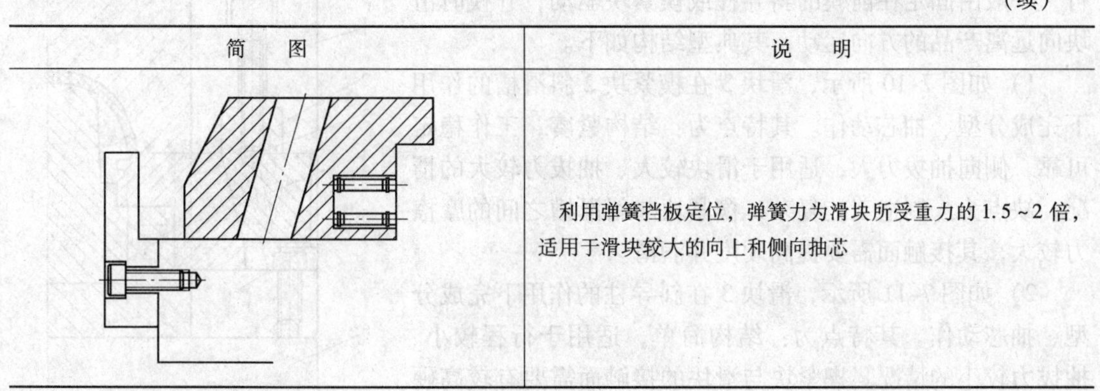	利用弹簧挡板定位，弹簧力为滑块所受重力的1.5~2倍，适用于滑块较大的向上和侧向抽芯

8. 滑块系统尺寸关系

（1）斜导柱式滑块系统尺寸关系　斜导柱式滑块系统如图7-8所示。

图7-8中所示尺寸的确定如下：

1）一般的斜导柱直径 $8\text{mm} \leqslant D \leqslant 20\text{mm}$。

2）$\beta = \alpha + 2° \sim 3°$，目的是防止楔紧块与滑块合模时产生干涉以及开模时减少磨损。

3）$\alpha \leqslant 25°$，α 为斜导柱倾斜角度。

4）$L = 1.5D$，L 为斜导柱的配合长度。

5）$S = T + (2 \sim 3)$ mm，S 为滑块需要水平运动的距离，T 为成品倒扣尺寸。

（2）拔块式滑块系统尺寸关系　拔块式滑块系统如图7-9所示。

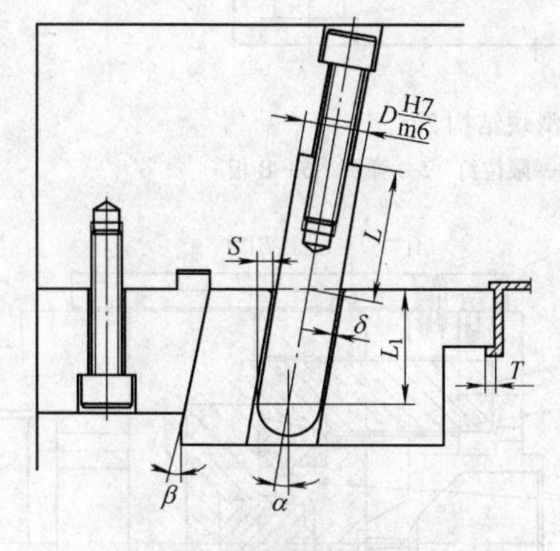

图7-8　斜导柱式滑块系统

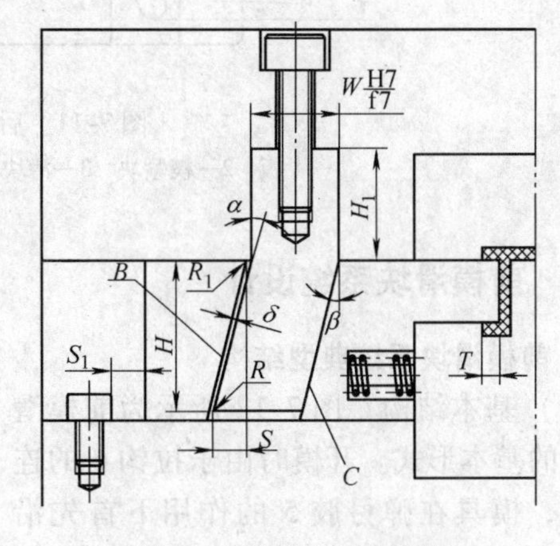

图7-9　拔块式滑块系统

图7-9中所示尺寸的确定如下：

1）$\beta = \alpha \leqslant 25°$，$\alpha$ 为拔块倾斜角度。

2）$H_1 \geqslant 1.5W$，H_1 为拔块配合长度。

3）$S_1 = S = T + (2 \sim 3)$ mm，S 为滑块需要水平运动的距离，T 为成品倒扣尺寸。

4）C 为止动面，所以拔块形式一般不需要装止动块，拔块与滑块不能有间隙。

9. 后模滑块系统典型结构

后模滑块机构的主要特点为滑块在后模一方滑动，滑块分型、抽芯与开模同时或延迟进行，一般由固定在前模的斜导柱或楔紧块驱动，开模时滑块向远离产品的方向运动，其典型结构如下。

1）如图7-10所示，滑块3在楔紧块2斜滑槽的作用下完成分型、抽芯动作。其特点为：结构紧凑，工作稳定可靠，侧向抽拔力大，适用于滑块较大、抽拔力较大的情况。缺点为：制造工艺复杂，楔紧块与斜滑槽之间的摩擦力较大，其接触面需要提高硬度并润滑。

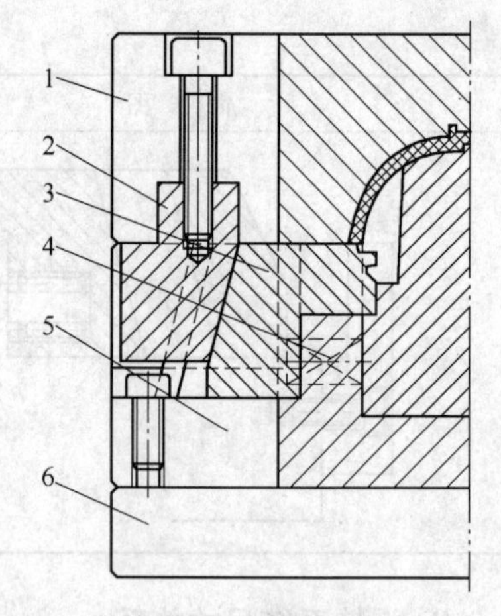

图7-10　后模滑块结构1

1—A板　2—楔紧块　3—滑块　4—弹簧　5—B板　6—托板

2）如图7-11所示，滑块3在斜导柱的作用下完成分型、抽芯动作。其特点为：结构简单，适用于行程较小、抽拔力较小的情况。楔紧块与滑块的接触面需要有较高硬度并润滑。楔紧块斜面角应比斜导柱斜度角大2°~3°。其缺点为：侧向抽拔力较小，滑块复位时，大部分滑块需要由斜导柱起动，斜导柱受力状况不好。

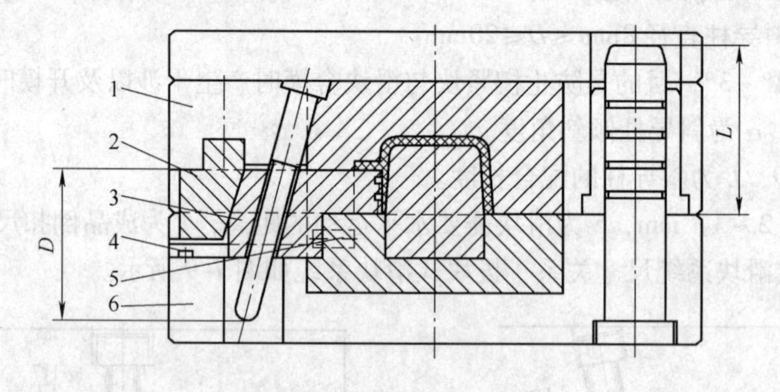

图7-11　后模滑块结构2

1—A板　2—楔紧块　3—滑块　4—限位钉　5—弹簧　6—B板

7.1.2　前模滑块系统设计

1. 前模滑块系统典型结构

（1）基本结构　图7-12所示为前模滑块机构的基本形式。开模时由于拉钩6的连接作用，模具在弹弓胶5的作用下首先沿*A*—*A*面分型，与此同时，滑块4在楔紧块2斜滑槽的作用下完成侧向抽芯，当开模到一定距离时，在定距拉板1的作用下，拉钩6打开，完成*B*—*B*面分型。

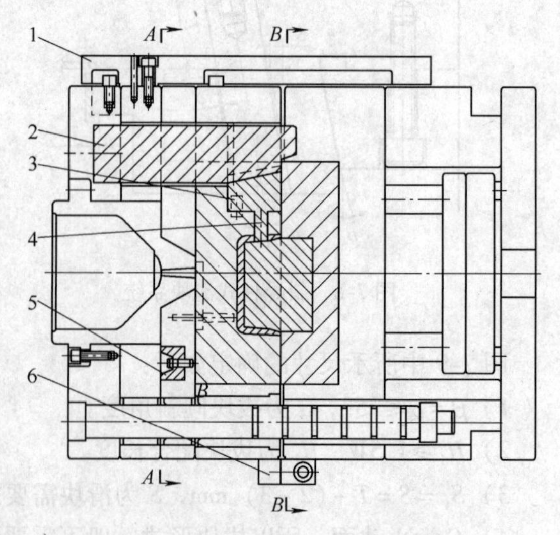

图7-12　前模滑块基本结构

1—定距拉板　2—楔紧块　3—弹簧　4—滑块　5—弹弓胶　6—拉钩

（2）简化结构　如图7-13所示，使用于简化型小水口模坯的前模滑块机构，开模时由于拉钩1的连接作用，模具在弹簧4的作用下首先沿*A*—*A*面分型，与此同时，滑块3在楔紧块2斜滑槽的作用下完成侧向抽芯，当开模到一定距离时，由于定距拉板5的作用，拉钩1打开，完成 $B—B$ 面分型。

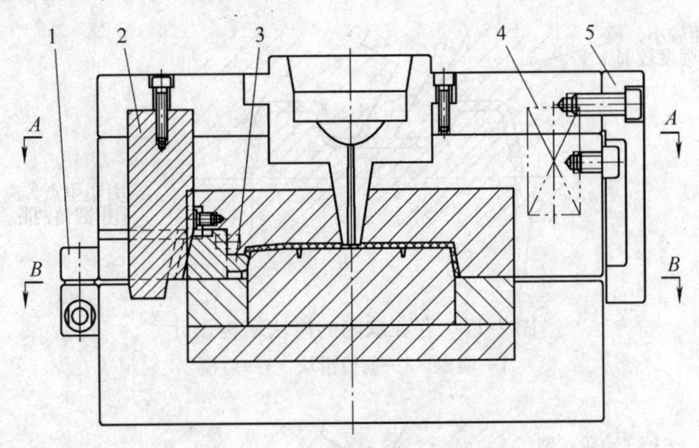

图7-13　前模滑块简化结构

1—拉钩　2—楔紧块　3—滑块　4—弹簧　5—定距拉板

2. 前模滑块系统设计要点

在前模滑块机构中滑块设置在前模一方，因此必须保证滑块在开模前先完成分型或抽芯动作，或利用一些机构使滑块在开模的一段时间内保持与产品的水平位置不变并完成侧向抽芯动作。因为滑块设置在前模一方，因此前模滑块所成型的产品结构直接影响着产品强度。为了满足强度要求，前模滑块所成型的产品上的结构应满足下文所述的要求，当不能满足时，应与相关负责人协商。

当滑块成型形状为圆形、椭圆形的结构时，如图7-14所示，要求边间距不小于3.0mm。

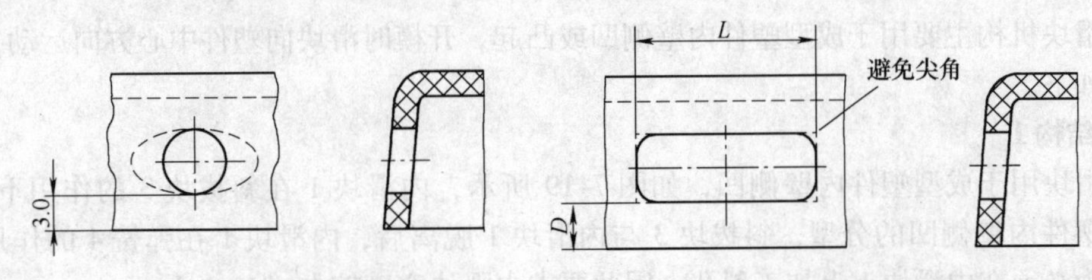

图7-14　圆形成型头部　　　图7-15　长方形成型头部

当滑块成型形状为长方形的结构时，边间距取决于 L 的长度，如图7-15所示，$L \leqslant 20.0$mm 时，$D \geqslant 5.0$mm；$L > 20.0$mm 时，$D > L/4$，并按实际情况适当调整 D 的大小并改善模具结构，如图7-16所示。

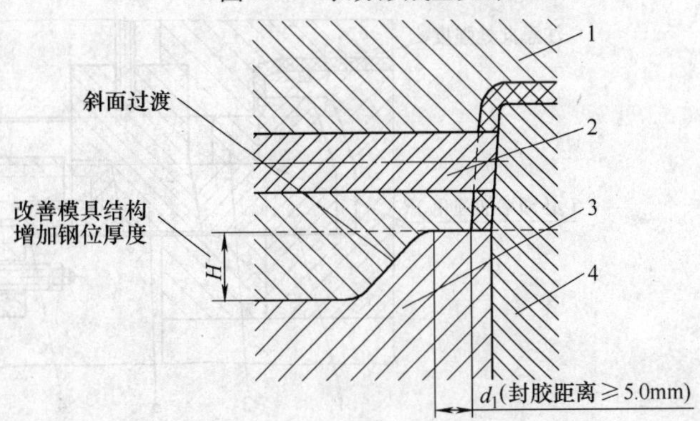

图7-16　滑块结构设计

1—前模　2—滑块型芯　3—后模　4—后模镶件

另外，在设计前模滑块时，除塑件结构有特殊要求外，应尽量避免因行位孔而产生薄钢、应力集中点等缺陷，保证模具强度，如图

7-17、图 7-18 所示。

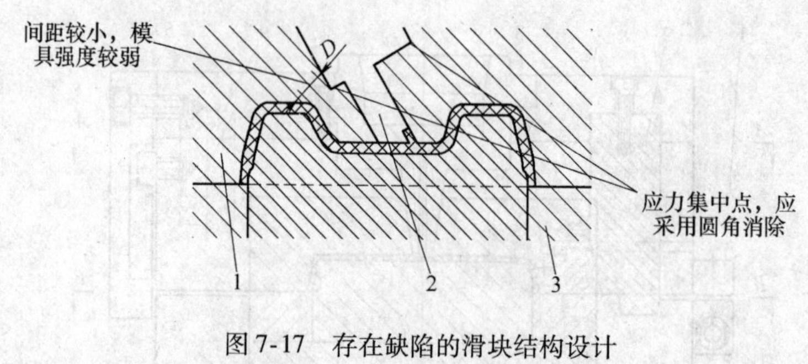

图 7-17 存在缺陷的滑块结构设计

1—前模 2—前模滑块 3—后模

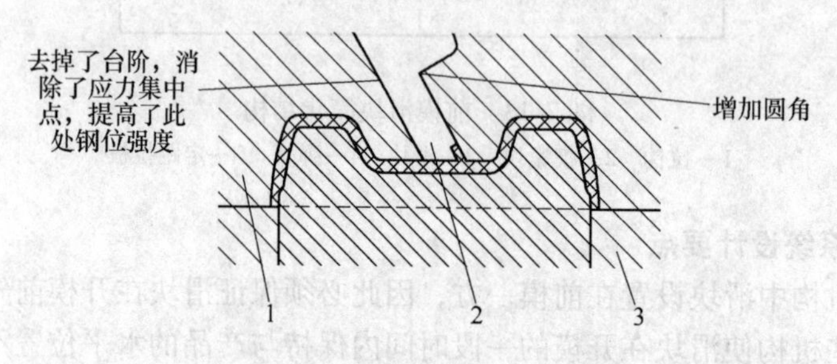

图 7-18 改进的滑块结构设计

1—前模 2—前模滑块 3—后模

7.1.3 内滑块系统设计

内滑块机构主要用于成型塑件内壁侧凹或凸起，开模时滑块向塑件中心方向运动，其典型结构如下。

1. 结构 1

内滑块用于成型塑件内壁侧凹，如图 7-19 所示，内滑块 1 在斜拔块 3 的作用下移动，完成对塑件内壁侧凹的分型，斜拔块 3 与内滑块 1 脱离后，内滑块 1 在弹簧 4 的作用下定位。因为必须在内滑块 1 上加工斜孔，因此要求内滑块宽度较大。

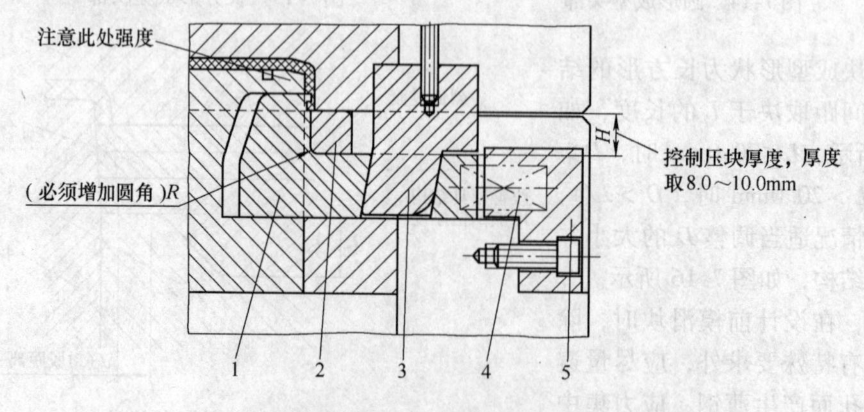

图 7-19 内滑块结构 1

1—内滑块 2—压块 3—斜拔块 4—弹簧 5—挡块

2. 结构2

如图7-20所示，内滑块1上直接加工斜尾，开模时内滑块1在镶块5的A斜面驱动下移动，完成内壁侧凹分型。此形式结构紧凑，内滑块宽度不受限制，占用空间小。

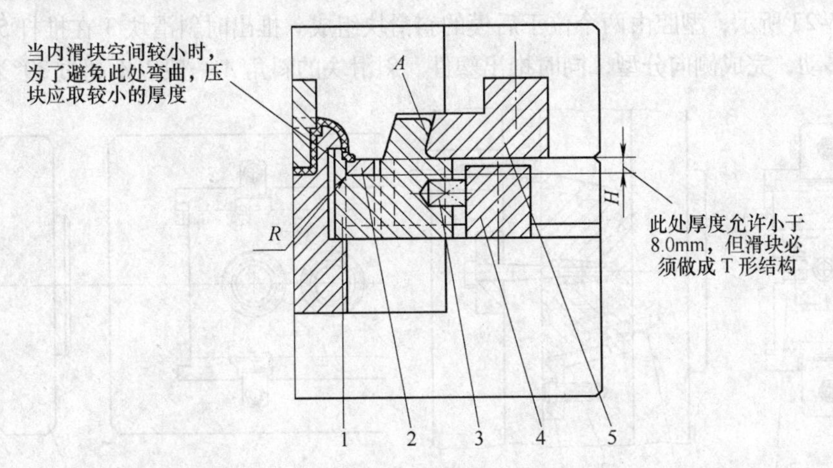

图7-20　内滑块结构2

1—内滑块　2—压块　3—弹簧　4—挡块　5—镶块

3. 结构3

如图7-21所示，内滑块用于成型凸起。在这种形式的结构中，为了避免塑件推出时，后模刮坏成型的凸起部分，一般要求图7-21中所示尺寸$D>0.5\text{mm}$，注意α_1应大于α。

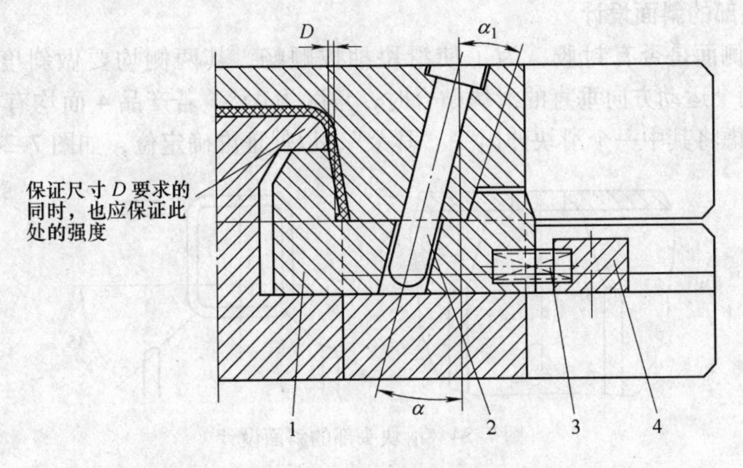

图7-21　内滑块结构3

1—内滑块　2—斜导柱　3—弹簧　4—挡块

7.1.4　哈夫模滑块系统设计

由两个或多个滑块拼合形成型腔，开模时滑块同时实现侧向分型的行位机构称为哈夫模。哈夫模的侧行程一般较小。哈夫模常采用的典型结构如下。

1. 结构1

如图7-22所示，型腔由两个位于前模的斜滑块组成。开模时在拉钩1及弹簧的作用下，斜滑块3沿斜滑槽运行，完成侧向分型。分型后由弹簧2及限位块4对斜滑块3进行定位，斜滑块的斜角 A 一般不超过30°。

2. 结构2

如图7-23所示，型腔由两个位于后模的斜滑块组成。推出时斜滑块3在推杆5的作用下，沿斜滑槽移动，完成侧向分型，同时推出塑件。斜滑块的斜角 A 一般以不超过30°为宜。

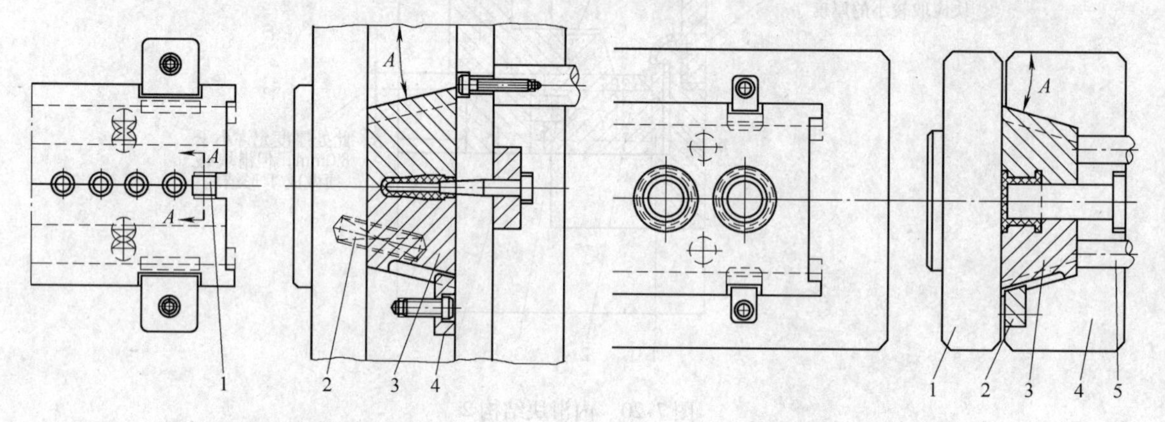

图7-22　哈夫模结构1

1—拉钩　2—弹簧　3—斜滑块　4—限位块

图7-23　哈夫模结构2

1—A板　2—挡块　3—斜滑块　4—B板　5—推杆

7.1.5　滑块系统设计要点

1. 滑块头部的斜面设计

无论滑块侧面是否有封胶，为了使滑块抽拔顺畅，其两侧均要做斜度，一般单边为3°~5°,但当两个运动方向垂直的滑块贴合时，角度为45°。若产品4面均有滑块互相贴合，则设计时应考虑将其中一个滑块伸出一“耳朵”，以保证准确定位，如图7-24所示。

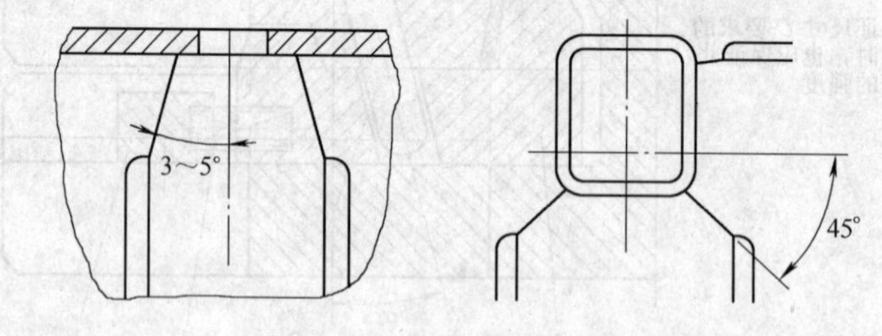

图7-24　滑块头部的斜面设计

2. 合理的加工工艺性

滑块机构的各组件应有合理的加工工艺性，尤其是成型部位，其一般要求如下。

（1）尽量避免出现滑块熔接痕　若滑块夹线不可避免，则熔接痕位置应位于塑件上不明显的位置，且熔接痕长度应尽量短，同时应尽量采用组合结构，使滑块熔接痕部位可与型腔一起加工。如图7-25a所示，其加工工艺性不好，因为滑块上的成型部分不可以与型腔一起加工，熔接痕部位不易接顺，影响模具质量。改进的方式如图7-25b所示，其加工工艺性好，因为滑块上的成型部分（去掉镶针）可以与型腔一起加工，熔接痕部位容易接顺，可提高模具质量。

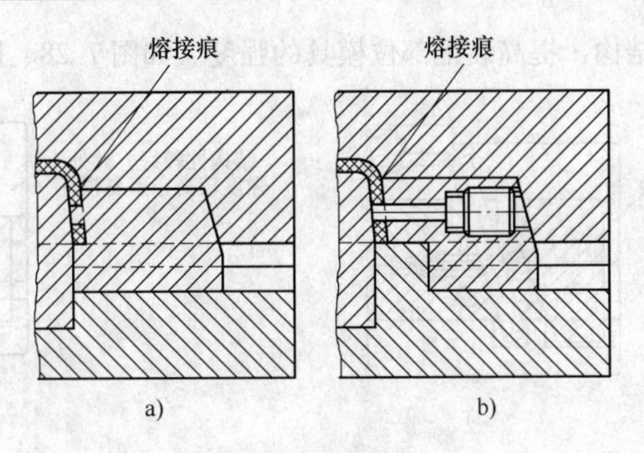

图7-25　熔接痕位置
a）不合理结构　b）合理结构

（2）加工的方便性　成型部位与滑动部分应尽量做成组合形式。如图7-26所示，型芯为镶拼结构，有利于制作及维修。

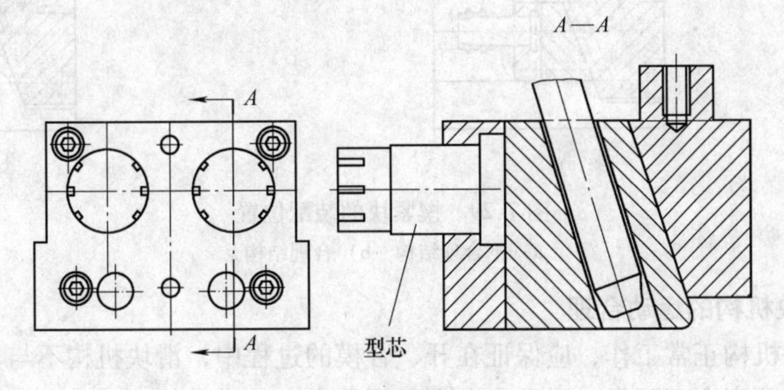

图7-26　镶拼型芯结构

3. 保证足够的强度和刚度

滑块机构的组件及其装配部位应保证足够的强度、刚度。滑块机构一般依据经验设计，为保证足够的强度、刚度，一般情况下采用如下措施。

（1）结构尺寸最大　在空间位置可满足的情况下，滑块组件采用最大的结构尺寸。

（2）优化设计结构

1）对较长的行位针增加末端定位，以避免行位针弯曲，如图7-27所示。

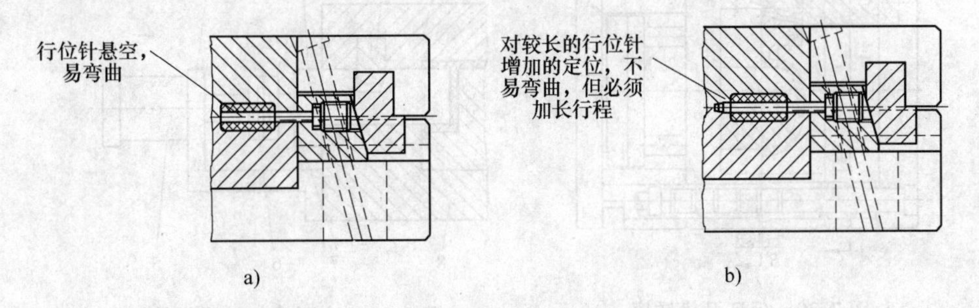

图7-27　行位针结构
a）不合理结构　b）合理结构

2）改变楔紧块的结构，提高装配部位模具的强度。如图 7-28、图 7-29 所示。

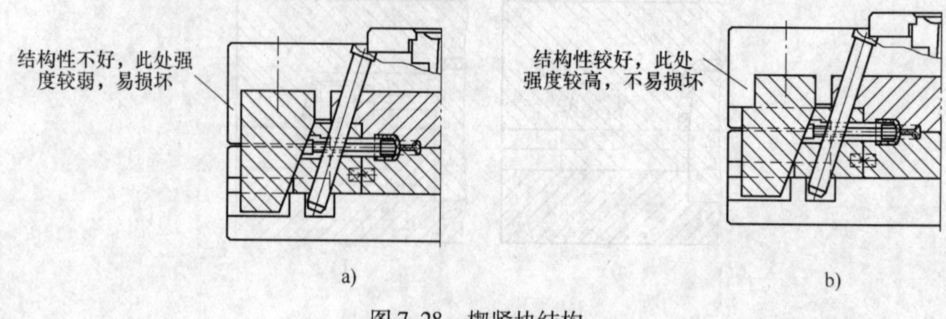

图 7-28　楔紧块结构

a）不合理结构　b）合理结构

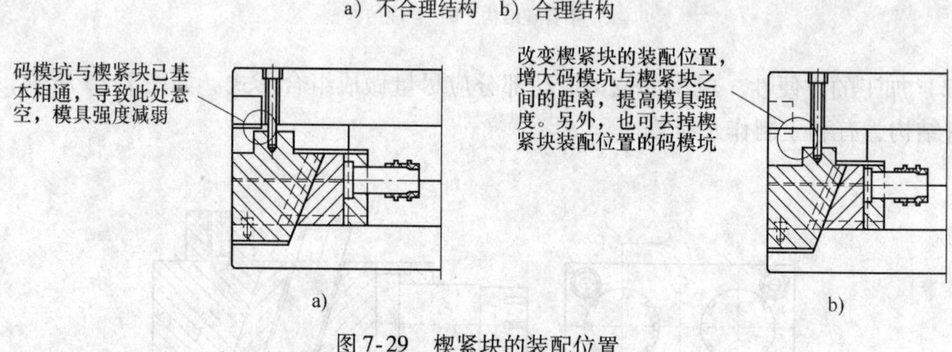

图 7-29　楔紧块的装配位置

a）不合理结构　b）合理结构

4. 保证滑块机构的运动合理

为了使滑块机构正常工作，应保证在开、合模的过程中，滑块机构不与其他结构部件发生干涉，且运动顺序合理可靠，通常应考虑以下几点。

（1）前模滑块机构　采用前模滑块时，应保证开模顺序如图 7-30 所示，在开模时，应从 *A—A* 处首先分型，然后从 *B—B* 处分型。

（2）液压（气压）滑块机构　采用液压（气压）滑块机构时，必须控制好滑块的分型与复位顺序，否则滑块会碰坏。如图7-31所示，只有当锁紧块2离开滑块后，滑块机构才

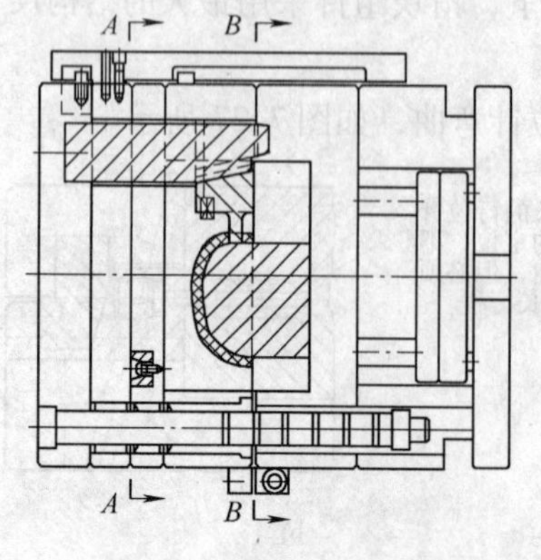

图 7-30　保证开模顺序

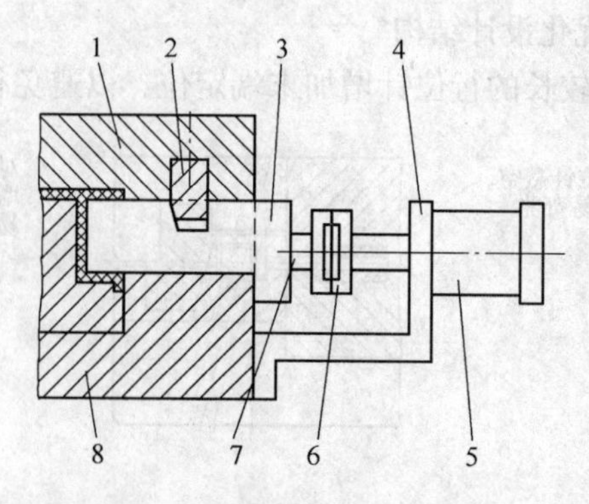

图 7-31　液压（气动）滑块 1

1—前模　2—锁紧块　3—滑块　4—支架

5—液压缸　6—连接器　7—拉杆　8—后模

可以分型，合模前，滑块机构必须先行复位，合模后由锁紧块2锁紧滑块。如图7-32所示，由于行位针穿过前模，因此必须在开模前抽出行位针，合模后滑块机构才能复位，由液压缸压力锁紧滑块。

(3) 防止运动干涉　在合模时，应防止滑块机构与推出机构发生干涉。当滑块机构与推出机构在开模方向上的投影重合时，应考虑采用先复位机构，让推出机构先行复位，如图7-33所示。

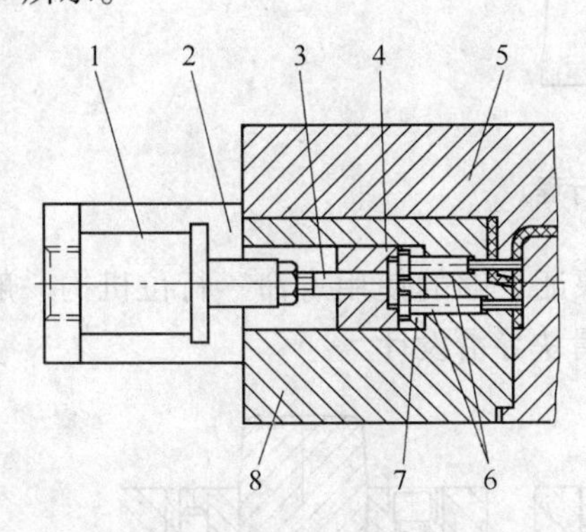

图7-32　液压（气动）滑块2

1—液压缸　2—支架　3—拉杆　4—滑块
5—前模　6—行位针　7—固定板　8—后模

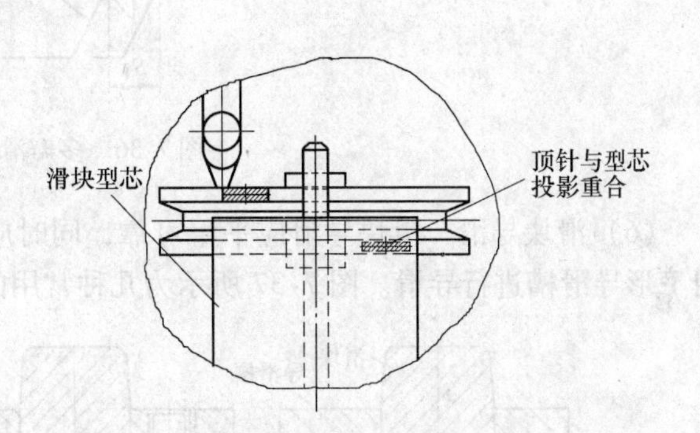

图7-33　滑块与顶针重叠

(4) 导柱长度　当驱动滑块的斜导柱或斜滑板较长时，应增加导柱的长度，保证导柱长度$L>D+15\text{mm}$，如图7-34所示。加长导柱的目的是为了保证在斜导柱或斜滑板导入滑块机构的驱动位置之前，前、后模已由导柱、导套完全导向，避免滑块机构在合模的过程中碰坏。

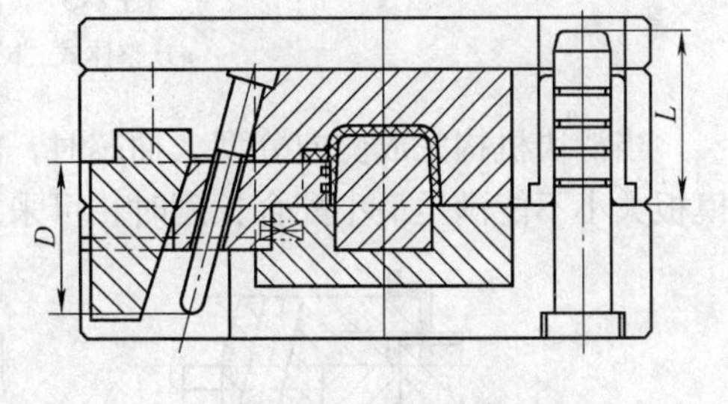

图7-34　导柱长度

(5) 行位行程　应保证足够的行位行程，以利于塑件脱模　行位行程一般取侧向孔位或凹凸深度加上0.5~2.0mm。斜顶、摆杆类取较小值，其他类型取较大值。但当用拼合模成型线圈骨架一类的塑件时，滑块行程应大于侧凹的深度，如图7-35所示，此时滑块行程为

$$S=S_1+(0.5\sim2.0)\text{mm}=\sqrt{R^2-r^2}+(0.5\sim2.0)\text{mm}$$

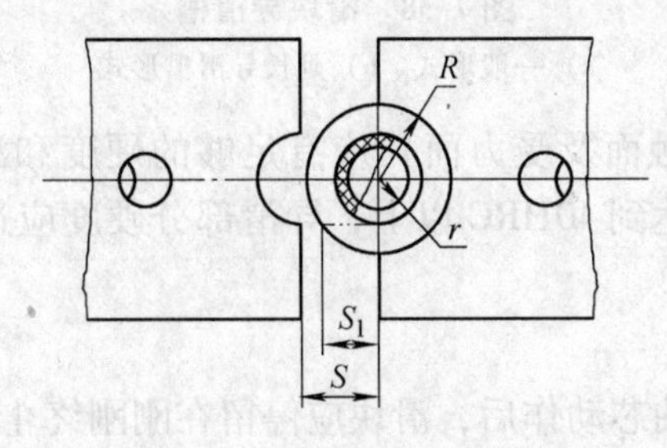

图7-35　哈夫模滑块行程

图 7-36 所示为多瓣滑块行程，此时有

$$S = S_1 + (0.5 \sim 2.0)\,\text{mm} = \sqrt{R^2 - A^2} + \sqrt{r^2 - A^2} + (0.5 \sim 2.0)\,\text{mm}$$

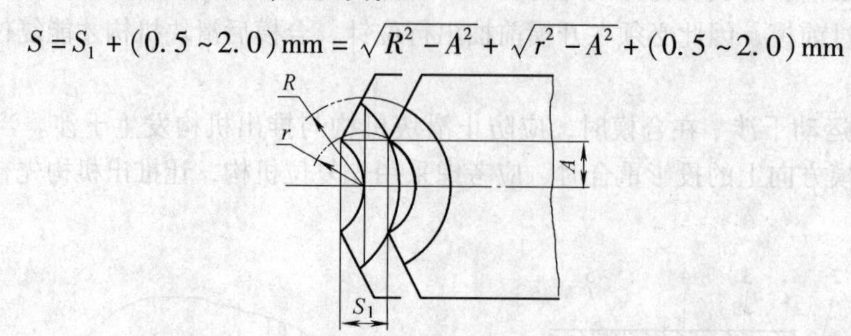

图 7-36 多瓣滑块行程

（6）滑块导滑 滑块导滑应平稳可靠，同时应保证足够的使用寿命 行位机构一般采用 T 形导滑槽进行导滑。图 7-37 所示为几种常用的滑块导滑设计。

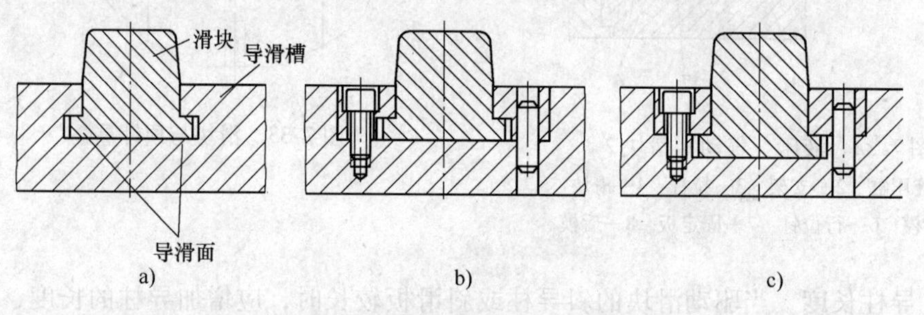

图 7-37 常用的滑块导滑设计

a）整体式 b）T 形压块 c）矩形压块

当滑块机构完成侧向分型、抽芯时，滑块留在导滑槽内的长度应不小于全长的 2/3。当模板大小不能满足最小配合长度时，可采用延长式导滑槽，如图 7-38b 所示。

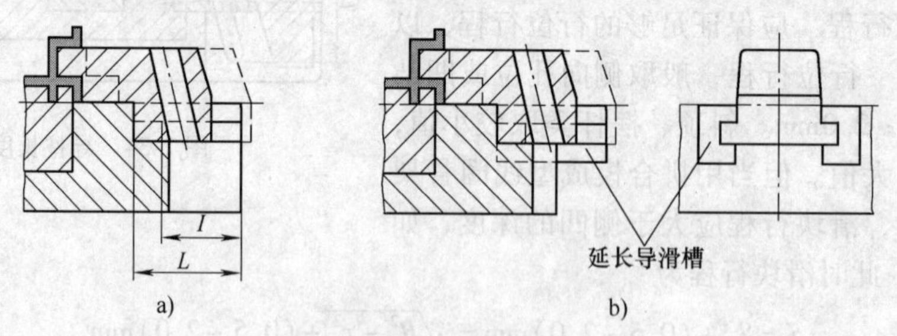

图 7-38 滑块导滑槽

a）一般形式 b）延长导滑槽形式

滑块导滑面（即运动接触面及受力面）应有足够的硬度和润滑。一般来说，滑块组件需要进行热处理，其硬度应达到 40HRC 以上，导滑部分硬度应达到 52 ~ 56HRC，导滑部分应加工油槽。

5. 保证滑块定位可靠

当滑块机构终止分型或抽芯动作后，滑块应停留在刚刚终止运动的位置，以保证合模时顺利复位，为此必须设置可靠的定位装置，但斜顶、摆杆类的行位机构不需要设置定位装置。下面是几种常用定位装置的结构形式。

1）适于普遍使用，但因内置弹簧的限制，行程较小，如图7-39所示。

2）适用于模具安装后滑块位于上方或侧面和行程较大的滑块。滑块位于上方时，弹簧力应为滑块所受重力的1.5倍以上，如图7-40所示。

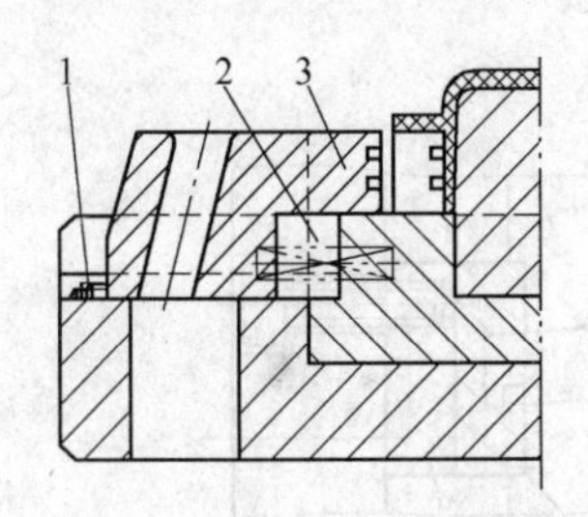

图7-39　定位结构1

1—限位钉　2—弹簧　3—滑块

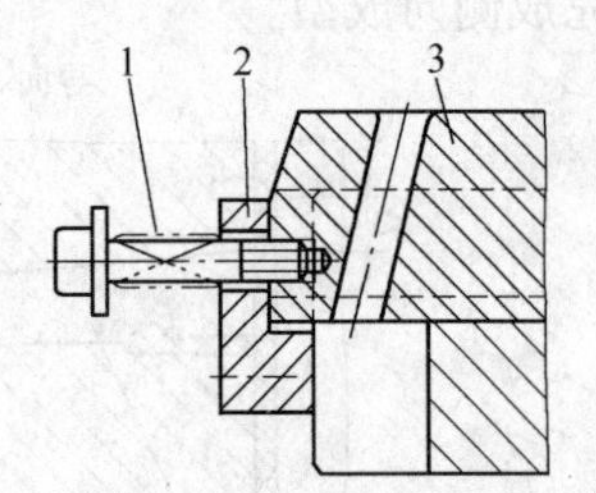

图7-40　定位结构2

1—弹簧　2—限位块　3—滑块

3）适用于模具安装后滑块位于侧面的情况，如图7-41所示。

4）适用于模具安装后，限位块位于下方，利用滑块自重停留在挡块上的情况，如图7-42所示。

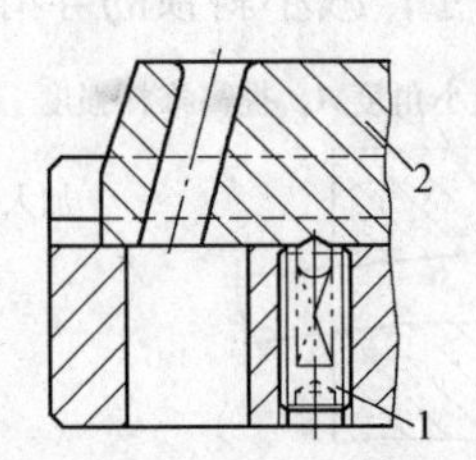

图7-41　定位结构3

1—定位钢珠　2—滑块

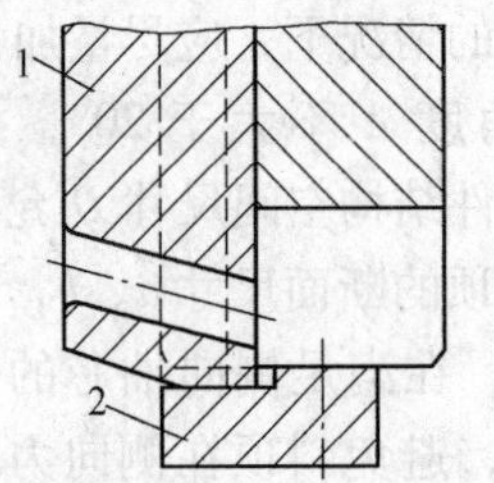

图7-42　定位结构4

1—滑块　2—限位块

7.2　斜顶结构系统设计

7.2.1　斜顶结构

斜顶结构主要用于成型塑件内部的侧凹及凸起，同时具有推出功能，它结构简单，但刚性较差，行程较小。斜顶的典型结构如图7-43所示，其中包括斜顶、圆柱销（或T形底座）和耐磨块。

2.3.1节已经对斜顶结构的工作原理进行了介绍，如前所述，斜顶由机体部分和成型部分两部分组成，根据机体部分与成型部分是否组合，斜顶可分为整体式和非整体式，根据斜顶机体底端定位结构的不同，斜顶又可分为圆柱销式和T形块式。

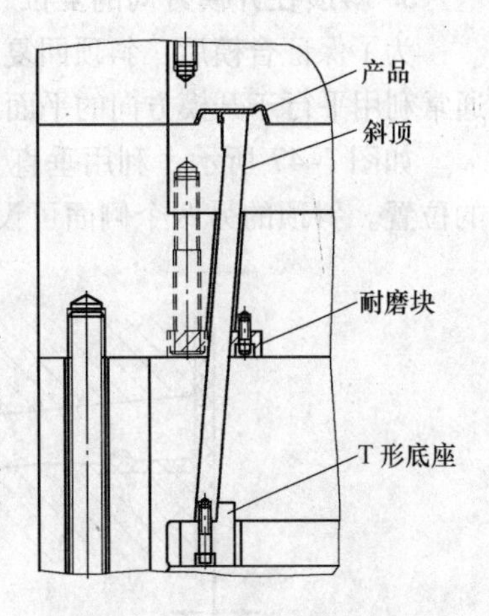

图7-43　斜顶的典型结构

7.2.2 斜顶结构设计要点

典型斜顶结构如图 7-44 所示，在推出过程中，斜顶 1 在推出力的作用下，沿后模的斜方孔运动，完成侧向成型。

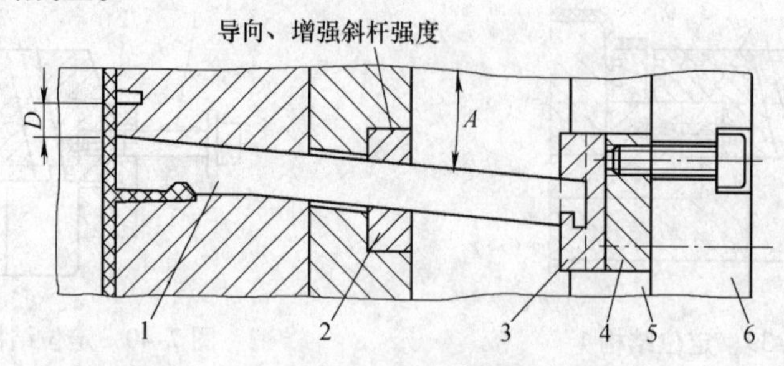

图 7-44 典型斜顶结构

1—斜顶 2—镶块 3—滑块 4—固定块 5—上顶针板 6—下顶针板

为了保证斜顶工作稳定、可靠，需注意以下设计要点。

1. 斜顶的刚性

在结构允许的情况下，应尽量加大斜顶横断面尺寸，减小斜顶的导滑斜度，以避免斜推杆弯曲，斜顶角度 A 不大于 20°，如图 7-45所示，在塑件结构空间尺寸 D 允许的情况下，加大斜顶的断面尺寸 a、b，尤其是尺寸 b，同时，在满足侧向抽芯的前提下，减小角度 A，避免斜顶在侧向力的作用下杆部弯曲。

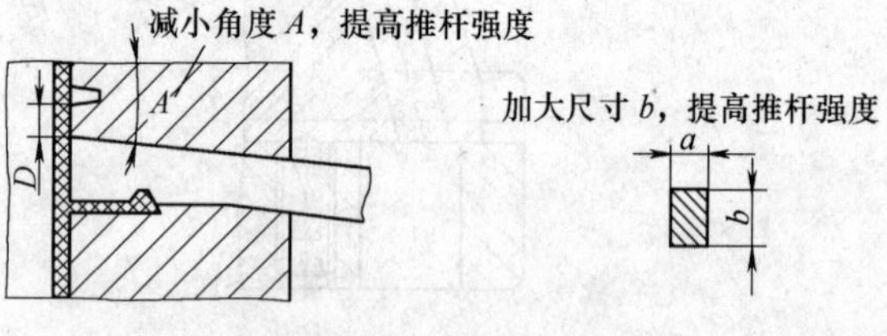

减小角度 A，提高推杆强度

加大尺寸 b，提高推杆强度

图 7-45 斜顶刚性的保证

2. 斜顶横向移动空间

图 7-44 所示尺寸 D 为斜顶横向移动空间，为了保证斜顶在推出时不与塑件上的其他结构发生干涉，应充分考虑斜顶的侧向分型距离、斜顶的倾斜角度 A，以保证有足够的横向移动空间尺寸 D。

3. 斜顶在开模方向的复位

为了保证合模后，斜顶回复到预定的位置，一般采用下面两种结构形式，如图 7-46 所示，通常利用平行于开模方向的平面或柱面 A 对斜顶进行限位，保证斜顶回复到预定的位置。

如图 7-47 所示，利用垂直于开模方向的平面 A 对斜顶进行限位，保证斜顶回复到预定的位置。斜顶的另两个侧面可设计成台阶平面。

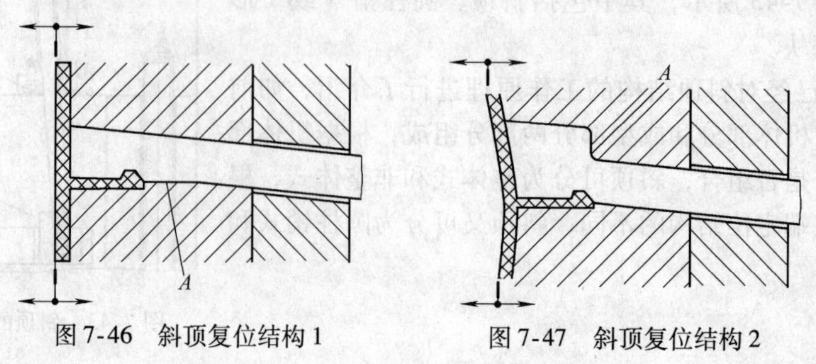

图 7-46 斜顶复位结构 1　　图 7-47 斜顶复位结构 2

7.3　侧向抽芯系统设计实例解析

注塑机只能进行模具开、合的动作，当塑件中存在内侧凸、内侧凹、外侧凹等结构时，由于沿开模方向运动会卡住这些结构而无法脱模，因此需要把简单的开、合动作通过模具结构转化为侧向抽芯运动，使模具相应部件在开模的时候也同时作侧向运动，最终实现塑件顺利脱模。侧向抽芯系统设计主要包括滑块系统设计和斜顶系统设计。

7.3.1　滑块系统设计

1. 滑块系统设计要点

滑块系统是把垂直开模运动分解为侧向运动的机构，它包括滑块、斜导柱（或弯销、拔块）、楔紧块、压块、耐磨块、定距螺钉（或定位钢珠），典型滑块系统如图7-48所示。

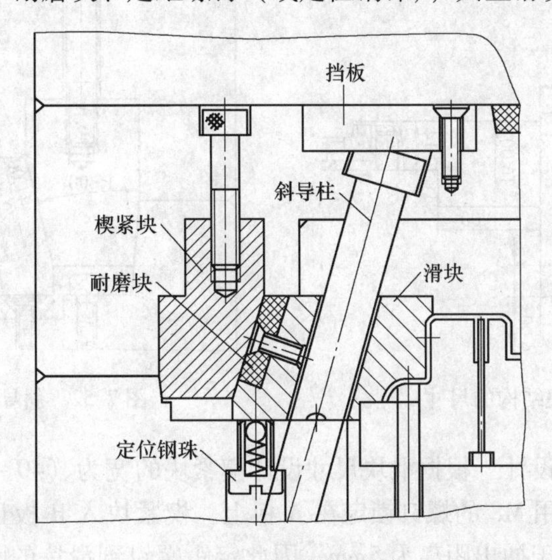

图7-48　典型滑块系统

斜导柱式滑块系统尺寸关系在7.1.1节中已进行了介绍，此处不再重述。

2. 遥控器后盖滑块系统设计

遥控器后盖的头部结构如图7-49所示，考虑到产品整个端部都需要滑块参与成型，因此滑块可设计成整体式，如图7-50所示。

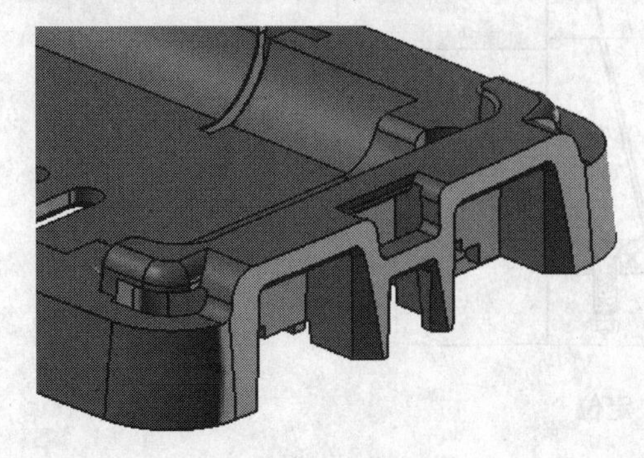

图7-49　遥控器后盖

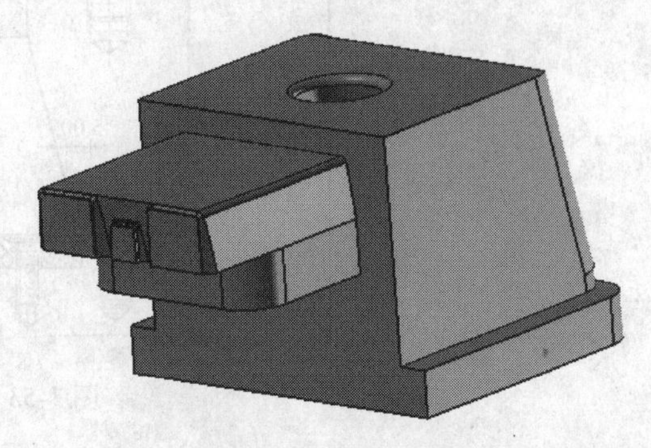

图7-50　整体式滑块

（1）滑块机体尺寸确定　遥控器头部的高度为9.14mm，为了使滑块定位可靠，设计成阶梯定位方式，高度取整为16mm，长度为20mm，根据机体尺寸确定滑块整体高度为35mm、长为42mm，根据遥控器头部尺寸确定滑块宽度为40mm。滑块结构的尺寸如图7-51所示。

（2）斜导柱及相关角度设计　根据滑块尺寸选择斜导柱的直径为10mm，并直接将斜导柱头部设计成螺纹M8进行斜导柱固定。由产品测量其倒扣距离为2.16mm，则滑块侧向抽芯距离取整为5mm，可设计较小的斜导柱角度为13°，则楔紧块与滑块锁紧面的角度为15°。利用三角形作图法可得参与侧向抽芯的斜导柱长为29mm，整长为41mm，装配在距离滑块端部15mm处，如图7-52所示。

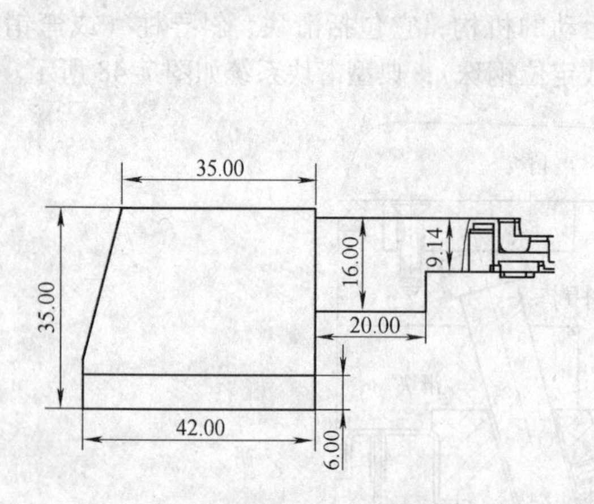

图7-51　滑块结构的尺寸

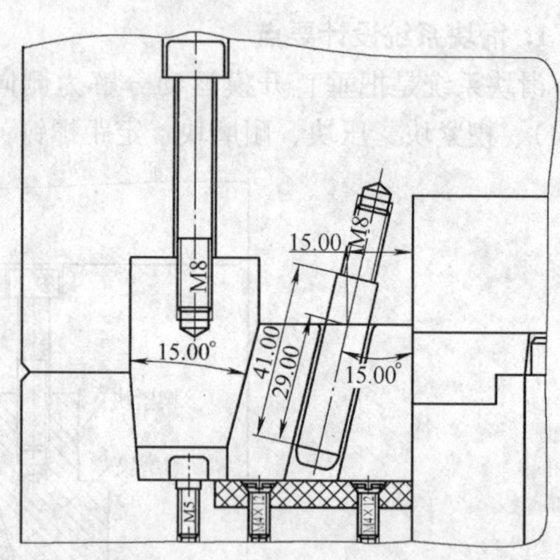

图7-52　斜导柱及角度设计

（3）楔紧块及定位设计　根据滑块尺寸设计楔紧块的宽为（40－1）mm＝39mm，长为30mm，高为43mm，采用M8的螺钉锁定在A板上。楔紧块入B板且与B板接触的面的脱模斜度需设计为5°，由于抽出距离为5mm，因此定距螺钉到滑块的距离为5mm。由于滑块中的斜孔需要比斜导柱直径大1mm以便于相对运动，因此致使滑块有1mm的侧向移动量，为了使滑块定位准确，需要设计对滑块施加压力的弹簧，如图7-53所示。

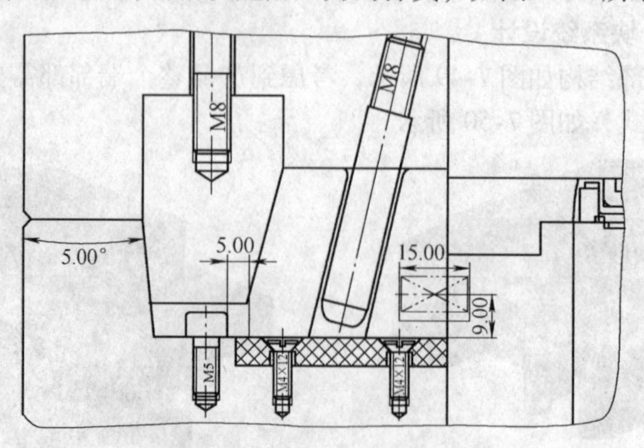

图7-53　滑块定位

（4）压块及耐磨块设计　根据滑块的尺寸设计压块的宽为16mm，高为18mm，再根据滑块抽出距离设计压块长为50mm，为了延长寿命，在滑块底部设计一块耐磨块。

最终设计的遥控器后盖滑块系统如图7-54所示。

图7-54　遥控器后盖滑块系统

7.3.2　斜顶系统设计

1. 斜顶系统设计要点

（1）斜顶系统的组成　斜顶系统主要用于处理产品内部的倒扣，推板推出时，带动斜顶沿一定角度运动，从而使斜顶脱离产品倒扣，达到脱模的目的。斜顶系统的组成较简单，一般包括斜顶、圆柱销（或T形底座）和耐磨块。

（2）斜顶设计要点　斜顶包括机体部分和成型部分，它的结构与尺寸设计如图7-55所示。

（3）斜顶底部的固定方式　斜顶底部的固定方式分为两种，即圆柱销固定方式和T形底座固定方式，圆柱销固定方式的结构与尺寸设计如图7-56所示。

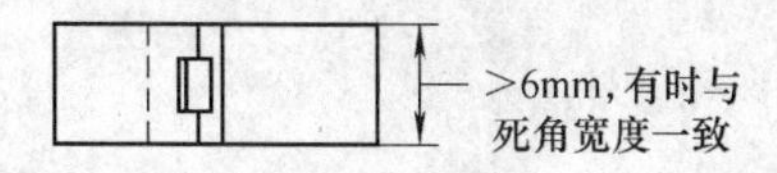

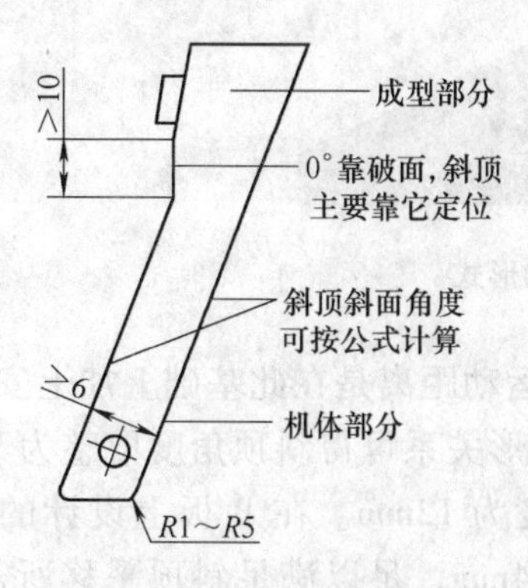

图7-55　斜顶的结构与尺寸设计

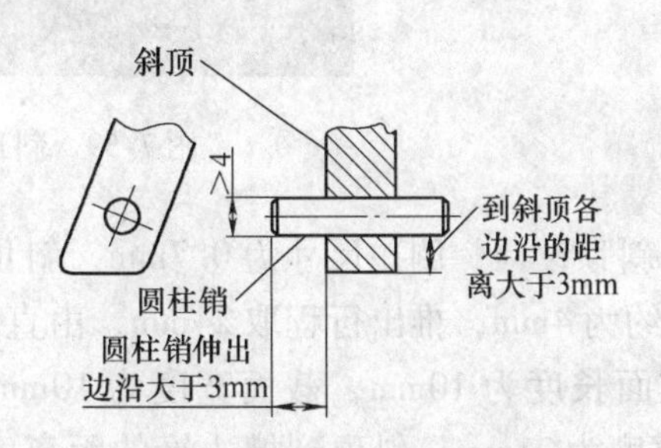

图7-56　圆柱销固定方式的结构与尺寸设计

（4）斜顶角度的计算　斜顶的角度取决于推板推出行程和倒扣距离，它们之间具有直角三角形关系，如图 7-57 所示。

2. 遥控器后盖斜顶系统设计

遥控器后盖的内部倒扣结构如图 7-58 所示，倒扣尺寸为 0.7mm。

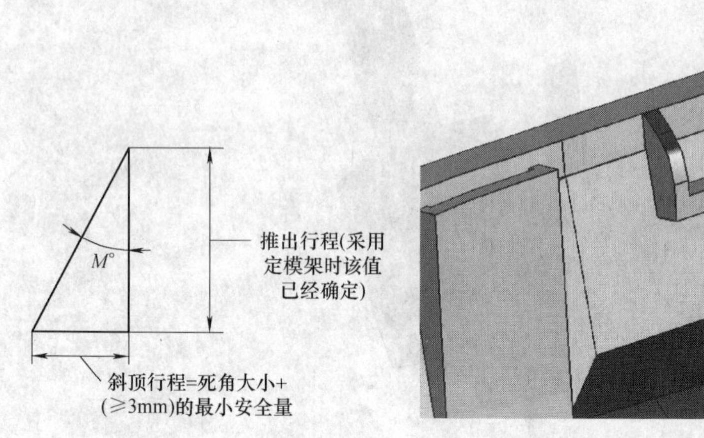

图 7-57　斜顶角度的计算依据

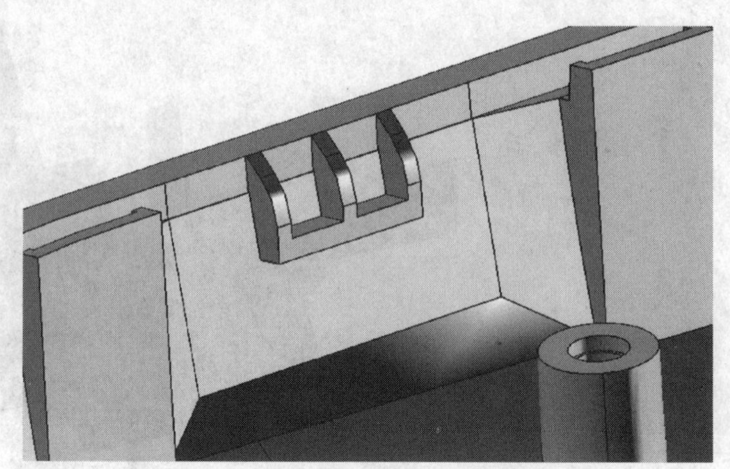

图 7-58　遥控器后盖的内部倒扣结构

（1）斜顶结构类型设计　考虑到倒扣结构整体尺寸小于 10mm，所设计斜顶的截面尺寸也不大，因此为保证细小斜顶的强度，使斜顶结构紧凑，设计时可缩短斜顶长度，采用斜顶钩针的方式，如图 7-59 所示。

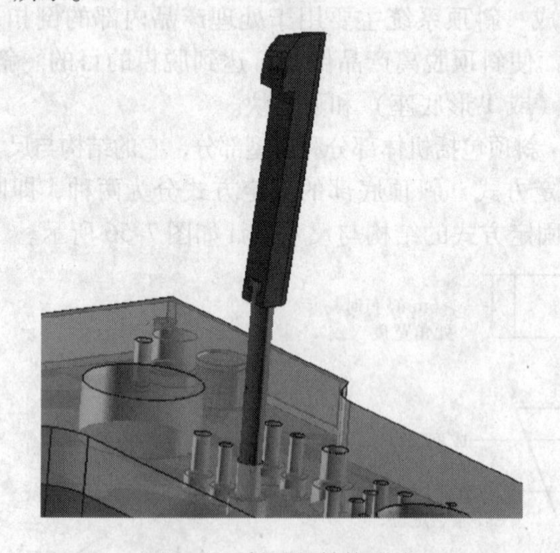

图 7-59　斜顶的结构形式

（2）斜顶设计　倒扣尺寸为 0.7mm，斜顶侧向运动距离是在此基础上加上安全余量获得的，大约为 4mm，推出行程取 24mm，由直角三角形关系可得斜顶角度取整为 10°。斜顶的 0°靠破面长度为 10mm，截面宽度为 10mm、长度为 12mm。在 B 板上设计的推出槽深 32mm，宽度为 21mm，斜顶到槽边缘的距离大约为 4mm，足以满足斜顶平移所需的空间。斜顶钩针直径为 8mm，具体结构尺寸如图 7-60 所示，斜顶零件如图 7-61 所示。

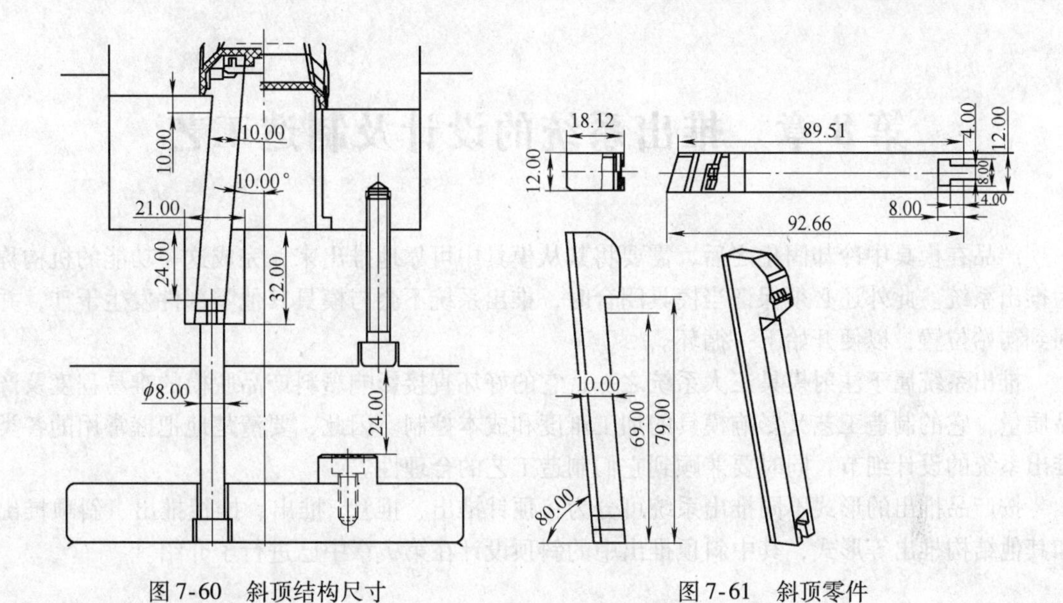

图7-60　斜顶结构尺寸　　　　图7-61　斜顶零件

最终设计的斜顶系统如图7-62所示。

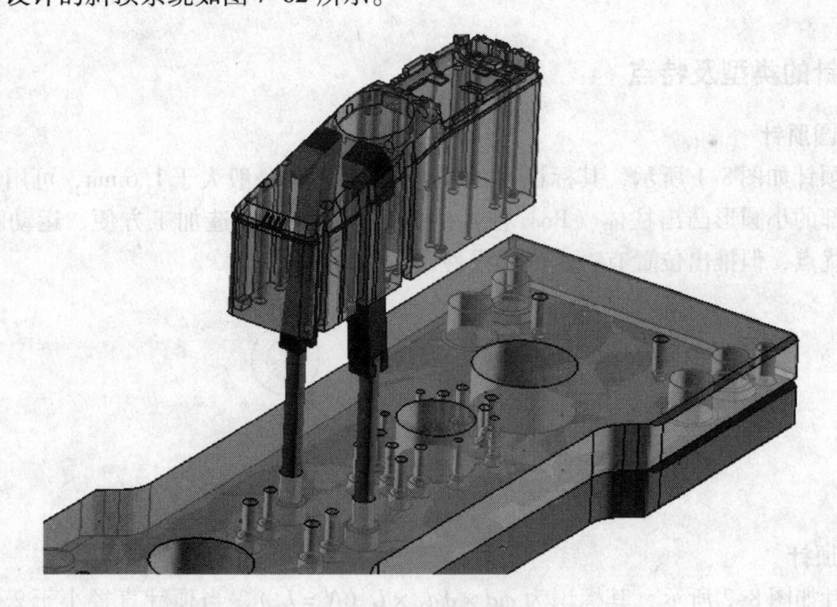

图7-62　斜顶系统

第 8 章　推出系统的设计及制造工艺

产品在模具中冷却固化之后，需要将其从模具中可靠地推出来，完成这一功能的机构称为推出系统。此外还必须保证当模具闭合时，推出系统不会与模具其他零部件发生干涉，并回到初始位置，以便开始下一循环。

推出系统属于注射模具三大系统之一，它的好坏直接影响塑料产品脱模的难易程度及产品质量，它的制造工艺又影响模具的加工难度和成本控制。因此，要清楚地把握常用的各类推出系统的设计细节，同时要兼顾到它们制造工艺的合理性。

按产品推出的形式不同推出系统可分为：顶针推出、推管⊖推出、推板推出、斜顶推出和其他结构推出等形式，其中斜顶推出中的斜顶设计在第 7 章中已进行了介绍。

8.1　顶针推出机构的设计及制造工艺

8.1.1　顶针的类型及特点

1. 普通圆顶针

普通圆顶针如图 8-1 所示，其标识为 $\phi d \times L$，顶针直径一般大于 1.6mm，可用于边、骨位和产品内部的小圆形凸出柱体（Boss 柱）的推出。它具有制造加工方便、运动阻力小且维修方便的优点，但推出位置有一定的局限性。

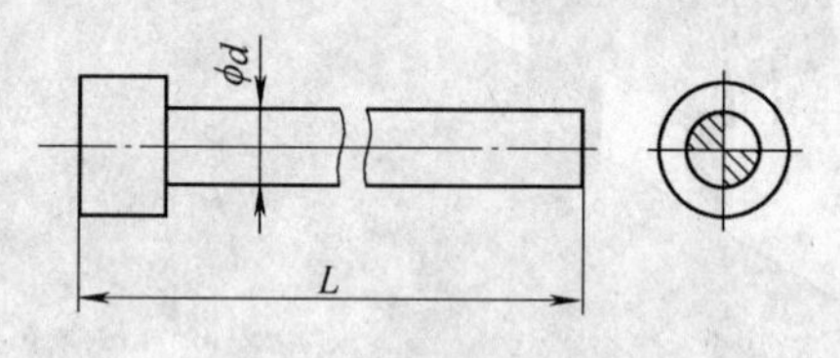

图 8-1　普通圆顶针

2. 有托顶针

有托顶针如图 8-2 所示，其标识为 $\phi d \times \phi d_1 \times L$（$N = L_1$），当顶针直径小于 2.5mm 时，为了保证顶针的强度必须采用有托顶针。

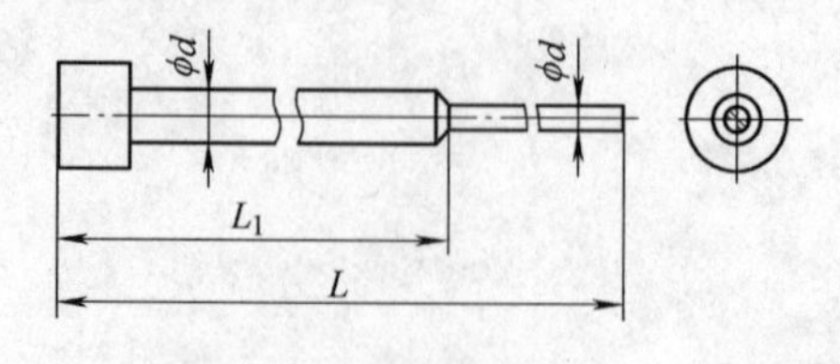

图 8-2　有托顶针

⊖　推管又称为司筒。

3. 扁顶针

扁顶针如图8-3所示，其标识为$A \times B \times \phi d \times L$（$N = L_1$），它常用于边或深骨部位的推出，具有推出力大的优点，但加工困难、易磨损且成本高（比普通圆顶针的成本高8～9倍）。

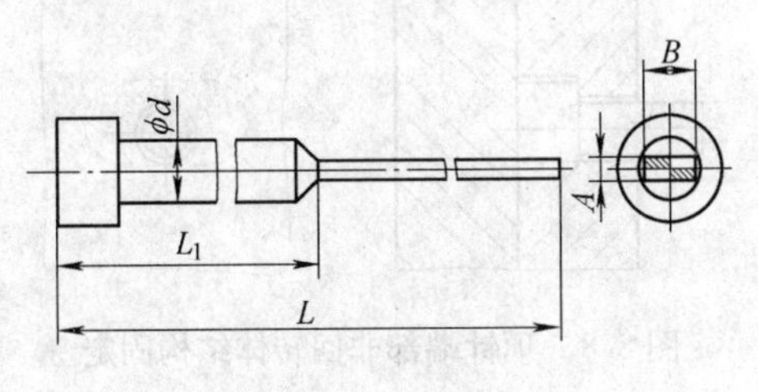

图8-3　扁顶针

4. 半圆顶针

半圆顶针如图8-4所示，其标识为$\phi d \times L$（$N = L_1$），它主要是用于特殊结构的推出，如截面为半圆形的骨位，一般由普通圆顶针加工而成。

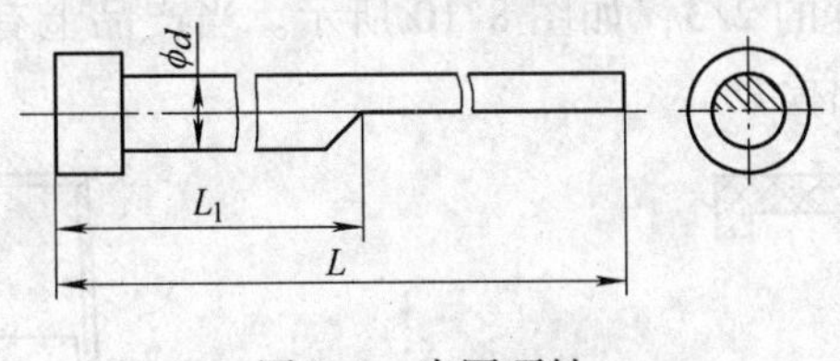

图8-4　半圆顶针

8.1.2　顶针的固定形式

1. 普通顶针固定

图8-5所示为普通顶针固定，这类固定形式中的顶针会发生转动，因此必须注意它的适用场合，如在斜面或曲面处放顶针时，这种固定形式就是错误的，它会导致推出部位的产品形状随着顶针转动而无法预料。

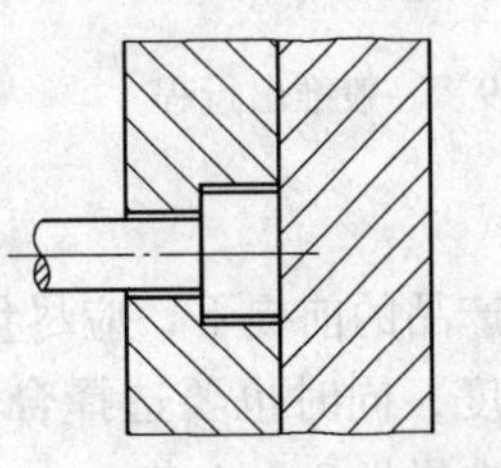
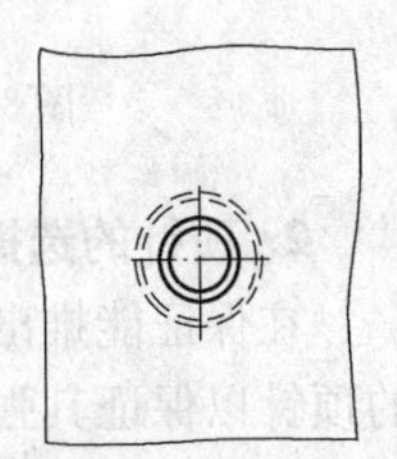

图8-5　普通顶针固定

2. 定位销顶针固定

为防止顶针转动，常用方式有两种：一种是在顶针轴向台阶边加定位销固定，如图8-6所示；另一种是横向加定位销固定，如图8-7所示。

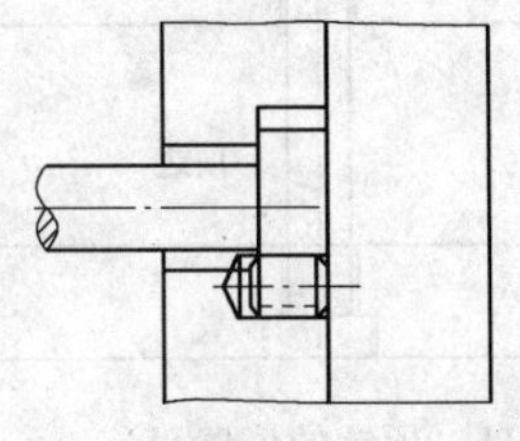
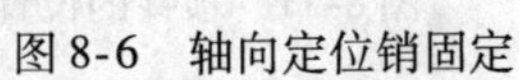

图8-6　轴向定位销固定

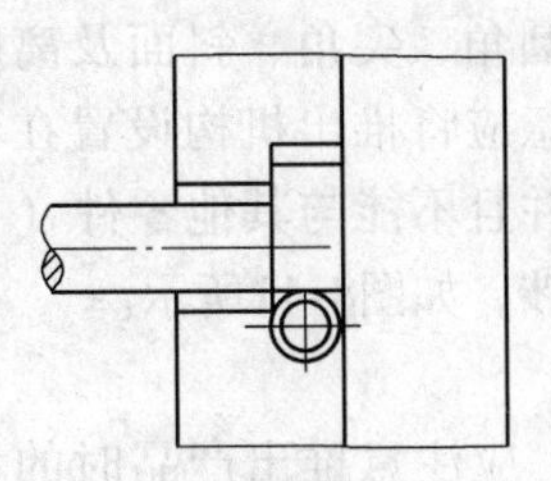
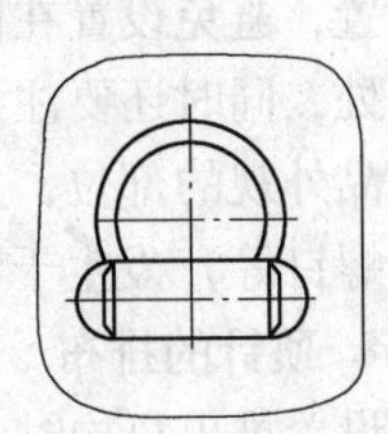

图8-7　横向定位销固定

3. 顶针端部非回转体结构固定

顶针端部非回转体结构固定如图 8-8 所示，这种固定方式是将顶针台阶磨去一定的深度，使其与顶针面板上槽的直边相配合，达到防止顶针转动的目的。

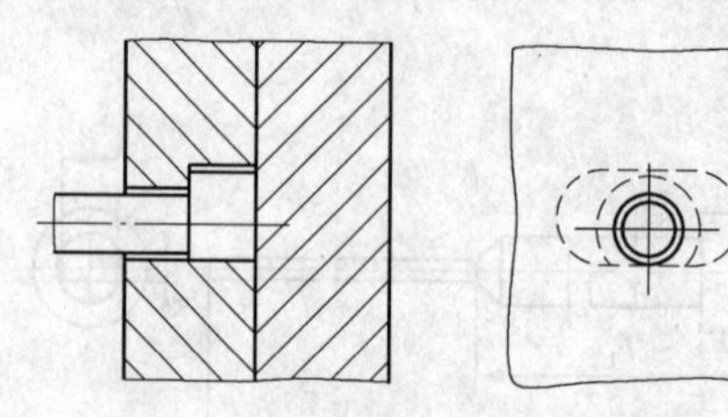

图 8-8 顶针端部非回转体结构固定

8.1.3 顶针的设计要点及制造工艺

1. 推出行程

一般要求被推出的制品脱离模具 5 ~ 10mm，如图 8-9 所示，对于大型深腔桶类制品，也可使推出行程为制品深度的 2/3，如图 8-10 所示。当产品上有骨位、柱位等结构时，一定要保证这些结构完全脱出模具。

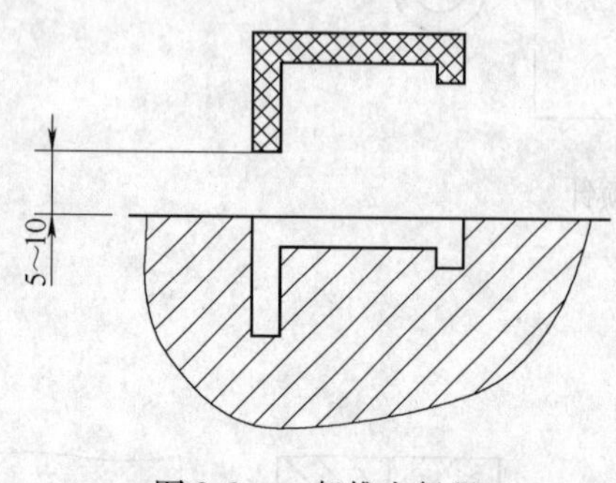

图 8-9 一般推出行程

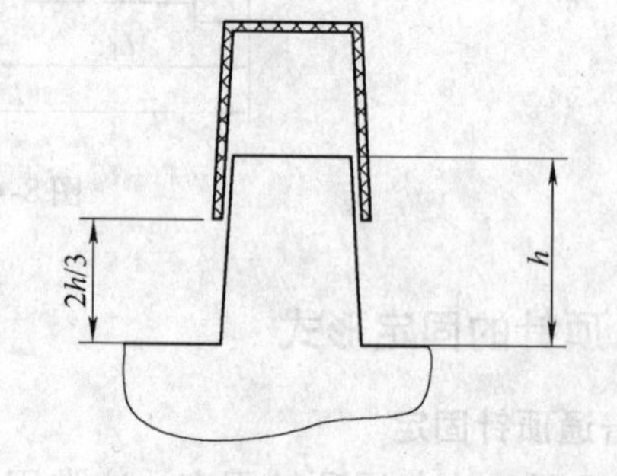

图 8-10 大型深腔桶类制品的推出行程

2. 顶针的选择

在保证能推出产品的前提下，应尽量减少顶针数量和选择同一规格，且尽量选择直径大的顶针以保证其强度，同时也要选择合适的顶针类型，顶针类型的选择见 8.1.1 节。

3. 顶针的位置

顶针一般设置在脱模阻力较大的部位，如侧壁、边缘、骨位及拐角处等，且尽量设置在较平的位置，避免设置在圆角、尖角、斜面及离胶位太近处，同时还要注意应将推出机构设置在不影响制品外观的部位，并且不能与其他零件（如撑头、螺钉等）发生干涉，如图8-11所示。

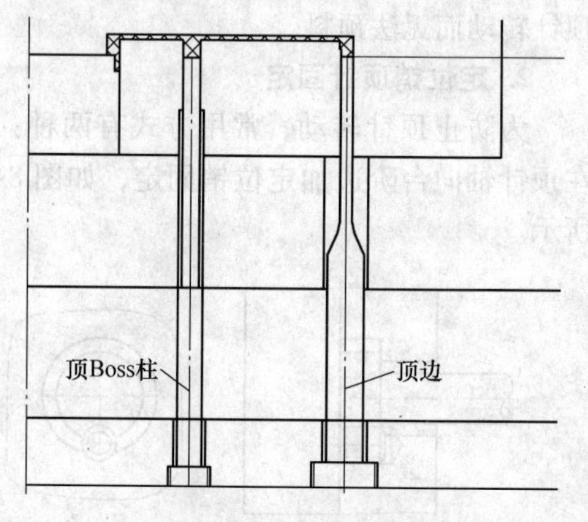

图 8-11 顶针的位置

4. 顶针的排布

设置推出机构时，应注意推出产品时的均衡

性，尽量使顶针对称排布，图 8-12 所示的有托顶针即为对称排布。

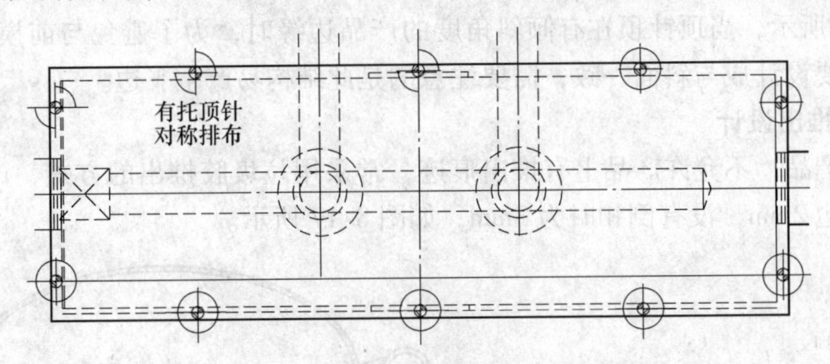

图 8-12　有托顶针的对称排布

5. 顶针排布的尺寸要求

为了在脱模阻力大的地方尽量施加大的推出力，顶针排布的尺寸设计要求如图 8-13 所示。

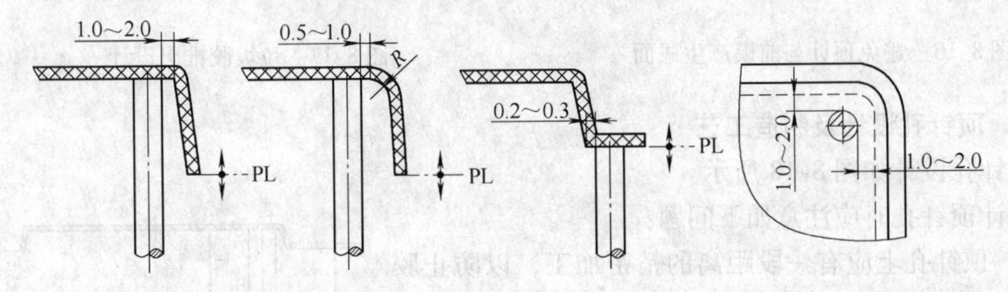

图 8-13　顶针排布的尺寸要求

6. 顶针面高度设计

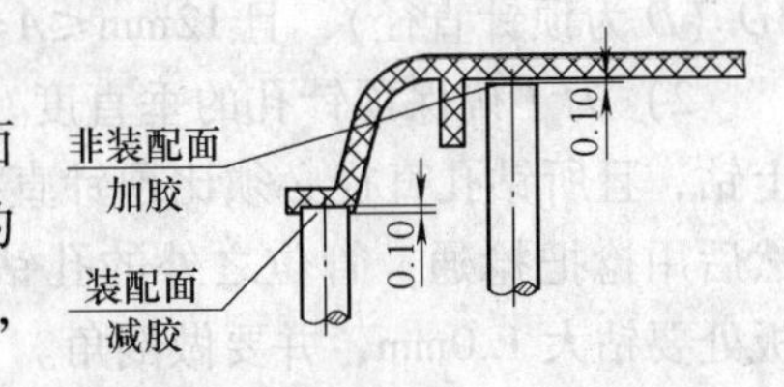

图 8-14　顶针面高度设计要求

对于有装配面的，设计时，顶针要高出型芯面 0. 05 ~ 0. 1mm（减胶），避免影响装配；对于无装配的面，设计时，顶针应低于型芯面 0. 05 ~ 0. 1mm（加胶），以提高推出强度，顶针面高度设计要求如图 8-14 所示。

7. 顶针的防滑设计

当顶针需要设在曲面上时，顶针杯头需要增加防转设计，并在顶针顶部加工防滑纹，斜面可加工多个半径为 *R* 的小槽，以便于保持塑件形状和避免推出变形，如图 8-15 所示。

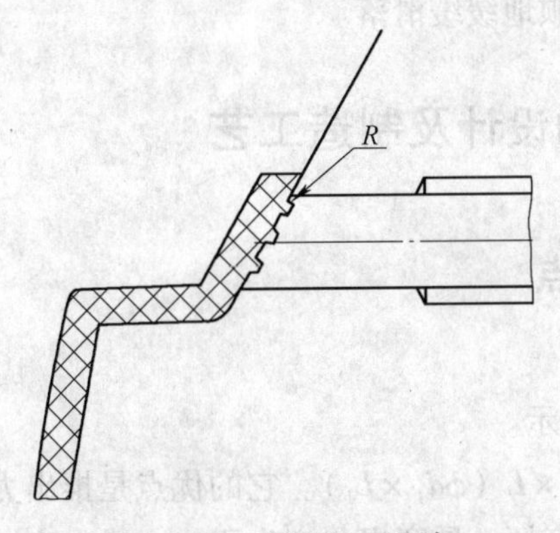

图 8-15　顶针防滑设计

8. 避免顶针与前模产生碰面

如图 8-16 所示，当顶针顶在有倾斜角度的产品边缘时，为了避免与前模产生碰面，顶针头部的角度要设计成与斜面一致，需要注意的是此结构易产生飞边。

9. 垃圾胶推出设计

对于镜类产品，不允许产品上有推出痕迹，常采用垃圾胶推出的方式，产品有倒扣时，顶针边距产品边 2mm，没有倒扣时为 3mm，如图 8-17 所示。

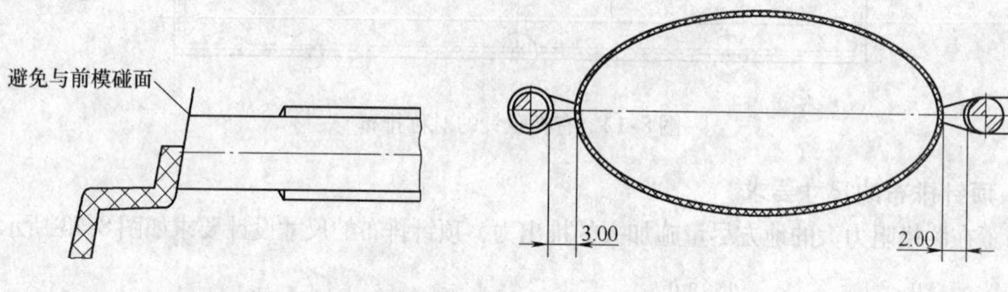

图 8-16　避免顶针与前模产生碰面　　　　图 8-17　垃圾胶推出设计

10. 顶针孔设计及制造工艺

顶针孔设计如图 8-18 所示。

设计顶针孔时应注意如下问题：

1）顶针孔上应有一段距离的精密加工，以防止胶料溢出，这段顶针孔称为顶针管位，其尺寸一般为 $A=3D$（D 为顶针直径），且 12mm≤A≤20mm。

2）为了确保顶针孔的垂直度，顶针孔必须在铣床上钻，且所钻孔直径必须比顶针直径小 0.1～0.15mm，然后用捻把捻通，管位之外的孔钻大 1.0mm，顶针面板处要钻大 1.0mm，并要做倒角。

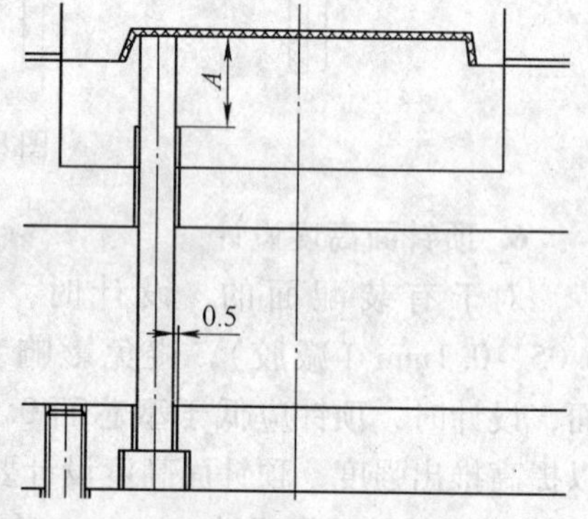

图 8-18　顶针孔设计

3）顶针端部要设计定位装置，此外应在顶针底部及顶针板相应处打上字码，以免装错。

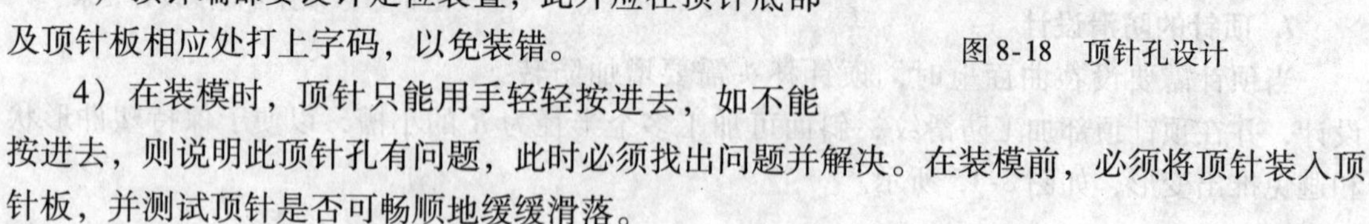

4）在装模时，顶针只能用手轻轻按进去，如不能按进去，则说明此顶针孔有问题，此时必须找出问题并解决。在装模前，必须将顶针装入顶针板，并测试顶针是否可畅顺地缓缓滑落。

8.2　推管推出机构的设计及制造工艺

8.2.1　推管的结构及特点

1. 推管的结构

推管的结构如图 8-19 所示。

推管的标识为：推管 $\phi d\times L$（$\phi d_1\times L_1$）。它的优点是推出力较大且均匀，不会留下明显的痕迹；缺点是制造和装配麻烦，易磨损，产生飞边，成本高。

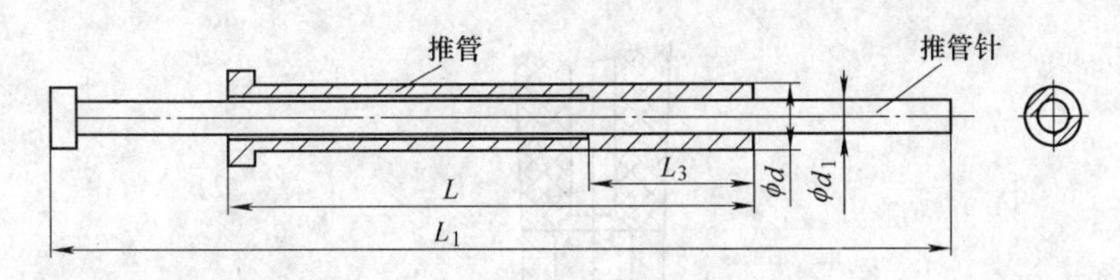

图 8-19　推管的结构

推管与推管针配合时，除封胶位之外应避空，以减小运动时相互之间的摩擦，一般要求封胶位长度 $L_3>25\text{mm}$。订购时要注意推管长度 L 的余量应控制在 2 ~ 5mm，且推管针的长度比推管的长度长 50mm 以上时，要注明推管针长度。由于推管与推管针直径相差太小时，不能保证其强度，因此一般要求 $d-d_1 \geqslant 1.5\text{mm}$。

2. 推管的适用场合

推管常用于细长螺钉柱、圆筒形零件的推出。当 Boos 柱高度 $h \geqslant 15\text{mm}$ 以上时，用推管推出；当 $h<15\text{mm}$，且附近可以加顶时用顶针推出，否则仍用推管。

8.2.2　推管推出机构设计要点

1. 推管的固定

推管推出机构如图 8-20 所示。推管一般直接固定在顶针板上，推管针一般固定在底板上，其固定方式分为压板固定和无头螺钉固定两种。压板固定一般多用于推管针较多或者推管针需要防转的情况，如图 8-20 所示，不需要防转的可用无头螺钉固定，如图 8-21所示。

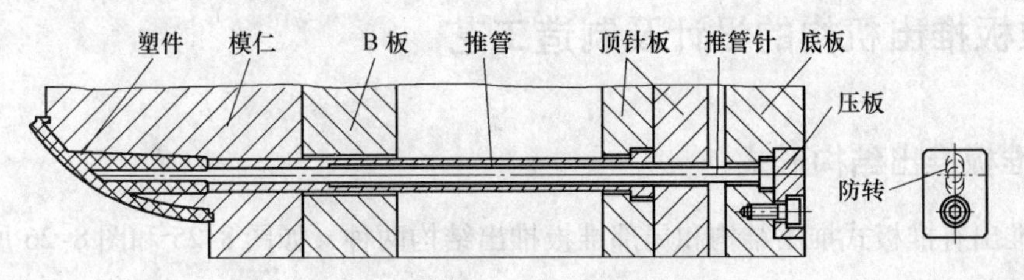

图 8-20　推管推出机构的压板固定

2. 推管成型部位设计

柱高小于 15mm 或螺钉柱壁厚小于 0.8mm 的，尽量不用推管，而是在其附近对称地加两根顶针。推管壁在 1mm 以下或 $d-d_1$ 的值较小时要有托推管。另外，对于流动性好的塑料应避免用推管，因为推管容易磨损，会造成飞边。

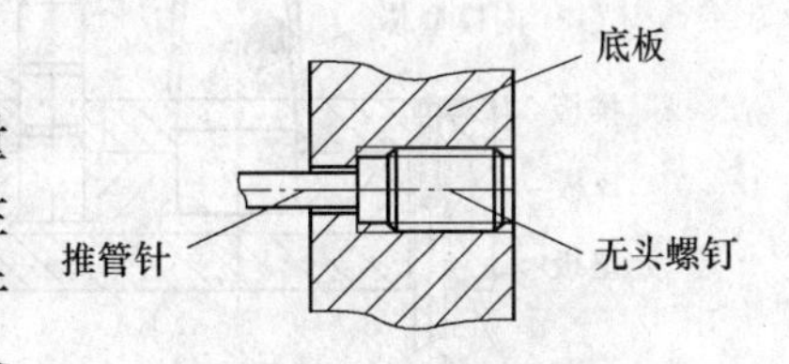

图 8-21　无头螺钉固定

圆柱孔倒斜角的推管设计如图 8-22 所示。当产品柱端厚度 $T \geqslant 0.75\text{mm}$ 时，一般将斜角留在推管针上，如图 8-23 所示；当 $T<0.75\text{mm}$ 时，为了提高推管强度，将斜角留在推管上，如图 8-24 所示。如果不能满足制作推管的条件，在不影响功能的情况下，可以去掉斜角，或者加大外径，或者减小内径，如果不能改变产品，也可将内孔设计成镶针形式。

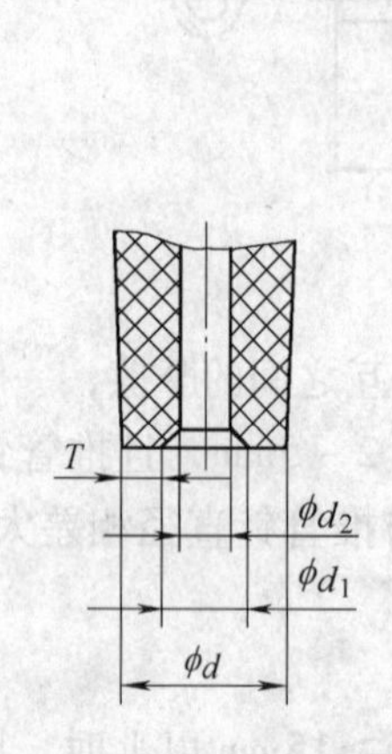

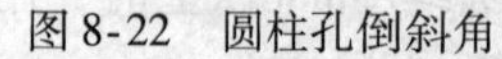

图 8-22 圆柱孔倒斜角

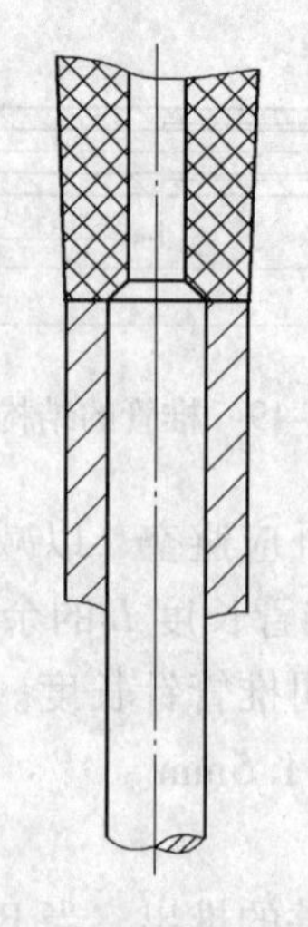

图 8-23 斜角在推管针上

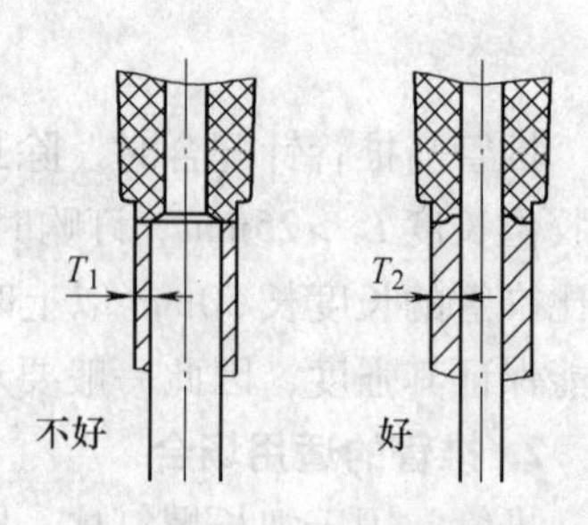

图 8-24 斜角在推管上

3. 推管孔的制造工艺

为了确保推管孔的垂直度，推管孔必须在铣床上钻，且所钻孔直径比须比推管直径小0.1～0.15mm，然后用捻把捻通，管位之外的孔钻大1.0mm，面板处要钻大1.0mm，并要做倒角。在装模时，推管只能用手轻轻按进去，如不能按进去，则说明此推管孔有问题，此时必须找出问题并解决。在装模前，必须将推管装入推管孔，并测试推管是否可畅顺地缓缓滑落。

8.3 推板推出机构的设计及制造工艺

8.3.1 推板推出结构形式

推板推出有推板式推出结构和局部推板推出结构两种，如图8-25和图8-26所示。

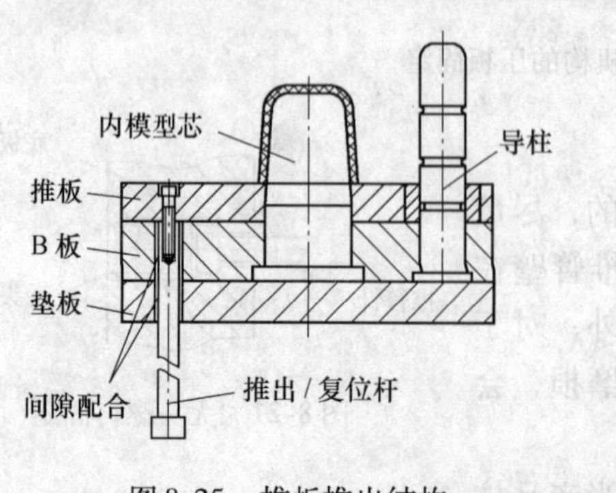

图 8-25 推板推出结构

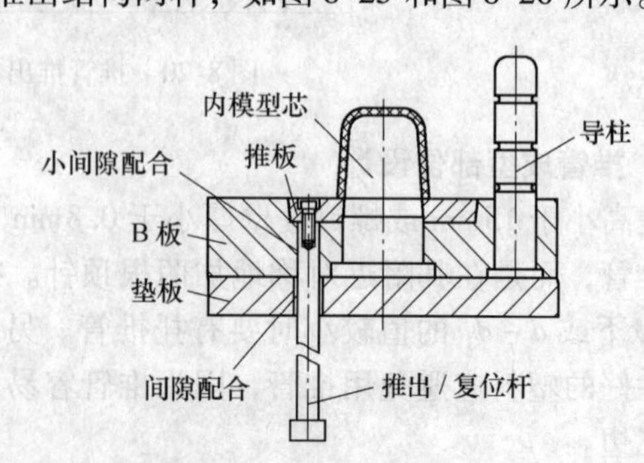

图 8-26 局部推板推出结构

8.3.2 推板推出机构的特点及适用场合

1）推出时推板与产品口部周围接触，推出力大。

2）运动平稳，产品受力均匀，产品不易变形。

3）产品推出痕迹不明显，外观质量好。

4）适用于深筒形、薄壁和不允许有顶针痕迹的塑件，或一模多腔的小壳体（如按钮塑件）。

5）不适用于分型面周围形状复杂、推板型孔加工困难的塑件。

8.3.3　推板推出机构设计要点

1. 推板与型芯配合

推板与型芯的配合应采用小间隙配合，为了减小磨损，防止出现卡死现象，配合面应设计成斜面，其角度一般取3°~10°，角度不能太大以免形成尖角而影响模具强度，也不能太小以免增大磨损。为了保证其运动顺畅，一般应使推板孔尺寸大于塑件尺寸，推板内孔应比型芯成型部分（单边）大0.1~0.5mm，如图8-27所示；当塑件脱模斜度较大时，推板孔的斜度可以设计成与塑件的脱模斜度一样，如图8-28所示。

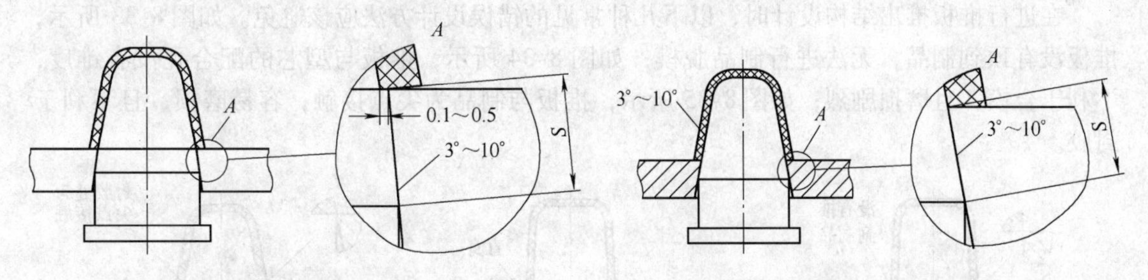

图8-27　推板与型芯的配合1　　图8-28　推板与型芯的配合2

2. 型芯锥面的制造工艺

型芯锥面需采用线切割加工，注意线切割加工线与型芯顶部应有≥0.1mm的间隙，如图8-29所示，从而避免线切割加工使型芯产生过切，如图8-30所示。

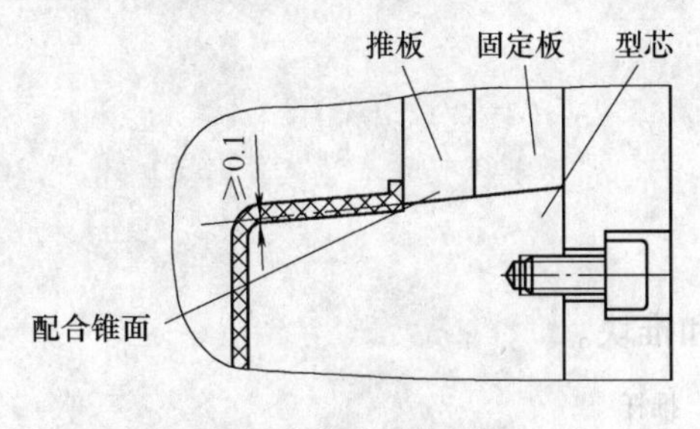

图8-29　型芯锥面的制造工艺

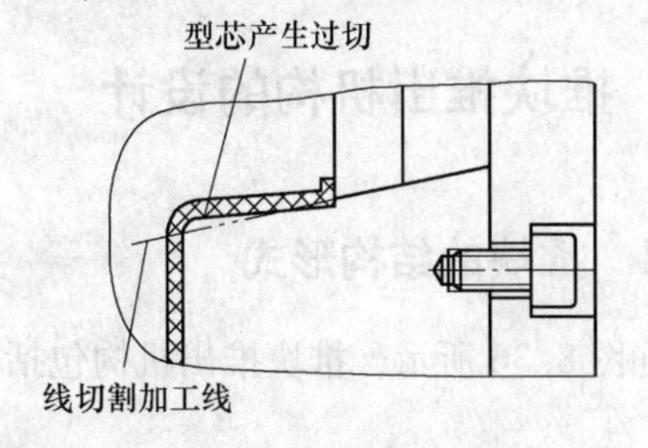

图8-30　错误的制造工艺

3. 推出行程与导柱长度的关系

推板与复位杆一般是通过螺钉联接的，要保证导柱高出推板的高度A大于推板推出行程，如图8-31所示。

4. 引气结构设计

对封闭筒形件进行推板推出时，为了防止推出时有真空产生，一般要在型芯中心设置镶针或镶件进行引气，如图8-32所示。

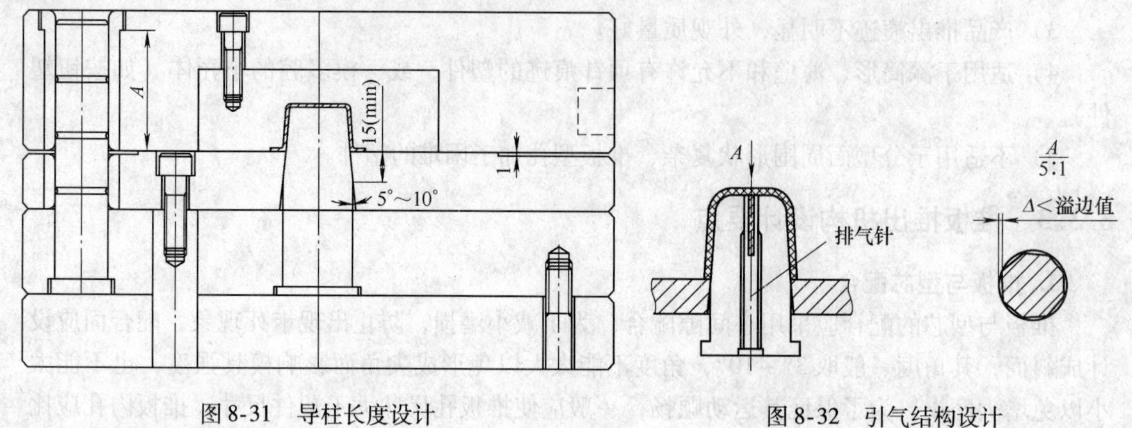

图 8-31 导柱长度设计　　图 8-32 引气结构设计

5. 需避免的设计形式

在进行推板推出结构设计时，以下几种常见的错误设计方法应该避免。如图 8-33 所示，推板没有顶到制品，无法进行制品脱模；如图 8-34 所示，推板与型芯的配合孔没有锥度，不利于合模，且磨损剧烈；如图 8-35 所示，推板与制品为尖点接触，容易磨损，且不利于封胶。

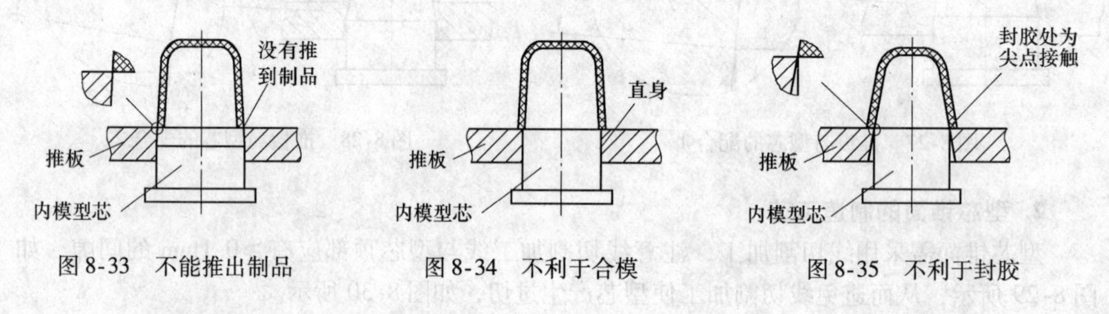

图 8-33 不能推出制品　　图 8-34 不利于合模　　图 8-35 不利于封胶

8.4 推块推出机构的设计

8.4.1 推块的结构形式

如图 8-36 所示，推块推出机构包括推杆和推块。

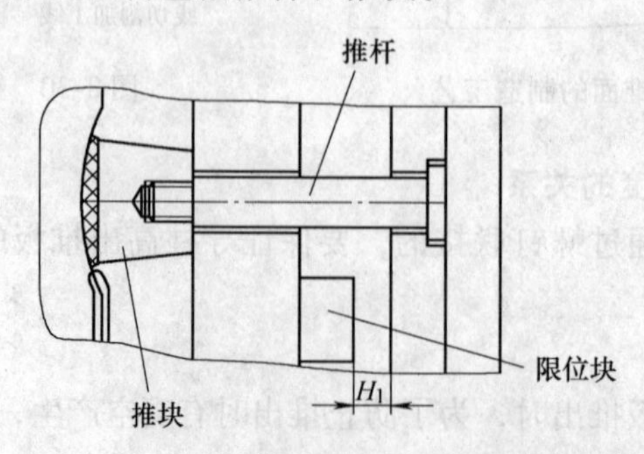

图 8-36 推块推出机构的结构

8.4.2　推块的特点及适用场合

1）推块的截面形状可以根据塑件的推出部位要求进行设计，其形状可以是规则的，也可以是不规则的。

2）由于推块的截面形状不受限制，所以其推出效果好，作用力大。

3）由于推块的截面形状可以自由设计，所以其推出痕迹一般不会影响外观。

4）由于推块的截面形状具有变化性，所以加工较复杂，成本较高。

5）推块一般用于形状特殊、外观要求较高或有其他特殊要求的制品。

8.4.3　推块推出机构设计要点

1）推块应有较高的硬度和较小的表面粗糙度，选用材料的硬度一般在5HRC以上，推块需要进行渗氮处理。

2）推块与模仁镶件的配合间隙应以不溢料为准，并保证其滑动灵活。推块的滑动侧面应开设润滑槽。

3）推块与模仁镶件配合的侧面应为锥面，不宜采用直身面配合。

4）推出行程 H_1 应大于塑件的推出高度，同时小于推块高度的一半，如图8-36所示。

5）采用推块推出时应保证稳定，较大的推块要设置两根以上的推杆。

8.4.4　推块推出机构示例

1）塑件如图8-37所示，其推块推出机构如图8-38所示。此机构的推块推出面积大，推出力均匀，采用内、外推块推出，从而使脱模平衡。

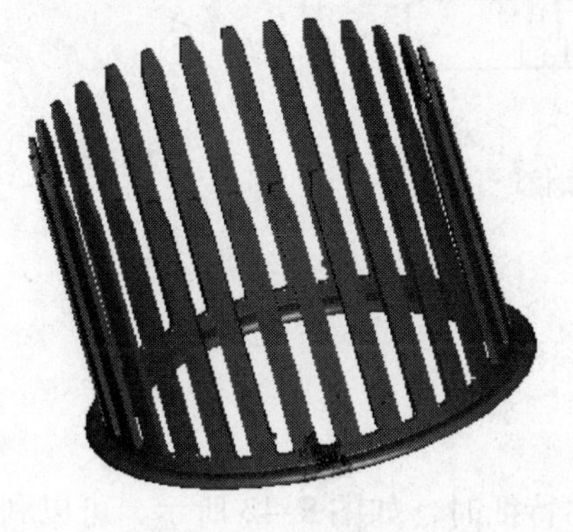

图8-37　产品1

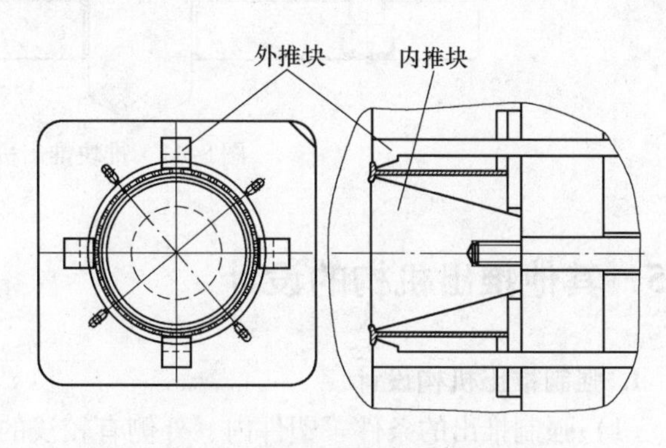

图8-38　推块推出机构设计1

2）塑件如图8-39所示，此塑件要求不能有顶针痕迹。其推块推出机构如图8-40所示，此机构采用镶件推块脱模，具有推出痕迹均匀的特点。

3）透明塑件上不能有顶针痕迹，因此采用推块推出机构脱模，如图8-41所示。

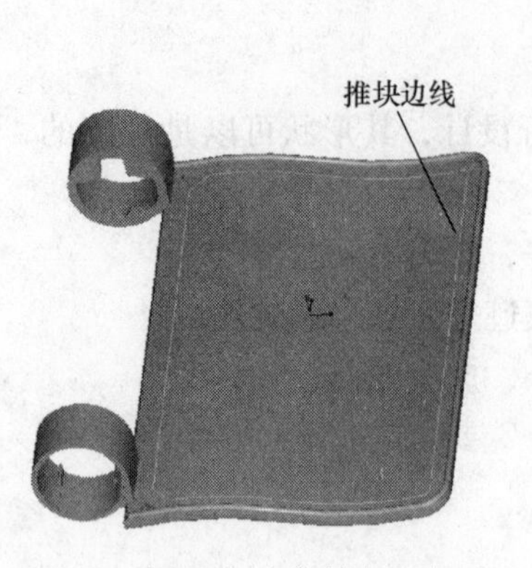

图 8-39　产品 2

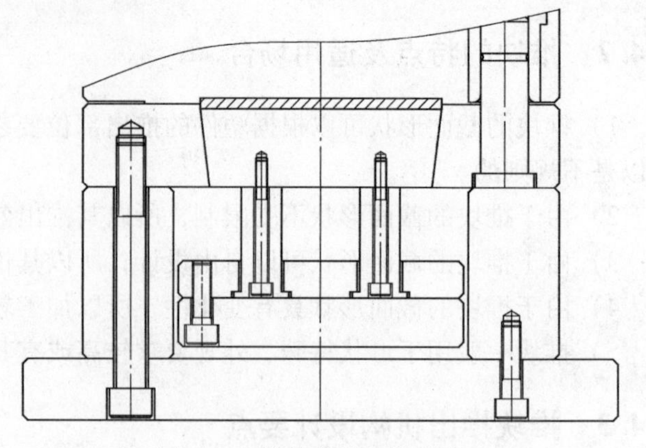

图 8-40　推块推出机构设计 2

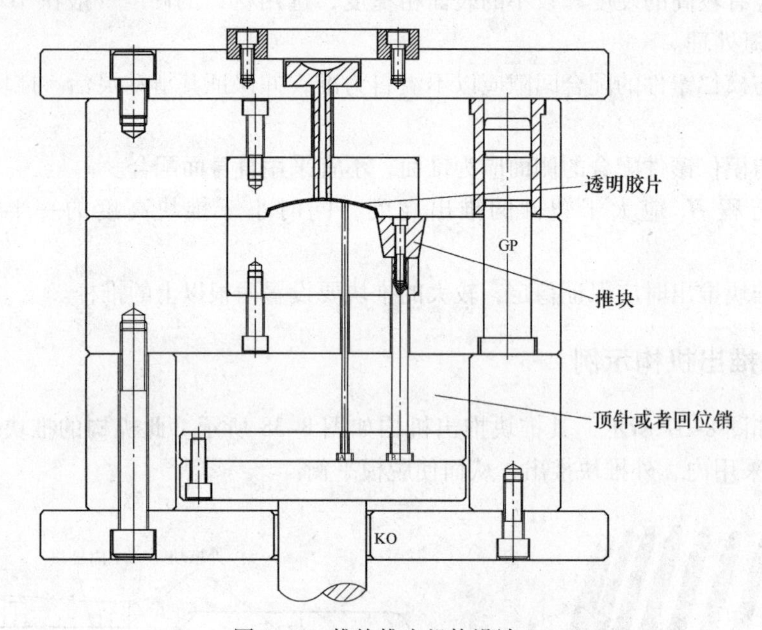

图 8-41　推块推出机构设计 3

8.5　其他推出机构的设计

1. 强制推出机构设计

（1）强制推出的条件　塑件内、外侧有较浅的凸凹特征时，如图 8-42 所示，可以利于塑料的弹性胀缩特性，在不损伤塑件表面的前提下设计成强制推出，以利于模具加工和节省成本。对于内侧带凸、凹的塑件，$(B-A)/A\leqslant\delta$；对于外侧带凸、凹的塑件，$(C-B)/A\leqslant\delta$。其中 δ 为塑料的伸长率，常用塑料的伸长率见表 8-1。

表 8-1　常见塑料的伸长率

塑料	PE-LD	PE-HD	PP	PS	ABS	AS	PA	PC
δ（%）	21	6	5	2	8	2	9	2

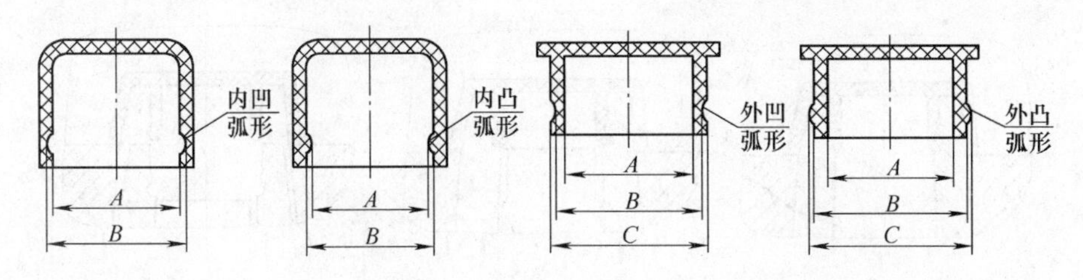

图8-42　强制推出的产品类型

（2）强制推出的结构形式　内侧带凸、凹产品的强制推出结构如图8-43所示，外侧带凸、凹产品的强制推出结构如图8-44所示。

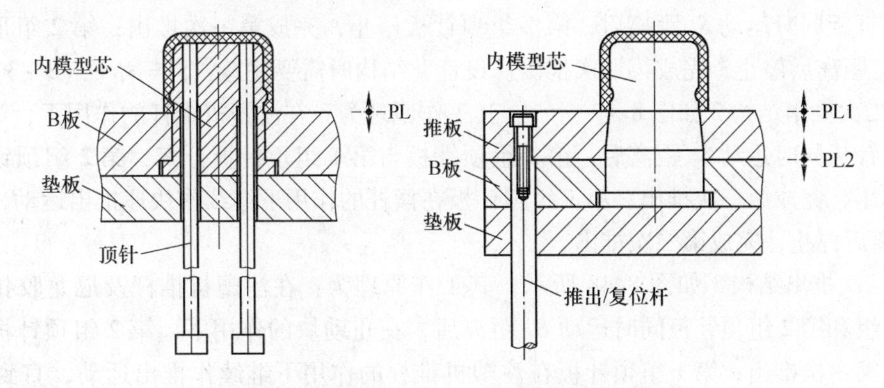

图8-43　内侧带凸、凹产品的强制推出结构

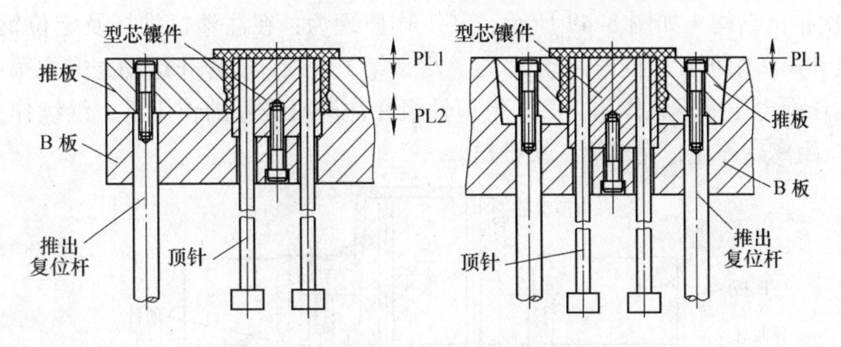

图8-44　外侧带凸、凹产品的强制推出结构

2. 二次推出机构设计

（1）二次推出的概念　二次推出是指开模后，推出一次不能使塑件完全脱离型芯，必须经过第二次推出才能使塑件完全脱离型芯而取出制品或自由落下。如图8-45所示，第一次推出内芯，为塑件提供变形空间，第二次推出时，塑件凹、凸位变形后强脱出模。

（2）二次推出机构的适用场合

1）在一次推出动作完成后，塑件不能完全脱离型芯或不能自由落下时。

2）在一次推出塑件受力过大而产生变形或损坏时，可采用二次推出机构来分散脱模力，从而保证产品质量。

3）在一次推出无法完成强制推出时，采用二次推出机构。

（3）二次推出结构示例

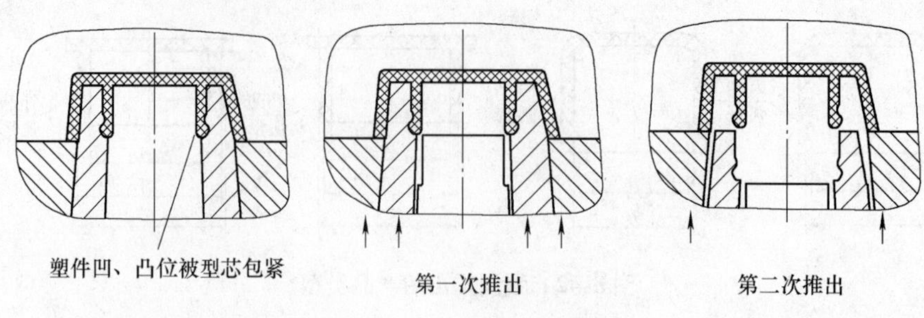

图 8-45 二次推出机构原理

1）二次推出结构 1 如图 8-46 所示，其工作原理为：在注塑机推杆的作用下，第 1 组和第 2 组顶针板同时运动 S_1 距离后，第 1 组顶针板停止，完成第一次推出；第 2 组顶针板继续运动 S_2 距离后停止，完成第二次推出。设计此结构时需要注意：$S' = S_1 +$（2～3）mm。

2）二次推出结构 2 如图 8-47 所示，其工作原理为：在注塑机推杆的作用下，第 1 组和第 2 组顶针板同时运动 S_1 距离后，第 2 组顶针板与第 1 组顶针板分离，第 2 组顶针板的运动不起作用，完成第一次推出；第 1 组顶针板在摆杆的作用下继续作快速推出运动，直到限位 S_2 距离后停止，完成第二次推出。

3）二次推出结构 3 如图 8-48 所示，其工作原理为：在注塑机推杆及尼龙胶扣的作用下，第 1 组和第 2 组顶针板同时运动 S_1 距离后，在止动块的作用下，第 2 组顶针板停止运动，完成第一次推出；第 1 组顶针板在注塑机推杆的作用下继续作推出运动，直到限位 S_2 距离后停止，完成第二次推出。

4）二次推出结构 4 如图 8-49 所示，其工作原理为：在注塑机推杆及定位钢珠的作用下，第 1 组和第 2 组顶针板同时运动 S_1 距离后，第 1 组顶针板停止运动，完成第一次推出；此时定位钢珠受力压缩不起作用，第 2 组顶针板在注塑机推杆的作用下，继续作推出运动，直到限位 S_2 距离后停止，完成第二次推出。

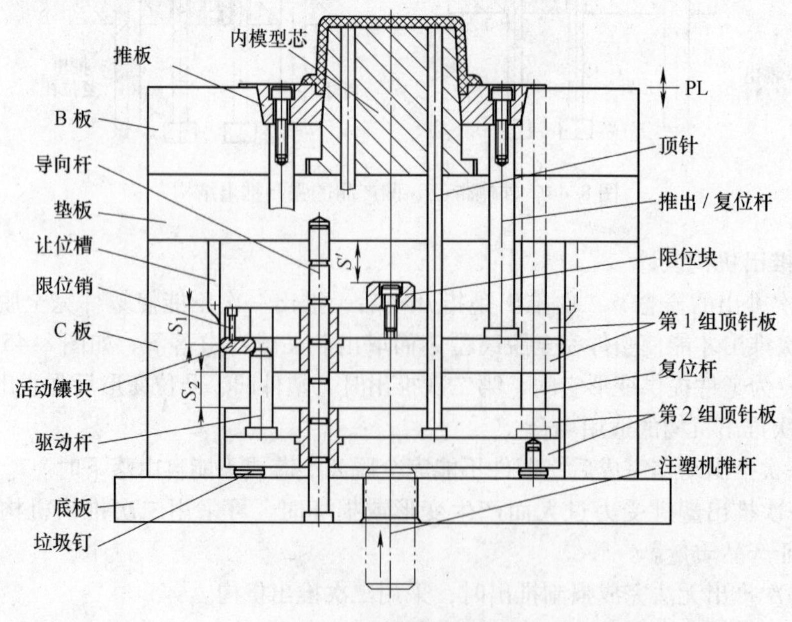

图 8-46 二次推出结构 1

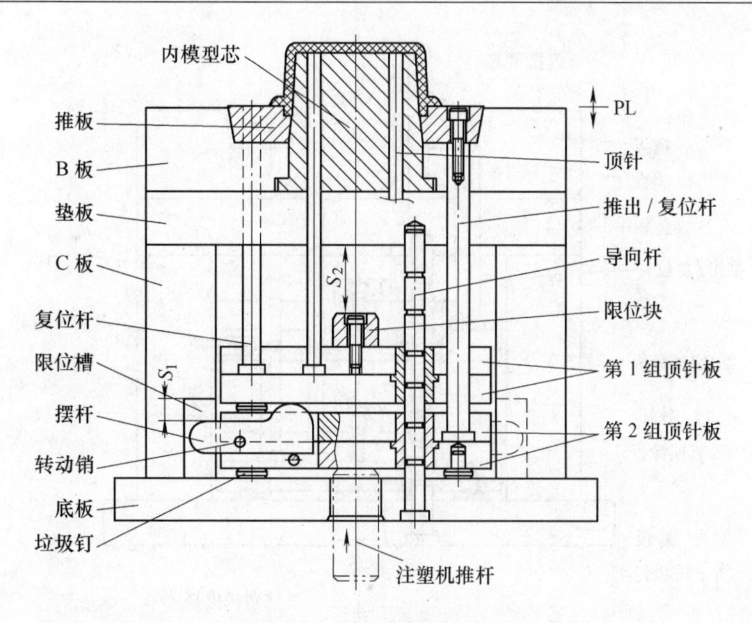

图8-47　二次推出结构2

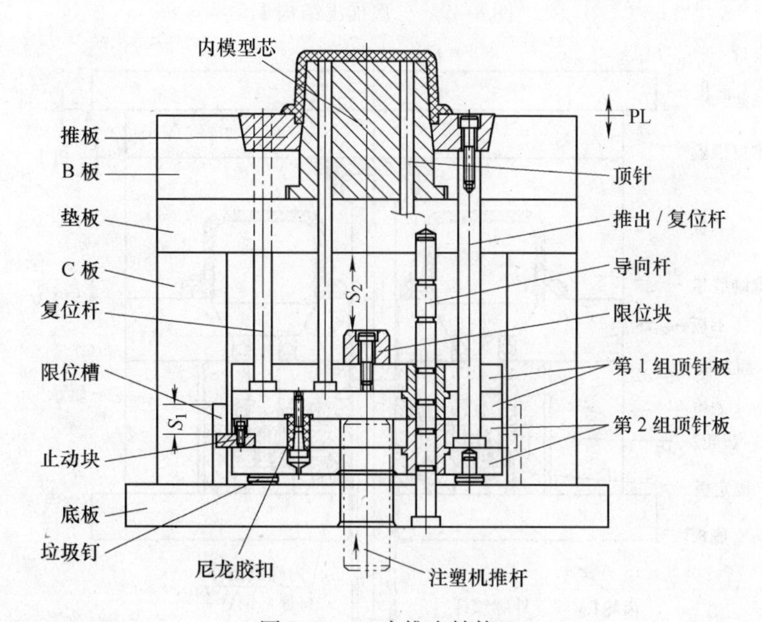

图8-48　二次推出结构3

3. 螺纹推出机构设计

当产品中存在螺纹时，如果螺纹要求不高，则可以直接采用对半分的分型面；如果螺纹要求高，不允许有分型面留下的分型线，则需要设计相应的螺纹推出机构。螺纹推出机构包括模具内部动力源螺纹推出机构和模具外部动力源螺纹推出机构。

（1）模具内部动力源螺纹推出机构　模具内部动力源螺纹推出机构如图8-50所示。

其工作原理为：当A板和B板开模时，由于外螺纹杆固定在A板上，因此外螺纹杆和A板同时运动，外螺纹杆运动时，内螺纹镶件作旋转运动，由于内螺纹镶件与齿轮1固定在一起，所以齿轮1作旋转运动，从而带动齿轮2作旋转运动，又由于齿轮2与螺纹型芯固定

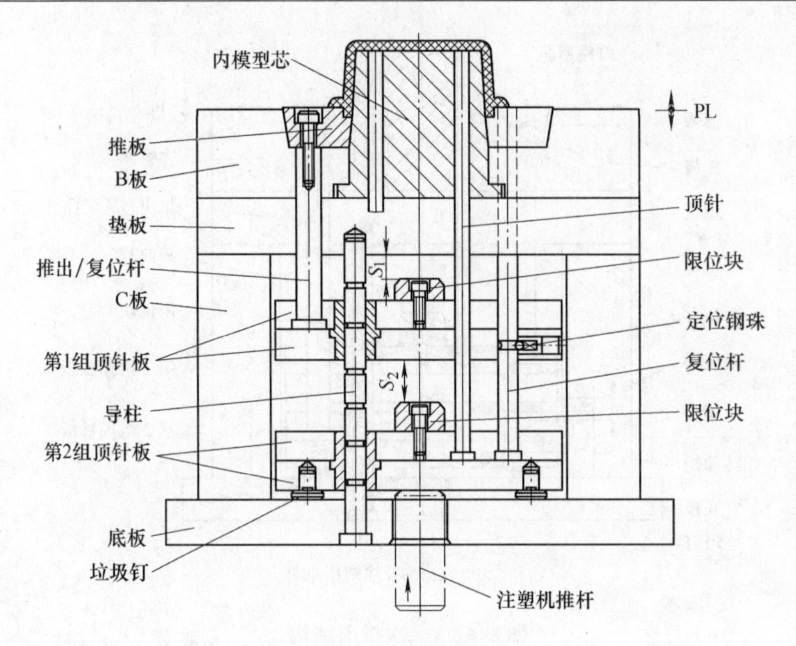

图 8-49　二次推出结构 4

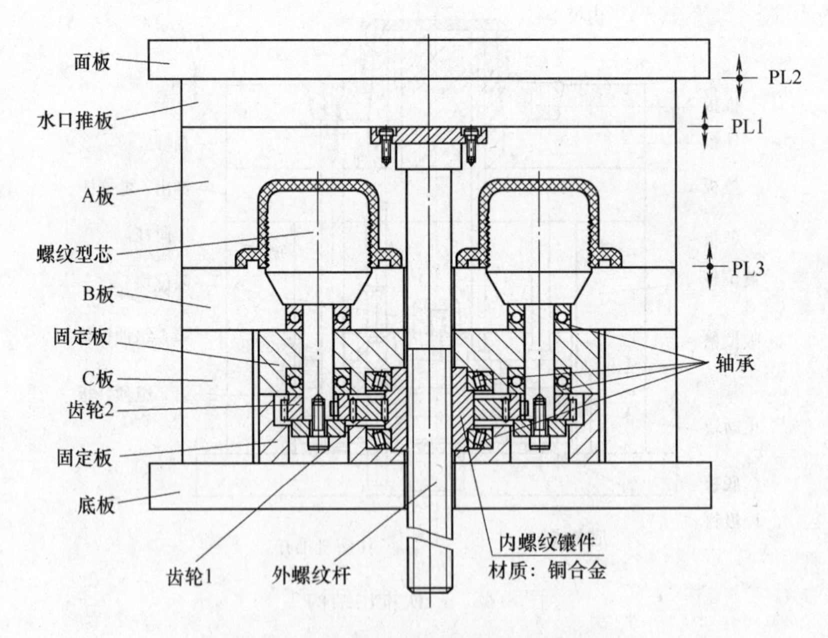

图 8-50　模具内部动力源螺纹推出机构

在一起，所以螺纹型芯也作旋转运动，以此达到抽芯推出的目的。

（2）模具外部动力源螺纹推出机构　模具外部动力源螺纹推出机构如图 8-51 所示。

其工作原理为：齿轮 1 是与外部动力源机构相连接的零件，外部动力源可以是电动机加链条、电动机加齿轮、液压缸加齿条、气缸加齿条等，在选用外部动力源及相关传动零件时，应尽量选用标准件，以节约成本和便于维修更换；齿轮 1 与连接轴固定，连接轴与齿轮 2 固定，当齿轮 1 作旋转运动时，齿轮 2 也作旋转运动，齿轮 2 带动齿轮 3 作旋转运动，齿轮 3 与螺纹型芯固定在一起，所以螺纹型芯也作旋转运动，以此达到抽芯推出的目的。

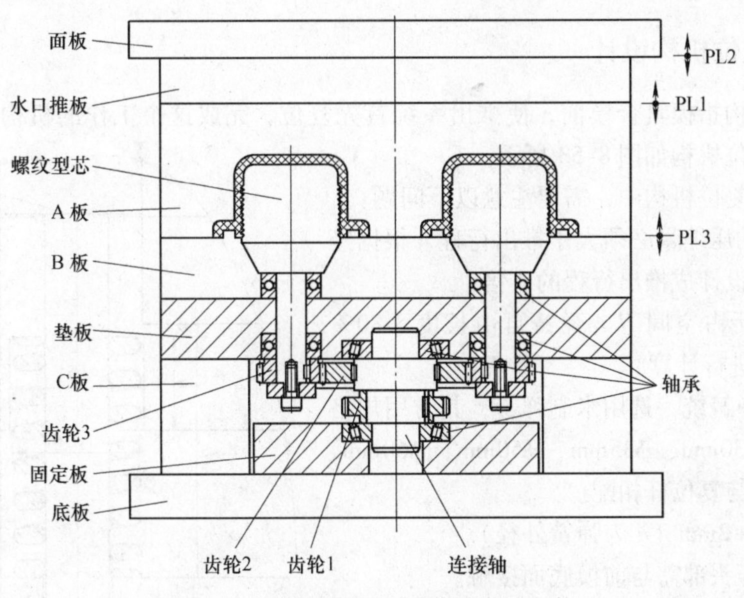

图8-51　模具外部动力源螺纹推出机构

8.6　复位机构的设计

模具推出系统推出制品后，为了进行下一个工作周期，要将推出系统退回到初始位置，以便于继续成型，完成这个工作的机构称为复位机构，可分为普通复位机构和先复位机构。

8.6.1　普通复位机构设计

普通复位机构利用复位杆复位，这种复位机构通过模具合模时的力，在复位杆的作用下，使推出系统退回至初始位置。复位杆一般是模架中的复位杆，对于特殊结构，需要重新设计复位杆时，要注意复位杆位置分布要均衡对称，其直径尺寸应与所用模架的复位杆相同。普通复位机构如图8-52所示。

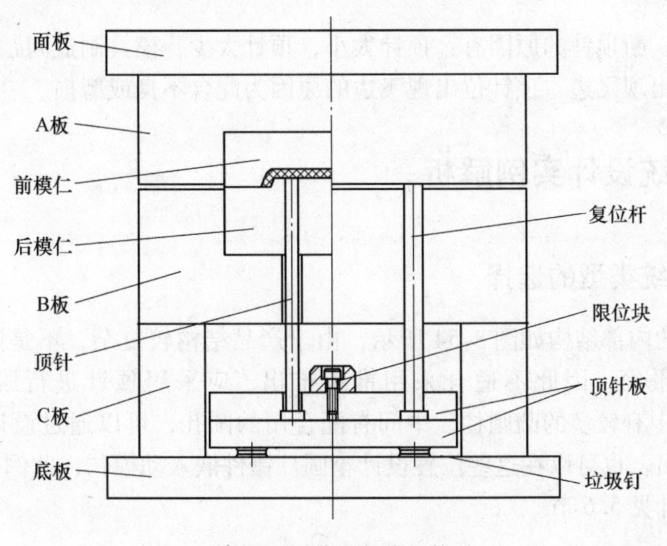

图8-52　普通复位机构

8.6.2　先复位机构设计

先复位机构指模具合模前，使推出系统首先复位，完成这个工作的机构称为先复位结构，弹簧先复位机构如图 8-53 所示。

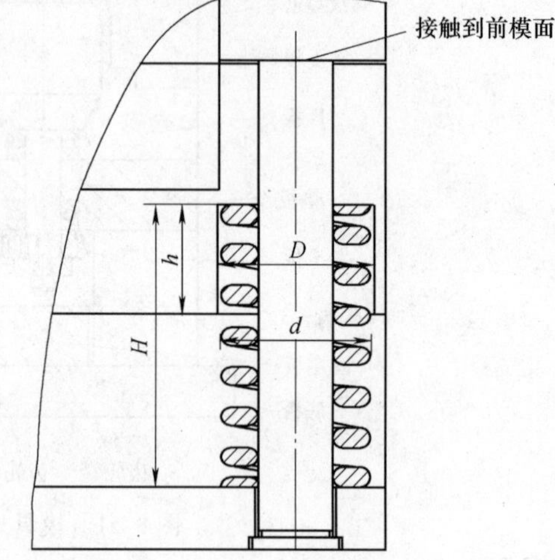

图 8-53　弹簧先复位机构

在弹簧先复位机构中，需要注意以下问题：

1）弹簧的压缩量必须大于推出行程，根据经验弹簧长度可设计成推出行程的 3 倍。

2）弹簧所占空间 H = 弹簧自由长度 ×80%（按预压 20% 进行计算）。

3）复位弹簧统一选用米制弹簧，其常用规格有 ϕ25mm、ϕ30mm、ϕ35mm、ϕ50mm、ϕ60mm，其内孔尺寸要与复位杆相配。

4）$D = d + 2$mm（d 为弹簧外径）。

5）复位杆头部需与前模底面接触。

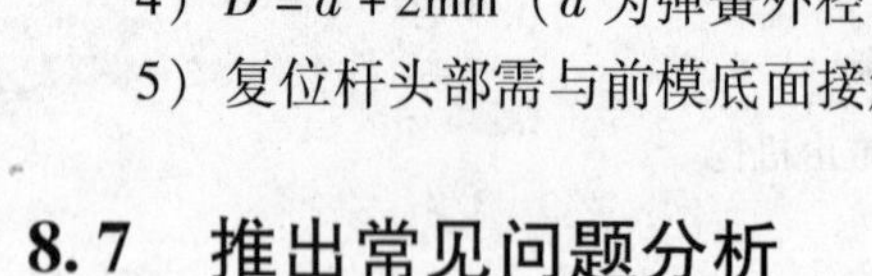

8.7　推出常见问题分析

推出常见问题及分析如下。

（1）顶白变形　以下原因会造成顶白变形。

1）模具设计原因有：顶针太小，顶针太少，顶针位置不对。

2）模具制造原因有：省模时间错误，如省模时间不够，省模时间过长；省模方法不对，如省模时没有沿着脱模方向进行。

3）调机原因有：注射压力太大，保压时间太长。

对于不明显的顶白现象，用风筒吹或放在开水中煮就可以消除此不良现象。

（2）粘前（后）模　粘前（后）模的原因有：省模错误，分型面设计错误，注射压力太大，保压时间太长。

（3）断顶针　断顶针的原因有：顶针太小，顶针太少，模具制造问题。

（4）顶针位出现飞边　顶针位出现飞边的原因为配合不良或磨损。

8.8　推出系统设计实例解析

8.8.1　推出系统类型的选择

遥控器后盖的内部结构如图 8-54 所示，由于产品结构较复杂，不是回转体结构，且分型面不是简单的平面，因此不适合采用推板推出，应采用顶针进行脱模。下模镶件如图 8-55所示，其中有较多的凸圆柱，中间有配合用的圆孔，可以通过设计推管实现圆孔的成型及产品的推出，也可以在这些位置设计小圆柱镶件嵌入动模仁，此例采用的方法就是后者，相关镶件设计见 5.6 节。

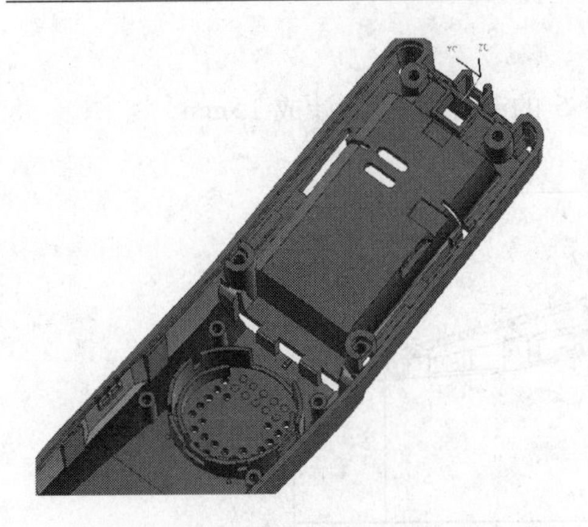

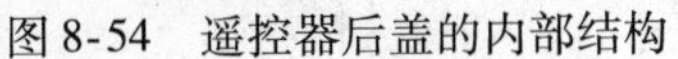

图 8-54　遥控器后盖的内部结构

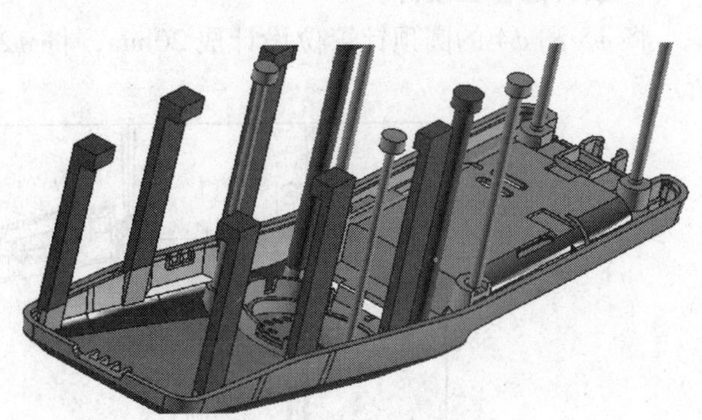

图 8-55　下模镶件

8.8.2　顶针的位置排布

1. 脱模较困难区域分析

脱模较困难区域一般集中在产品壁的边缘，产品中间的台阶区域边缘以及有一定深度的圆孔周围，因为在这些区域模具与塑件在开模方向上的接触面积较大，塑料的收缩和粘附力致使塑件的这些区域与模具较难分离，如图 8-56 所示。

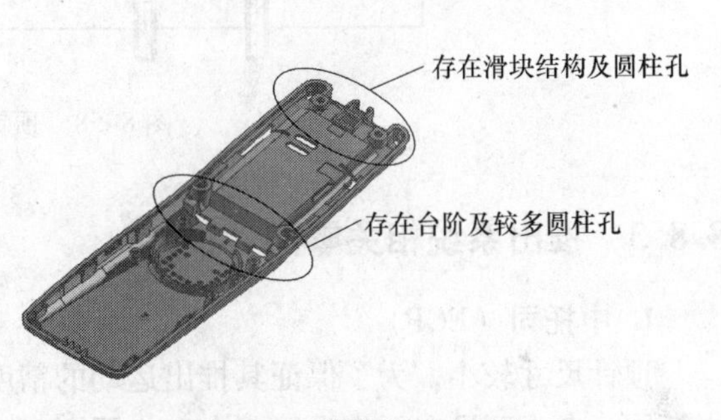

图 8-56　脱模较困难区域

2. 顶针的选择及排布

根据产品的内部结构及尺寸，选择普通圆顶针和有托顶针进行设计，且在空间足够的情况下尽量选择直径较大的顶针，由脱模较困难区的分析可知，这些区域应该排布较多的顶针获得更大的推出力。顶针的排布如图 8-57 所示。

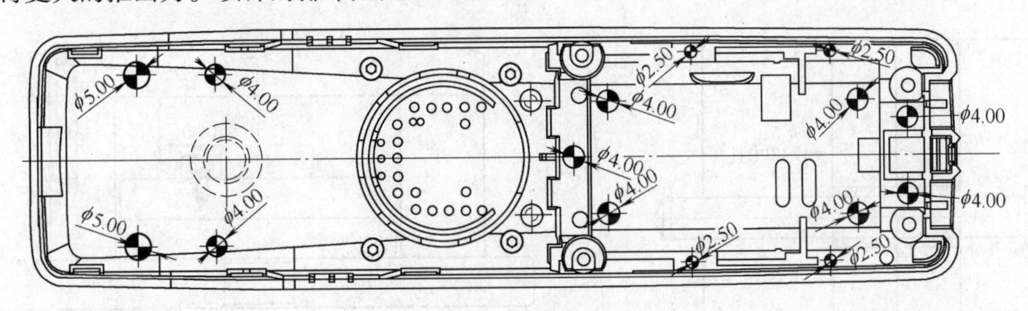

图 8-57　顶针的排布

根据产品内部空间的大小设计了 3 种顶针：2 个 ϕ5mm × 200mm 的圆顶针、9 个 ϕ4mm × 200mm 的圆顶针和 4 个 ϕ2. 5mm × ϕ4. 5mm × 200mm（N = 70mm）的有托顶针。

排布顶针时首先要保证在产品壁边缘有顶针，且在较难脱模的区域也必须进行排布，顶针到产品边缘的距离设计为 1. 0 ~ 2. 0mm，但前提是要保证顶针到定位基准的距离有利于加工，如将顶针到模仁边的距离设计成整数。

3. 顶针的管位设计

将 $\phi5$ 和 $\phi4$ 的圆顶针管位设计成 20mm，将 $\phi2.5$ 的有托顶针设计成 15mm，如图 8-58 所示。

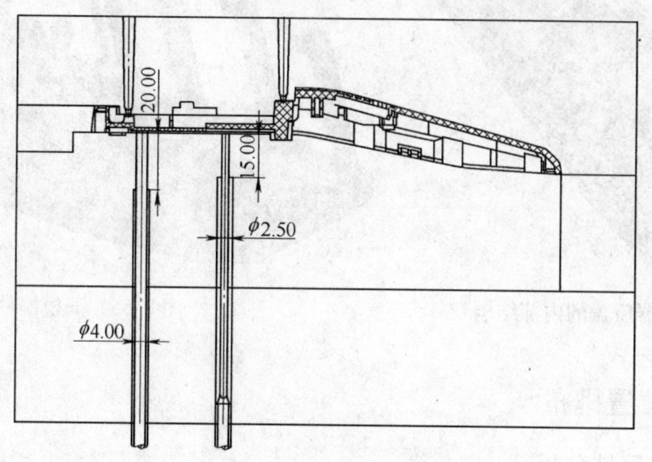

图 8-58　顶针管位设计

8.8.3　推出系统相关零部件设计

1. 中托司（EGP）

顶针尺寸较小，为了保证其推出运动的精度，在顶针固定板和推板上设计出用于导向的中托司，考虑到导向平衡设置 4 个，如图 8-59 所示。

2. 限位块

产品最大深度不超过 17mm，且由斜顶的开模方向推出行程可知（见 7.3 节），顶针的推出行程应设计为 24mm，限位块尺寸为 $\phi20\text{mm}\times16\text{mm}$，如图 8-60 所示。

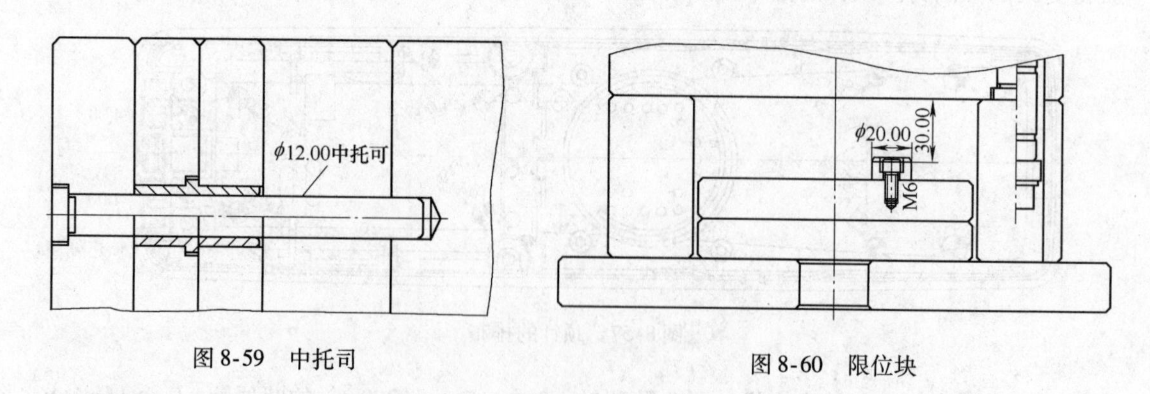

图 8-59　中托司　　图 8-60　限位块

3. 撑头（SP）

为了保证 B 板在模具工作过程中不变形，设计出 2 个 $\phi40$mm 的撑头，如图 8-61 所示。

4. 复位弹簧

根据推出行程为 24mm、复位杆直径为 15mm，选择轻小载荷的圆形截面弹簧 $\phi30\text{mm}\times90\text{mm}$，其预压量为 10mm，如图 8-62 所示。

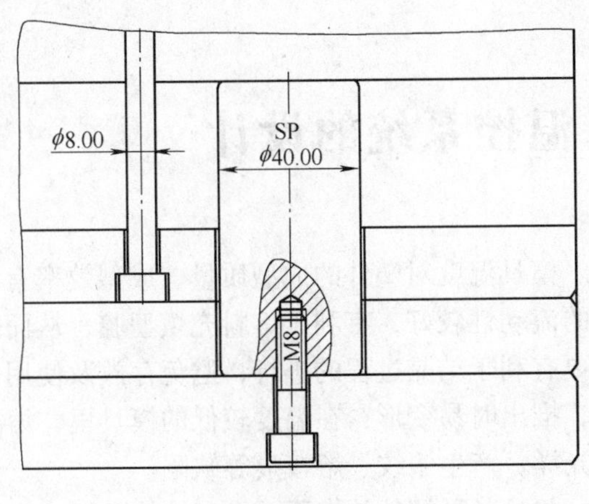

图8-61　撑头

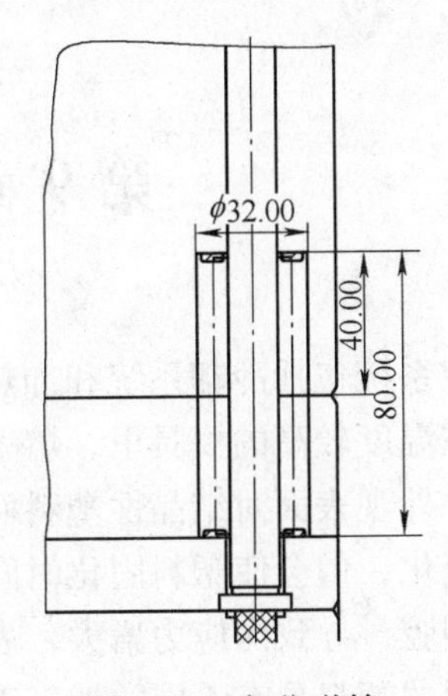

图8-62　复位弹簧

最终得到遥控器后盖的推出系统，如图8-63所示。

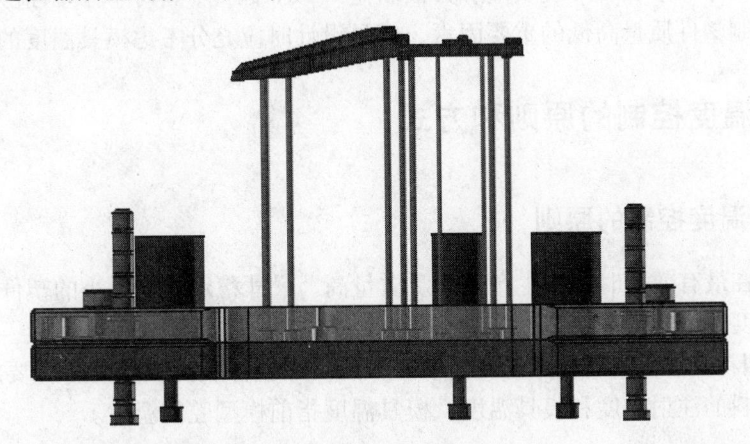

图8-63　遥控器后盖的推出系统

第9章 温控系统的设计

温控系统包括冷却系统和加热系统。模具温度对塑件的成型质量、成型效率有着较大的影响。在温度较高的模具里，熔融塑料的流动性较好，有利于熔料充填型腔，从而获得高质量的塑件外观表面对结晶性塑料而言，更有利于结晶过程的进行，避免存放及使用中塑件尺寸发生变化，但会使塑料固化时间变长，推出时易变形；在温度较低的模具里，熔融塑料难于充满型腔，导致内应力增大，表面无光泽，产生银纹、熔接痕等缺陷。

不同的塑料具有不同的加工工艺性，并且各种塑件的表面要求和结构不同，为了在最有效的时间内生产出符合质量要求的塑件，就要求模具保持一定的温度，模具温度越稳定，生产出的塑件在尺寸、形状、外观质量等方面就越一致。因此，除了模具制造方面的因素外，模具温度是控制塑件质量高低的重要因素，模具设计时应充分考虑模具温度的控制方法。

9.1 模具温度控制的原则和方式

9.1.1 模具温度控制的原则

为了保证在最有效的时间内生产出外观质量高、尺寸稳定、变形小的塑件，设计时应清楚了解模具温度控制的基本原则。

1）不同塑料要求不同的模具温度。表9-1列出了塑件表面质量无特殊要求（即一般光面）时常用塑料的注射温度和模具温度，模具温度指前模型腔的温度。

表9-1 常用塑料的注射温度和模具温度

塑料名称	ABS	AS	PS-HI	PC	PE	PP
注射温度/℃	210~230	210~230	200~210	280~310	200~210	200~210
模具温度/℃	60~80	50~70	40~70	90~110	35~65	40~80
塑料名称	PVC	POM	PMMA	PA6	PS	TPU
注射温度/℃	160~180	180~200	190~230	200~210	200~210	210~220
模具温度/℃	30~40	80~100	40~60	40~80	40~70	50~70

2）不同表面质量、不同结构的模具要求不同的模具温度，这就要求在设计温控系统时具有针对性。

3）前模的温度高于后模的温度，一般情况下温度差为20~30℃。

4）有火花纹要求的前模温度比一般光面要求的前模温度高。当前模需要通热水或热油时，一般前模与后模的温度差为40℃左右。

5）当实际的模具温度不能达到要求的模具温度时，要对模具进行升温。因此模具设计时，应充分考虑熔料带入模具的热量能否满足模具温度的要求。

6）由熔料带入模具的热量除通过热辐射、热传导的方式散失外，绝大部分需由循环的传热介质带出模外。铍青铜等制造的易传热件中的热量也不例外。

7）模具温度应均衡，不能有局部过热、过冷。

9.1.2 模具温度控制的方式

模具温度一般通过调节传热介质的温度，增设隔热板、加热棒的方法来控制。传热介质一般采用水、油等。

降低模具温度，一般采用前模通“机水”（20℃左右）、后模通“冻水”（4℃左右）的方法来实现。当传热介质的通道即冷却水道无法通过某些部位时，应采用传热效率较高的材料（如铍青铜等）将热量传递到传热介质中去。

升高模具温度，一般采用在冷却水道中通入热水、热油（热水机加热）的方法来实现。当要求模具温度较高时，为防止热传导造成的热量损失，模具面板上应增设隔热板。

热流道模具中，要求流道板温度较高，因此必须由加热棒加热，为避免流道板的热量传至前模，导致前模冷却困难，设计时应尽量减小其与前模的接触面。

9.2 温控系统的作用及影响

1. 温控系统的作用

1）满足成型要求。在注塑成型时，为了保证注塑成型的均衡性，需要对模具进行加热和冷却。对于流动性较差的塑料，为了提高其流动性，需要对模具进行加热，以满足生产要求。

2）缩短成型周期。如图9-1所示，模具成型周期包括合模时间（t_1）、注射时间（t_2）、冷却时间（t_3）和开模时间（t_4），其中冷却时间最长，占整个周期的60%～80%。

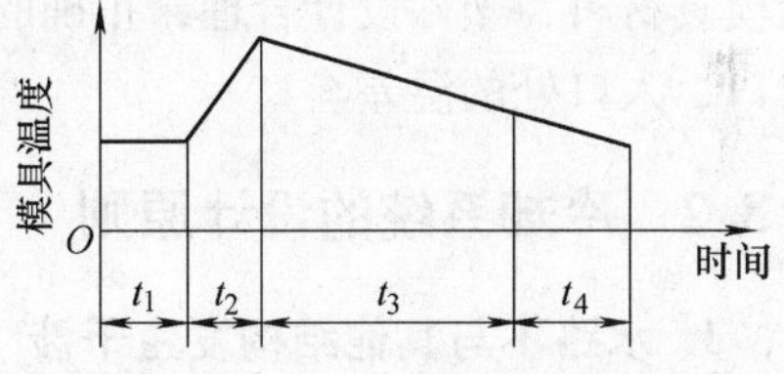

图9-1 模具成型周期中温度的变化

3）温控系统原理。温控系统是利用传热介质来控制温度的，使之满足生产的要求，热量通过传热介质在塑料和模具以及外界介质之间相互传递。

4）温控系统设计标准。温控系统设计得好与不好是指在注塑成型时，温控系统能否使模具温度满足成型要求，能否提高产品质量，能否提高生产效率。

2. 模具温度对塑件成型质量的影响

1）模具温度过高，脱模后塑件变形率大，还容易造成溢料和粘模。

2）模具温度过低，则熔料流动性差，表面会产生银纹、流纹、欠注等缺陷。

3）模具温度不均匀，塑件收缩不均匀，导致翘曲变形。

9.3 冷却系统的设计

9.3.1 概述

对于流动性较好的塑料（PE、PP、PS-HI、ABS等），降低模具温度可减小应力开裂倾向（模具温度通常为60℃左右）。

（1）冷却系统　在注塑成型时，模具型腔内的熔体温度一般为200～300℃，且此时模具胶位区的温度与熔体温度相同，然而模具温度冷却至60℃左右时才能取出制品，因此为了使熔体快速冷却成型，需将模具热量通过外界介质传递出去，完成这个工作的结构称为冷却系统。热传递的方式有传导、对流、辐射。模具中一般采用传导（冷却介质）的方式来实现冷却。

（2）冷却介质的种类　常见的冷却介质有冷却水、冷却油、压缩空气和铍青铜等。在通常情况下，都是采用冷却水来冷却，因为它成本低，冷却效果也比较好，缺点是易使冷却水道生锈堵塞，需要定期清理。铍青铜的热传导性非常好，但其强度很低，且价格昂贵。以下主要讨论冷却水道的设计。

（3）影响冷却效果的因素　塑件冷却固化过程中，在限定的时间内，冷却系统带出的模具热量越多、模具温度越均匀就表示冷却效果越好。冷却效果的好坏具体受以下因素的影响：

1）流动冷却介质的多少及至成型区距离的大小。

2）冷却介质流动路径的走向和路径长短。

3）冷却介质入口和出口温差的大小，一般要求此温差不超过5℃，对于精密模具，要求不超过2℃。

（4）提高模具冷却能力的途径　适当的冷却管道尺寸（直径5～13mm），采用热导率高的模具材料，塑件设计合理，正确的冷却回路，加强塑件厚壁部位的冷却，严格控制冷却水出口、入口处的温差。

9.3.2　冷却系统的设计原则

1. 水路不与其他结构发生干涉

水路不能与其他结构发生干涉，如顶针、推管、斜顶、Boss柱、小镶件、导柱、导套、复位杆、侧抽芯、定距分型机构等，因此在设计顶针等结构时需要综合考虑冷却水道的排布的方式，且要保证冷却水道的孔壁至其他结构的距离（即钢位）大于3mm，如图9-2所示。设计时先将必须设置的顶针（Boss柱、深骨位、深胶位、深柱位必须设置顶针）加上，再设计水路。

2. 冷却水道的孔壁至型腔表面的距离应尽可能相等

冷却水道的孔壁至型腔表面的距离一般取15～25mm，且尽可能相等，目的是为了保证模具冷却均衡，如图9-3所示。

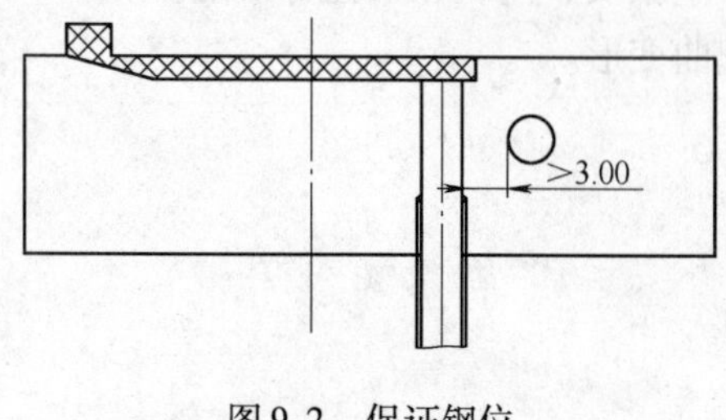

图9-2　保证钢位

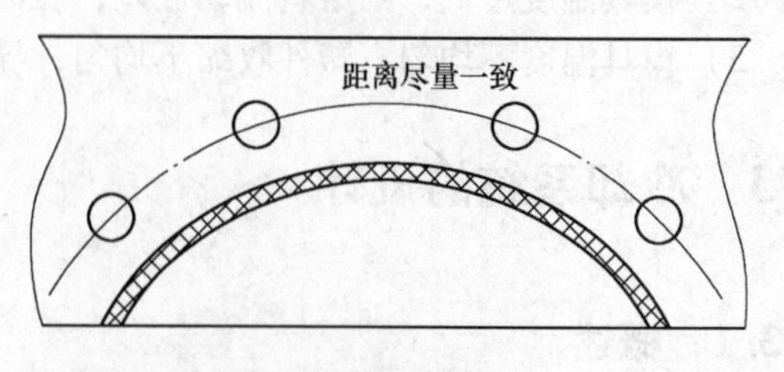

图9-3　冷却水道的排布

3. 冷却水道至胶位区的距离应适当

在设计冷却水道时，其至胶位区的距离 S 应尽量地小，以利于冷却，但为了保证强度，也不能取得太小，S 一般约取 10mm + $D/2$，两冷却水道间距 A 约取 $5D$。在特殊情况下，S_1 也要取到 5mm 以上。冷却水道与模具的尺寸关系如图 9-4 所示。

4. 冷却水道不宜并联

冷却水道应采取串联的方式，否则会形成死水，如图 9-5 所示。

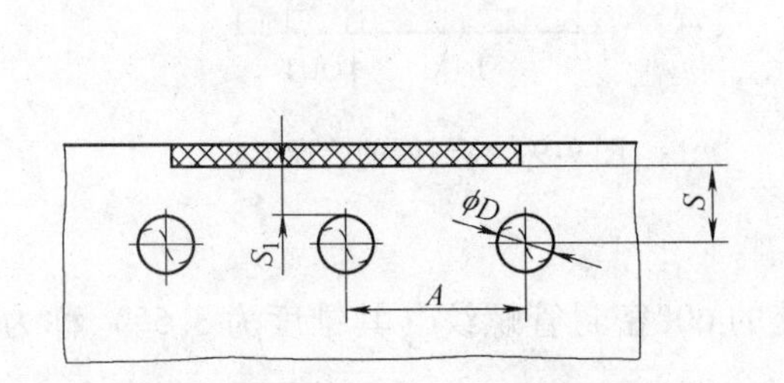

图 9-4 冷却水道与模具的尺寸关系

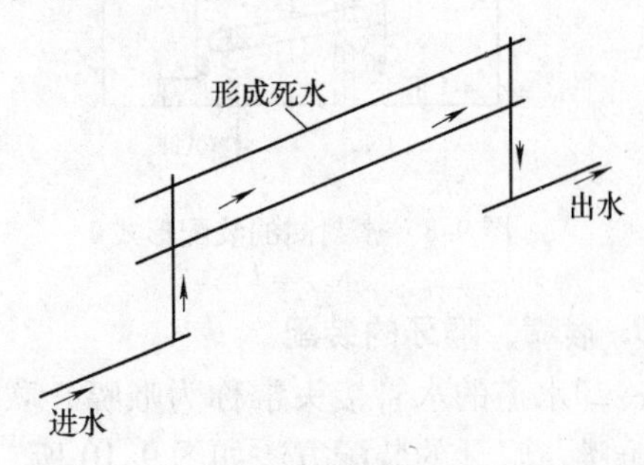

图 9-5 并联水路

5. 冷却水道的长度设计

运水流程不应过长，防止造成出、入水温差过大，影响模具冷却的均匀性，设计时应在各出、入水位置做“OUT”和“IN”的标记，模具制造时要求在模坯上标明。而且冷却水道越长越难加工，冷却效果越差，因此冷却水道中的弯曲拐角不宜超过 5 个。

6. 冷却水道直径设计

尽量避免选用小直径的水路，且水路中各水道的直径应尽量相同，避免流速不均。水路直径有：ϕ12mm、ϕ10mm、ϕ8mm、ϕ6mm，如果模具空间有限，也可取 ϕ5mm 和 ϕ4mm。常用 ϕ8mm 和 ϕ10mm，直径太小不易加工，直径太大会影响冷却效果，因为常用水管流量一定，直径越大其流动速度越慢。

7. 冷却水道的接入、导出安装位置

优先考虑在模坯的宽度方向接入、导出冷却水道，且当前、后模冷却水道从同一方向接入、导出时，其间距应大于 35mm，如图 9-6 所示。

8. 密封圈设计

冷却水道通过两件不同的零件时，应在相接处加密封圈，以防止漏水，密封圈的位置应设计在有压紧力的区域，否则没有密封效果，如图 9-7 所示。

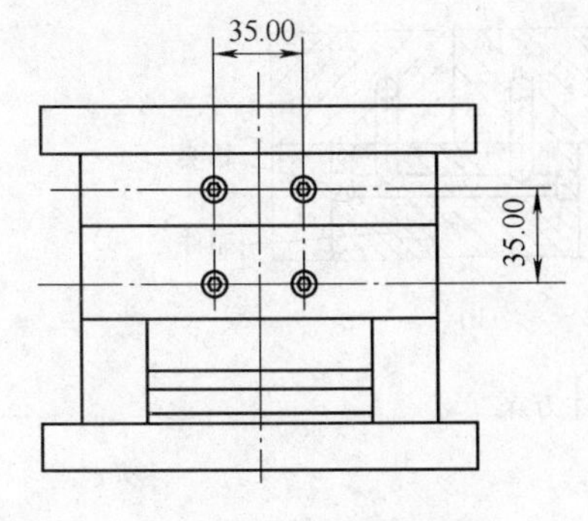

图 9-6 冷却水道间距

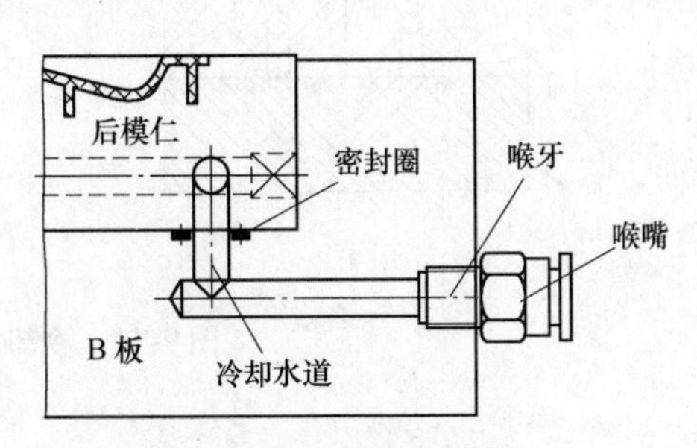

图 9-7 密封圈设计

为了使密封圈装配方便，需将密封圈平放，图 9-8 所示的密封圈装配形式不合理，应改为图 9-9 所示的形式。

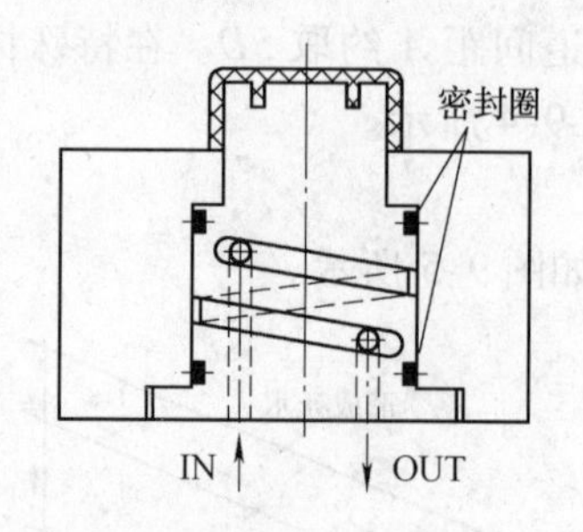

图 9-8　密封圈的装配形式 1

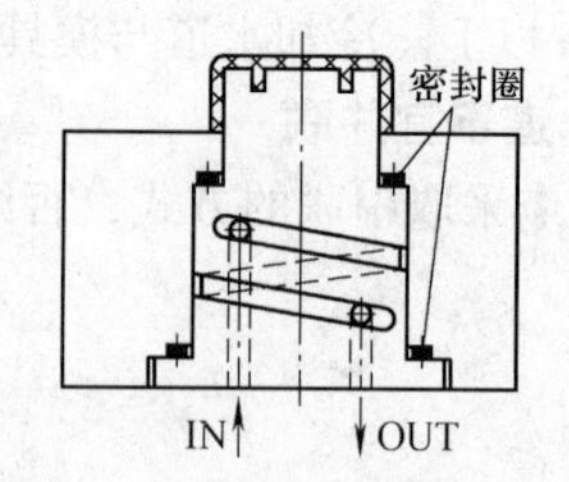

图 9-9　密封圈的装配形式 2

9. 喉嘴、喉牙的装配

冷却水道的水管接头常称为喉嘴，联接处的 60°密封管螺纹（其锥度为 3.5°）称为喉牙，喉嘴、喉牙的装配方法如图 9-10 所示。为了生产安全，应尽量将喉嘴安装在注塑成型时操作者的对面或下方，不要与操作者同侧。

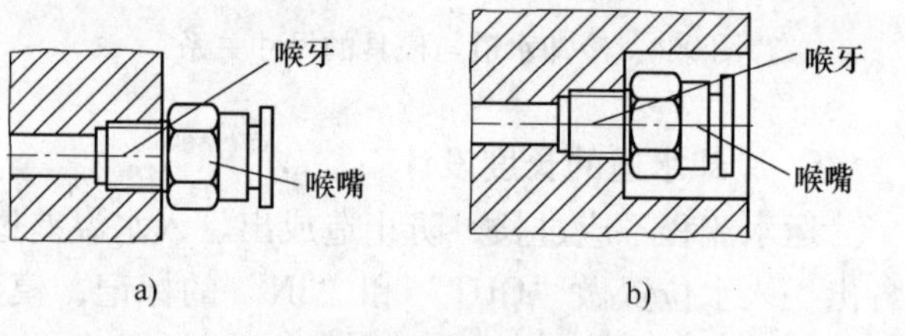

图 9-10　喉嘴、喉牙的装配方法

a）安装在模具外部　b）安装在模具内部

10. 冷却水道的设置

冷却水道的数量应尽量地多；冷却水应从高温区流向低温区；冷却水道的位置应尽量避开熔接痕的位置，以防止熔接不好而影响塑件强度；PE 制品的冷却水道不宜沿着收缩方向设置，以防止收缩变形。

11. 加工的难易程度

冷却水道的设计应考虑模具的可加工性和加工的难易程度，此外，还应考虑与整个模具各个结构（推出、抽芯等）的协调性和优化性。如图 9-11 所示，其中图 9-11a 和图 9-11b 所示的两种设计方案都是对的，但两种方案的加工方式完全不一样，图 9-11a 所示的方案不需要制作镶件，可以直接加工出来，而图 9-11b 所示的方案需要制作镶件，因此设计时优先选用图 9-11a 所示的方案。

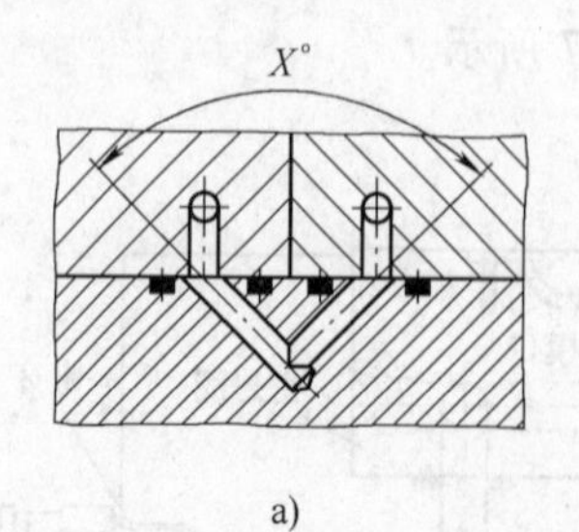

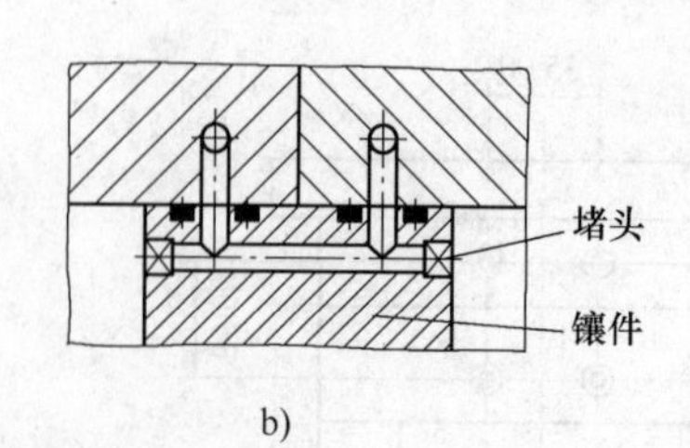

图 9-11　冷却水道的设计方案

9.3.3　冷却系统的结构形式

冷却系统设计又称为水路设计，常见的方式有：直通式水路、阶梯式水路和鸭舌片式水路等。

1. 直通式水路

直通式水路分为直通模板式水路和直通模仁式水路，如图9-12所示，需注意的是它们的水管接头不同，直通模仁式水路的水管接头一端需要加工出螺纹与模仁锁定，将冷却液（一般是水）密封在水路中，如图9-13所示。

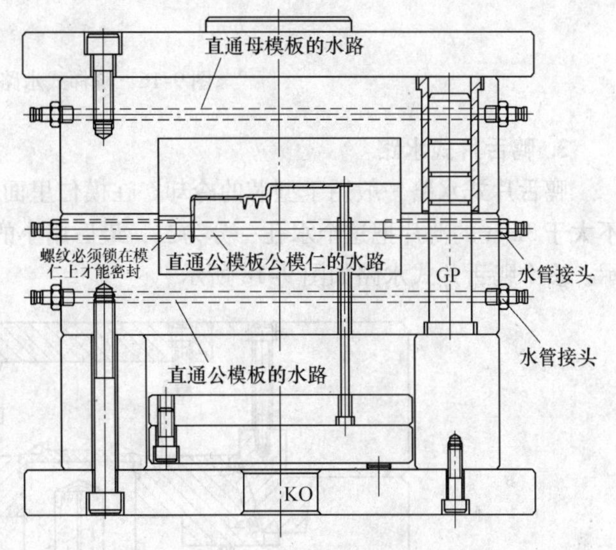

图9-12　直通式水路

2. 阶梯式水路

阶梯式水路是在模板上固定好水管接头之后，穿通模板进入到了模仁，之后再次穿通模板，从另一端的水管接头出来，如图9-14所示。此类水路结构包括密封圈和水路堵头，密封圈如图9-15所示，它是一种质软的塑胶标准产品，有弹性，直径不同的水路有相应的密封圈配套，要注意的是加工放置密封圈的凹槽时，其深度要比密封圈的直径小些，以保证密封圈受压而达到密封的效果。水路堵头可以为无头螺钉或铜堵头，为了较好地固定无头螺钉或者铜堵头，水路堵头部位的距离不能小于8mm。典型的阶梯式水路形式如图9-16所示，为了保证冷却系统的密封，要在水路通过模板与模仁的面放置密封圈。

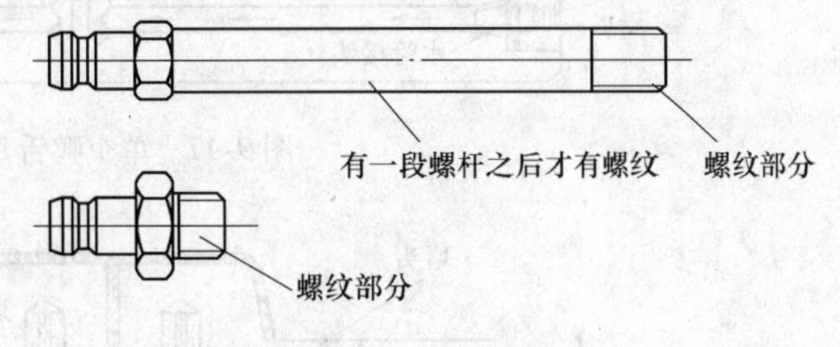

图9-13　水管接头

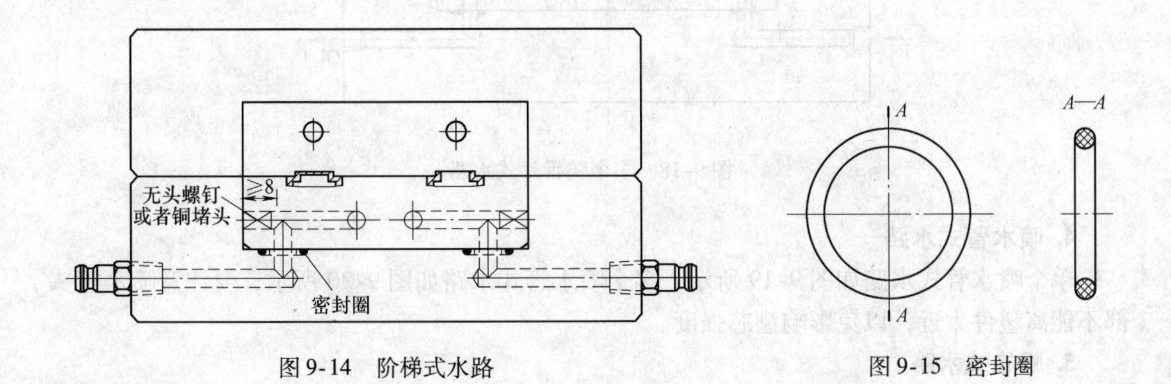

图9-14　阶梯式水路

图9-15　密封圈

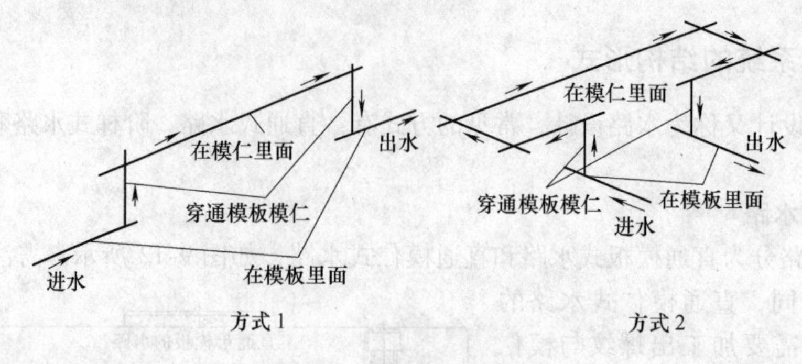

图 9-16　阶梯式水路形式

3. 鸭舌片式水路

鸭舌片式水路一般用于型芯的冷却，在模仁里面加工较大较深的水孔，然后用一个厚度不大于 3mm 的薄片把这个水孔一分为二，最后用小的水路将这些大水孔连通，如图 9-17 所示。多个鸭舌片式水路如图 9-18 所示。

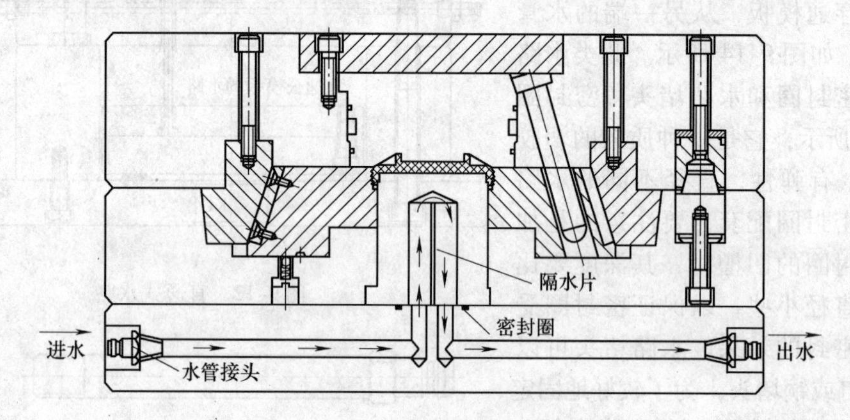

图 9-17　单个鸭舌片式水路

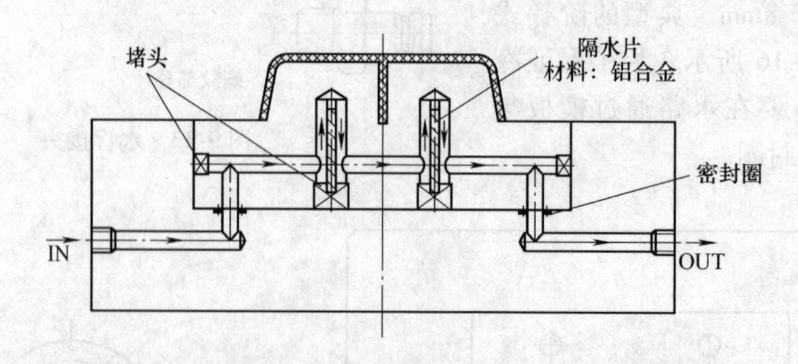

图 9-18　多个鸭舌片式水路

4. 喷水管式水路

单个喷水管式水路如图 9-19 所示，多个喷水管式水路如图 9-20 所示，要注意喷水管头部不能离塑件太近，以免影响型芯强度。

5. 螺旋式水路

螺旋式水路如图 9-21 所示，这种水路非常适用于桶状的产品。在进行设计时加一个入子，使水路在此入子上盘旋，然后从这个入子的中心下来，要注意它同样需要密封。

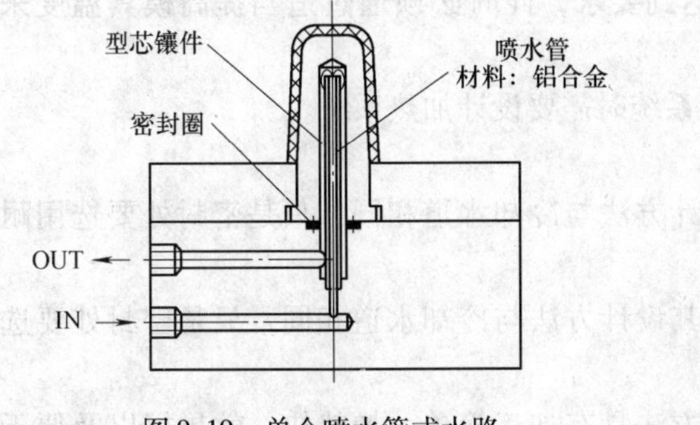

图 9-19　单个喷水管式水路

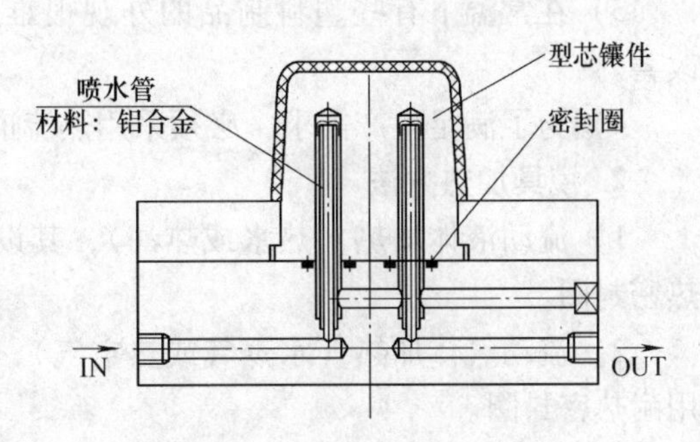

图 9-20　多个喷水管式水路

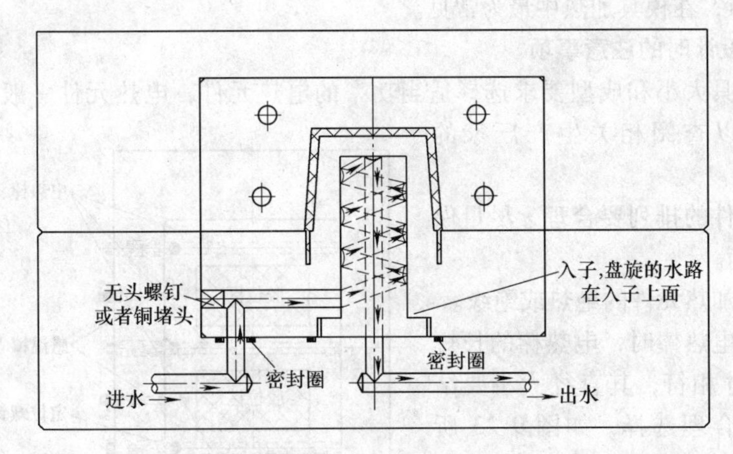

图 9-21　螺旋式水路

6. 散热杆式结构

散热杆式结构用于细长型芯的冷却，散热杆底部应有足够的储水位，如图 9-22 所示。模具型芯镶件的热量通过散热杆传递至流动的冷却水，从而达到冷却的目的，散热杆要选用热传导性能好、不生锈的材料，一般可选用铍青铜。

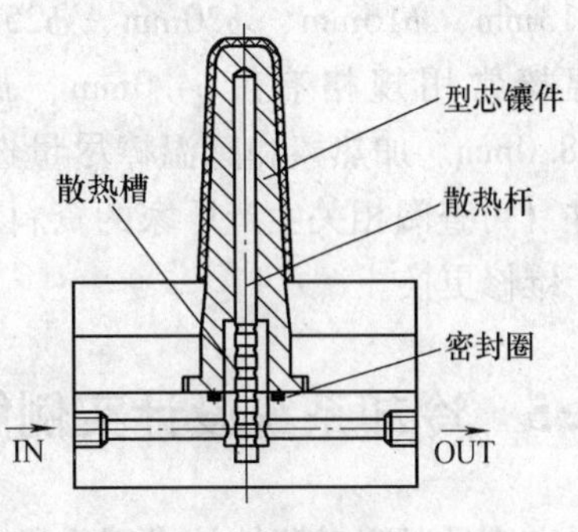

型芯镶件
散热槽
散热杆
密封圈
IN
OUT

图 9-22　散热杆式结构

9.4　加热系统的设计

对于流动性较差的塑料（PC、PPO、PSU 等），提高模具温度有利于减小塑件的内应力（模具温度通常为 80～120℃）。

1. 加热系统的适用场合

为了便于注塑成型和提高产品质量，对于有些塑料制品，在进行模具设计时需要设计加热系统，具体有以下几种情况：

1）塑料的流动性差，成型时要将模具温度升高至 80℃以上。

2）有些制品的局部（尖角、薄片等）很难成型时，可对模具进行局部加热，以防止塑料熔体在流动过程中冷却。

3）在常温下有些塑料制品的外观很难达到要求，此时必须通过适当提高模具温度来改善。

4）为了满足生产需求，必须采用热流道系统时需要设计加热系统。

2. 模具加热方法

1）流动液体加热（热水或热油），其设计方法与冷却水道相同，只是密封处要选用耐热密封圈。

2）流动气体加热（水蒸气或热空气），其设计方法与冷却水道相同，只是密封处要选用耐热密封圈。

3）电加热（电热棒或电热丝），此加热方法具有加工简单、加热快、效果好以及便于温度控制的优点，在模具加热中最为常见。

3. 电加热设计时的注意事项

1）根据模具大小和成型要求选择适当功率的电热元件，电热元件一般要选择标准规格，设计时可以查阅相关生产厂家的资料。

2）电热元件的排列要合理，尽量保证模具加热均衡。

3）要保证加热元件的绝热或绝缘。

4）在设计电热棒时，电热棒的长短要与内模仁尺寸相符，其直径大小要结合功率大小来合理选择，如图 9-23 所示。加热棒常用规格有：ϕ10mm、ϕ13mm、ϕ16mm、ϕ20mm、ϕ25mm；感温棒常用规格有：ϕ4. 0mm、ϕ6. 0mm、ϕ8. 0mm。加热棒和感温棒尽量选用标准件（可查阅相关生产厂家的资料），以便于维修更换。

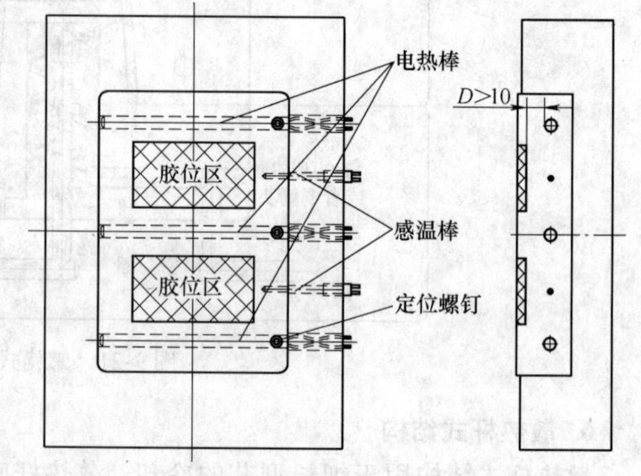

图 9-23 电热棒、感温棒

9.5 冷却系统设计实例解析

模具温度对塑件的成型质量、成型效率有着较大的影响。模具的冷却系统能够使已成型的高温产品尽快冷却，提高生产效率。

1. 前模冷却系统设计

根据遥控器后盖在前模仁的成型特点可知，前模仁主要是一个成型产品外表面的长方形型腔，水路可以设计成阶梯式，为了获得更好的冷却效果，可以采取多条单独的阶梯式水路（图 9-16 方式一），如图 9-24 所示。其中水路截面直径为 8mm，选取的密封圈直径为 16mm，需要对它施加一定的压紧力以防止漏水，模仁内的水路堵头规格为 M10。

总共在前模设计了 5 组阶梯式水路，它们相距 30mm 左右，如图 9-25 所示。前模水路 3D 图如图 9-26 所示。

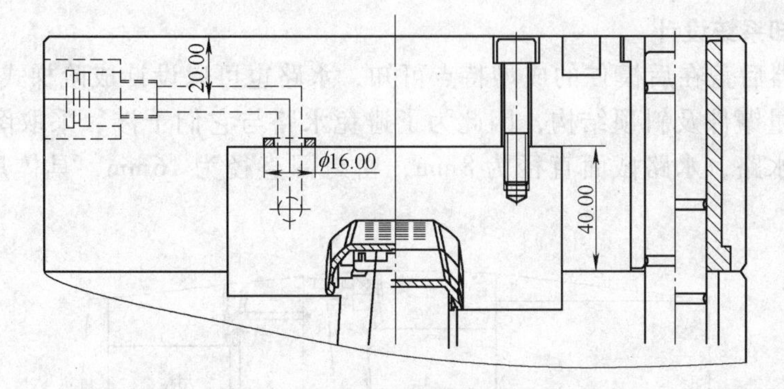

图 9-24　前模水路主视图

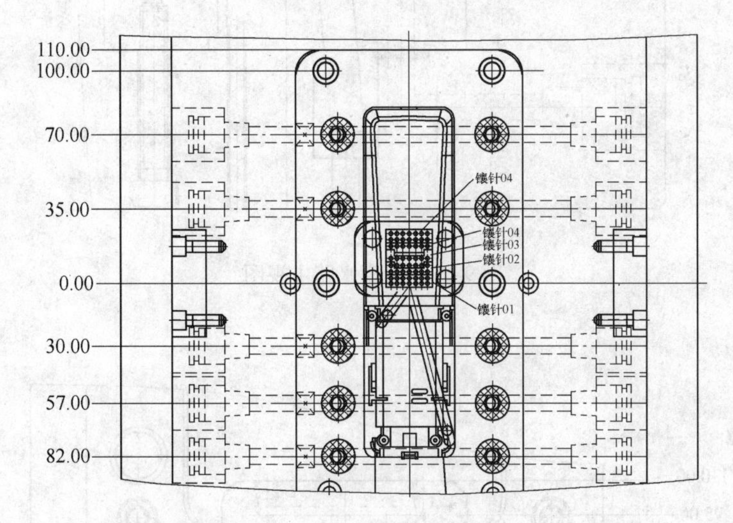

图 9-25　前模水路俯视图

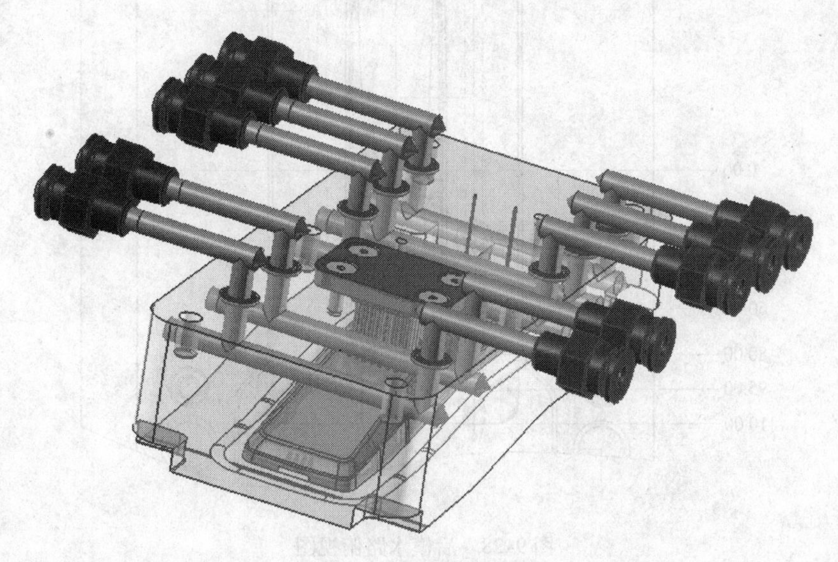

图 9-26　前模水路 3D 图

2. 后模冷却系统设计

根据遥控器后盖在后模仁的成型特点可知，水路也可以设计成阶梯式，但由于后模仁有顶针、大量镶件及斜顶结构，因此为了避免水路与它们干涉，采取图9-16所示方式2的阶梯式水路，水路截面直径为8mm，密封圈直径为16mm，具体尺寸见图9-27和图9-28。

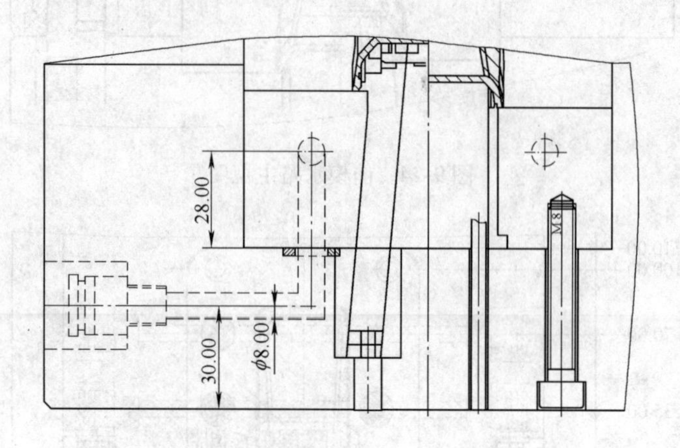

图9-27　后模水路主视图

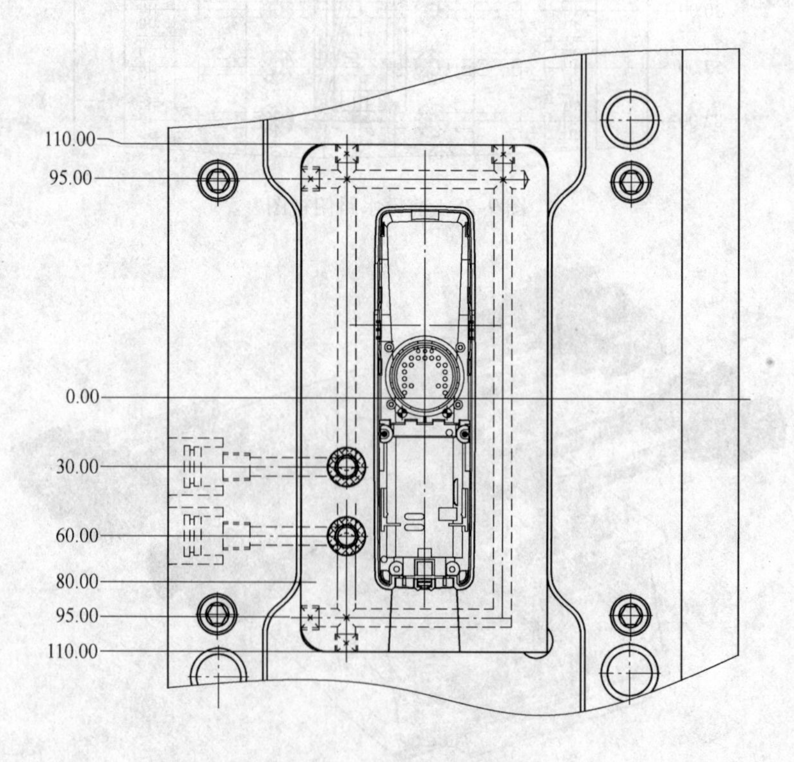

图9-28　后模水路俯视图

后模水路3D图如图9-29所示。

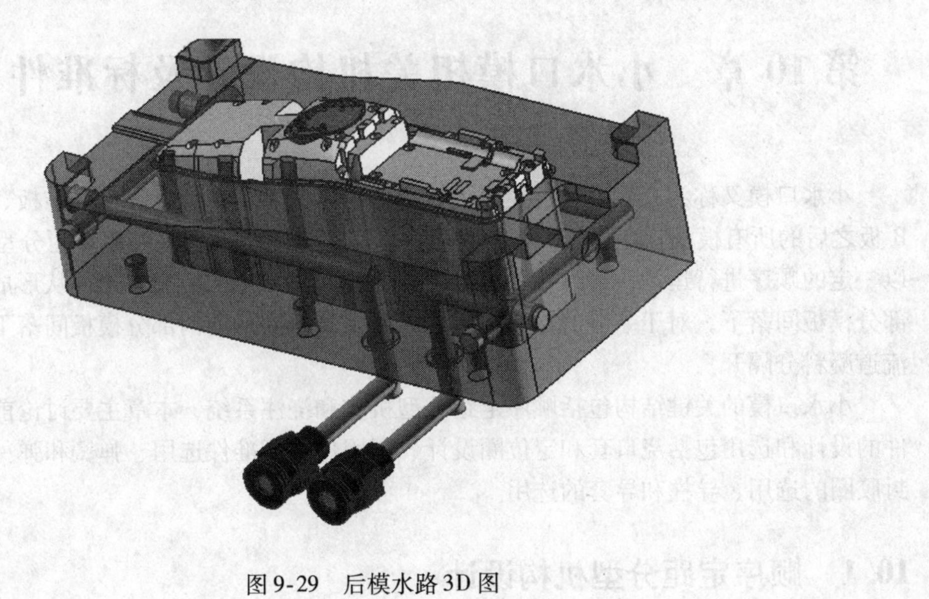

图9-29　后模水路3D图

第 10 章　小水口模相关机构设计及标准件的选用

小水口模又称为三板模，它主要由 3 个部分组成，即：顶板和水口推板、A 板、推板和 B 板之后的所有模板。在模具的开模过程中，以上 3 部分模板在顺序定距分型机构的作用下以一定的顺序进行运动，最终使各部分模板之间相隔一定的距离，塑件从形成分型面的后两部分模板间落下，对于一般的冷流道模具，流道凝料则从前两部分模板间落下，使得塑件与流道凝料分隔开。

小水口模的关键结构包括顺序定距分型机构和浇注系统，本章主要讨论前者。常用标准件的设计和选用包括浇口套和定位圈设计、紧固件类标准件选用、弹簧和弹弓胶的选用、密封胶圈的选用、导柱和导套的选用。

10.1　顺序定距分型机构设计

顺序定距分型机构包括顺序分型机构和定距分型机构。顺序分型机构用于控制模具多次分型时的先后分型顺序，使其按预定的分型顺序（PL1→P12→PL3）进行分型，如图 10-1 所示。

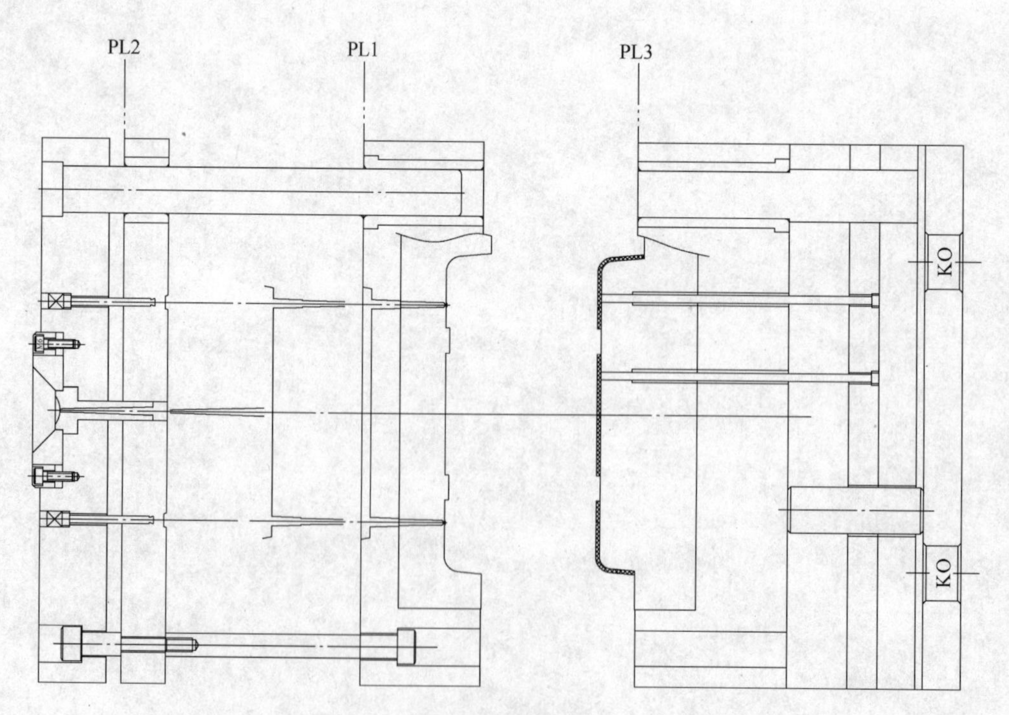

图 10-1　分型顺序

10.1.1　常用定距机构的形式

1. 拉杆定距

拉杆定距如图10-2所示，模具分型时，开模运动距离S后，拉杆台阶与模具台阶孔相碰，模具停止继续分型。

拉杆定距的特点是结构简单，易加工，由于拉杆是靠螺纹固定的，因此在开、合模时拉杆易松动，开模拉力较大时拉杆螺钉易断。此种结构设在模具内部，不影响模具外形尺寸。此种结构应用广泛，常用于受力不大的模具。

2. 止动销定距

止动销定距如图10-3所示，模具分型时，开模运动距离S后，止动销与导柱槽相碰，模具停止继续分型。

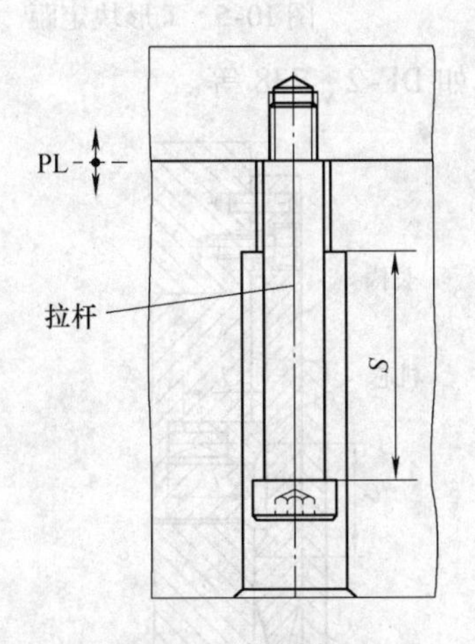

图10-2　拉杆定距

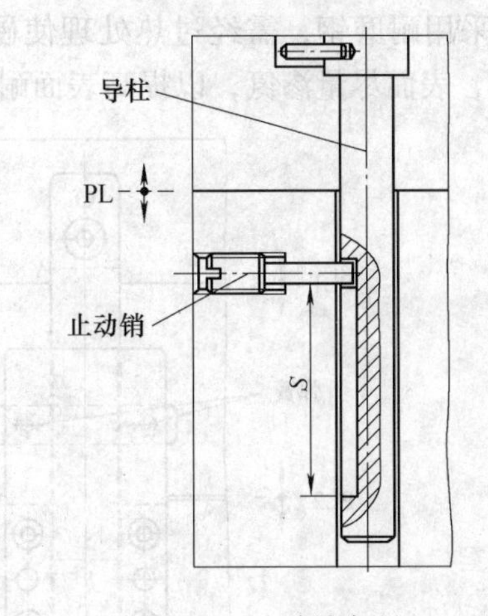

图10-3　止动销定距

止动销定距的特点是结构简单，不易加工，止动销受力大。此种结构设在模具内部，不影响模具外形尺寸，因此此种结构应用较广泛。

3. 拉板定距

拉板定距如图10-4所示，模具分型时，开模运动距离S后，限位销钉与拉板孔相碰，模具停止继续分型。

拉板定距的特点是结构简单，易加工，由于拉板是靠螺钉和销钉固定的，所以可以承受较大的拉力。拉板设在模具外部，拆卸维修方便，但会影响模具外形尺寸。此种结构应用广泛。

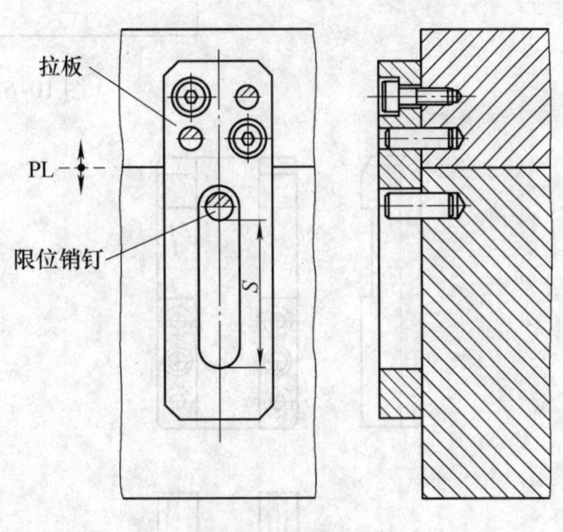

图10-4　拉板定距

4. T形块定距

T形块定距如图10-5所示，模具分型时，开模运动距离S后，限位销钉与T形块台阶相碰，模具停止继续分型。

T形块定距的特点是结构简单，不易加工，由于T形块是靠螺钉和销钉固定的，所以可以承受很大的拉力。T 形块设在模具外部，拆卸维修方便，但会影响模具外形尺寸。常用于受力很大的模具。

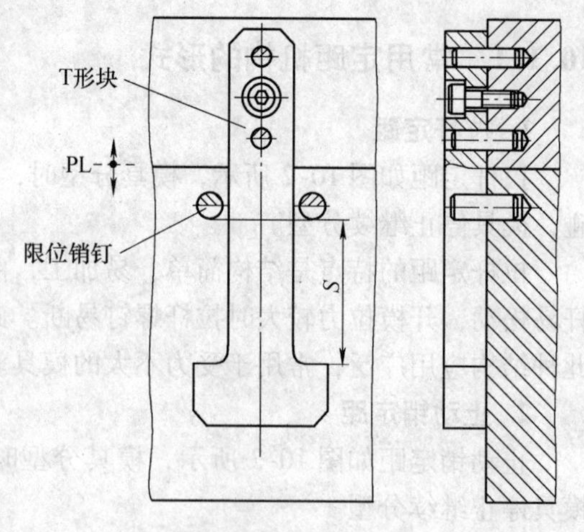

图 10-5　T 形块定距

5. 扣机定距

（1）扣机形式 1　如图 10-6 所示，机芯可以在弹簧力的作用下活动，在合模状态时，机座扣住机芯，开模运动距离 *S* 时，长钩压住机芯，使机座与机芯分离。此种结构可以实现如图 10-6 所示的分型顺序 PL1→PL2。

扣机形式 1 各零件的结构　扣机形式 1 如图 10-7 所示，包括机座、长钩、机芯。扣机的各零件一般采用耐磨钢，需经过热处理使硬度达到 48HRC，表面尽量渗氮，以提高表面耐磨性，如 DF-2、738 等。

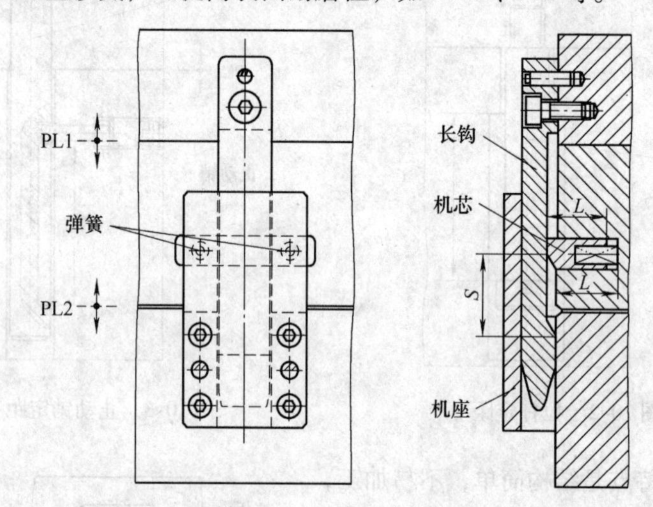

图 10-6　扣机形式 1

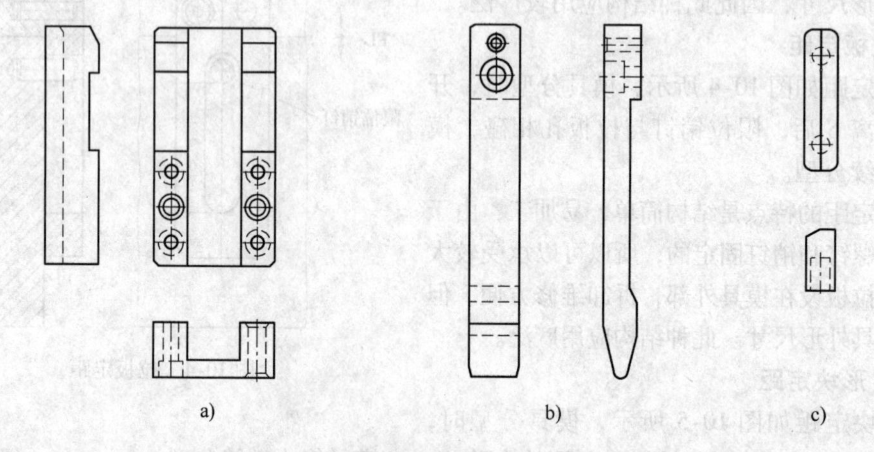

图 10-7　扣机形式 1 各零件的结构
a）机座　b）长钩　c）机芯

（2）扣机形式2　扣机形式2如图10-8所示，机芯可以在弹簧力的作用下活动，在合模状态时，机座扣住短钩，开模运动距离S时，长钩压住机芯，使机座与短钩分离。此种结构可以实现如图11-8所示的分型顺序PL1→PL2。

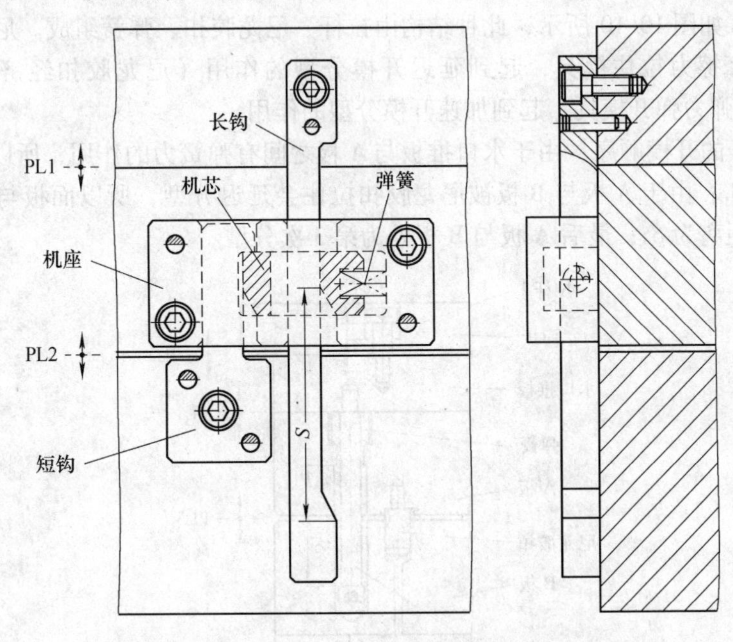

图10-8　扣机形式2

扣机形式2各零件的结构如图10-9所示，包括机座、短钩、长钩、机芯。扣机的各零件一般采用耐磨钢，需经过热处理使硬度达到48HRC以上，表面尽量渗氮，以提高表面耐磨性，如DF-2、738等。

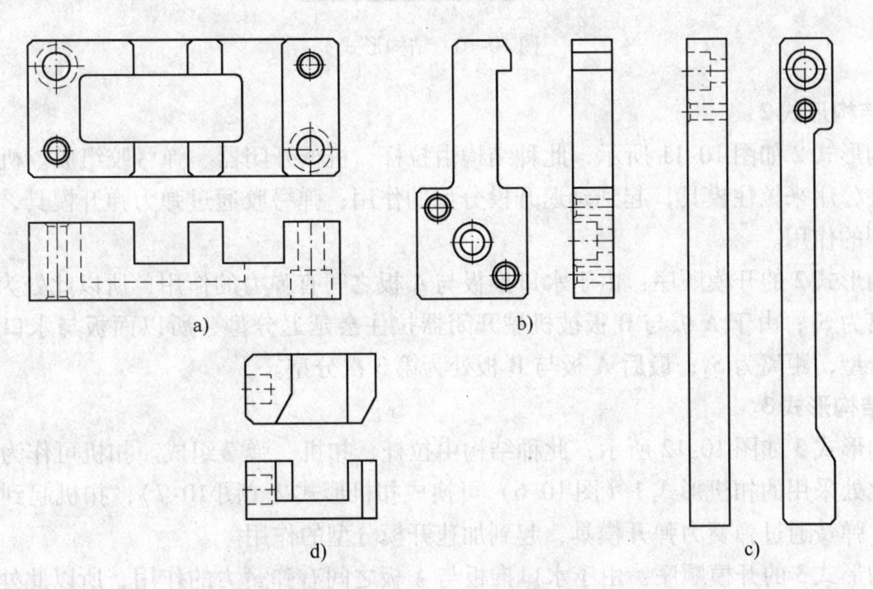

图10-9　扣机形式2各零件的结构

a）机座　b）短钩　c）长钩　d）机芯

10.1.2　顺序定距分型机构的结构设计

1. 结构形式1

结构形式1如图10-10所示，此种结构由拉杆、尼龙胶扣、弹簧组成。尼龙胶扣（树脂开闭器）通过摩擦力拉住模具，起到延迟开模分型的作用（尼龙胶扣经济实用，但易失效）；弹簧通过弹力弹开模具，起到加速开模分型的作用。

结构形式1的开模顺序：由于水口推板与A板之间有弹簧力的作用，所以此处为第1次分型，距离为S_1；由于A板与B板被尼龙胶扣拉住会延迟分型，所以面板与水口推板处为第2次分型，距离为S_2；最后A板与B板处为第3次分型。

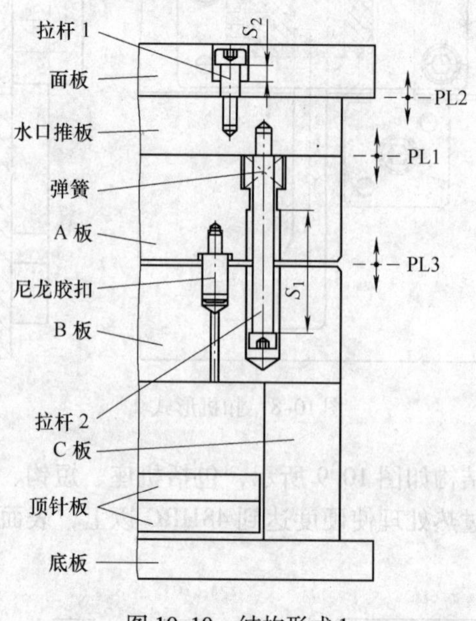

图10-10　结构形式1

2. 结构形式2

结构形式2如图10-11所示，此种结构由拉杆、机械开闭器、弹弓胶组成。机械开闭器为标准件，用来拉住模具，起到延迟开模分型的作用；弹弓胶通过弹力弹开模具，起到加速开模分型的作用。

结构形式2的开模顺序：由于水口推板与A板之间有弹力的作用，所以此处为第1次分型，距离为S_1；由于A板与B板被机械开闭器拉住会延迟分型，所以面板与水口推板处为第2次分型，距离为S_2；最后A板与B板处为第3次分型。

3. 结构形式3

结构形式3如图10-12所示，此种结构由拉杆、扣机、弹簧组成。扣机可作为标准件来使用，此处采用的扣机形式1（图10-6）可换成扣机形式2（图10-7），扣机起到延迟开模的作用；弹簧通过弹簧力弹开模具，起到加速开模分型的作用。

结构形式3的开模顺序：由于水口推板与A板之间有弹簧力的作用，所以此处为第1次分型，距离为S_1；由于A板与B板被扣机拉住，必须在PL1分型S后才会分型，所以面板与水口推板处为第2次分型，距离为S_2；A板与B板处为第3次分型。在分型过程中必须保

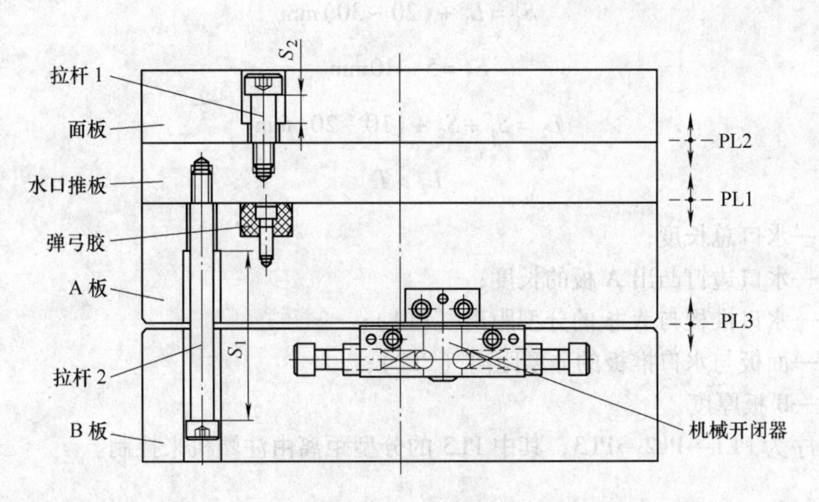

图 10-11　结构形式 2

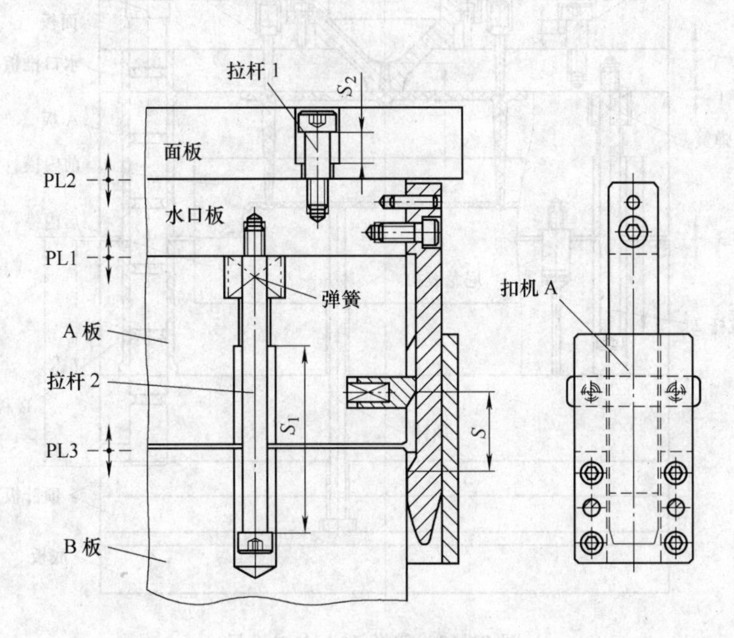

图 10-12　结构形式 3

证 $S_1 > S$。

4. 顺序定距分型机构设计要点

顺序定距分型机构的设计要点如下：

1）顺序定距分型机构在模具中要均衡布局，以使模具受力均衡，常采用 2 对或者 4 对。

2）设计顺序定距分型机构时，要注意不能使其与模具的其他部件相干涉，对于自动化生产的模具，外置顺序定距分型机构不能影响产品和浇注系统凝料的取出。

3）要根据模具大小及受力大小正确选择顺序定距分型机构的形式。

下面针对不同的模具类型来进行顺序定距分型机构的设计。

（1）简化型小水口模具　简化型小水口模具如图 10-13 所示，模具的设计要求如下：

$$S_1 = L_1 + (20 \sim 30)\,\mathrm{mm}$$

$$S_2 = 5 \sim 10\mathrm{mm}$$

$$L_2 = S_1 + S_2 + (10 \sim 20)\,\mathrm{mm}$$

$$L_2 > T$$

式中　L_1——水口总长度；

L_2——水口边钉凸出 A 板的长度；

S_1——水口推板与 A 板的分型距离（PL1）；

S_2——面板与水口推板的分型距离（PL2）；

T——B 板厚度。

分型顺序为 PL1→PL2→PL3，其中 PL3 的分型距离由注塑机来控制。

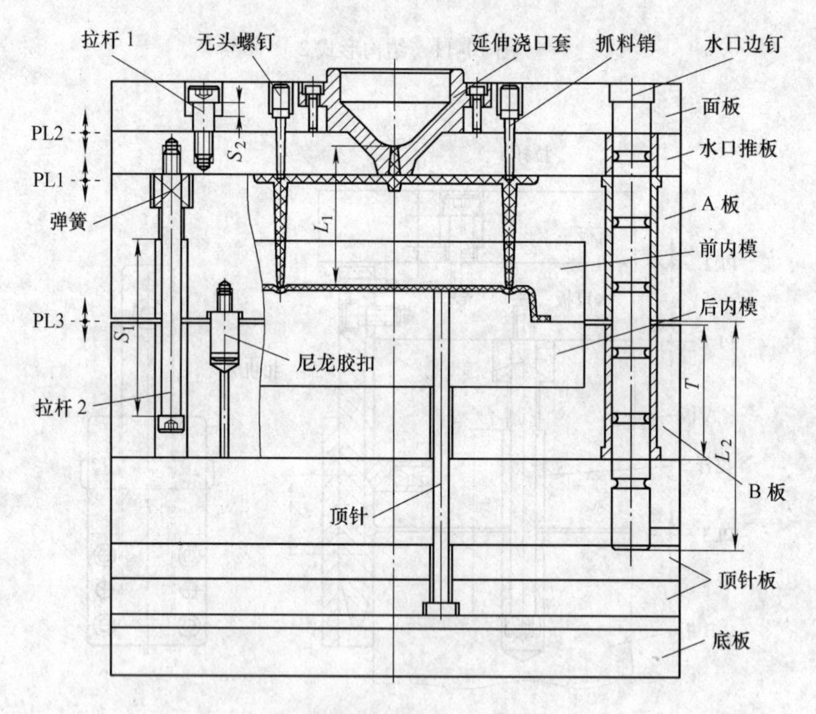

图 10-13　简化型小水口模具

（2）小水口模具　小水口模具如图 10-14 所示，模具的设计要求如下：

$$S_1 = L_1 + (20 \sim 30)\,\mathrm{mm}$$

$$S_2 = 5 \sim 10\mathrm{mm}$$

$$L_2 = S_1 + S_2 - (2 \sim 3)\,\mathrm{mm}$$

式中　L_1——水口总长度；

L_2——水口边钉凸出 A 板的长度；

S_1——水口推板与 A 板的分型距离（PL1）；

S_2——面板与水口推板的分型距离（PL2）；

T——B板厚度。

分型顺序为PL1→PL2→PL3，其中PL3的分型距离由注塑机来控制。

（3）前模抽芯模具　前模抽芯模具如图10-15所示，模具设计要求如下：

$$S_1 > S_2$$

$$L_1 > S_1 + (10 \sim 20)\text{mm}$$

式中　S_1——水口推板与A板的分型距离（PL1）；

L_2——水口边钉凸出A板的长度。

分型顺序为PL1→PL2，其中PL2的分型距离由注塑机来控制。

需要注意的是，PL1的分型距离S_1一定要保证行位滑块的运动行程S。此种结构尽量不要采用尼龙胶扣（易失效），除采用扣机外，也可以采用机械开闭器。

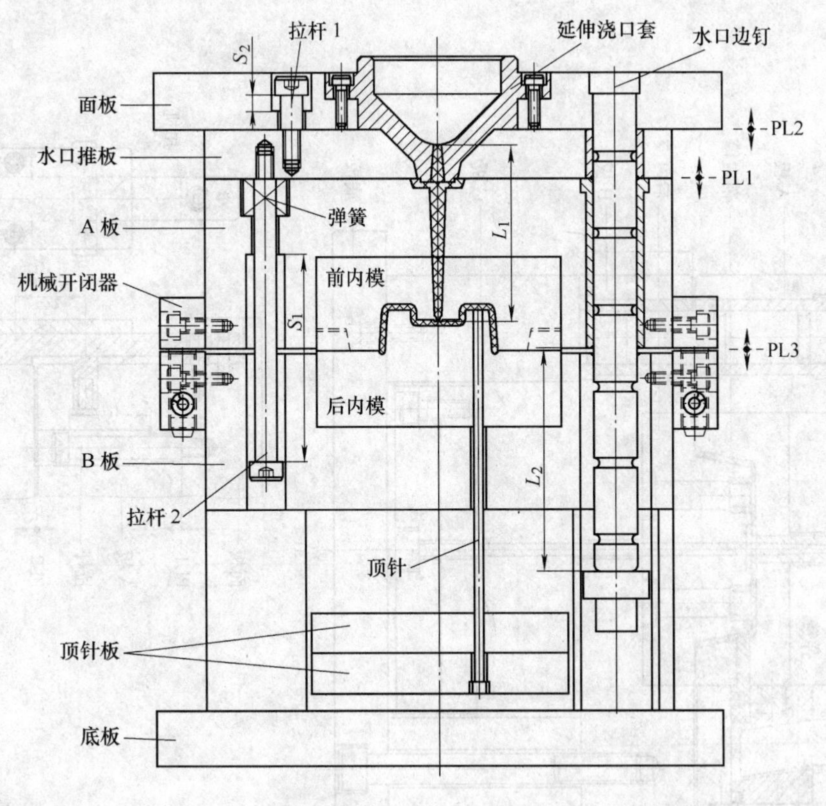

图10-14　小水口模具

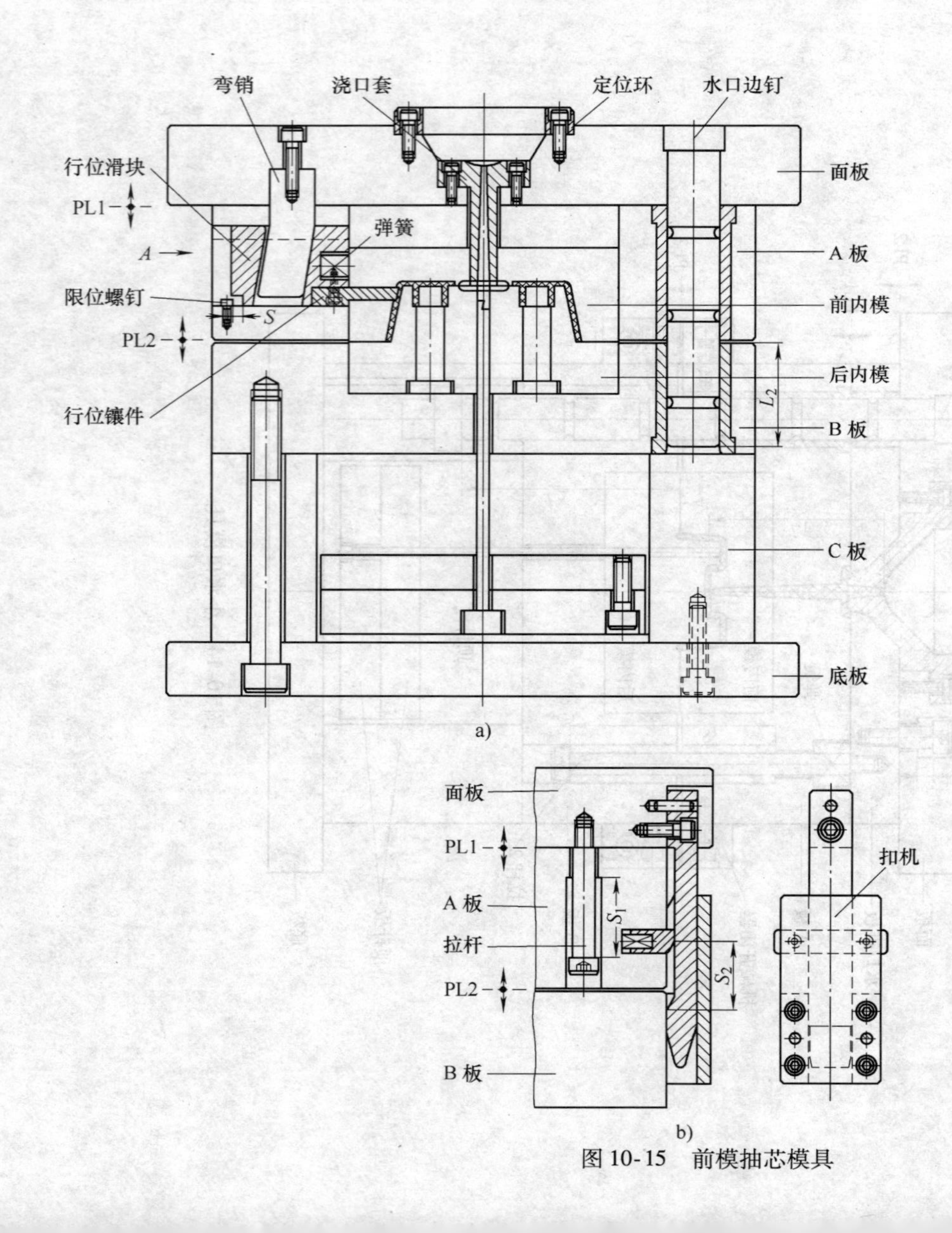

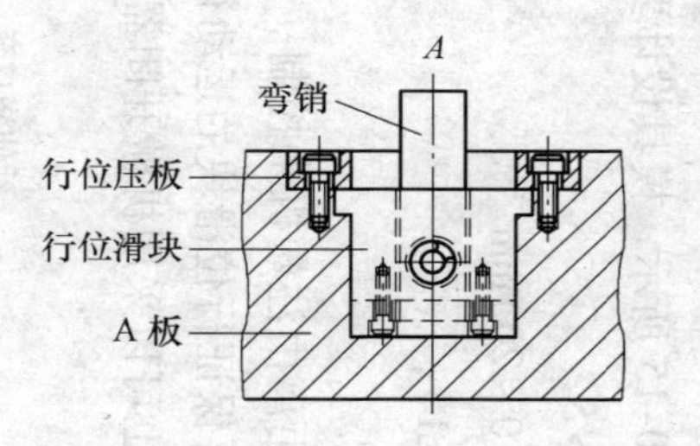

图 10-15 前模抽芯模具

10.2　相关标准件的设计

10.2.1　浇口套和定位圈的设计

1. 浇口套设计

浇口套通常分为大水口浇口套及小水口浇口套两大类。大水口浇口套是指用于二板模的浇口套，小水口浇口套是指用于三板模的浇口套，下面分别介绍其具体的使用情况。

（1）大水口浇口套　大水口浇口套常用基本形式如图10-16和图10-17所示。

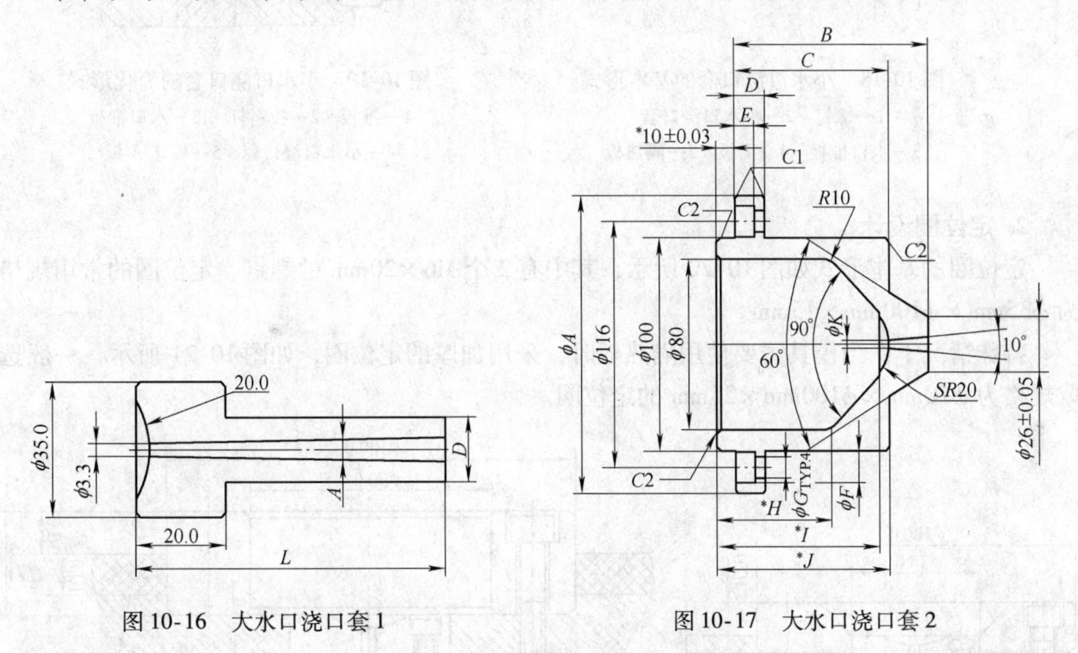

图10-16　大水口浇口套1　　　图10-17　大水口浇口套2

大水口浇口套通常根据模具成型塑件时所需塑料量的多少、所需浇口套的长度选用。所需塑料量多时，选用较大的浇口套，反之则选用较小的类型。根据浇口套的长度选取不同的夹角A，以便浇口套尾端的孔径能与主流道的直径相匹配。一般情况下，根据模坯的大小选取浇口套，模坯3535以下，选用$D=12$mm的类型；模坯3535以上，选用$D=16$mm的类型。

（2）小水口浇口套　小水口浇口套的基本形式如图10-18所示。当使用隔热板时，$H=20.0$mm；无隔热板时，$H=10.0$mm。锥面配合高度H_1范围内必须紧密贴合，一般$H_1\geqslant 8.0$mm。螺钉的规格为M8×20.0mm，数量为4个。

小水口浇口套的简化形式如图10-19所示。其特点是制作简单，将大水口浇口套的头部加工出锥面后即可使用。缺点是主流道太长，浪费熔料，水口推板与模坯A板的分型距离较大。适用对象如下：

1）模坯较小，一般在3030规格以下使用。

2）使用基本形式的小水口浇口套时，拉料杆难以固定，此时采用小水口浇口套的简化形式就可以避免为满足拉料杆的布置而增大模具尺寸。

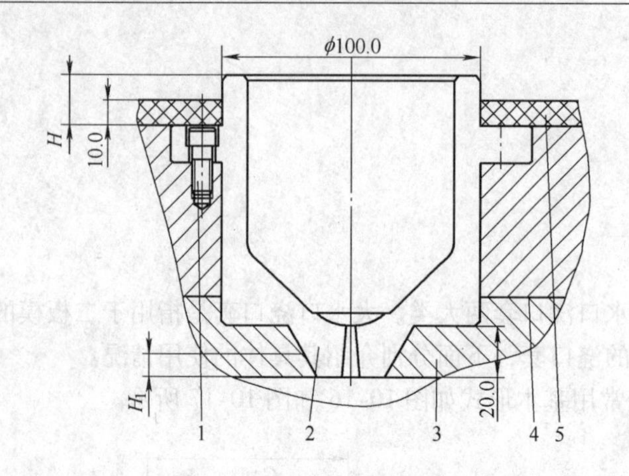

图 10-18 小水口浇口套的基本形式

1—螺钉 2—小水口浇口套

3—水口推板 4—面板 5—隔热板

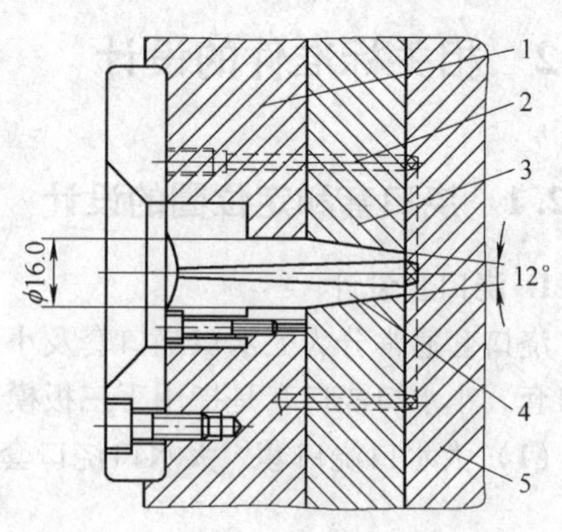

图 10-19 小水口浇口套的简化形式

1—推板 2—拉料杆 3—水口推板

4—小水口浇口套 5—模坯 A 板

2. 定位圈设计

定位圈的基本形式如图 10-20 所示，其中有 2 个 M6 ×20mm 的螺钉，定位圈的常用规格为 ϕ35mm × ϕ100mm × 15mm。

特殊情况下，当模具需要使用隔热板时，采用加厚的定位圈，如图 10-21 所示，一般选取规格为 ϕ70mm × ϕ100mm × 25mm 的定位圈。

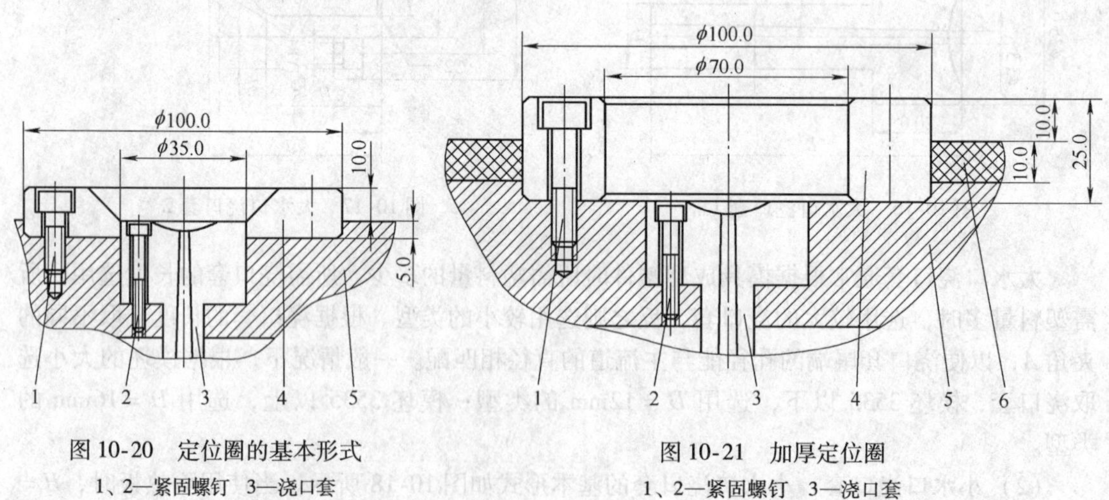

图 10-20 定位圈的基本形式

1、2—紧固螺钉 3—浇口套

4—定位圈 5—推板

图 10-21 加厚定位圈

1、2—紧固螺钉 3—浇口套

4—定位圈 5—推板 6—隔热板

10.2.2 紧固件类标准件的选用

模具中常用紧固件类标准件主要有：内六角圆柱头螺钉、内六角平端紧定螺钉（无头螺钉）和六角头螺栓。在模具中，紧固螺钉应按不同需要选用不同类型的优先规格，同时要保证紧固力均匀、足够。下面对各类紧固螺钉在使用中的情况加以说明。

1. 内六角圆柱头螺钉

内六角圆柱头螺钉的优先规格：M4、M6、M10、M12。内六角圆柱头螺钉主要用于锁定前、后模模料、型芯、小镶件及其他一些结构组件。除前述定位圈、浇口套所用的螺钉外，其他如镶件等所用螺钉以适用为主，并尽量满足优先规格，用于前、后模模料紧固的螺钉，应依照下述要求选用：

1）规格。模料宽度≤300mm 时，选用 M10；模料宽度 >300mm 时，选用 M12。

2）数量。模料长度≤300mm 时，使用 4 个螺钉；模料长度 >300mm 而且≤500mm 时，使用 6 个螺钉；模料长度 >500mm 而且≤800mm 时，使用 8 个螺钉。

3）中心距。螺钉中心距排布如图 10-22 所示。当选用 M10 时，$W_1=10.5\sim14.5$mm，$L_1=15n$（或 $20n$），其中 n 表示倍数；当选用 M12 时 $W_1=12.5\sim13.5$mm $L_1=25n$（或 $30n$），其中 n 表示倍数。

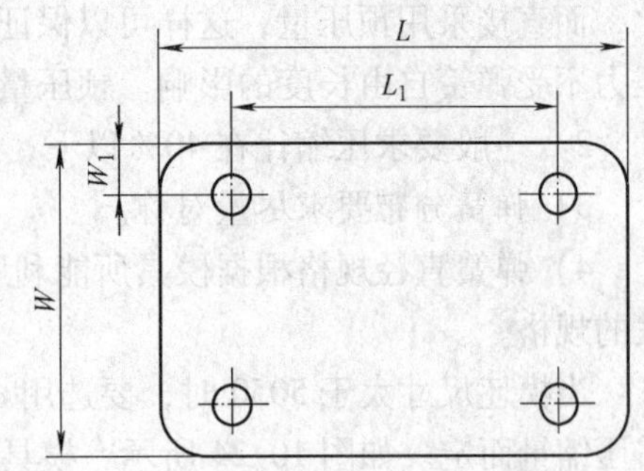

图 10-22　螺钉中心距排布

2. 内六角平端紧定螺钉（无头螺钉）

无头螺钉主要用于镶针、拉料杆、推管针的紧固，如图 10-23 所示。

在标准件中，ϕd 和 ϕD 相互关联，ϕd 是实际所用尺寸，所以通常以 ϕd 作为选用的依据，并按下列范围选用：

1）当 $\phi d\leqslant3.0$mm 时，选用 M8。

2）当 $\phi d\leqslant3.5$mm 时，选用 M10。

3）当 $\phi d\leqslant7.0$mm 时，选用 M12。

4）当 $\phi d\leqslant8.0$mm 时，选用 M16。

5）当 $\phi d\geqslant8.0$mm 时，用压板固定。

图 10-23　无头螺钉
1—无头螺钉　2—推管针

10.2.3　弹簧的选用

在模具中弹簧主要用作顶针板、行位等活动组件的辅助动力，不允许单独使用。模具用弹簧现已标准化，表 10-1 是模具用弹簧的基本技术规格。

表 10-1　模具用弹簧的基本技术规格

种　类	轻小荷重	轻荷重	中荷重	重荷重	极重荷重
色别（记号）	黄色（TF）	蓝色（TL）	红色（TM）	绿色（TH）	咖啡色（TB）
反复弹压 100 万次的压缩比（%）	40	32	25.6	19.2	16
反复弹压 50 万次的压缩比（%）	45	36	28.8	21.6	18
反复弹压 30 万次的压缩比（%）	50	40	32	24	20
最大压缩比（%）	约 58	约 48	约 38	约 28	约 24

模具中常用的弹簧是轻荷重弹簧。当模具较大，顶针数量较多时，必须考虑使用重荷重弹簧。轻荷重弹簧选用时应注意以下几个方面：

1）一般要求预压比为弹簧自由长度的 10% ~15%，直径较大的弹簧选用较小的预压比，直径较小的弹簧选用较大的预压比。在选用模具顶针板复位弹簧时，一般不采用预压比，而直接采用预压量，这样可以保证在弹簧直径尺寸一致的情况下，施加于顶针板上的预压力不受弹簧自由长度的影响。预压量一般取 10.0 ~18.0mm。

2）一般要求压缩比在 40% 以下，压缩比越小，使用寿命越长。

3）弹簧分布要求尽量对称。

4）弹簧直径规格根据模具所能利用的空间及模具所需的预压力而定，尽量选用直径较大的规格。

当模坯尺寸大于 5050 时，要选用 ϕ51.0mm 的弹簧。弹簧的自由长度应根据压缩比及所需压缩量而定。如图 10-24 所示，模具复位弹簧自由长度（L）的计算方法如下：L =（H_1 + 预压量）/压缩比，其中 H_1 为塑件需要推出的高度。则弹簧预压后的长度 B = L − 预压量，预压量通常取 10 ~15mm。

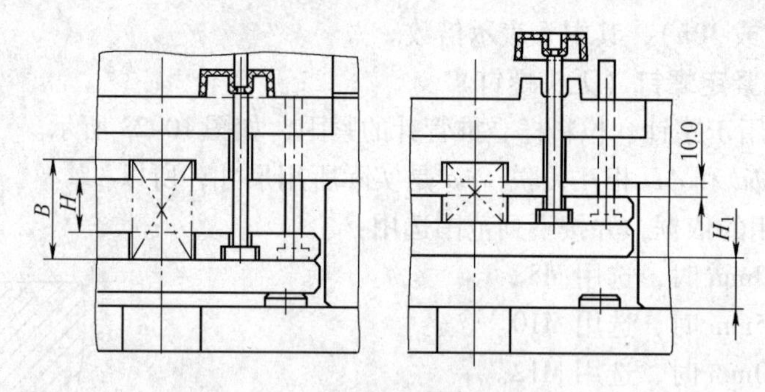

图 10-24　弹簧的选择

10.2.4　拉料杆的设计

拉料杆按其结构分为钩形拉料杆（图 10-25）和圆头形拉料杆（图 10-26），钩形拉料杆主要用于确保将流道、塑件留在后模一侧；圆头形拉料杆主要用于三板模，使流道凝料留在水口推板一侧。

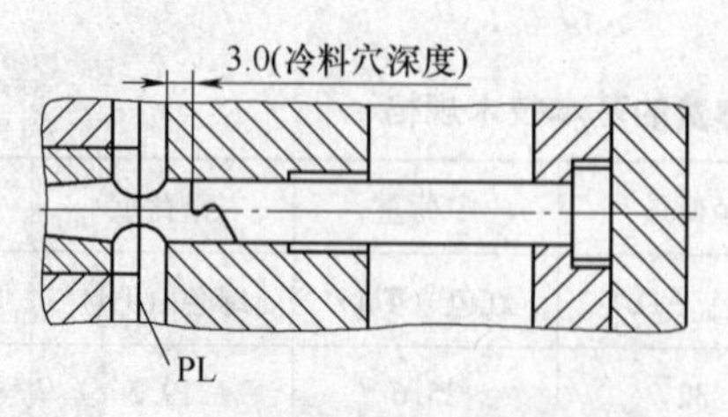

图 10-25　钩形拉料杆

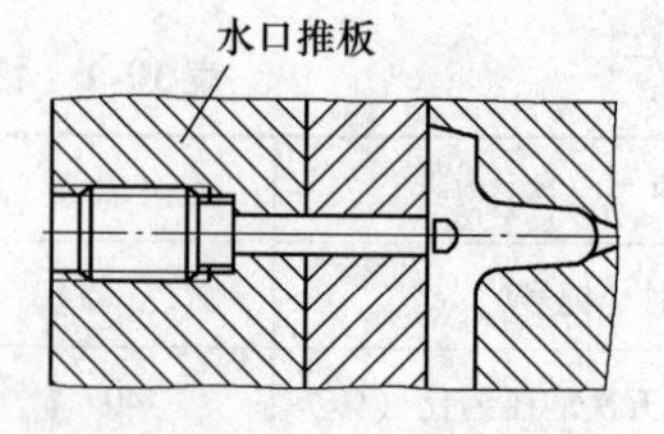

图 10-26　圆头形拉料杆

拉料杆在使用中应注意以下几点：

1）一套模具中若使用多个钩形拉料杆，则拉料杆的钩形方向要一致。

2）钩形拉料杆用于流道处时，必须预留一定的空间作为冷料穴，如图 10-25 所示。

3）使用圆头形拉料杆时，应注意图 10-27 所示的尺寸 D、L。若尺寸 D 较小，则拉料杆的头部将会阻碍熔料的流动；若尺寸 L 较小，则流道脱离拉料杆时易拉裂。

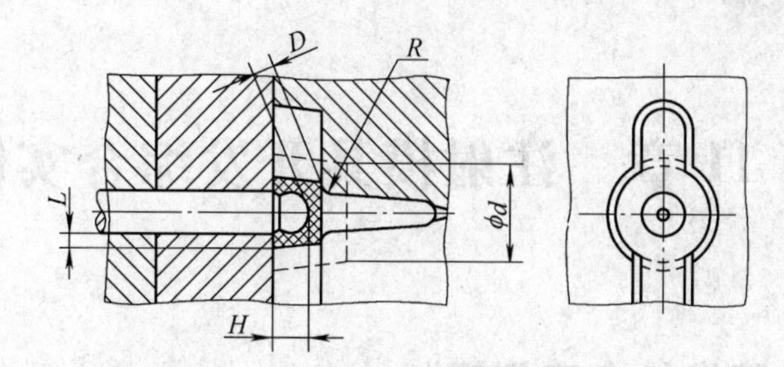

图 10-27　圆头形拉料杆尺寸设计

第 11 章　注射模具开发综合实例

11.1　注射模具开发综合实例解析

模具设计开发的基本流程通常为：产品工艺分析→模具组立图的绘制（包括型腔布局→模具类型、大小的选择→浇注系统的设计→成型机构的设计→推出系统的设计→冷却系统的设计→其他附属零件的绘制→模具组立图的标注）→3D 分模→模具零件加工图样的绘制→模具零件清单的制作→检查。下面以两个实例来详细讲解模具设计开发的基本流程。

11.1.1　实例一：手机电池盖的模具设计开发实例

图 11-1 所示为一款手机的电池盖图样，下面将详细讲解这个电池盖的模具设计开发过程。

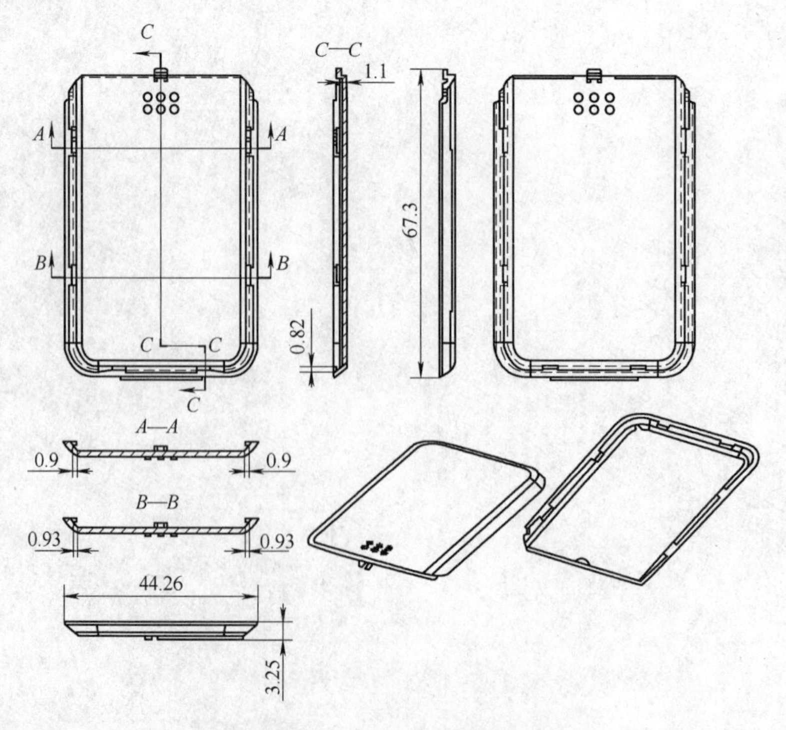

图 11-1　手机电池盖图样

1. 产品工艺分析

产品工艺分析主要包括以下内容。

（1）产品所用材料以及后处理要求　产品所用材料为 ABS/PC，它结合了 ABS 和 PC 两种材料的优异特性，具有两者的综合性能，例如具有 ABS 的易加工特性以及 PC 的优良力学性能和热稳定性，其收缩率为0.5%，产品后期需要进行涂装处理。

（2）脱模分析　为了保证产品能顺利脱模，产品母模部分的面脱模斜度通常大于3°，公模部分的面脱模斜度通常大于1°。如果产品的非定位面有垂直面，则通常需要进行脱模处理。对产品进行脱模斜度分析时，可以利用模具设计软件注射模向导中的“分型”工具，进入“注模部件验证”进行脱模斜度分析。经过脱模分析可以知道产品的脱模斜度是符合要求的。

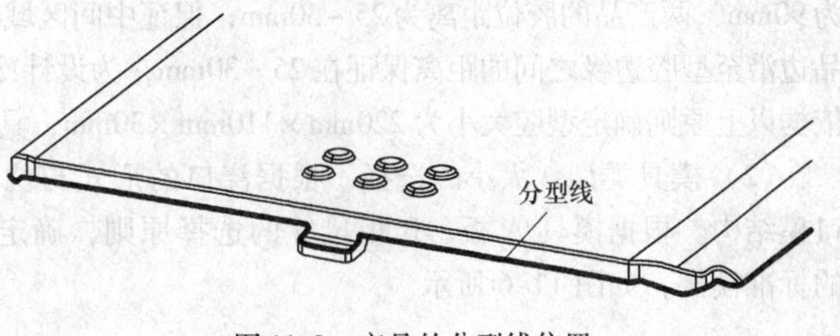

图11-2　产品的分型线位置

（3）产品的肉厚均匀性　采用软件对产品进行肉厚检查分析，检查产品中是否存在特别厚或者特别薄的区域，如果存在特别厚的区域则容易产生收缩现象，如果存在特别薄的区域则容易出现短射现象（即注塑不满）。通过对产品进行肉厚检查分析得知产品的平均肉厚为1.05mm，比较均匀，不存在特别厚或者特别薄的区域。

（4）产品的分型线位置　产品的分型线位置可以通过脱模分析大概确定，此产品的分型线位置如图11-2所示。

（5）产品的倒扣分析　此产品有6处内倒扣，如图11-3中椭圆形区域所示，这些内倒扣需要用斜顶成型。在倒扣后退的方向不存在阻碍斜顶后退的特征，完全可以满足倒扣的成型以及脱模要求。

（6）产品的进浇方式及位置　产品采用边缘浇口进浇，边缘浇口简单，便于加工，有利于注塑成型，但浇口处会留下比较明显的痕迹，由于产品此处不是外观面，浇口痕迹不影响产品质量，所以是合理的，产品浇口形式与位置如图11-4所示。

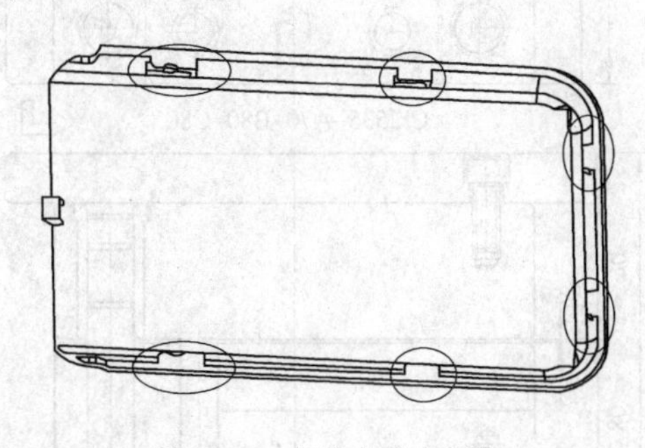

图11-3　产品中的内倒扣

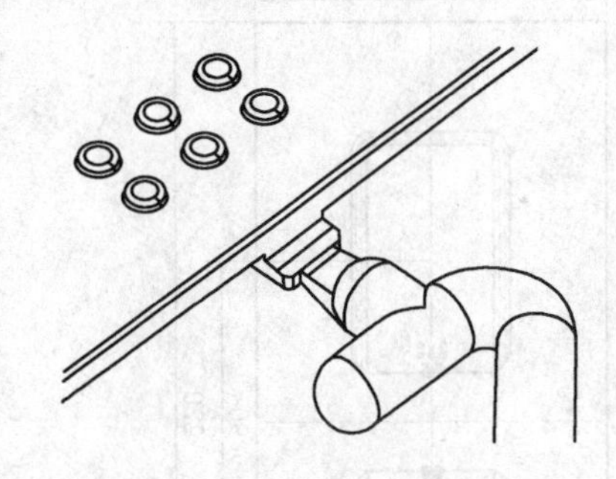

图11-4　产品浇口形式与位置

（7）产品的合理性分析　检查分析产品是否存在很尖锐的区域，是否存在反脱模斜度的面，是否存在很薄弱容易变形的特征。因为尖锐的区域会导致模具尖锐，使模具强度得不到保证，反脱模斜度的面形成倒扣导致产品不能脱模。经过检查分析，此产品不存在很尖锐的区域，也不存在反脱模斜度的面以及比较薄弱的特征，产品是合理的。

（8）检查产品与其配合的零件是否干涉　把产品与其配合的零件组装在一起，检查零件之间是否存在干涉的区域，如果有必要则向客户提出，请求修改。通过整体干涉分析检查确定此产品与其配合件不存在干涉现象。

2. 模具组立图的绘制

完成产品工艺分析，确定产品没问题后，开始进行模具组立图的绘制。

（1）型腔布局　从产品的批量以及模具成本、进浇方式与位置各方面进行综合考虑，确定型腔采用一模两穴的形式。两产品的位置呈绕模具中心旋转180°的关系，两产品的中心距离为90mm，两产品的胶位距离为25～30mm，保证中间区域有足够的空间设计分流道及浇口，产品边沿至型腔边缘之间的距离保证在25～30mm，为设计冷却水路以及型腔固定螺钉留有空间，依据以上原则确定型腔大小为220mm×110mm×30mm，具体布局如图11-5所示。

（2）模具类型、大小的选择　根据浇口的形式与位置以及型腔的布局形式，采用大水口模结构。根据模具A板、B板尺寸的选择原则，确定使用龙记CI2535—A70—B80—C80的标准模架，如图11-6所示。

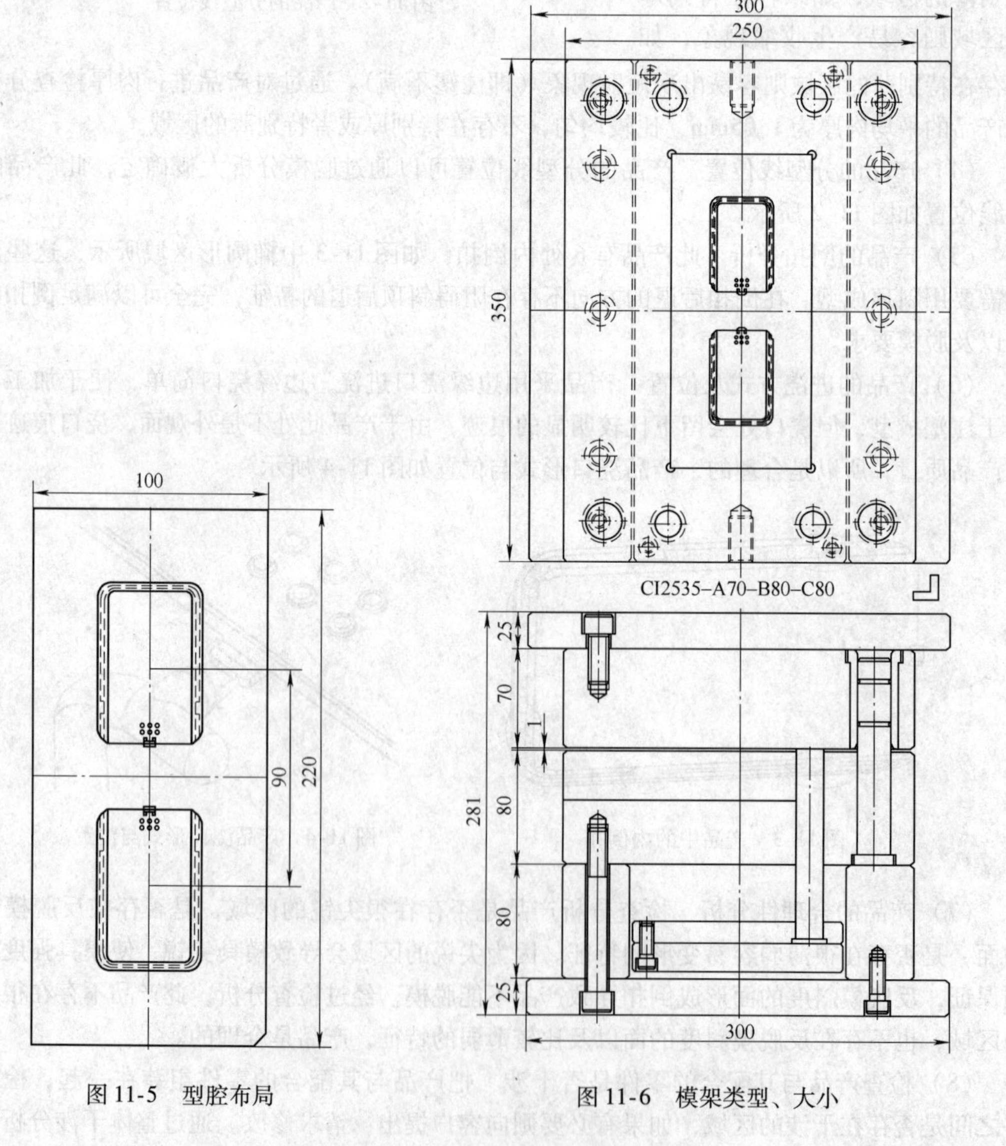

图11-5　型腔布局

图11-6　模架类型、大小

（3）浇注系统的设计　模具采用大水口类型及边缘浇口进浇，分流道采用S形，分流道、浇口的形式、大小及位置如图 11-7 所示，主流道形式如图 11-8 所示。

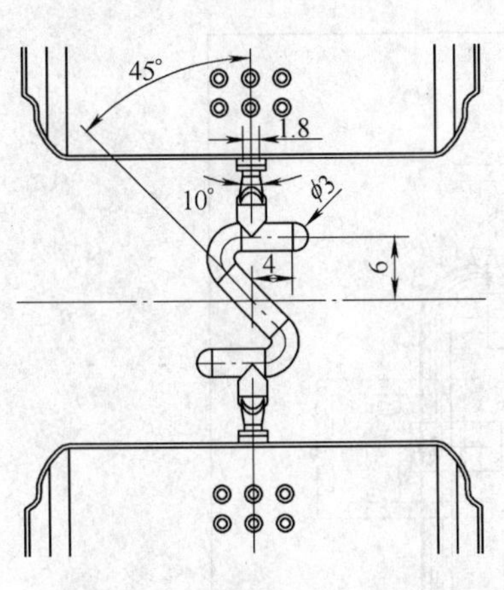

图 11-7　分流道、浇口的形式、大小及位置

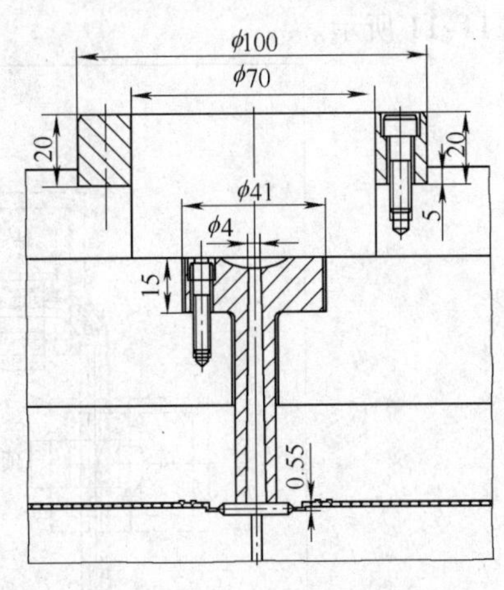

图 11-8　主流道形式

（4）成型机构的设计　产品有 6 个内倒扣，需要采用斜顶成型。根据内倒扣尺寸确定斜顶的角度以及推出高度。由于内倒扣尺寸基本在 1mm 以内，所以确定斜顶角度为 8°，推出高度为 15mm，斜顶后退行程为 2. 11mm，保证了斜顶能够完全退出内倒扣。斜顶座高度设计为 50mm，为了保证推出高度，动模板需要避空 15mm，绘制好斜顶的侧视图（如图 11-9）后，根据投影关系绘制其中一穴斜顶的平面图，如图 11-10 所示，绘制另一穴斜顶的平面图时，直接把绘制好的平面图旋转复制过去就可以了。

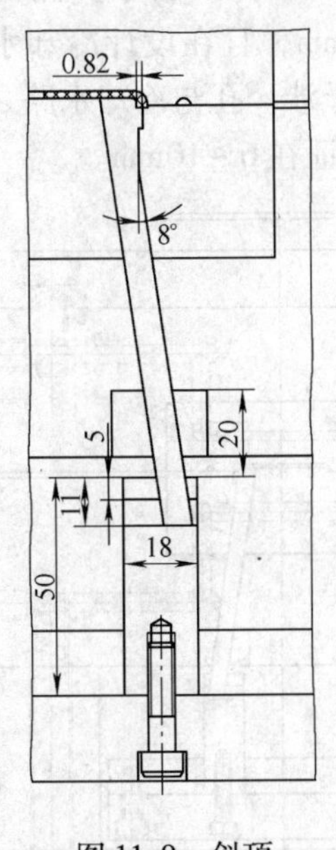

图 11-9　斜顶

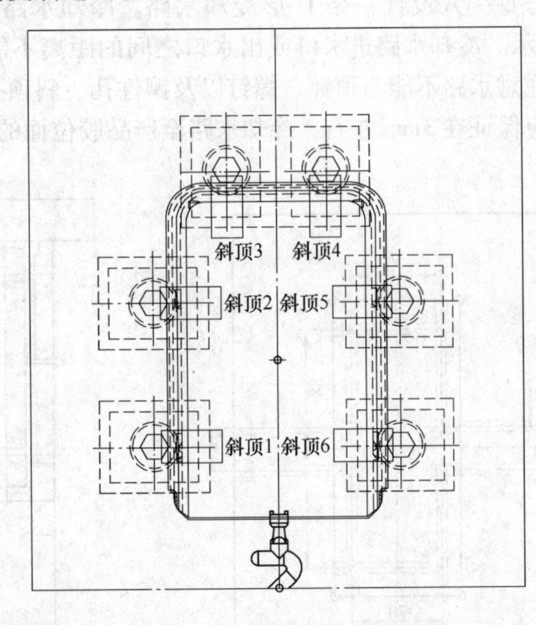

图 11-10　一穴斜顶的平面图

（5）推出系统的设计　由于此产品内部结构比较简单，又有 6 支斜顶，因此不需要顶针就完全可以推出产品，但为了防止产品在推出的过程中随斜顶一起运动从而导致倒扣不能

退出的情况发生，每一穴需要加两支圆顶针起定位作用，顶针需要进入产品 0.1mm，顶针位置如图 11-11 所示。

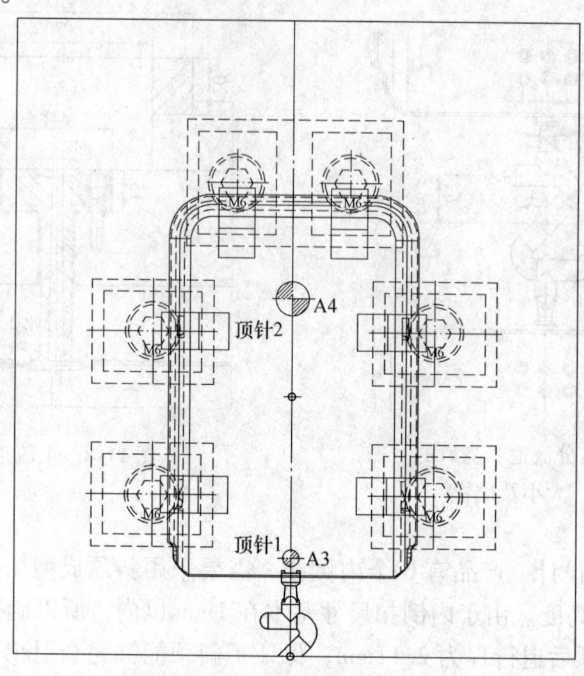

图 11-11　一穴的顶针位置图

（6）冷却系统的设计　由于模具采用的是一模两穴的形式，为了提高冷却效果，动模、定模部分每一穴设计一条 U 形冷却水路。冷却水路平面图如图 11-12 所示，侧视图如图 11-13所示。冷却水路进水口或出水口之间的距离不能小于 28mm，且在设计冷却水路的时候需要注意水路不能与顶针、螺钉以及镶件孔、斜顶孔等发生干涉。孔与冷却水路之间的最小距离应保证在 3mm 左右，冷却水路至产品胶位面的距离应保证在 6 ~ 10mm。

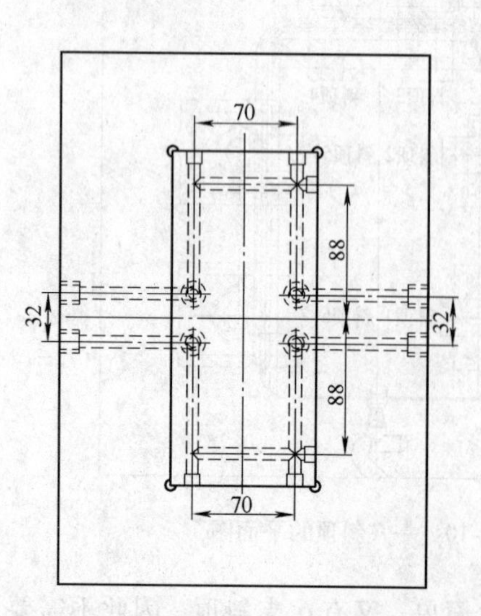

图 11-12　冷却水路平面图

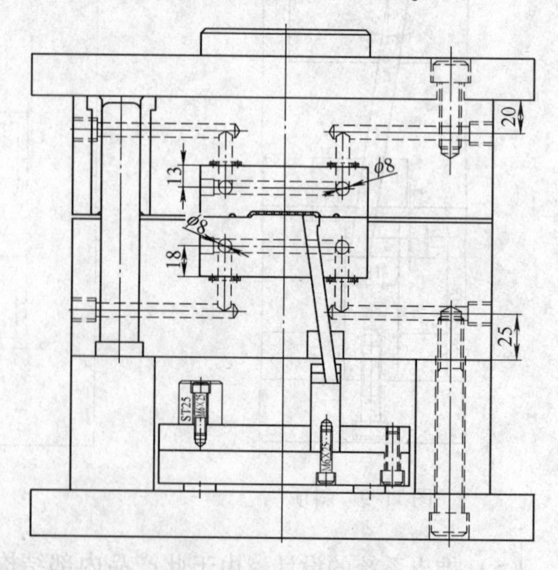

图 11-13　冷却水路的侧视图

（7）其他附属零件图的绘制　在完成模具的主要系统设计之后，还需要设计一些模具的附属零件，比如垃圾钉、支承柱、推出限位块、各个零件的固定螺钉、复位弹簧、定位块等。垃圾钉可以固定在推板上，也可以固定在动模座板上，垃圾钉直径、厚度选用标准件尺寸，数量根据顶针面板空间大小决定，通常使用6~8个，均匀布置，其中4个布置在复位杆的正下方。由于模架比较长，为了保证模具不会因为受到注射压力的作用而变形，需要设计支承柱以提高模具的强度，支承柱要比方铁（垫块）高0.15mm左右，支承柱（图11-14）的直径通常采用标准尺寸，支承柱根数根据顶针面板空间大小决定。在设计附属零件时，要保证各个零件互不干涉。

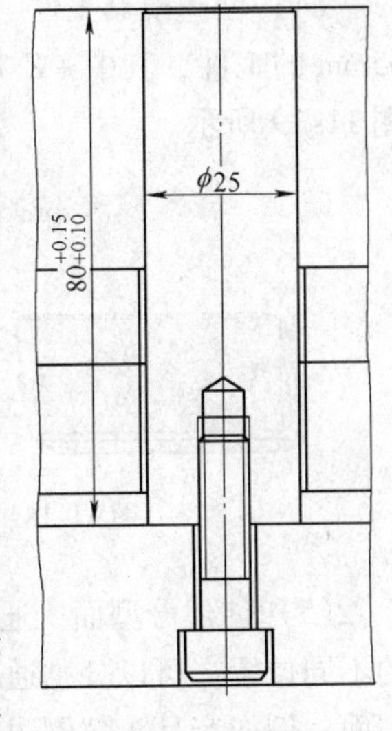

图11-14　支承柱

（8）模具组立图的标注　在完成组立图的绘制后，需要对其进行标注。组立图上的各个零件、特征的位置尺寸、形状尺寸以及模具的长、宽、高都要详细标注清楚。位置尺寸通常采用坐标标注，以模具中心为坐标原点进行标注。通常需要将产品正、反面的立体图放在组立图中。在组立图中，要写清必要的技术说明以指导钳工装配。正确填写好图框标题栏。标注好的模具组立图如图11-15（见书后插页）所示。

3. 3D分模

在绘制并标注好组立图之后，进行3D分模。3D分模需要完全根据组立图的相关尺寸进行。如果在进行3D分模时出现与组立图不一致的情况，则需要与绘制组立图的工程师进行沟通，协商之后由组立图的绘制人先行将组立图的相关尺寸进行修改后，才能进行下一步分模工作。如果不进行沟通协商就容易出现组立图与3D分模结果不一致的情况，容易导致加工错误。

（1）建立模具中心坐标系　首先创建一个包容产品方块，通过方块确定产品中心，建立工作坐标系，如图11-16所示。然后通过“移动对象”命令以“坐标到坐标”的方式将产品以工作坐标系为基准与绝对坐标系对齐。以绝对坐标系作为模具中心坐标系，再通过“移动对象”命令将产品移动到与组立图一致的位置，如图11-17所示。

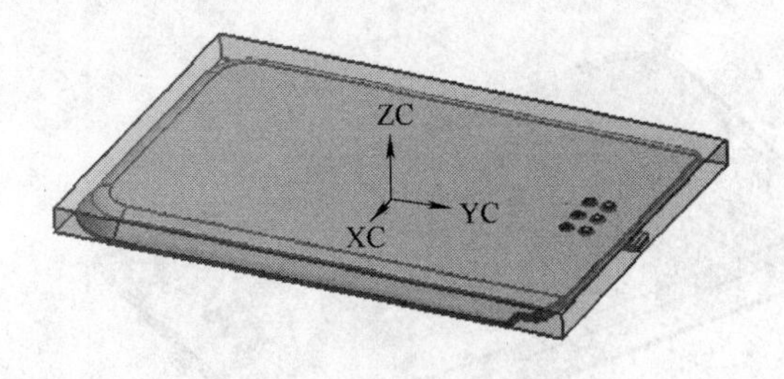

图11-16　产品中心坐标系

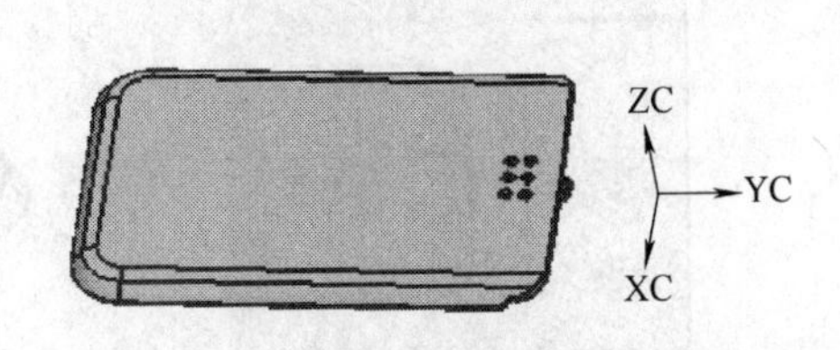

图11-17　产品与模具中心坐标系

（2）设置收缩率　将原来的产品放置于图层4，从原来的产品中抽取一个实体放置于图层5，将图层4关闭（以保证后续操作不对原产品进行任何修改），然后对抽取出来的产品设置0.5%的收缩率（即把产品放大1.005倍）。此后就以设置了收缩率的产品进行分模。

（3）布局产品　通过“移动对象”命令把设置了收缩率的产品绕模具中心坐标系 Z 轴

旋转复制，如图 11-18 所示。

（4）创建模具工件　通过“拉伸”命令依据模具组立图的尺寸创建 220mm × 100mm × 65mm 的工件，其中 + Z 方向高度为 30mm，- Z 方向高度为 - 35mm，创建好的模具工件如图 11-19 所示。

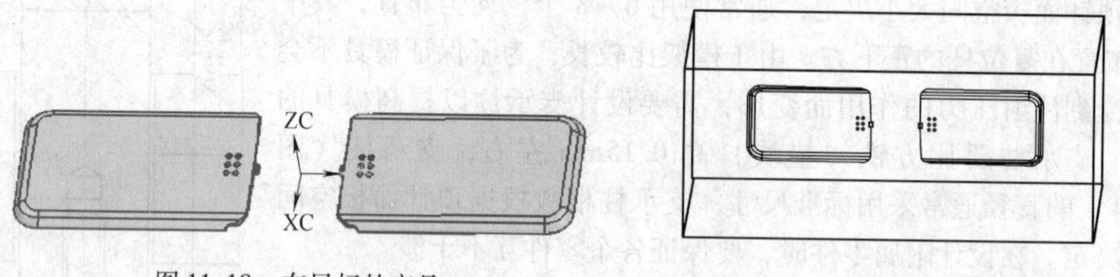

图 11-18　布局好的产品　　图 11-19　创建好的模具工件

（5）创建分型面　通过上述对产品的工艺分析，已经知道模具的分型线位置。在产品的不同位置，可以分别通过拉伸、复制面、扫掠、曲面延伸、自由曲面等方法局部地创建分型面，例如产品头部侧边的分型面如图 11-20 所示，产品头部进浇位置的分型面如图 11-21 所示，产品尾部的分型面如图 11-22 所示。抽取产品的母模面，如图 11-23 所示，然后通过“剪切”、“缝合”等命令把所有分型面缝合成一个完整的母模面，如图 11-24 所示。把它放置于图层 28。

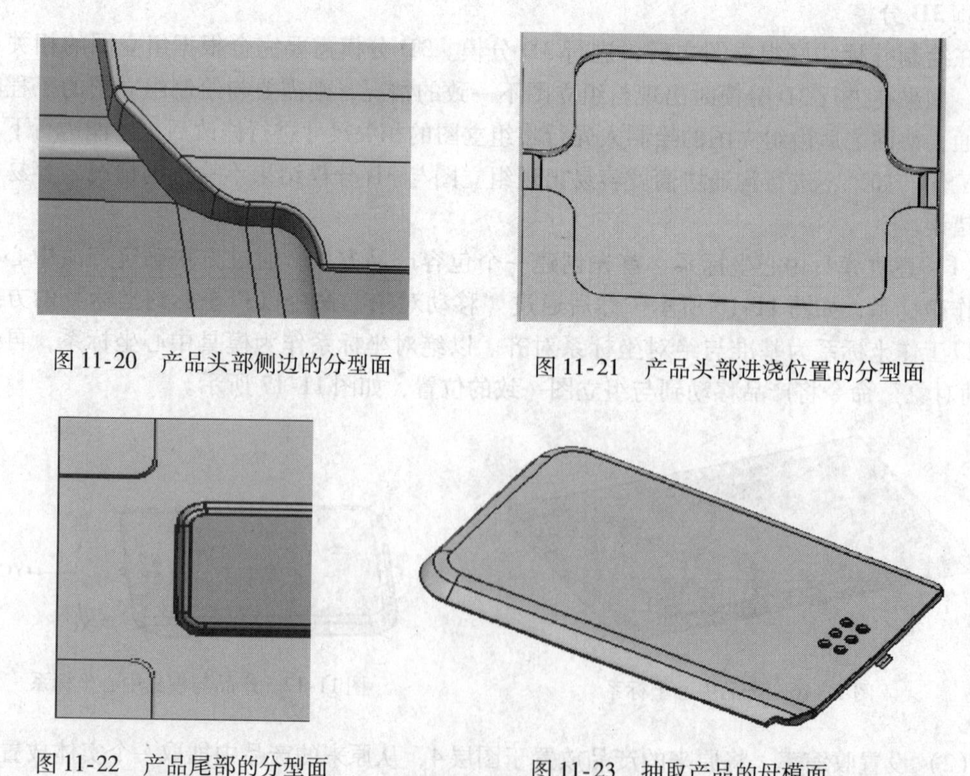

图 11-20　产品头部侧边的分型面　　图 11-21　产品头部进浇位置的分型面

图 11-22　产品尾部的分型面　　图 11-23　抽取产品的母模面

（6）创建公、母模仁　在母模面创建好之后，把模具工件放置于图层 7，另外复制一个模具工件放置于图层 8，并关闭图层 7，然后使用“剪切体”命令，把图层 8 的模具工件作为目标体，把母模面作为刀具体，保留工件母模部分，成功创建好母模仁，如图11-25所示。把图层8关闭，把图层7打开。同样使用“剪切体”命令，把图层7的模具工件作为目标体，把母模面作为刀具体，保留工件公模部分，然后抽取一个产品实体与其求差，完成公模仁的创建，如图11-26所示。

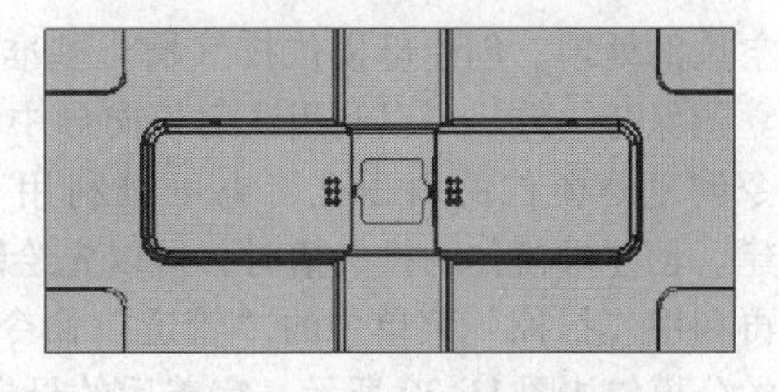

图11-24　缝合后的完整母模面

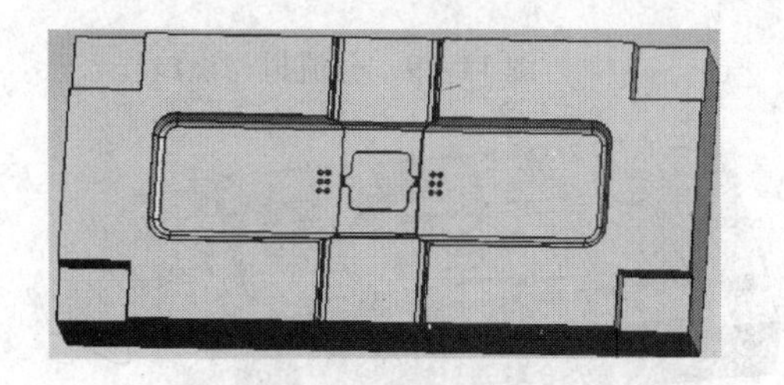

图11-25　母模仁

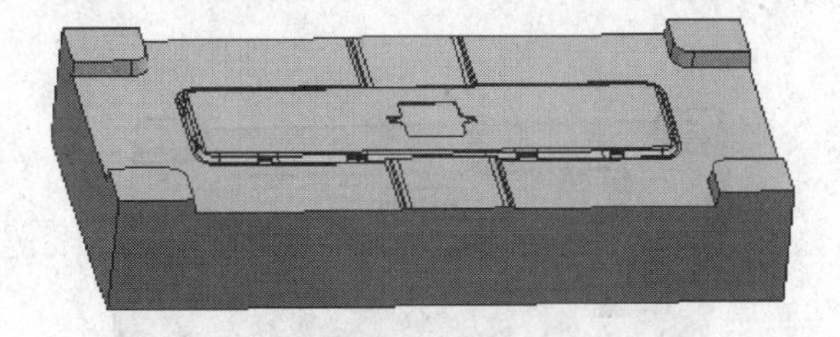

图11-26　公模仁

（7）创建斜顶　利用“拉伸”命令，根据组立图的尺寸在倒扣位置绘制图11-27所示的斜顶草图，拉伸距离设置为6.5mm，拉伸出斜顶的形状，每一处倒扣都拉伸一支斜顶，尽量保证尺寸一致。完成一穴的斜顶之后，绕Z轴复制旋转到另外一穴。然后对斜顶与公模仁求交，以斜顶作为目标体，公模仁作为刀具体，保持刀具体。完成创建的斜顶如图11-28所示。

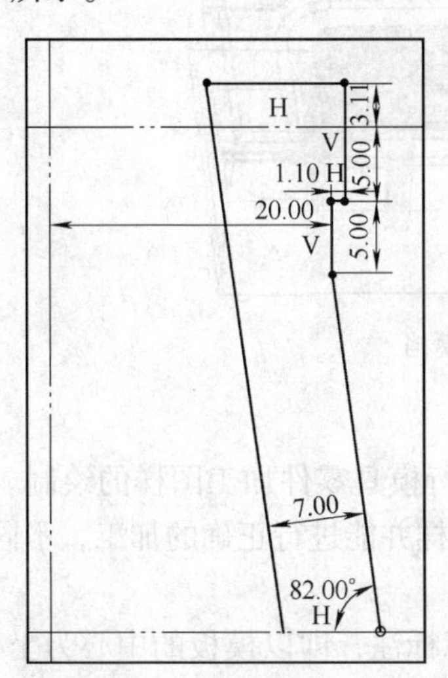

图11-27　斜顶草图

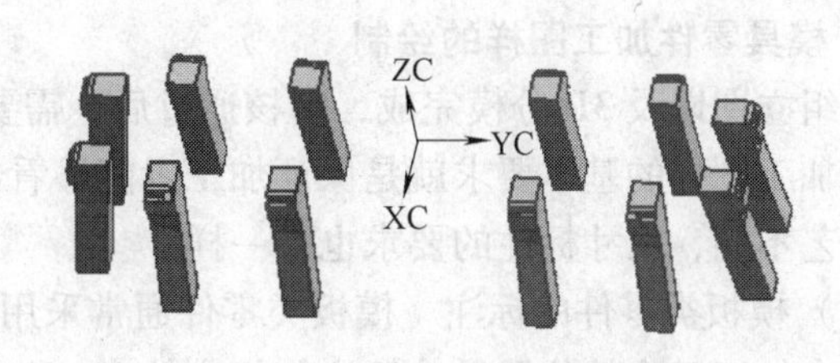

图11-28　完成创建的斜顶

（8）创建分流道与浇口　根据组立图中分流道、浇口的尺寸，利用“扫掠”菜单中的“管道”命令完成分流道的创建，然后利用“拉伸”、“拔模”等命令完成浇口的创建，对分流道与浇口求和，如图11-29所示。然后分别与母模仁、公模仁求差完成分流道与浇口的剪切。

（9）完善公、母模仁　在完成斜顶、流道、浇口等的创建后，还需要对公、母模仁进行完善，以便于加工及装配，主要包括倒基准角、倒斜角、创建斜顶孔、定位虎口避空位的处理、创建母模仁排气槽。基准角一定要与组立图保持一致。可以利用注射模向导中的“腔体”命令创建公模仁的斜顶孔，也可以利用与斜顶求差创建。创建母模仁的排气槽时，可以先绘制好投影曲线，再利用“扫掠”菜单中的“管道”命令完成。完善后的公模仁如图11-30所示。完善后的母模仁如图11-31所示。

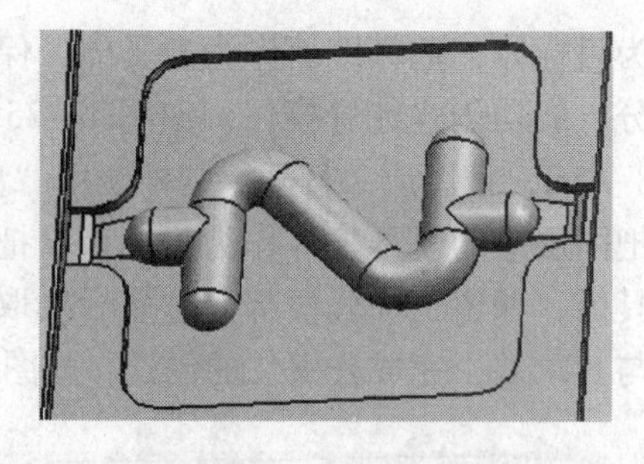

图11-29 分流道与浇口

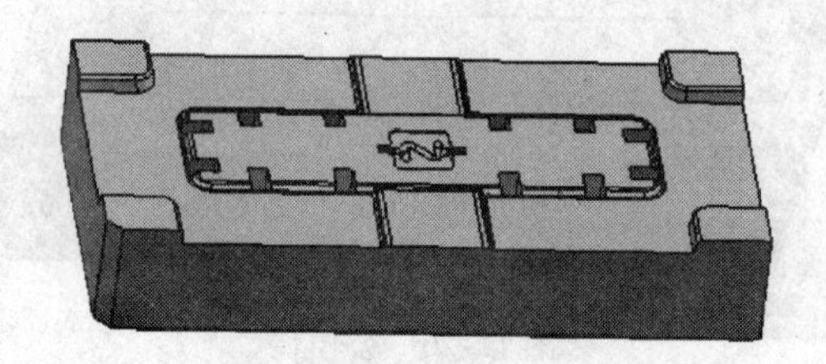

图11-30 完善后的公模仁

图11-31 完善后的母模仁

（10）完整的3D分模档 完整的3D分模档如图11-32所示。

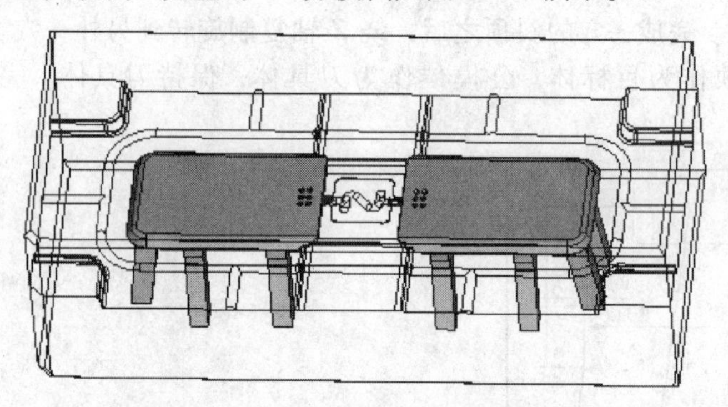

图11-32 完整的3D分模档

4. 模具零件加工图样的绘制

在组立图以及3D分模完成，审核通过后，需要进行模具零件加工图样的绘制。绘制模具零件加工图样的基本要求就是保证加工者能够看懂图样并能进行正确的加工，不同零件因加工工艺不同，尺寸标注的要求也不一样。

（1）模板类零件的标注 模板类零件通常采用坐标标注，即以模板的中心为坐标原点，零件各个加工工位的位置尺寸标注其相应的*X*、*Y*坐标值。零件加工需要用到的各个特征的位置尺寸以及形状尺寸必须标注齐全，不需要加工的特征尺寸就不必标注，例如，母模板中属于模架本身、已经加工好的标准件特征（导套孔、母模板固定螺钉孔、吊模螺钉）尺寸就没有必要再标注了；采用数控编程加工的特征也不需要标注，例如，如果模板的模仁槽采用数控加工中心加工，那么就没必要标注槽的尺寸了，但如果采用普通铣床加工就必须标注。通常模板类零件只需要标注磨床加工、铣床加工、钻床加工的特征尺寸。模板的基准角位置必须标明，且要与组立图的基准角保持一致，防止加工时方向放错。标注完成后还需要准确无误地填写好图框标题栏。母模板加工图样如图11-33所示。

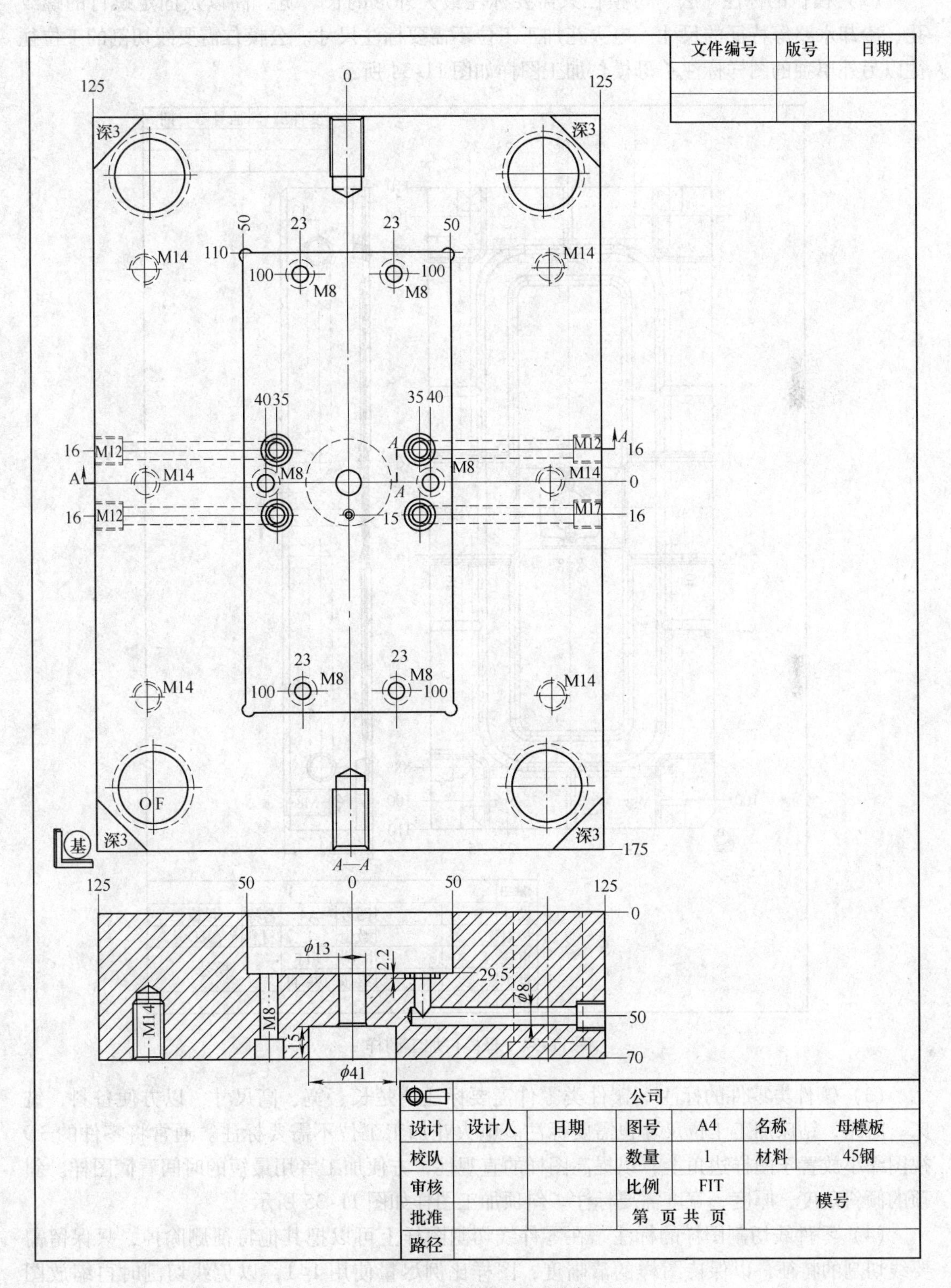

图11-33　母模板加工图样

（2）模仁的标注　公、母模仁只需要标注最大外形的长、宽、高以及固定螺钉的螺纹孔、冷却水路等特征的尺寸。电火花加工工位不需要标注尺寸。公模仁需要线切割的工位往往以另外单独的图样标注。母模仁加工图样如图 11-34 所示。

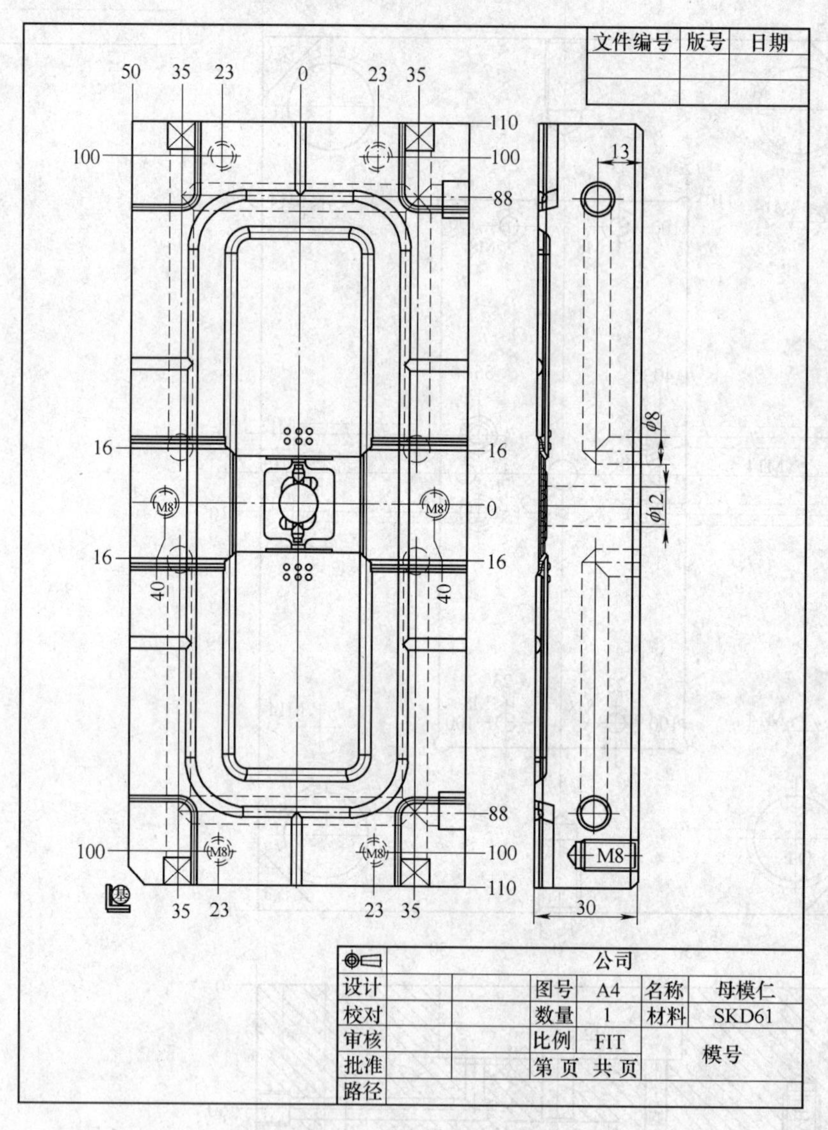

图 11-34　母模仁加工图样

（3）镶件类零件的标注　镶件类零件需要标注清楚长、宽、高尺寸，以方便备料，铣床、磨床、钻床加工工位尺寸也需要标注。电火花加工工位不需要标注。通常将零件的 3D 视图缩小放置于图样边角上，以提高图样的直观性，方便加工者用最短的时间看懂图样。斜顶的倾斜角度、厚度、宽度需要标注。斜顶加工图样如图 11-35 所示。

（4）零件线切割图样的标注　在零件线切割图样上可以把其他特征删除掉，只保留需要线切割的特征，以保持图样的清晰度，图样比例尽量使用 1∶1，以免线切割时再缩放图样。标注时只需要标注线切割穿线孔位置以及倾斜角度，其他相关尺寸不需要标注。公模仁斜顶孔线切割图如图 11-36 所示。

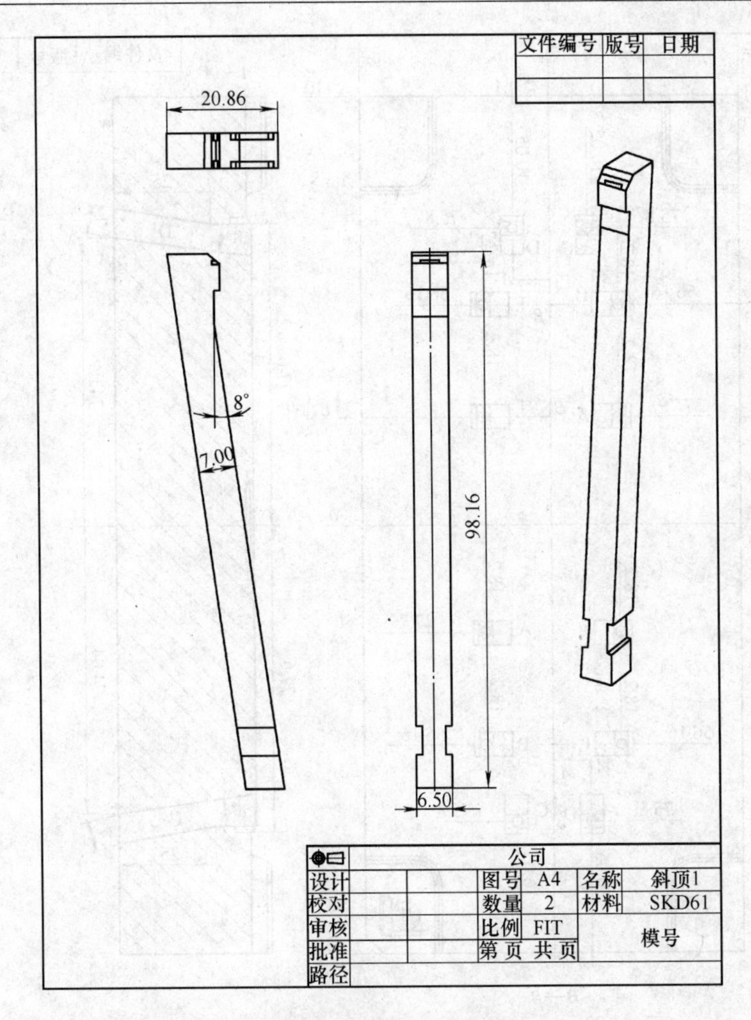

图11-35　斜顶加工图样

(5) 顶针位置图的绘制　绘制顶针位置图时通常使用坐标标注，把每一支顶针的坐标标注清楚，并注明每一类顶针的数量，以便于加工者看懂图样，如图11-37所示。也可以采用列表的形式标明相应标号顶针的 *X*、*Y* 坐标值。在绘制顶针位置图时需要认真检查是否与组立图顶针数量一致，避免出现遗漏或者多余的现象。

模具零件加工图样绘制完成后需要进行相关事项的检查，主要包括以下事项：

1) 零件图样的表达是否正确、完整，特别要注意模板类零件。

2) 模具零件的尺寸标注是否齐全。

3) 图框标题栏的填写是否正确、完整，特别要注意零件数量、材料、编号。

4) 检查模具零件加工图样与组立图是否一致，是否遗漏特征。

5. 模具零件清单的制作

模具零件图样绘制完成后，还需要制作模具零件清单，以便于备料。制作模具零件清单时需要把所有的模具零件名称、数量、材料、规格写清楚，注明是否为标准件，如果为标准件就不需要绘制加工图样，注明标准件的编号以方便备料。模具零件清单如图11-38所示。

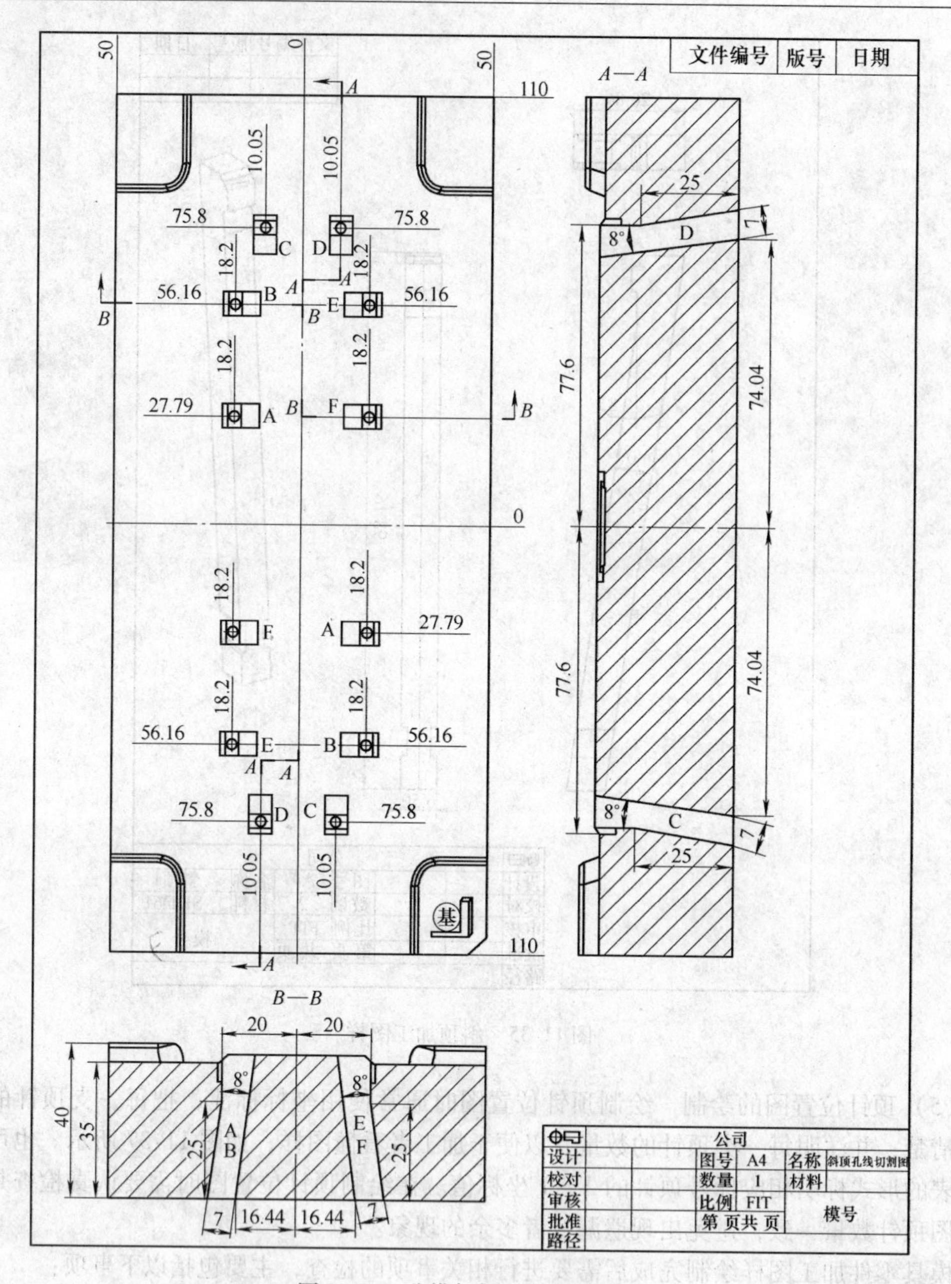

图 11-36　公模仁斜顶孔线切割图

6. 检查

在完成所有图样的绘制以及零件清单的制作后，发图样前还需要进行一次完整的检查，通常需要检查以下方面：

1）确认分型线位置是否正确。

2）确认浇口形式和位置、流道大小、浇口套形式是否正确。

3）确认收缩率设置是否正确。

4）确认模仁基准角是否正确。

5）确认模具脱模斜度是否合理。

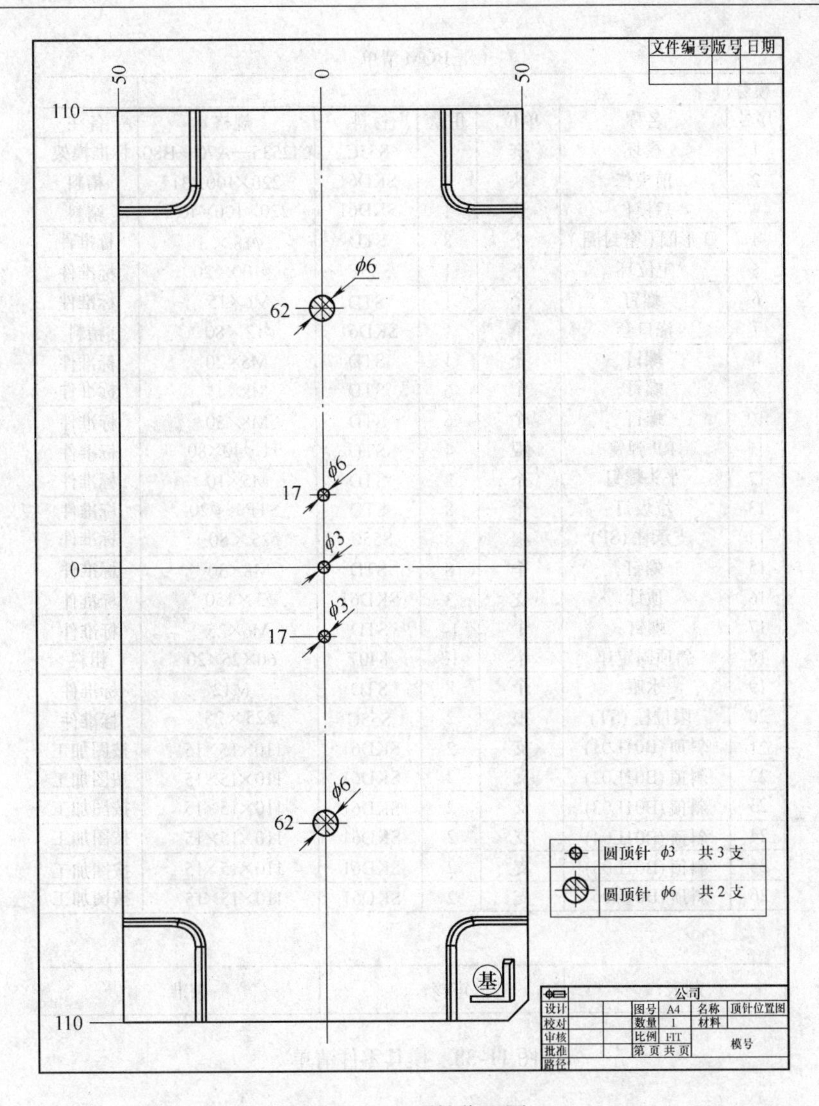

图 11-37　顶针位置图

6）确认插穿位、枕位斜度是否合理。

7）确认斜顶强度及角度是否合理，后退行程是否足够。

8）确认滑块强度及楔紧块角度是否合理，滑块后退行程是否足够。

9）确认滑块及滑块镶件是否合理。

10）确认顶针排布是否合理。

11）确认冷却水路排布是否合理。

12）确认排气方式及位置是否合理。

13）确认水孔、顶针、推管、斜顶、滑块等组件是否干涉。

14）确认水孔与螺钉孔等干涉件之间的最小距离是否在 3mm 以上。

15）确认是否有漏画的机构或零件。

16）确认模仁的材料是否正确。

17）确认模架类型、大小是否合理、正确。

BOM 清单						
模号:						
序号	名称	单位	用量	材料	规格	备注
1	模坯	套	1	S55C	CI2535—A70—B80	标准模架
2	前模仁	块	1	SKD61	220×100×31	精料
3	后模仁	块	1	SKD61	220×100×40.5	精料
4	O 形圈（密封圈）	个	8	STD	ϕ18×3	标准件
5	定位环	个	1	S55C	ϕ100×20	标准件
6	螺钉	个	1	STD	M6×15	标准件
7	浇口套	个	1	SKD61	ϕ12×80	精料
8	螺钉	个	1	STD	M5×20	标准件
9	螺钉	个	6	STD	M8×45	标准件
10	螺钉	个	6	STD	M8×50	标准件
11	RP 弹簧	根	4	STD	TLϕ40×80	标准件
12	平头螺钉	个	8	STD	M5×10	标准件
13	垃圾钉	个	8	STD	STP×ϕ20	标准件
14	支承柱 (SP)	根	8	S55C	ϕ25×80.1	标准件
15	螺钉	个	8	STD	M8×30	标准件
16	顶针	支	3	SKD61	ϕ3×150	标准件
17	螺钉	个	14	STD	M6×25	标准件
18	斜顶固定座	个	12	8407	60×25×20	粗料
19	水喉	个	8	STD	M12	标准件
20	限位柱 (ST)	根	2	S55C	ϕ25×25	标准件
21	斜顶 (B01L01)	支	2	SKD61	110×15×15	按图加工
22	斜顶 (B01L02)	支	2	SKD61	110×15×15	按图加工
23	斜顶 (B01L03)	支	2	SKD61	110×15×15	按图加工
24	斜顶 (B01L04)	支	2	SKD61	110×15×15	按图加工
25	斜顶 (B01L05)	支	2	SKD61	110×15×15	按图加工
26	斜顶 (B01L06)	支	2	SKD61	110×15×15	按图加工
制表:		审核:			核准:	

图 11-38　模具零件清单

18）确认每张图样的图框标题栏填写是否正确。

19）确认零件清单是否遗漏零件，零件材料、规格、数量是否正确。

20）确认是否按规定存档。

11.1.2　实例二：翻盖手机翻盖前壳的模具设计开发实例

图 11-39 所示为一款翻盖手机的翻盖前壳图样。下面将详细讲解这个翻盖前壳的模具设计开发过程。

1. 产品工艺分析

（1）产品所用材料以及后处理要求　产品所用材料为 ABS，其抗冲击性、耐热性、耐低温性、耐化学药品性及电气性能优良，还具有易加工、制品尺寸稳定、表面光泽性好等特点，容易涂装、着色，还可以进行表面喷镀金属、电镀、焊接、热压和粘接等二次加工，收缩率为 0.5%，产品后期需要进行涂装处理。

（2）脱模分析　经过脱模分析知道产品所有面已有脱模斜度，并且脱模斜度是符合要

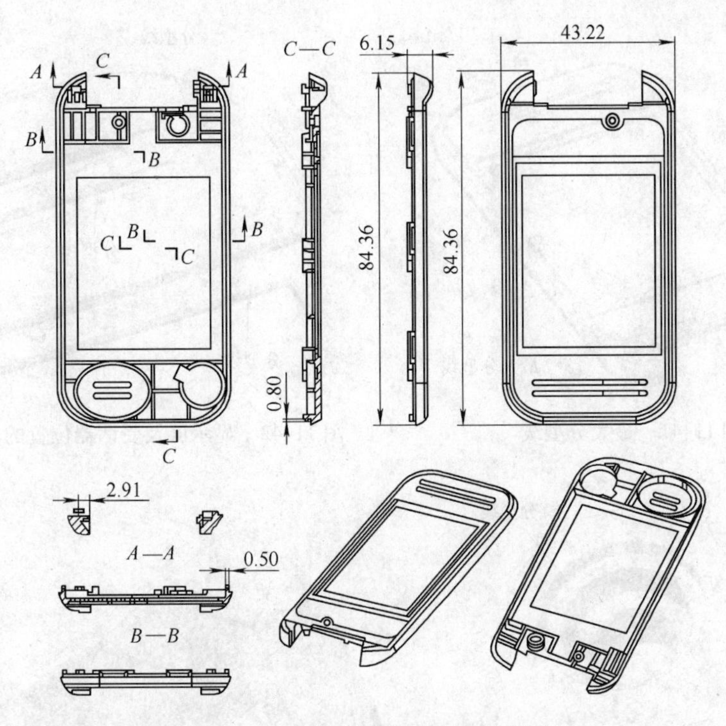

图11-39　翻盖手机的翻盖前壳图样

求的。

（3）产品的肉厚均匀性　采用软件对产品进行肉厚检查分析，检查产品是否存在特别厚或者特别薄的区域，如果存在特别厚的区域则容易产生收缩现象，如果存在特别薄的区域则容易出现短射现象（即注塑不满）。通过对产品进行肉厚检查分析（图11-40）得知产品的平均肉厚为1.15mm，比较均匀，不存在特别厚或者特别薄的区域。

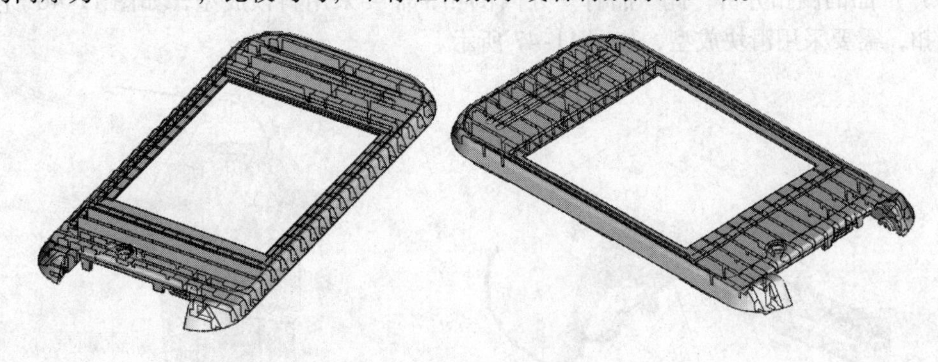

图11-40　产品肉厚分析

（4）产品的分型线位置　产品的分型线位置可以通过脱模分析大概确定，此产品的最大分型线位置如图11-41所示。显示屏位置的碰穿孔上表面需要放置显示屏，为了保证成型飞边留在框的底面，要将碰穿孔分在母模，受话器位置的两个碰穿孔也分在母模，如图11-42所示。头部摄像头孔的碰穿位也分在母模，如图11-43所示。产品头部分型线如图11-44、图11-45所示。

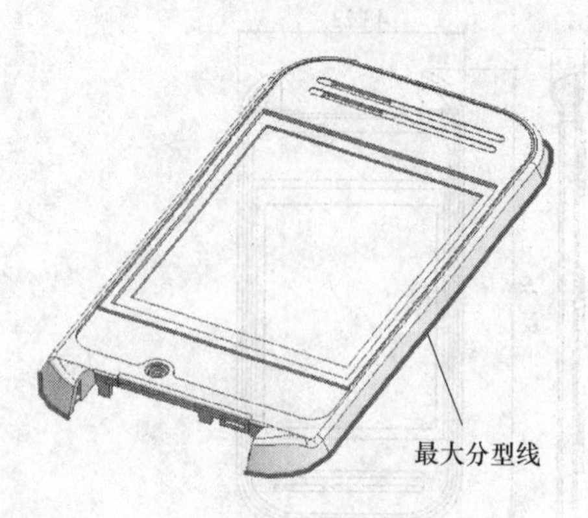

图 11-41　最大分型线

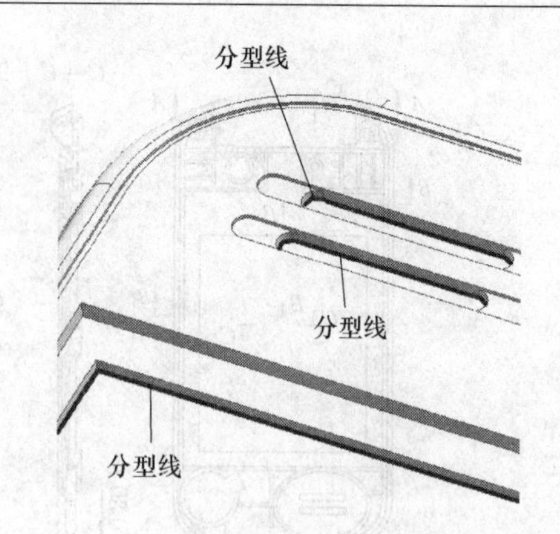

图 11-42　显示屏及受话器位置的分型线

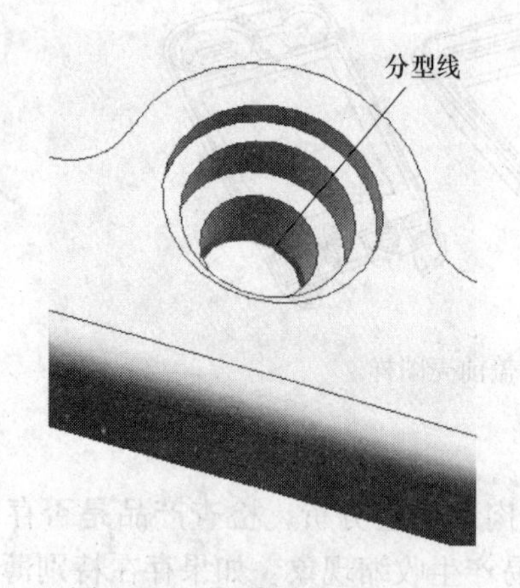

图 11-43　摄像头孔的分型线

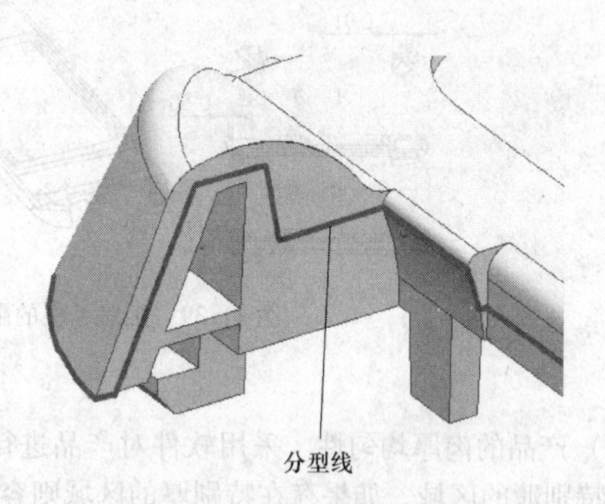

图 11-44　产品头部的分型线 1

（5）产品的倒扣分析　此产品有一处内倒扣，需要采用斜顶成型，如图 11-46 所示；9 处外倒扣，需要采用滑块成型，如图 11-47 所示。

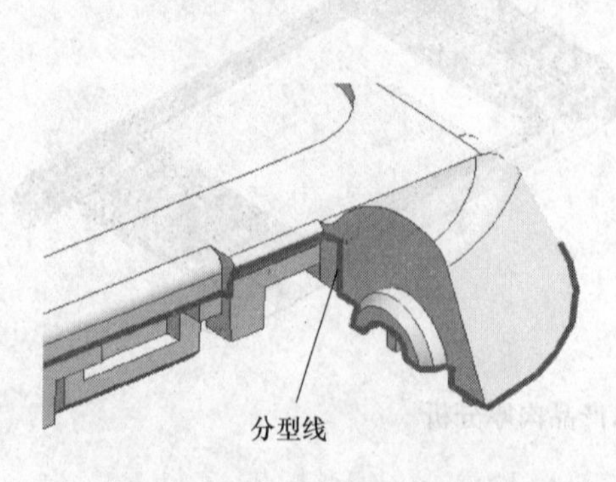

图 11-45　产品头部的分型线 2

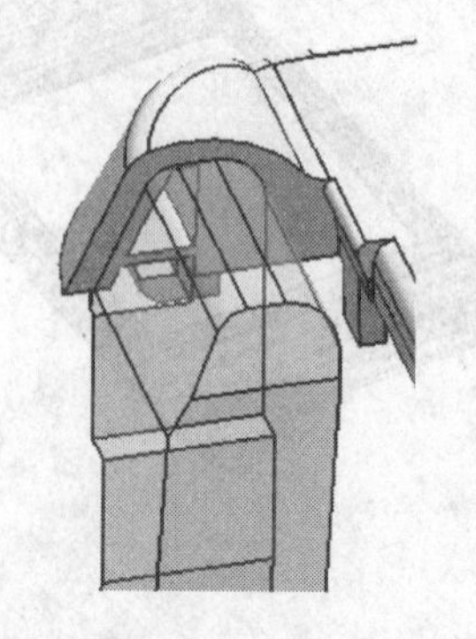

图 11-46　斜顶成型内倒扣

（6）产品的进浇方式及位置　此产品可以采用边缘浇口进浇也可以采用牛角浇口潜进浇，如果采用边缘浇口进浇就会在显示屏框边缘留下很明显的浇口痕迹，并且需要大量人力、物力去进行浇口的后处理（剪切、削平）。采用牛角烧口潜到产品的侧壁上进浇就能避免浇口的后处理，提高生产效率。牛角浇口位置如图 11-48、图 11-49 所示。

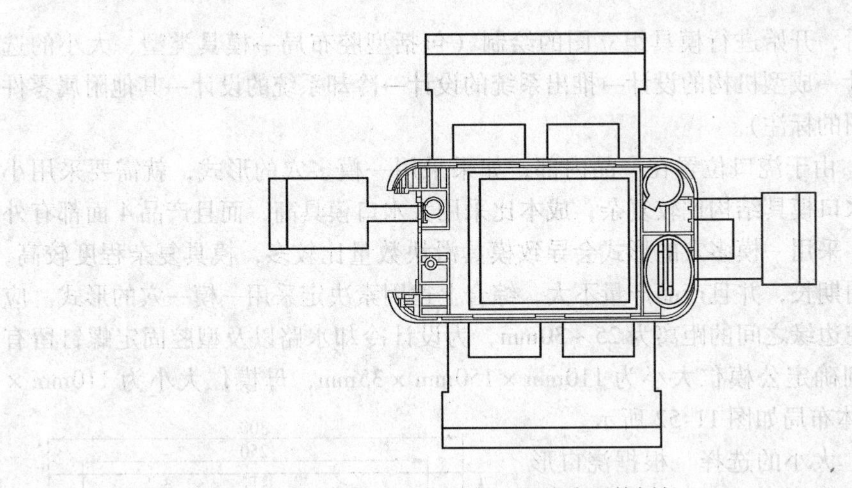

图 11-47 滑块成型外倒扣

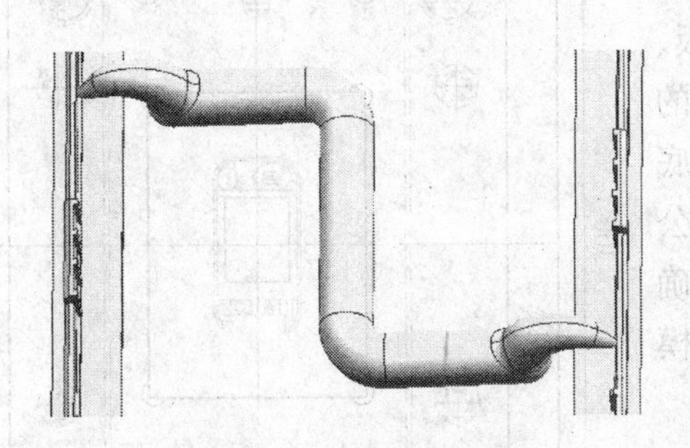

图 11-48 牛角潜进浇

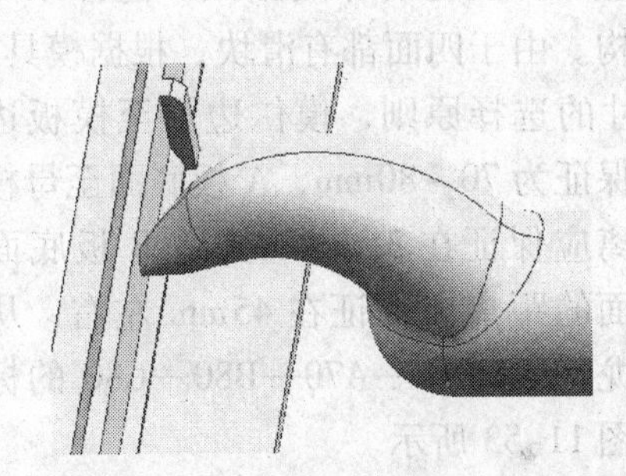

图 11-49 牛角浇口位置放大图

（7）产品的合理性分析 经过检查分析，得知产品存在 4 处尖角，如图 11-50 画椭圆形区域所示，为避免尖角的存在，在这 4 处尖角的位置倒 $R0.2$mm 的圆角，如图 11-51 所示。

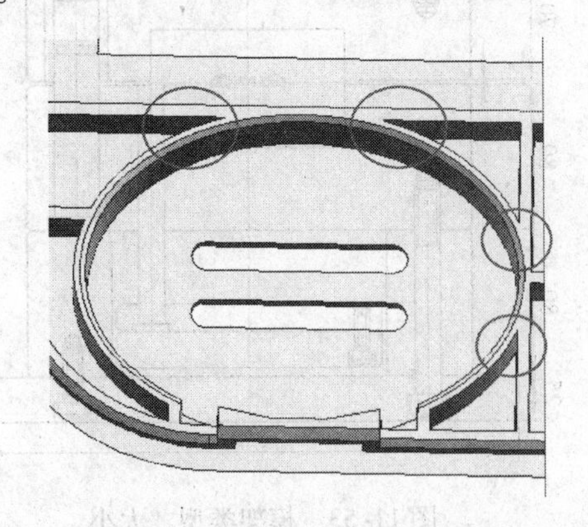

图 11-50 产品尖角处

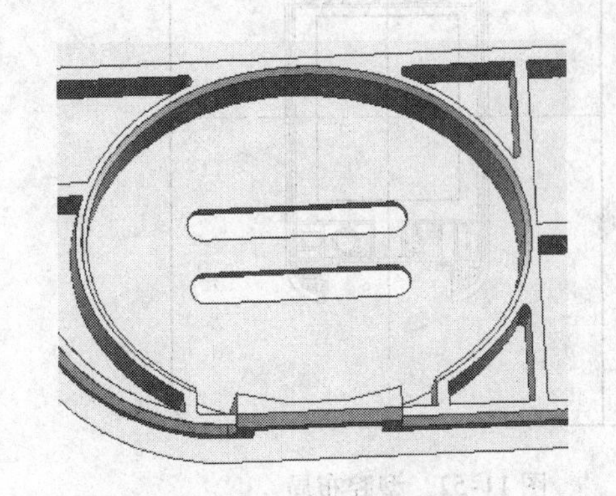

图 11-51 对尖角处倒圆角

（8）检查产品与其配合的零件是否干涉 把产品与其配合的零件组装在一起，通过整体干涉分析确定此产品与其配合的零件不存在干涉现象。

2. 模具组立图的绘制

对产品进行工艺性分析后，将存在的问题以报告的形式告知客户，客户确认并修改后，确定产品没有问题后，开始进行模具组立图的绘制（包括型腔布局→模具类型、大小的选择→浇注系统的设计→成型机构的设计→推出系统的设计→冷却系统的设计→其他附属零件的绘制→模具组立图的标注）。

（1）型腔布局　由于浇口位置在产品内部，如果采用一模多穴的形式，就需要采用小水口模具结构，小水口模具结构比较复杂，成本比采用大水口模具高，而且产品4面都有外倒扣需要滑块成型，采用一模多穴的形式会导致模具滑块数量比较多，模具复杂程度较高，模具成本高，制造周期长，并且产品产量不大，综合上述因素决定采用一模一穴的形式。应保证产品边沿至型腔边缘之间的距离为25~30mm，为设计冷却水路以及型腔固定螺钉留有空间，依据以上原则确定公模仁大小为110mm×150mm×35mm，母模仁大小为110mm×150mm×30mm，具体布局如图11-52所示。

（2）模具类型、大小的选择　根据浇口形式与位置以及型腔的布局形式，选择采用大水口模结构。由于四面都有滑块，根据模具A板、B板尺寸的选择原则，模仁边沿至模板边缘的距离应保证为70~80mm，A板底面至母模仁底面的距离应保证在35mm左右，B板底面至公模仁底面的距离应保证在45mm左右，从而确定使用龙记CI2530—A70—B80—C80的标准模架，如图11-53所示。

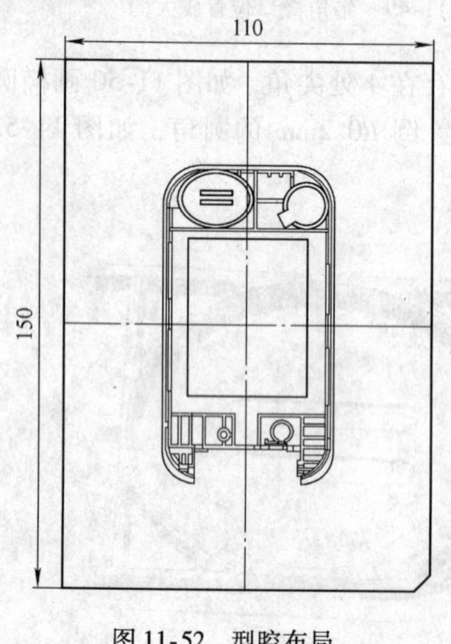

图11-52　型腔布局

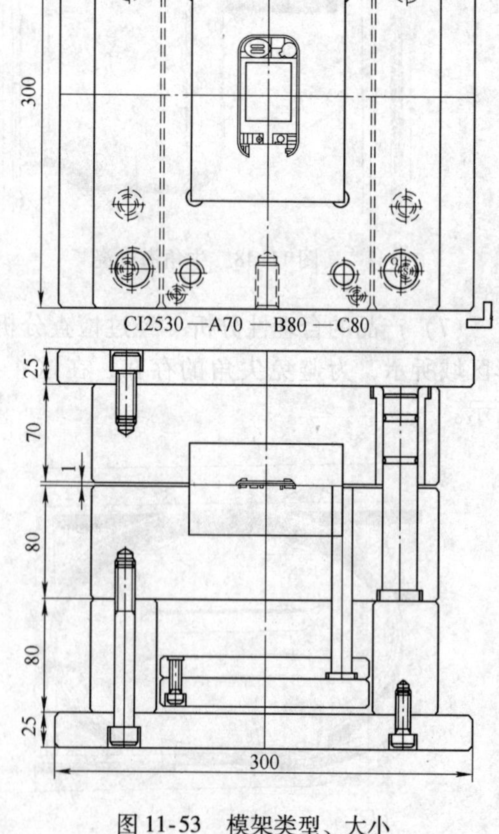

图11-53　模架类型、大小

（3）浇注系统的设计　模具采用大水口转牛角潜伏式浇口，分流道采用Z字形，分流道、浇口的形式及位置如图11-54所示。主流道形式如图11-55所示。

（4）成型机构的设计

1）斜顶。产品有一个内倒扣，需要斜顶成型。根据内倒扣尺寸确定斜顶的角度以及推出高度。内倒扣尺寸为3.4mm，所以确定斜顶角度为10°，推出高度为25mm，斜顶后退行程为4.41mm，保证了斜顶能够完全退出倒扣，斜顶座高度设计为25mm，斜顶侧视图如图11-56所示，根据投影关系绘制斜顶的平面图，如图11-57所示。

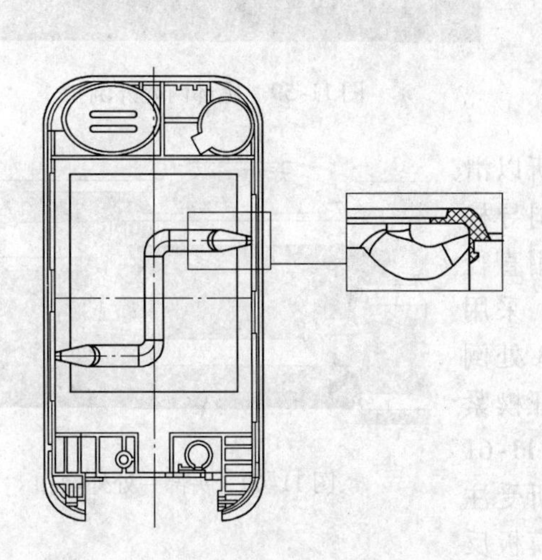

图11-54 分流道、浇口的形式及位置

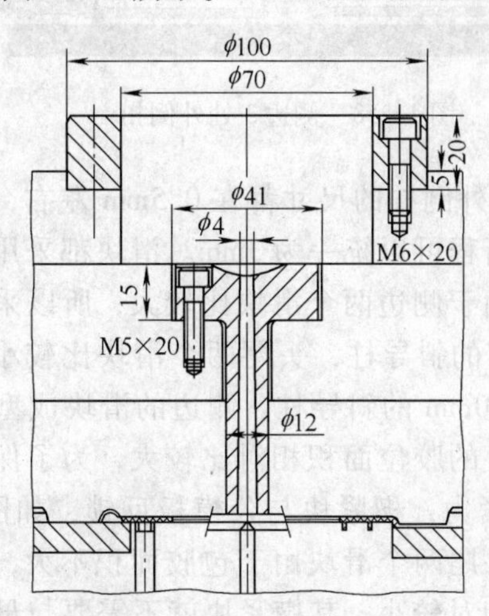

图11-55 主流道形式

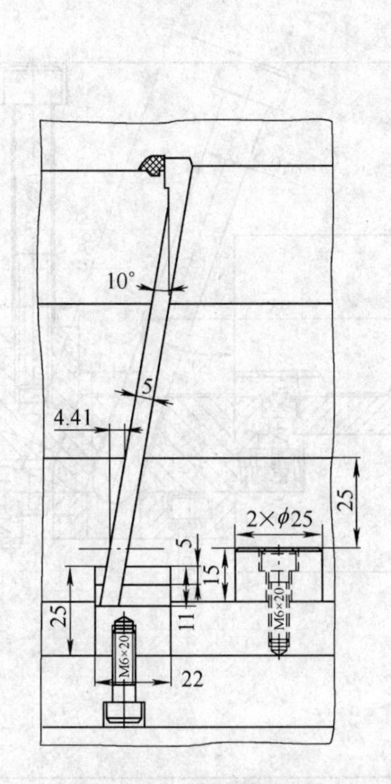

图11-56 斜顶侧视图

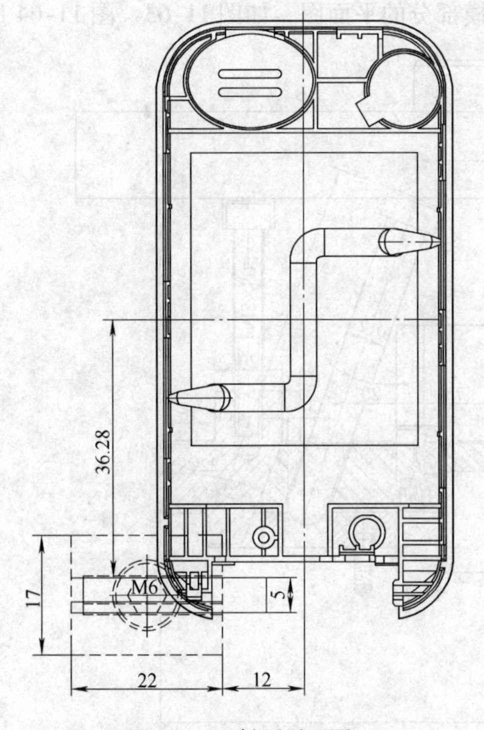

图11-57 斜顶平面图

2）滑块。产品有9处外倒扣，需要滑块成型，其中两侧边各3处外倒扣，如图11-58画椭圆形区域所示，侧边的3个外倒扣共用一个滑块；尾部有两处外倒扣，如图11-59画椭圆形区域所示，这两个倒扣共用一个滑块；头部有一处外倒扣，如图画椭圆形区域11-60所示。

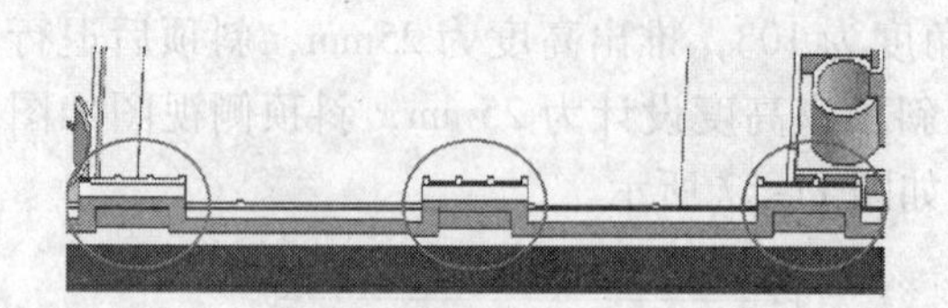
图 11-58　侧边 3 处外倒扣

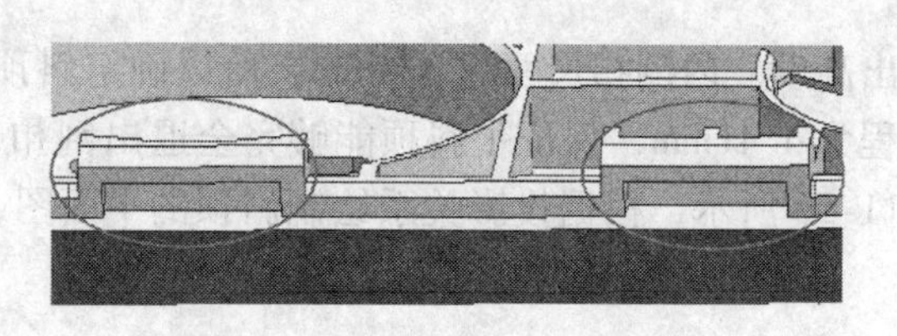
图 11-59　尾部两处外倒扣

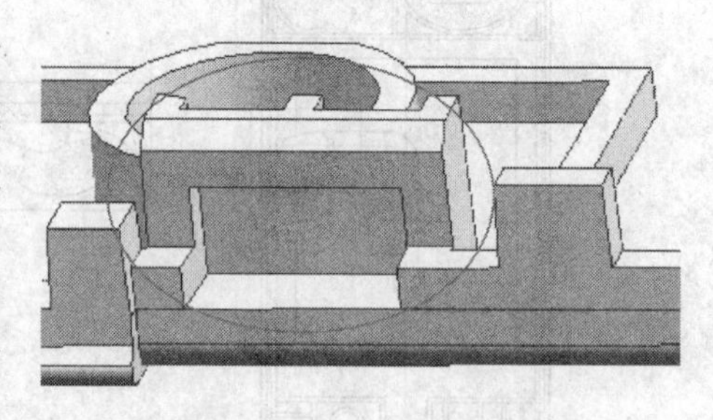
图 11-60　头部一处外倒扣

9 处外倒扣的尺寸都在 0.5mm 左右，所以滑块后退行程可以统一为 3mm。滑块都采用斜导柱拨动，由于侧边两个滑块比较大，所以采用直径为 12mm 的斜导柱，头尾两个滑块比较小，采用直径为 10mm 的斜导柱。侧边的滑块成型 3 处倒扣，包住的胶位面积相对比较大，为了保证楔紧块的楔紧力，楔紧块与公模板反锁，如图 11-61 所示。头尾两个滑块由于包胶面积不大，所受注射压力相对较小，其楔紧块就不需要与母模板反锁，如图 11-62 所示。绘制好滑块机构的剖视图后，根据投影关系分别画出滑块机构在公模部分、母模部分的平面图，如图 11-63、图 11-64 所示。

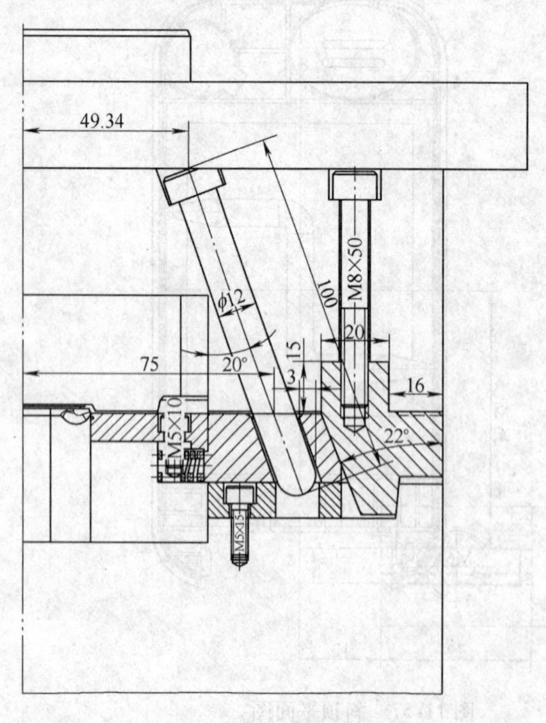

图 11-61　侧边滑块剖视图

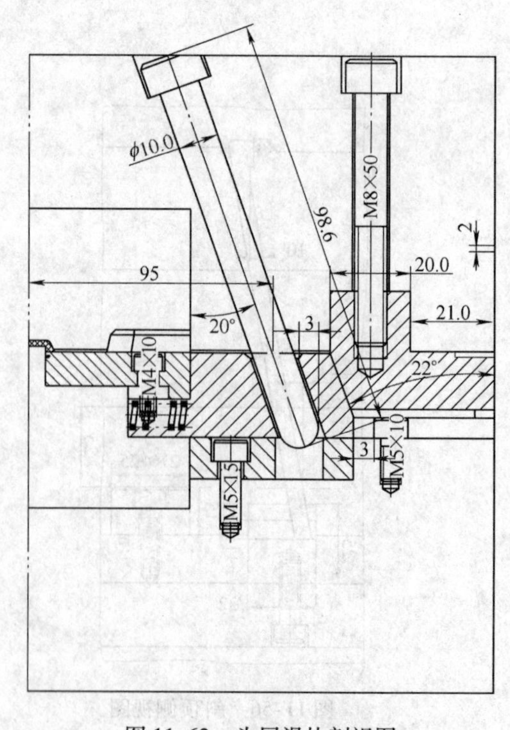

图 11-62　头尾滑块剖视图

（5）推出系统的设计　此产品内部结构比较复杂，骨位比较多，所以顶针数量需要相对多些。布置顶针时一定要保证推出力比较均匀，以保证产品不容易变形，并且尽量使用圆顶针，以节约成本，方便加工。显示屏位置的胶位比较薄，只有0.4mm，很容易变形，不

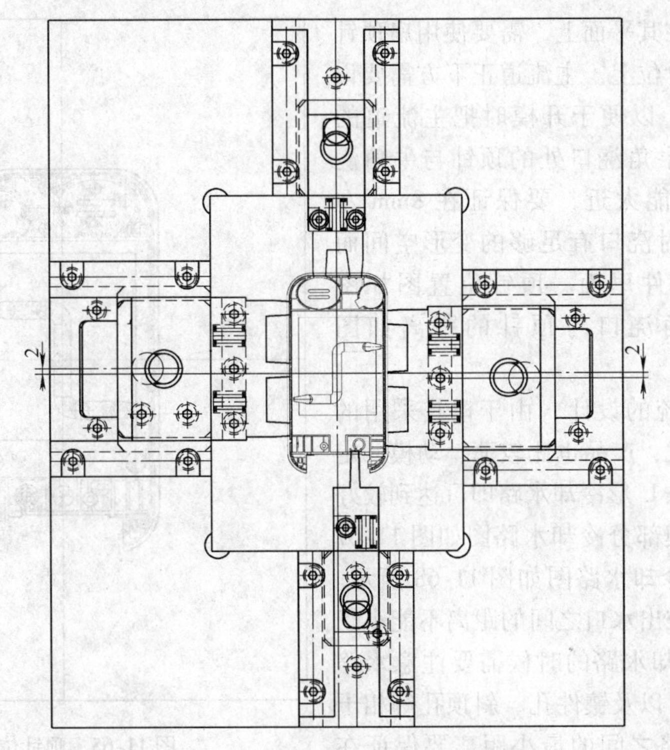

图 11-63　滑块机构在公模部分的平面图

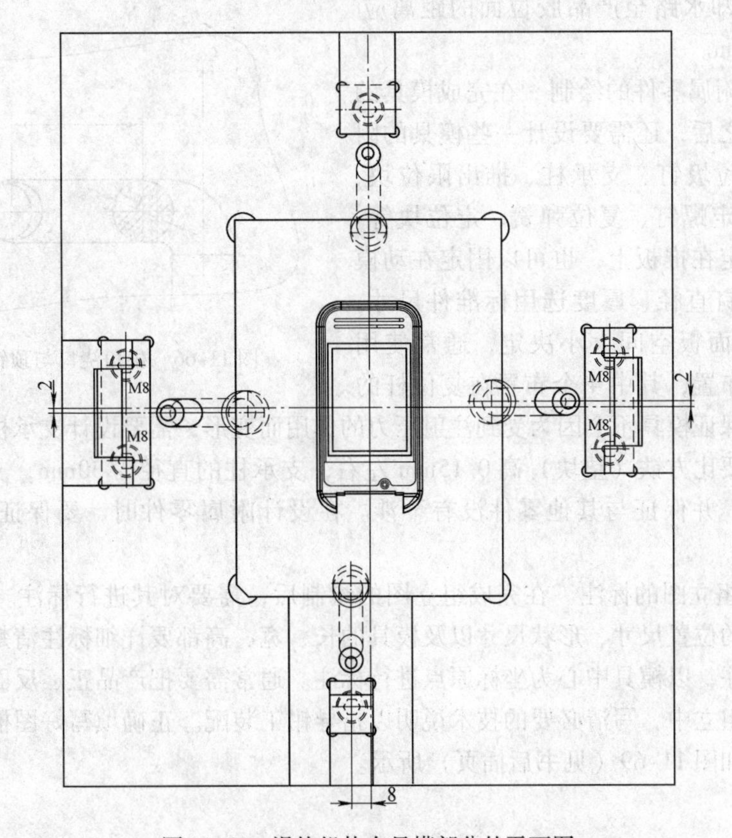

图 11-64　滑块机构在母模部分的平面图

能使用圆顶针顶在其平面上，需要使用扁顶针顶在产品的边缘骨位上。主流道正下方需要设置一个拉料顶针，以便于开模时把主流道的凝料拉出，两个牛角浇口处的顶针与牛角浇口之间的距离不能太近，要保证在 8mm 左右，以保证推出时浇口有足够的变形空间而不至于拉断在镶件里面。顶针位置图如图 11-65所示，牛角浇口与顶针的距离如图 11-66所示。

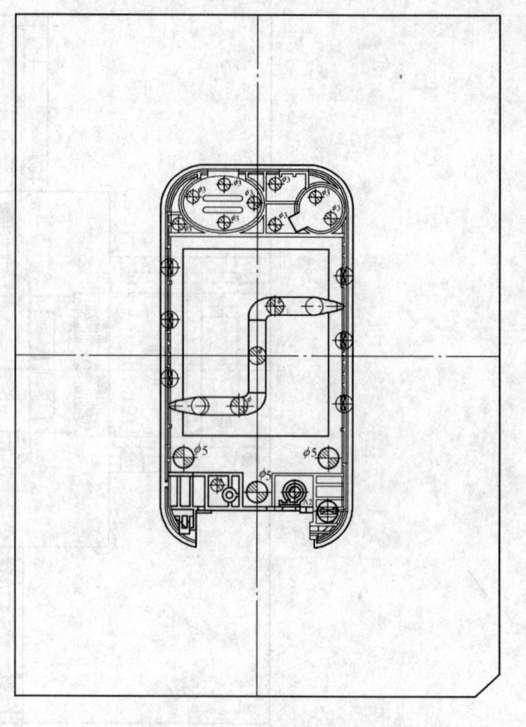

图 11-65　顶针位置图

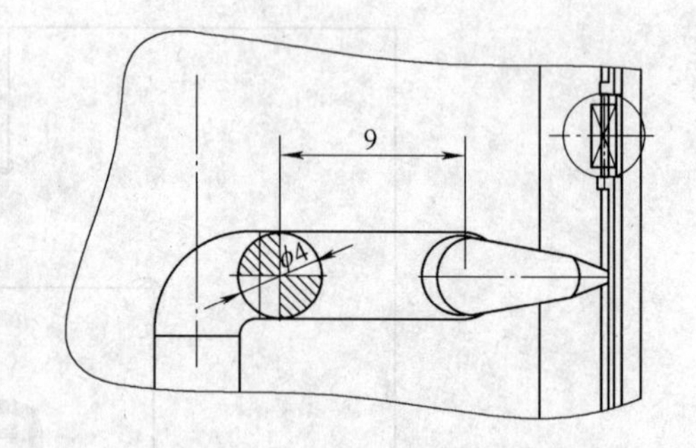

图 11-66　牛角浇口与顶针的距离

（6）冷却系统的设计　由于模具采用的是一模一穴的形式，产品也比较薄，动模、定模部分各设计一条 U 形冷却水路即可达到较好的冷却效果。公模部分冷却水路图如图 11-67 所示，母模部分冷却水路图如图 11-68 所示。冷却水路进水口或出水口之间的距离不能小于 28mm，在设计冷却水路的时候需要注意水路不能与顶针、螺钉以及镶件孔、斜顶孔等相干涉。孔与冷却水路之间的最小距离要保证在 3mm 左右，冷却水路至产品胶位面的距离应保证在 6 ~ 10mm。

（7）其他附属零件的绘制　在完成模具的主要系统设计之后，还需要设计一些模具的附属零件，比如垃圾钉、支承柱、推出限位块、各个零件的固定螺钉、复位弹簧、定位块等。垃圾钉可以固定在推板上，也可以固定在动模座板上，垃圾钉直径、厚度选用标准件尺寸，数量根据顶针面板空间大小决定，通常使用 6 ~ 8个，均匀布置，其中 4 个布置在复位杆的正下方。为了保证模具不会因为受到注射压力的作用而变形，需要设计支承柱以提高模具的强度，支承柱要比方铁（垫块）高 0. 15mm 左右，支承柱的直径为 30mm，支承柱数量为 6 个，均匀分布，并保证与其他零件没有干涉。在设计附属零件时，要保证各个零件互不干涉。

（8）模具组立图的标注　在完成组立图的绘制后，需要对其进行标注。组立图上的各个零件、特征的位置尺寸、形状尺寸以及模具的长、宽、高都要详细标注清楚。位置尺寸通常采用坐标标注，以模具中心为坐标原点进行标注。通常需要把产品正、反面的立体图放在组立图中。在组立中，写清必要的技术说明以指导钳工装配。正确填写好图框标题栏。完整的模具组立图如图 11-69（见书后插页）所示。

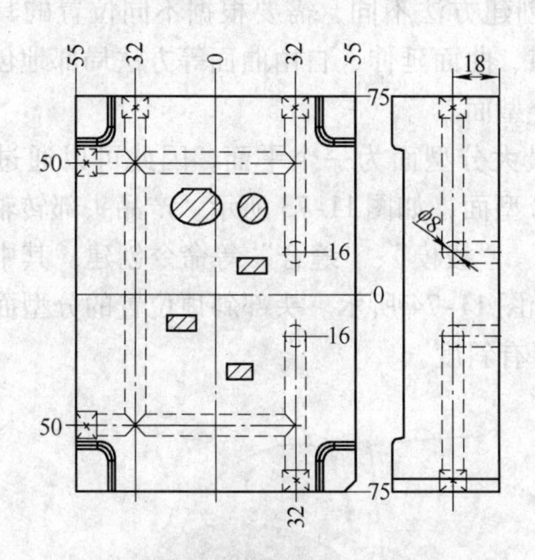

图 11-67 公模部分冷却水路

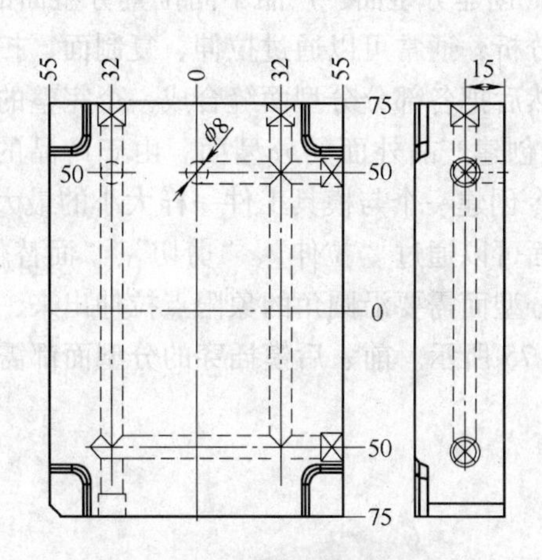

图 11-68 母模部分冷却水路

3. 3D 分模

在绘制并标注好组立图之后，进行3D分模。如11.1.1节实例一中所述，3D分模需要完全根据组立图相关尺寸进行。

（1）建立模具中心坐标系 首先创建一个包容产品方块，通过方块确定产品中心建立工作坐标系，如图11-70所示。然后通过“移动对象”命令以坐标到坐标的方式将工作坐标系与绝对坐标系对齐，以绝对坐标系作为模具中心坐标，如图11-71所示。

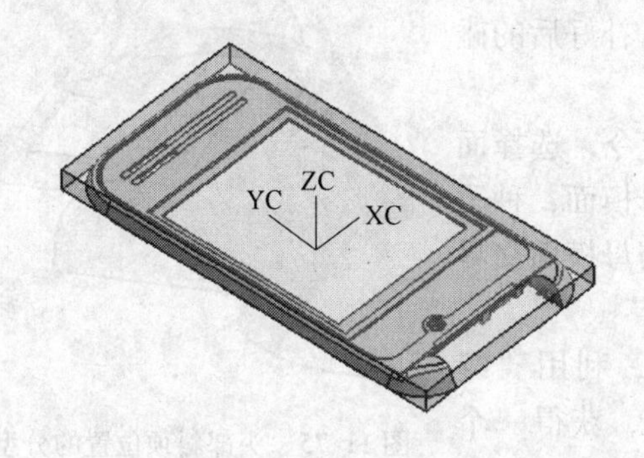

图 11-70 工作坐标系

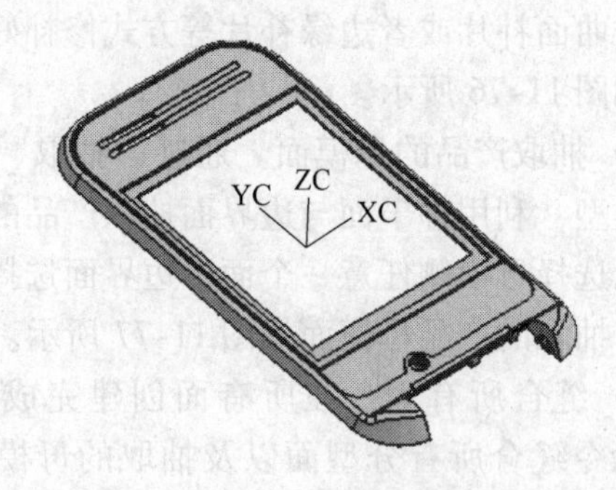

图 11-71 绝对坐标系

（2）设置收缩率 将原来的产品放置于图层4，从原来的产品中抽取一个实体放置于图层5，将图层4关闭（以保证后续操作不对原产品进行任何修改），然后将抽取出来的产品的收缩率设置为0.5%（即把产品放大1.005倍）。此后就以设置了收缩率的产品进行分模。

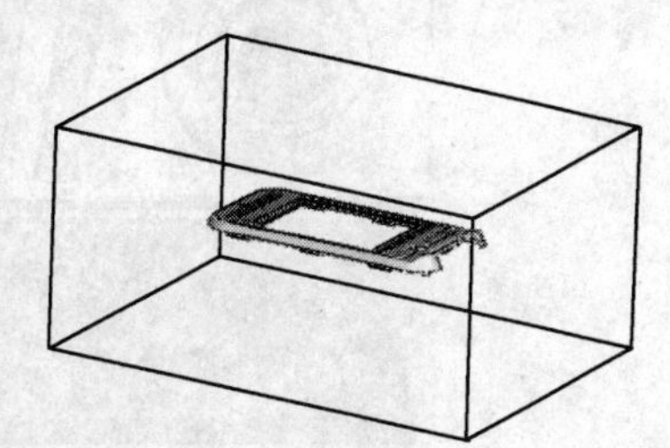

图 11-72 创建好的模具工件

（3）创建模具工件 依据组立图的尺寸通过“拉伸”命令创建150mm×110mm×65mm的工件，其中$+Z$方向的高度为30mm，$-Z$方向的高度为-35mm。创建好的模具工件如图11-72所示。

（4）创建分型面　产品不同位置分型面的创建方法不同，需要根据不同位置的具体情况进行分析，通常可以通过拉伸、复制面、扫掠、曲面延伸、自由曲面等方法局部地创建分型面，然后把各部分分型面缝合成一个完整的分型面。

1）创建产品外面的分型面。由于产品的最大分型面为一个平面，因此可以通过“拉伸”命令创建一个与模具工件一样大小的最大分型面，如图11-73所示。产品头部转轴部分的分型面可以通过“拉伸”、“剪切”、“面替代”、“拔模”、“缝合”等命令创建，其中圆角部分的分型面需要沿圆角的象限点拉伸出来，如图11-74所示。头部斜顶位置的分型面创建如图11-75所示。前、后模插穿的分型面都需要有斜度。

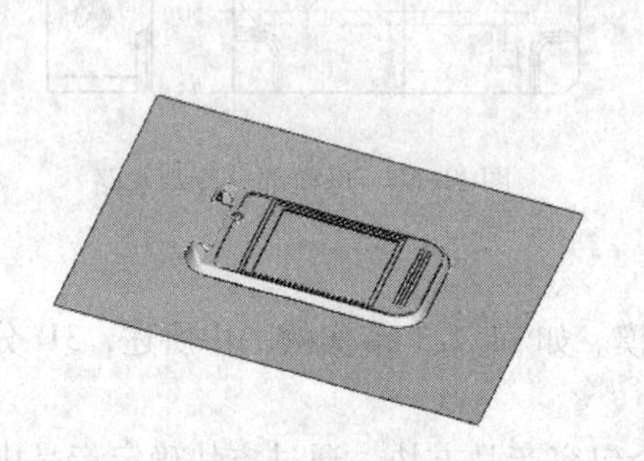

图11-73　最大分型面

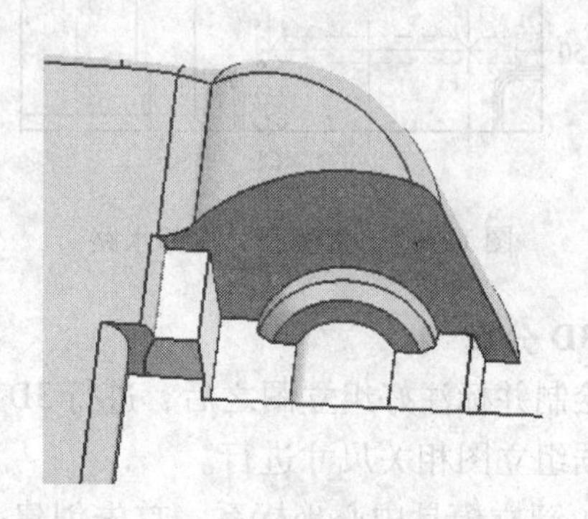

图11-74　头部转轴位置的分型面

2）碰穿孔的修补。产品内部的碰穿孔比较规则，可以通过曲面补片或者边缘补片等方式修补好，补好后的碰穿孔如图11-76所示。

3）抽取产品的母模面。通过“抽取”命令，选择面区域类型，利用种子面与边界面抽取产品的母模面，种子面可以选择母模侧任意一个面，边界面选择与母模面交界的面，抽取的产品母模面如图11-77所示。

4）缝合所有面。在所有面创建完成后，利用“缝合”命令缝合所有分型面以及抽取的母模面，获得一个完整的母模分型面，如图11-78所示。通过“移动至图层”命令把母模分型面放置于图层28。

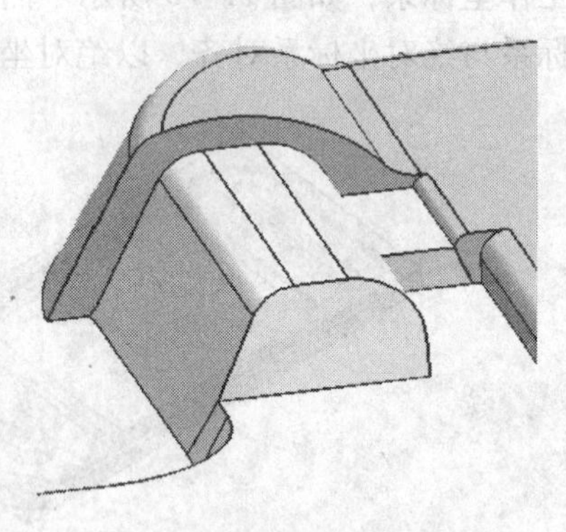

图11-75　头部斜顶位置的分型面

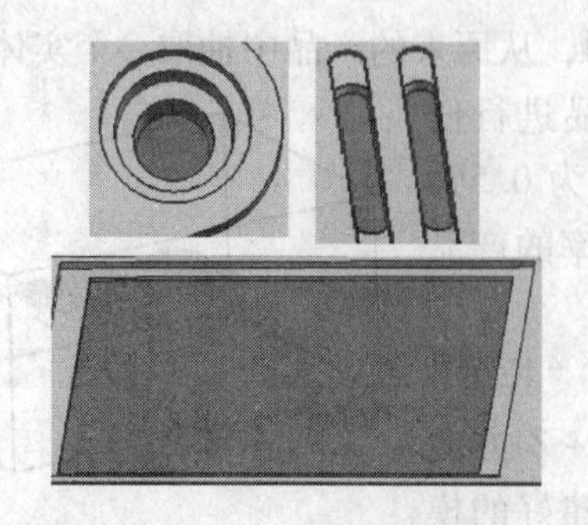

图11-76　修补好的碰穿孔

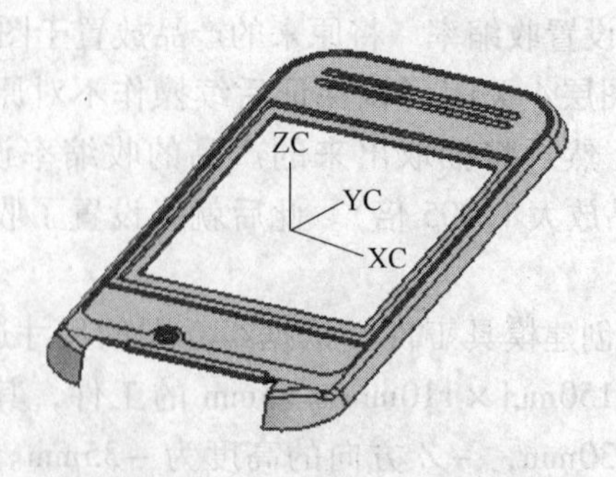

图11-77　抽取的产品母模面

（5）创建公母模仁　在母模分型面创建好之后，把模具工件放置于图层7，另外复制一个模具工件放置于图层8，并关闭图层7，然后使用“剪切体”命令，将图层8的模具工件作为目标体，将母模分型面作为刀具体，保留工件母模部分，成功创建母模仁，如图11-79所示。将图层8关闭，将图层7打开，同样使用“剪切体”命令，将图层7的模具工件作为目标体，将母模分型面作为刀具体，保留工件公模部分，然后抽取一个产品实体与其求差，完成公模仁的创建，如图11-80所示。

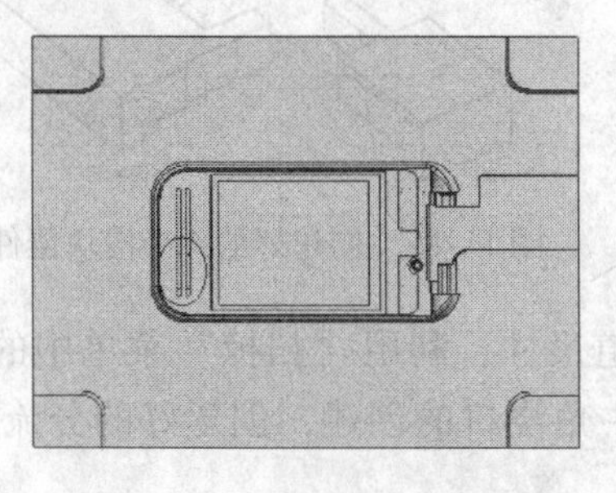
图11-78　完整的母模分型面

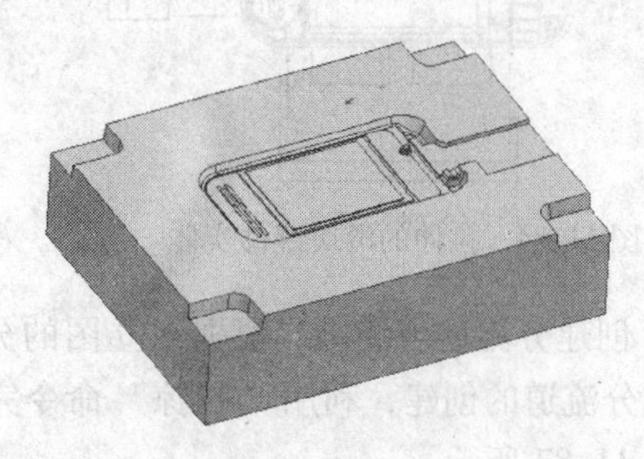
图11-79　母模仁

（6）创建斜顶　将公、母模仁以及分型面隐藏掉，只显示产品。利用“拉伸”命令，拉伸出一个如图11-81所示的实体将产品的倒扣填上，然后再根据组立图中斜顶的尺寸拉伸如图11-82所示的斜顶主体部分，利用“求和”命令将其与之前拉伸的实体合并。利用“求交”命令，将斜顶作为目标体，将公模仁作为刀具体，保留刀具体，得出斜顶形状，如图11-83所示。

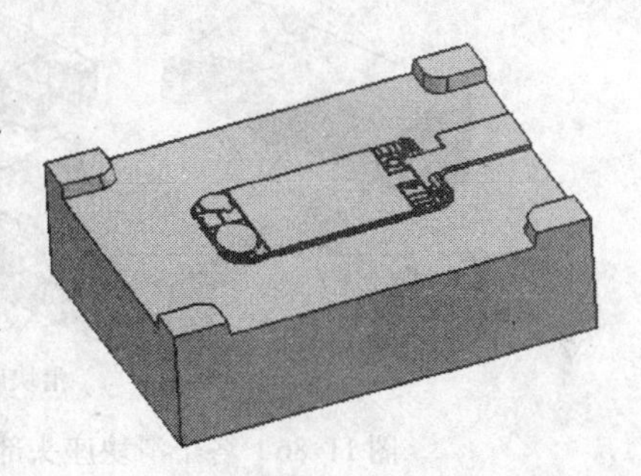
图11-80　公模仁

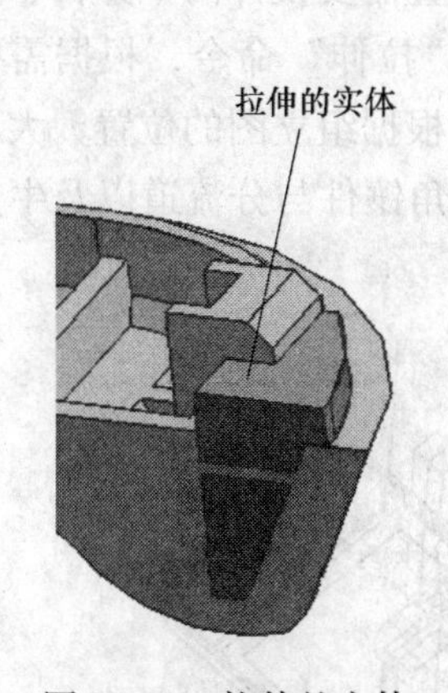

图11-81　拉伸的实体

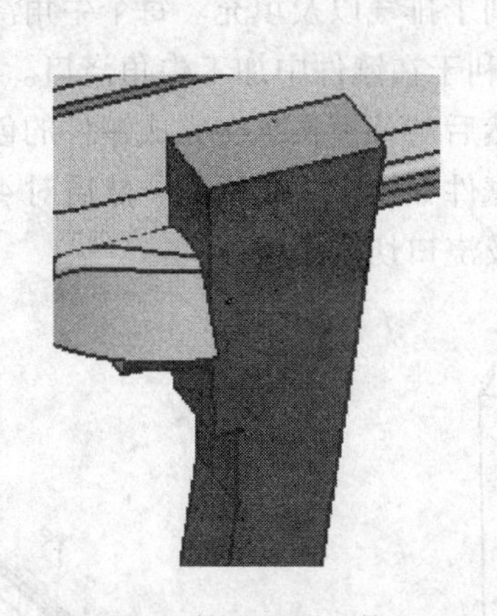
图11-82　拉伸斜顶主体部分

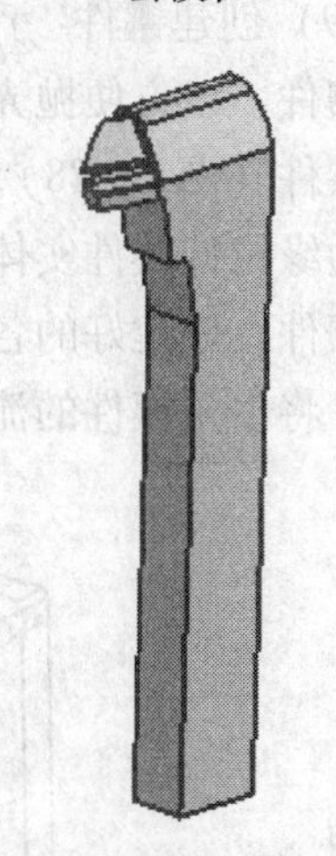
图11-83　斜顶

（7）创建滑块　将公、母模仁以及分型面隐藏掉，只显示产品。根据组立图的相关尺寸，利用“拉伸”命令创建各个滑块镶件实体，如图11-84所示。利用“求交”命令，将各个滑块镶件实体作为目标体，公模仁作为刀具体，保留刀具体，得到各个滑块镶件，如图

11-85 所示。同样利用“拉伸”命令可以创建各个滑块座头部，如图 11-86 所示。

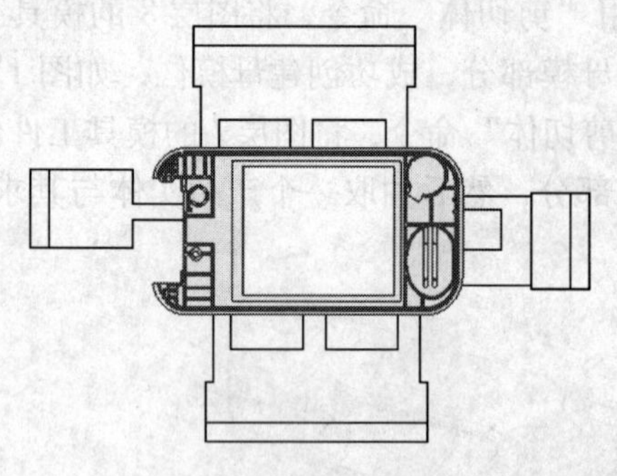

图 11-84 拉伸的滑块镶件实体

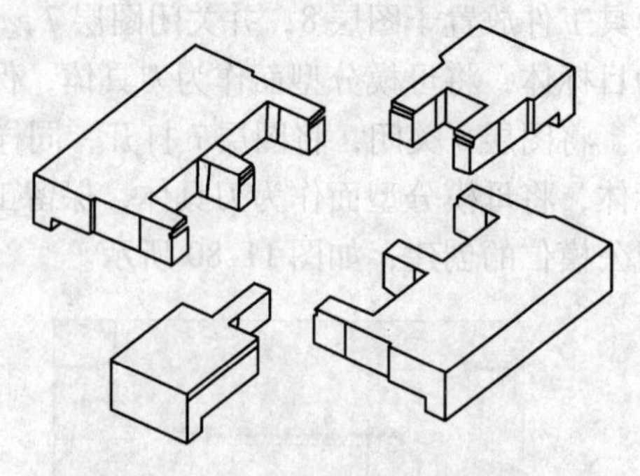

图 11-85 创建好的 4 个滑块镶件

（8）创建分流道与浇口 根据组立图的分流道尺寸，利用“扫掠”菜单中的“管道”命令完成分流道的创建，利用“扫掠”命令完成牛角浇口的创建，创建好的分流道及牛角浇口如图 11-87 所示。

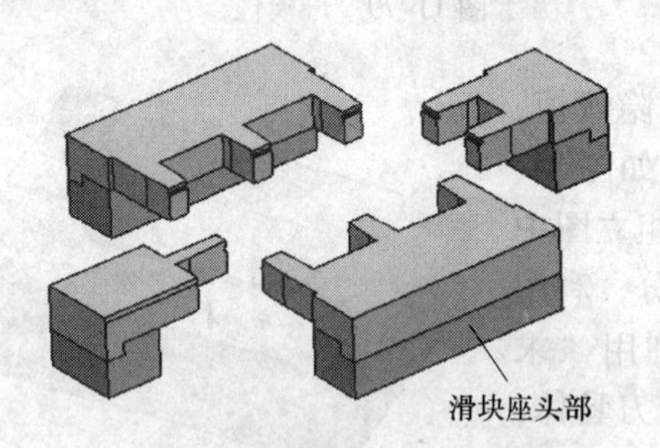

图 11-86 各个滑块座头部

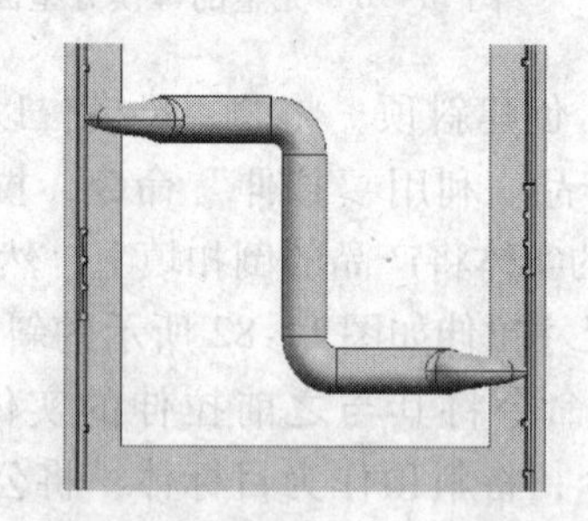

图 11-87 分流道及牛角浇口

（9）创建镶件 产品内部结构相对比较复杂，筋位比较多，需要在筋位比较高的位置设计镶件，以方便抛光，利于排气以及填充。每个牛角浇口位置需要设计两个并行、紧邻的牛角镶件（图 11-88），以利于在镶件中加工牛角浇口。利用“拉伸”命令，根据需要沿着筋位边缘拉伸镶件实体，然后与公模仁求交完成镶件的创建。根据组立图的位置、大小创建牛角镶件。创建好的各个镶件如图 11-89 所示。然后对 4 个牛角镶件与分流道以及牛角浇口求差，将牛角镶件的流道及浇口切割出来。

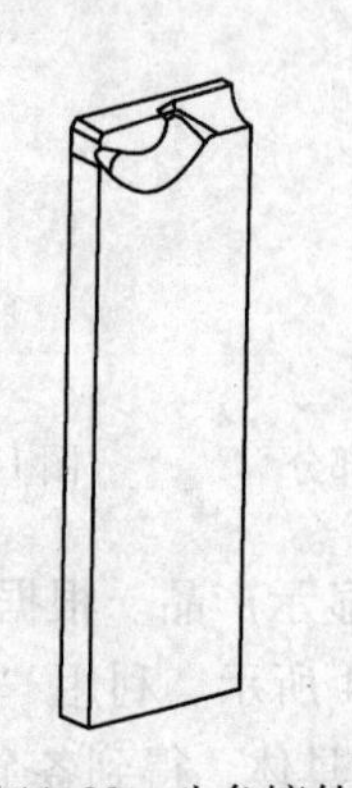

图 11-88 牛角镶件

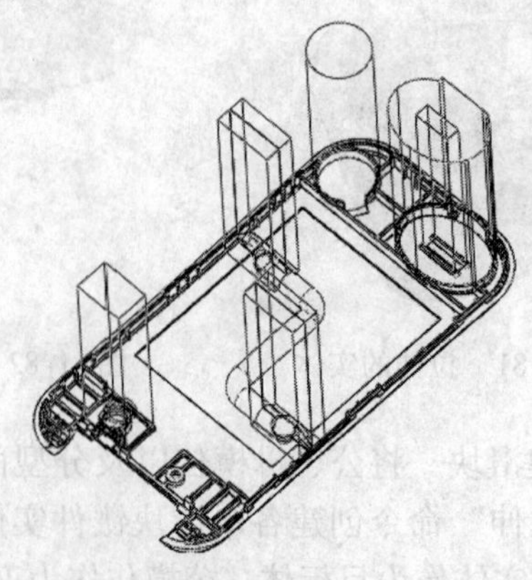

图 11-89 创建好的各个镶件

(10) 完善公、母模仁　在完成斜顶、滑块、镶件、流道、浇口等的创建后，还需要对公、母模仁进行完善，以便于加工及装配，主要包括倒基准角、倒斜角、创建斜顶孔及镶件孔、切割滑块槽、剪切分流道、定位虎口避空位的处理、创建母模仁排气槽。基准角一定要与组立图保持一致。可以利用注射模向导中的“腔体”命令创建公模仁的斜顶孔、滑块槽、镶件孔、分流道，也可以利用“求差”命令创建。创建母模仁排气槽时，可以先绘制好投影曲线，再利用“扫掠”菜单中的“管道”命令完成。完善后的公模仁如图 11-90 所示，完善后的母模仁如图 11-91 所示。

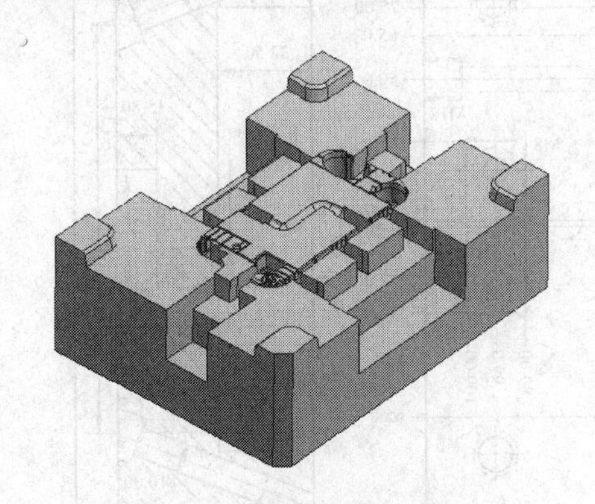

图 11-90　完善后的公模仁

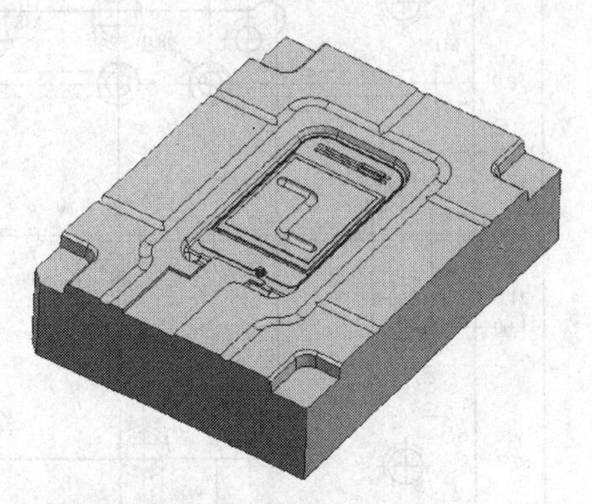

图 11-91　完善后的母模仁

(11) 完整的 3D 分模档　完整的 3D 分模档如图 11-92 所示。

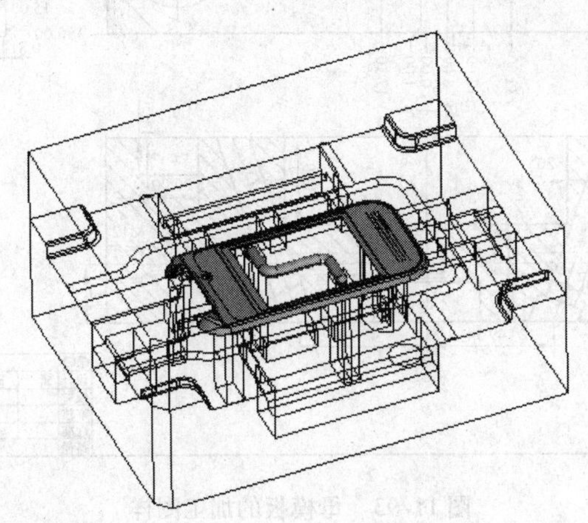

图 11-92　完整的 3D 分模档

4. 模具零件加工图样的绘制

(1) 模板类零件的标注　模板类零件的标注要求在 11.1.1 节实例一中已进行了介绍，此处不再重述。母模板的加工图样如图 11-93 所示。

图 11-94 所示为公模板的加工图样。螺钉孔需要用钻床或铣床加工，所以其位置尺寸必须标注清楚，同一线上的螺钉孔标注其中一个即可，螺钉沉头孔不需要标注形状尺寸，按标准螺钉沉头孔尺寸加工即可。滑块槽如果使用数控铣加工，则可以不标注其相关尺寸，如果采用普通铣，则需要标注其相关尺寸，图 11-94 就没有标注滑块槽的尺寸，因为采用数控铣

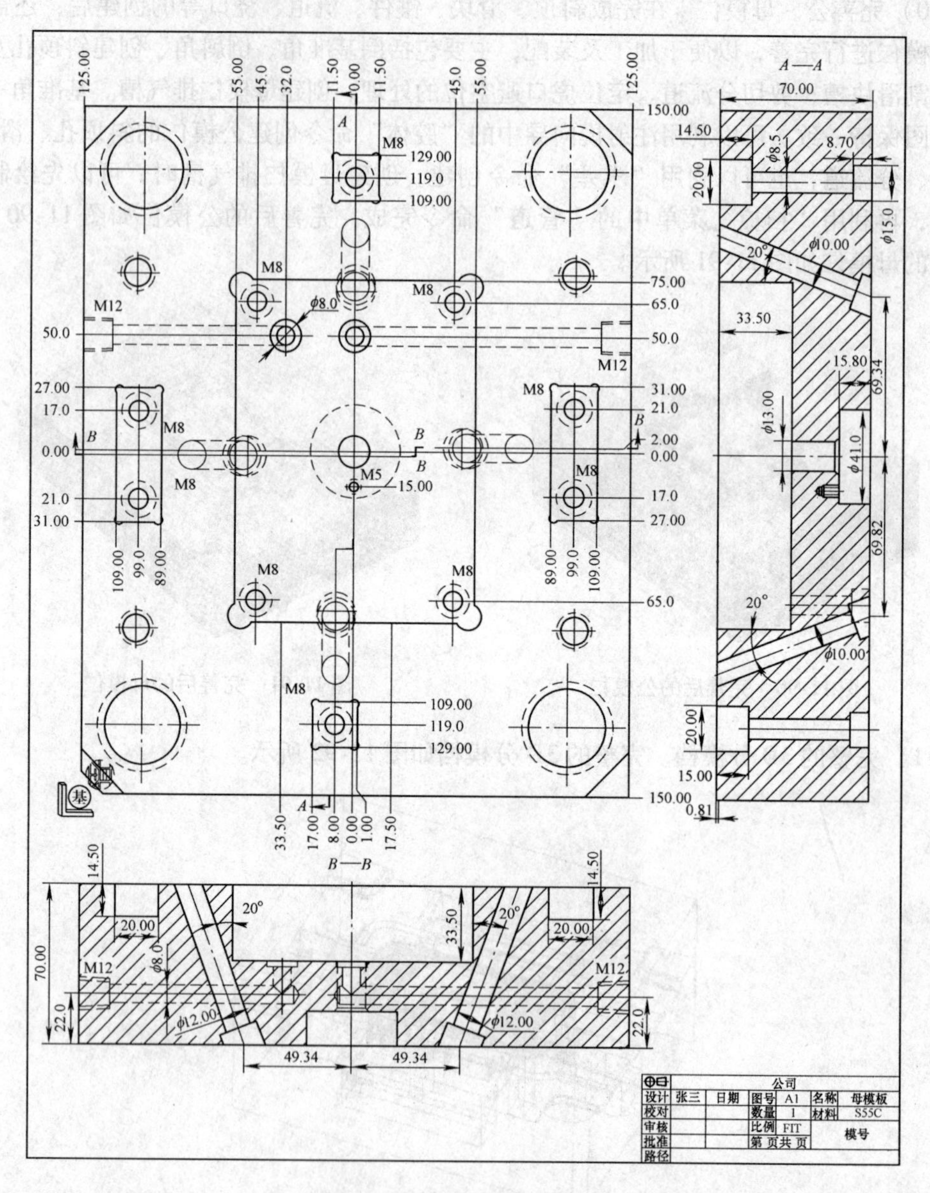

图 11-93 母模板的加工图样

床加工。需要配合的工位尺寸通常要精确到两位小数，不需要配合的工位标注精确到一位小数即可。例如螺钉孔以及冷却水路的相关尺寸使用一位小数，模仁槽及复位杆的相关尺寸需要使用两位小数。

（2）模仁的标注　模仁的标注要求在 11.1.1 节中已进行了介绍。母模仁既没有镶件孔也没有其他需要线切割的孔，其需要标注的尺寸主要就是模仁的长、宽、高以及螺钉、水路、浇口套孔的相关尺寸，母模仁的加工图样如图 11-95 所示。由于公模仁有斜顶及镶件，为了使标注尺寸清晰明了，避免图面过于复杂，可以把其加工图样分为螺钉、水路加工图样以及公模仁线切割图样，在螺钉、水路加工图样中只标注螺钉、水路的相关尺寸即可，公模仁线切割图样只标注线切割的工位即可，如镶件孔、斜顶孔，图样中其他非线切割工位的线

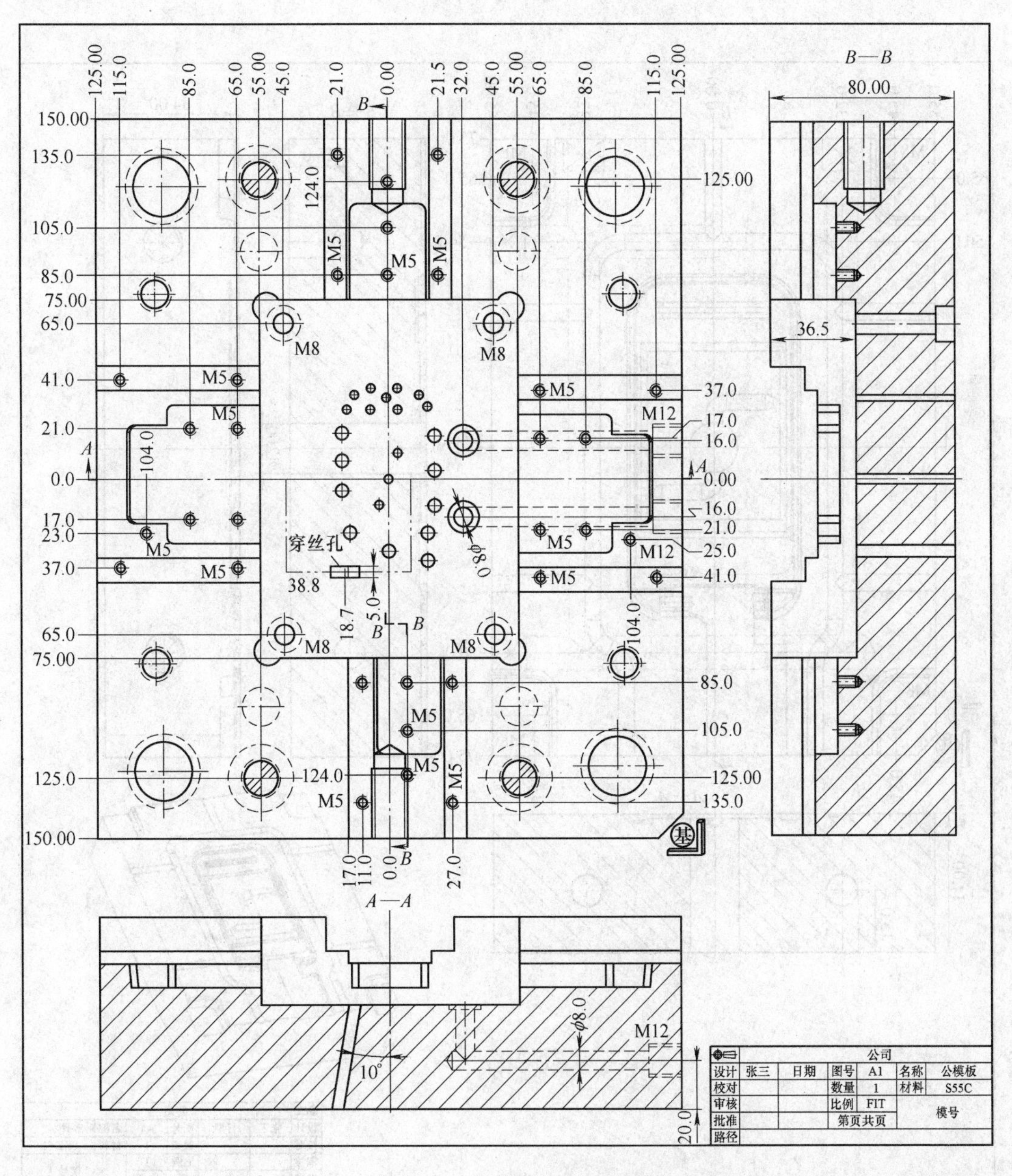

图 11-94　公模板的加工图样

条可以删掉以使图面清晰明了，镶件孔或斜顶孔的位置最好注明对应零件的名称以便钳工装配。公模仁的螺钉、水路加工图样如图11-96所示，公模仁的线切割图样如图 11-97 所示。

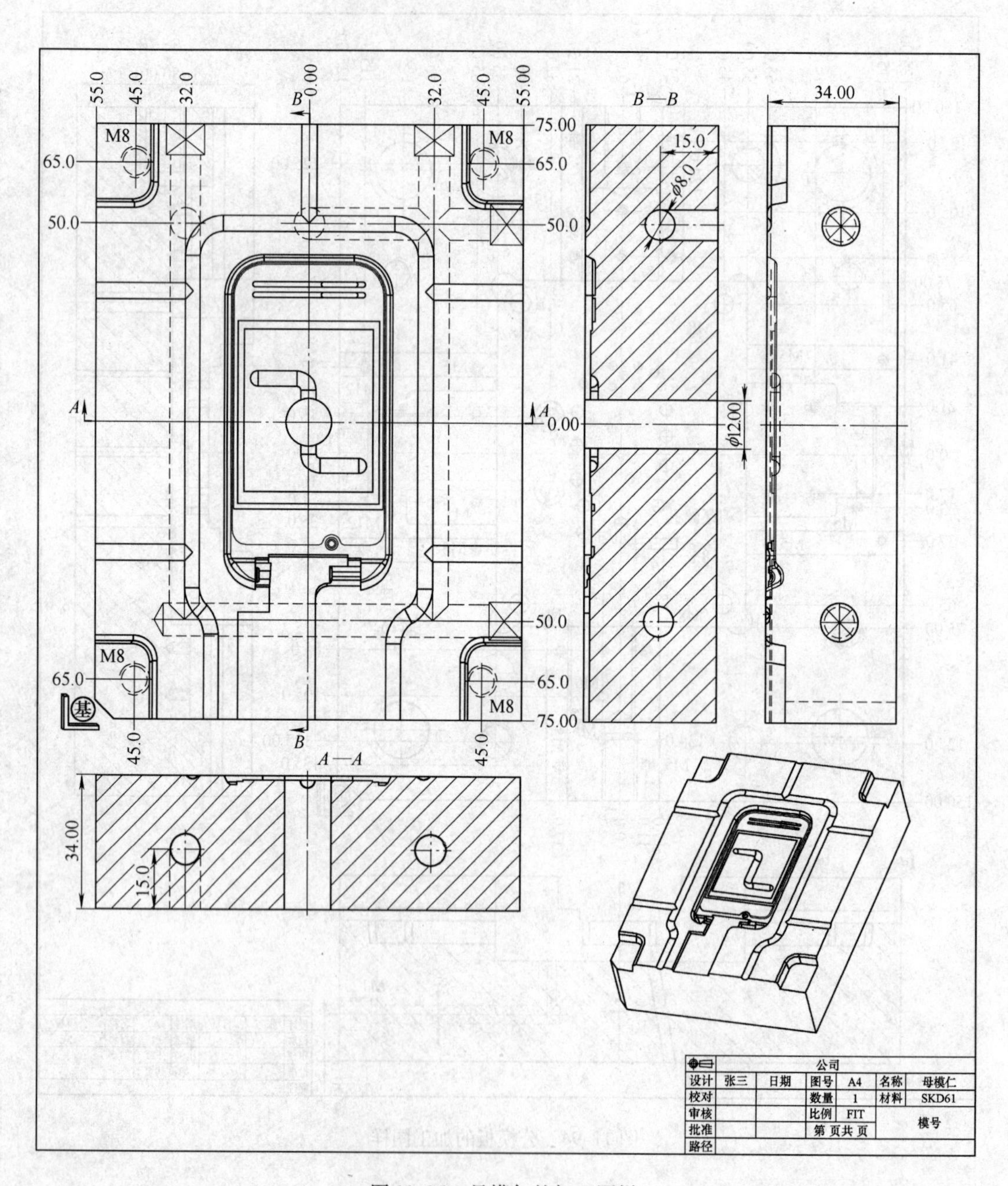

图 11-95 母模仁的加工图样

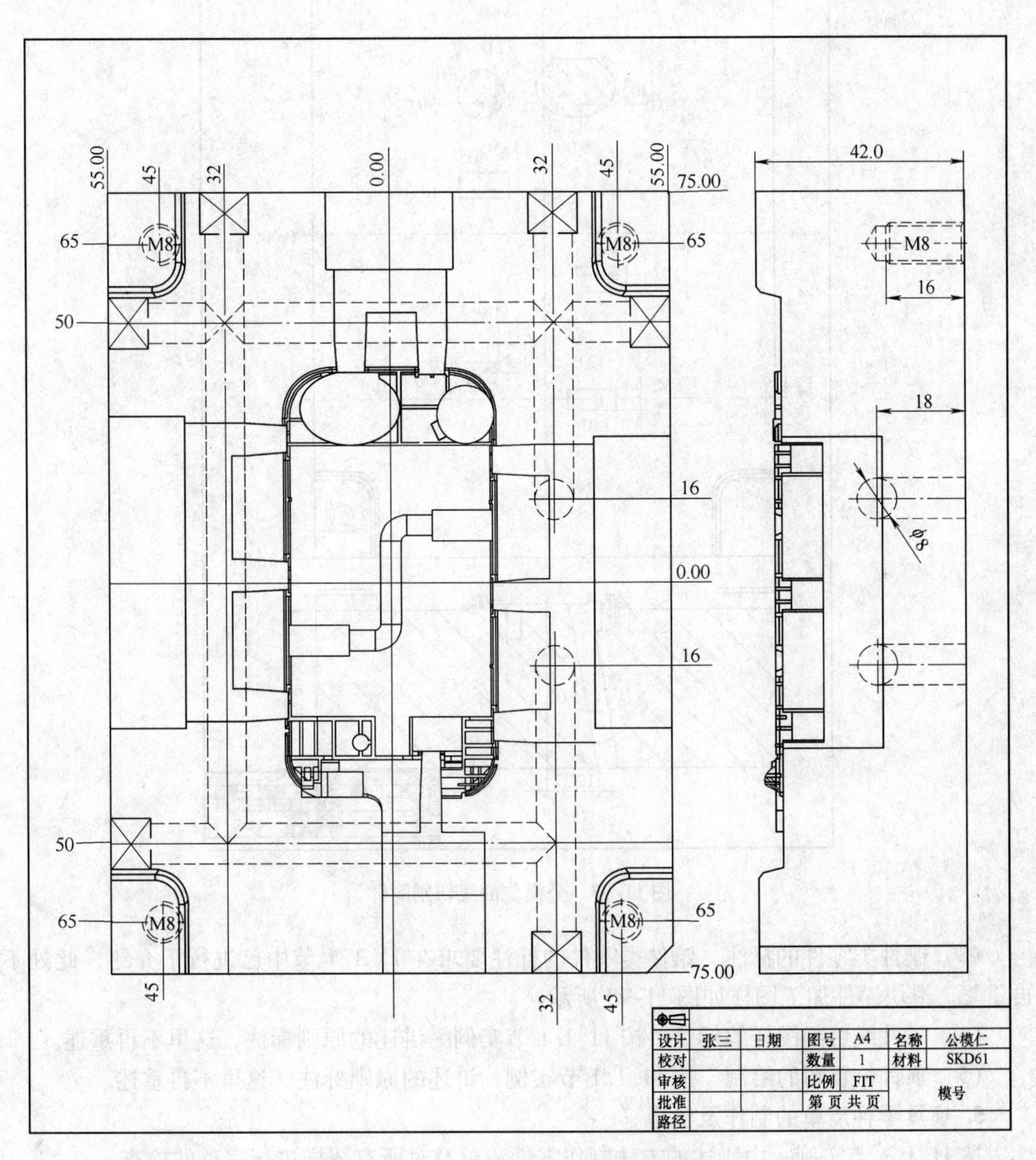

设计	张三	日期	图号	A4	名称	公模仁
校对			数量	1	材料	SKD61
审核			比例	FIT	模号	
批准			第 页 共 页			
路径						

图 11-96　公模仁的螺钉、水路加工图样

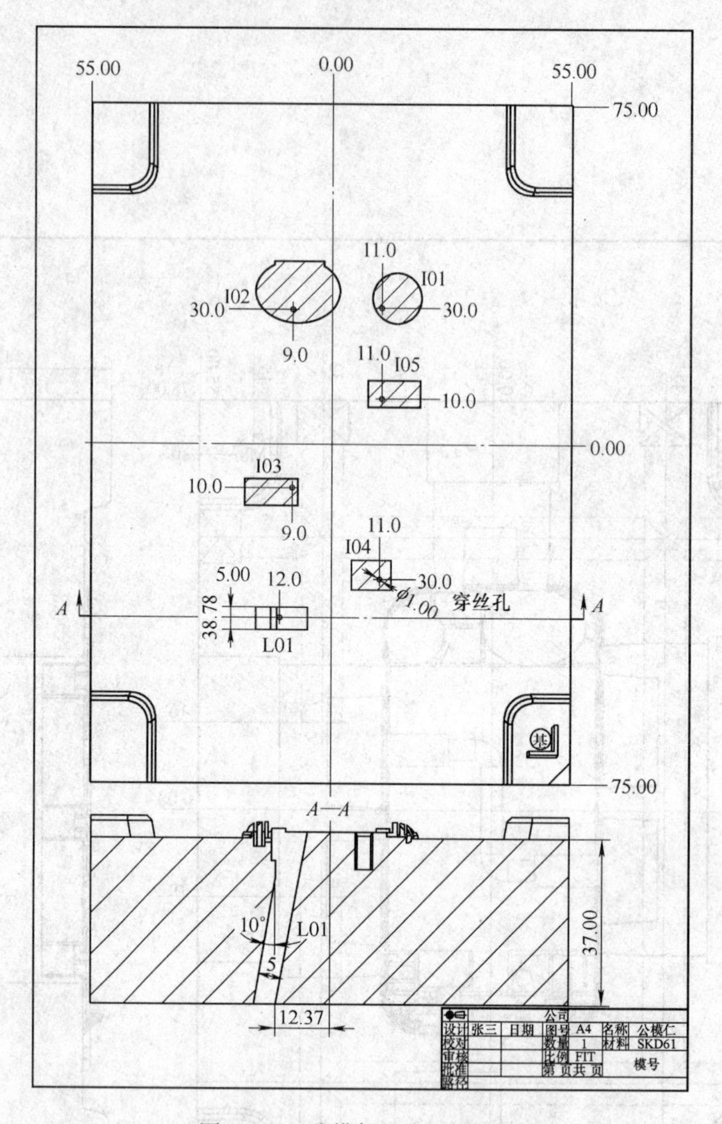

图 11-97　公模仁的线切割图样

（3）镶件类零件的标注　镶件类零件的标注要求在 11.1.1 节中已进行了介绍，此处不再重复。滑块镶件加工图样如图 11-98 所示。

（4）零件线切割图样的标注　按 11.1.1 节实例一讲述的原则标注，这里不再重述。

（5）顶针位置图的绘制　按 11.1.1 节实例一讲述的原则标注，这里不再重述。

5. 模具零件清单的制作及检查

按 11.1.1 节实例一中所述的方法制作零件清单及对所有图样进行完整的检查。

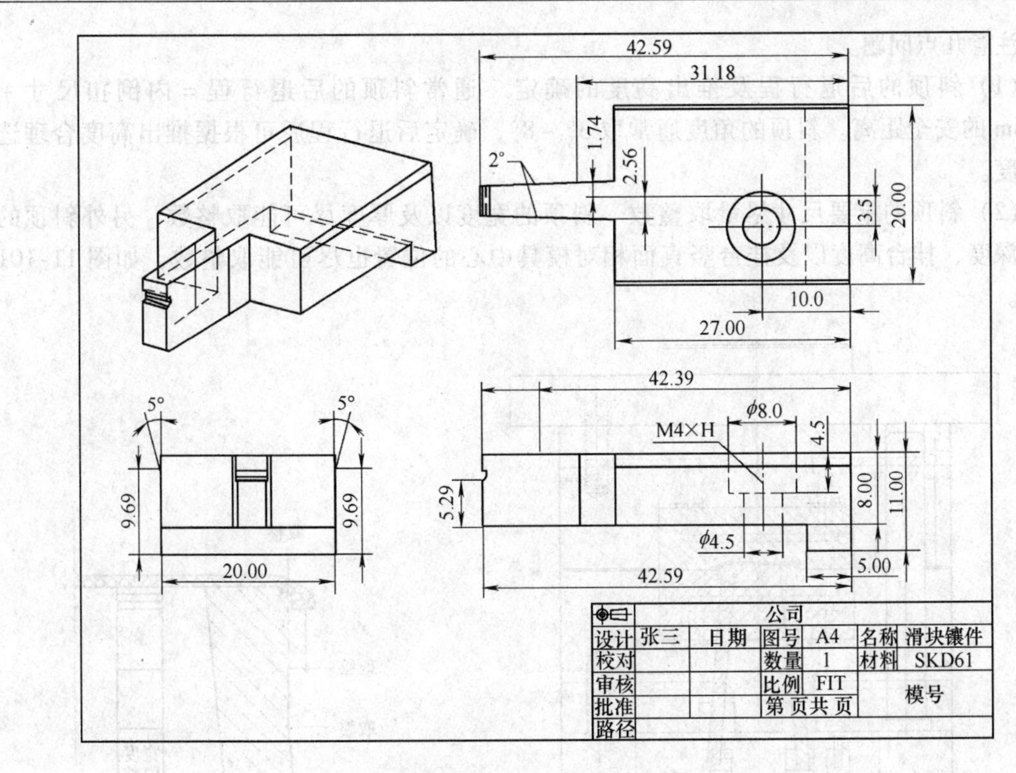

图 11-98　滑块镶件加工图样

11.2 注射模具典型结构点评

注射模具中最常用的结构就是大水口模及小水口模。按模具成型机构的类型主要可以分为没有任何成型机构的模具、有公模斜顶的模具、有母模斜顶的模具、有公模滑块的模具、有母模滑块的模具。

11.2.1 没有任何成型机构的模具

图 11-99 所示为没有任何成型机构的大水口模，此类模具结构比较简单，设计的时候重点是合理布局产品，选好模架大小，合理设计冷却水路以及推出系统。

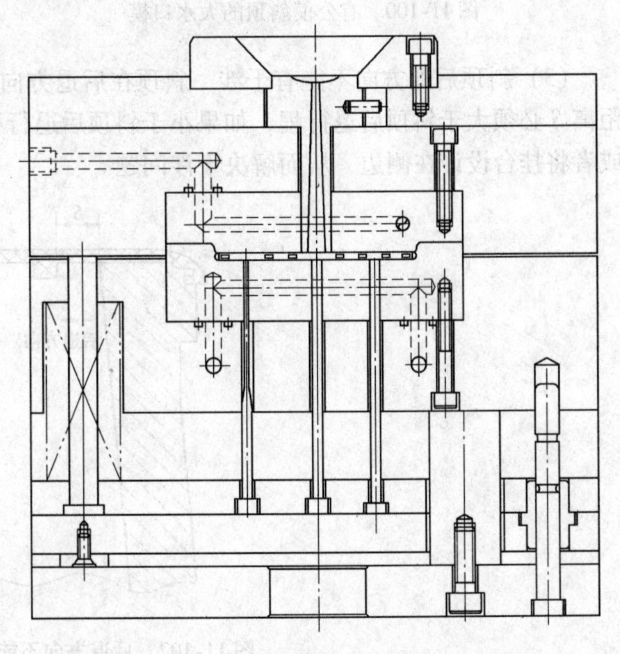

图 11-99　没有任何成型机构的大水口模

11.2.2 有公模斜顶的大水口模

在产品公模侧有内倒扣时，通常使用公模斜顶成型，如图 11-100 所示即为有公模斜顶的大水口模，此类模具结构也相对简单。只是设计斜顶时需要注意几点问题。

（1）斜顶的后退行程及推出高度的确定　通常斜顶的后退行程 = 内倒扣尺寸 + 1.5mm 的安全距离。斜顶的角度通常取 3° ~ 8°，确定后退行程后可根据推出高度合理选取角度。

（2）斜顶的重要尺寸尽量取整数　斜顶的宽度以及厚度尽可能取整数，另外斜顶的挂台深度、挂台高度以及挂台竖直面相对模具中心的位置也尽可能取整数，如图 11-101 所示。

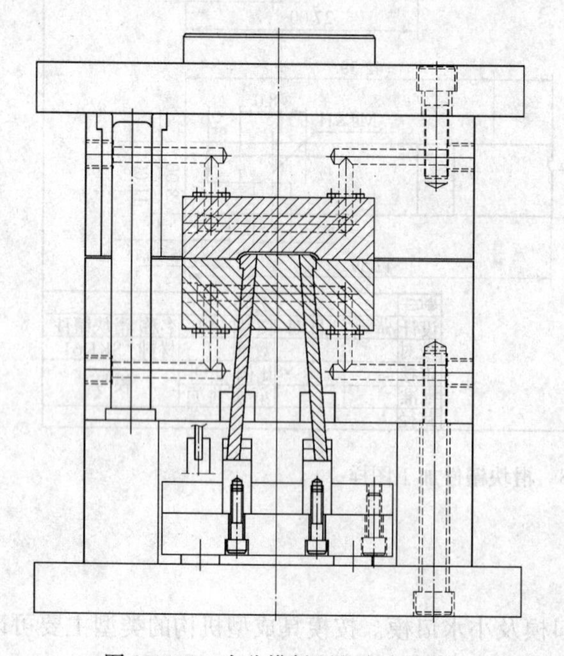

图 11-100　有公模斜顶的大水口模

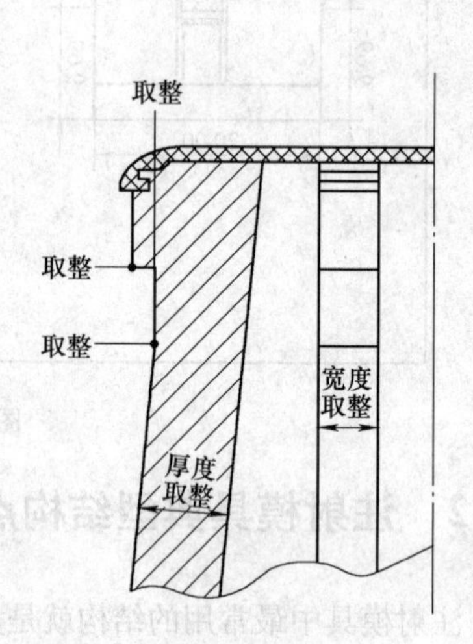

图 11-101　斜顶取整的尺寸

（3）斜顶后退方向不能有干涉　斜顶在后退方向不能有干涉。例如，图 11-102 所示的距离 S 必须大于斜顶后退行程，如果小于斜顶后退行程，则可以减小斜顶厚度以及挂台宽度或者将挂台设计在侧边，从而解决干涉问题。

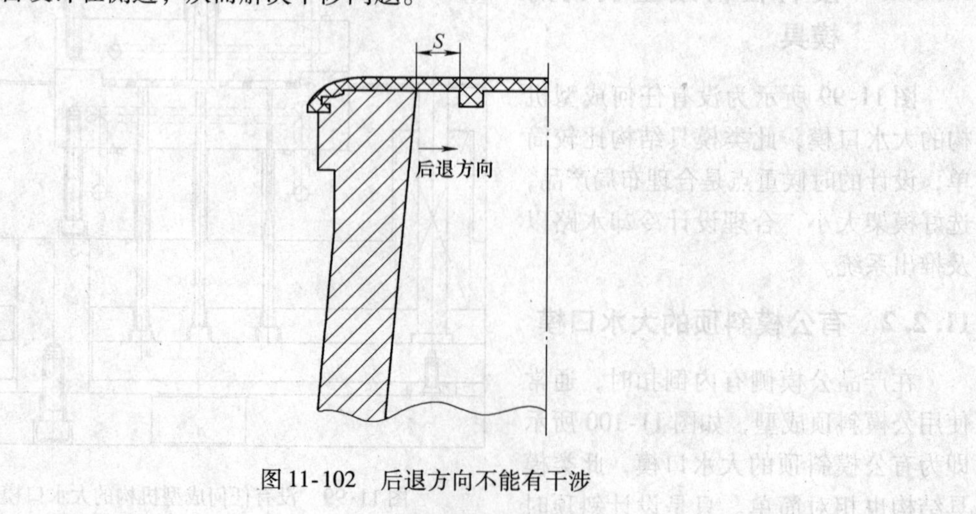

图 11-102　后退方向不能有干涉

11.2.3　有公模滑块的大水口模

产品公模侧有外倒扣时，通常需要采用公模滑块成型倒扣，图 11-103 所示为有公模滑块的大水口模。设计有公模滑块的大水口模时需要注意以下几个问题：

1）滑块的后退行程 = 倒扣尺寸 +2 ~3mm的安全距离。

2）为保证开、合模顺畅，楔紧块的倾斜角要比斜导柱的倾斜角大 2 ~3°。

3）耐磨块要比模板高 0.5mm，以保证滑块后退顺畅。

4）如果滑块的封胶面积比较大，在注塑过程中滑块所受的压力就相对较大，楔紧块通常设计成与公模板反锁的形式，如图 11-103 中所示楔紧块形式。

5）楔紧块通常使用耐磨性比较好的材料加工而成，并且在楔紧面上加工油槽。如果生产批量大，则需要在滑块后面镶一块耐磨块，以保证不会因为磨损而导致滑块精度降低。

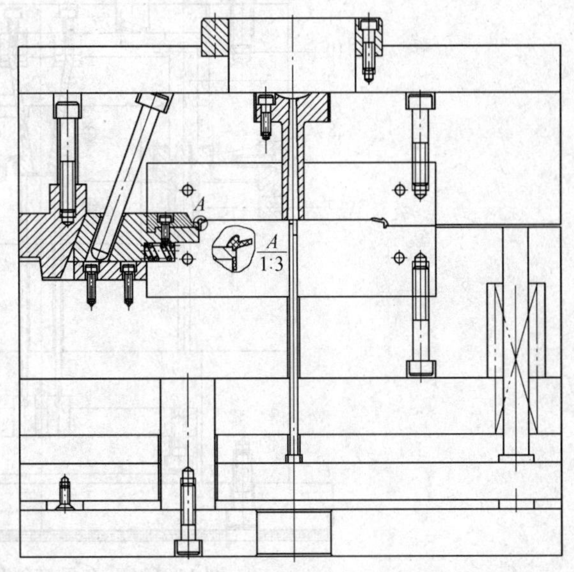

图 11-103　有公模滑块的大水口模

6）斜导柱的倾斜角度不能大于 25°。滑块宽度大于 100mm 以上时，通常设计两个斜导柱。

7）为了修模方便，滑块通常不采用整体式，而采用镶拼式，需要设计滑块镶件，滑块镶件通过螺钉及销钉固定在滑块座上。

11.2.4　有母模斜顶的大水口模

产品的母模侧有内倒扣时，通常使用母模斜顶成型，图 11-104 所示为有母模斜顶的大水口模，此类模具结构相对比较复杂。

母模斜顶的设计要点如下：

1）母模推板所在位置的母模板部分是空的，设计冷却水路进口、出口的时候一定要避开此区域，避免破坏水路。

2）设计模具时，为避免冷料太长浪费材料，通常会尽量限制母模板厚度在母模板厚度被限制的情况下，母模斜顶的倾斜角度在 5° ~12°的范围内尽可能取大值，这样可以降低推出高度，如果母模斜顶的推出高度不足，则通常可以在母模仁底面避空一定的距离以加高母模斜顶的推出高度。图 11-104 所示的母模仁底面就避空了一定的距离，使母模斜顶座能深入避空位从而加高推出高度。

3）为了保证母模推板的推出力，在设置弹簧 12 的基础上还另外在复位杆 9 上设置了两个拉模扣 7。通常由于拉模扣 7 的直径与复位杆 9 的直径相差不多，因此使得复位杆 9 与公模板 6 的接触面变得很小甚至消失，起不到复位的作用，为了解决复位问题，在复位杆 9 与

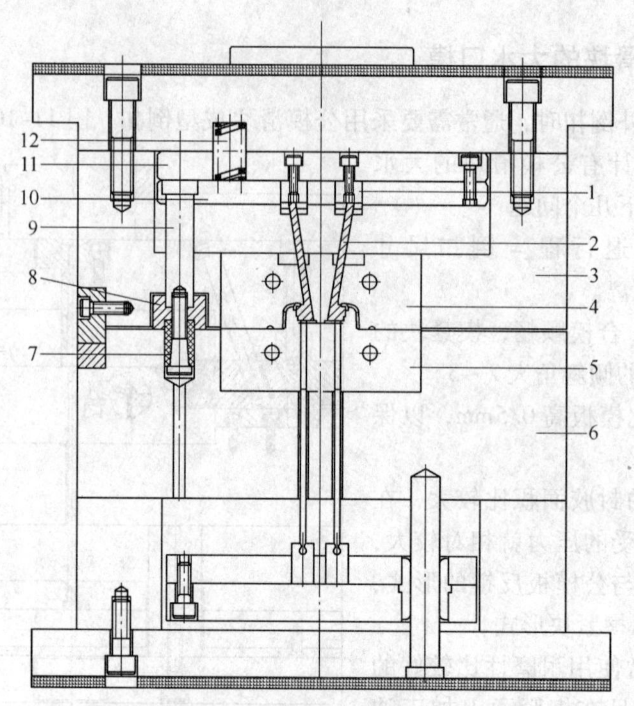

图 11-104　有母模斜顶的大水口模

1—母模斜顶座　2—母模斜顶　3—母模板　4—母模仁　5—公模仁　6—公模板　7—拉模扣　8—复位垫块　9—复位杆　10—母模斜顶固定板　11—母模推板　12—弹簧

拉模扣之间设计一个复位垫块 8，保证在合模过程中母模斜顶能精确复位。复位杆的位置通常设计在模仁之外，同时需要避免与其他机构（例如滑块）干涉。

11.2.5　简易小水口模

当产品采用针点式浇口进浇时通常需要采用简易小水口模结构，如图 11-105 所示。采用针点式浇口进浇的优点就是浇口痕迹小，可以自动拉断，不需要进行后续处理，缺点是模具结构比较复杂。

简易小水口模的设计要点如下：

1）需要分清楚小水口模的开、合模顺序，开模顺序是：首先在弹簧 2 的作用下，流道板 9 与母模板 8 之间实现第一次开模，将针点式浇口与产品或分流道分离；接着在等高螺钉 1 与小拉杆 3 的作用下，上模座板 10 与流道板 9 之间实现第二次开模，将流道凝料从抓料销 11 上剥落；最后在小拉杆 3 的作用下，公、母模板之间实现第三次开模，以便把产品推出。

2）小拉杆的开模定距 L_2 = 针点式浇口与浇口套口之间的距离 L_1 + 15mm。

3）在竖流道中，两个零件的交界处需要设计一个上大下小单边 0.2mm 的段差，如图 11-106 所示。

4）产品浇口的位置通常设计一个沉凹，以保证浇口痕迹的凸起不会高出产品装配面，针点式浇口的相关尺寸如图 11-107 所示。

5）在小水口转分流道再进浇的位置，通常采用图 11-108 所示的形式，而不采用

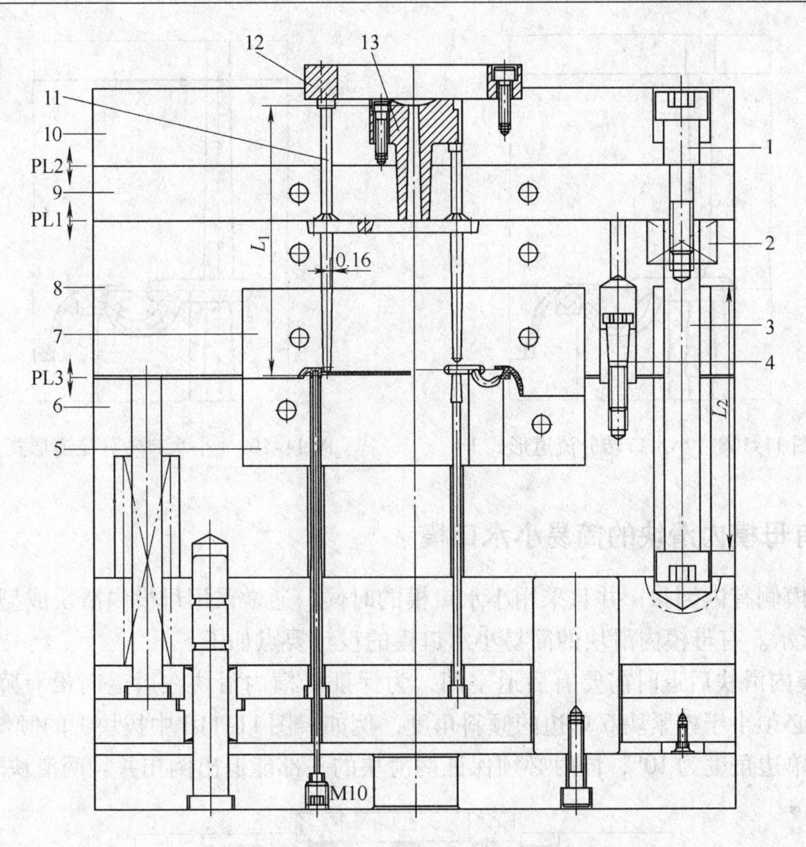

图 11-105　简易小水口模

1—等高螺钉　2—弹簧　3—小拉杆　4—拉模扣　5—公模仁　6—公模板　7—母模仁　8—母模板　9—流道板　10—上模座板　11—抓料销　12—定位环　13—浇口套

图 11-109所示的形式，图 11-108 所示形式 1 的优点是流道处的冷凝料相对较少，冷却比较快，缺点是压力损失比较大。

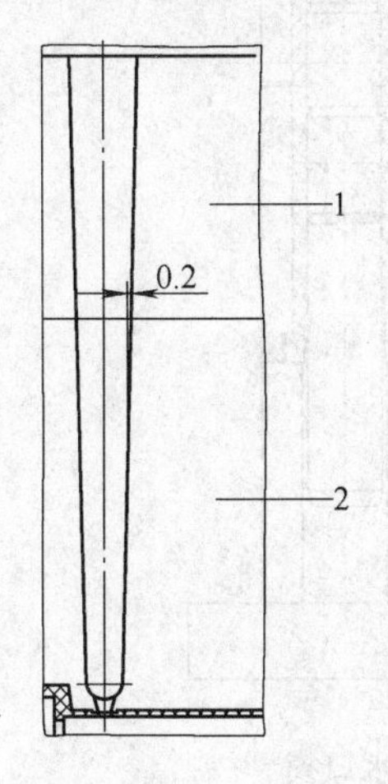

图 11-106　竖流道

1—母模板　2—母模仁

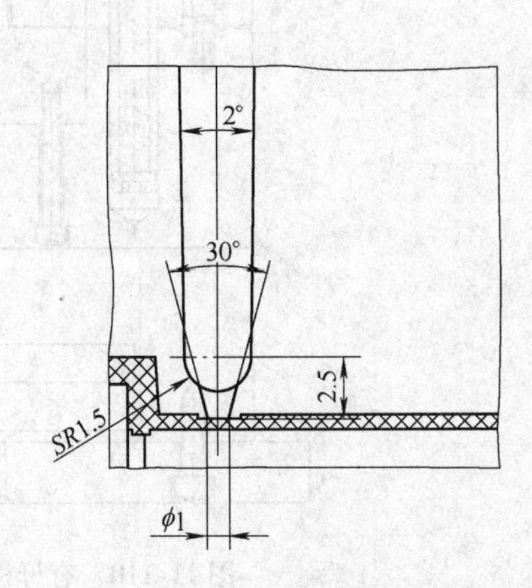

图 11-107　针点式浇口形状

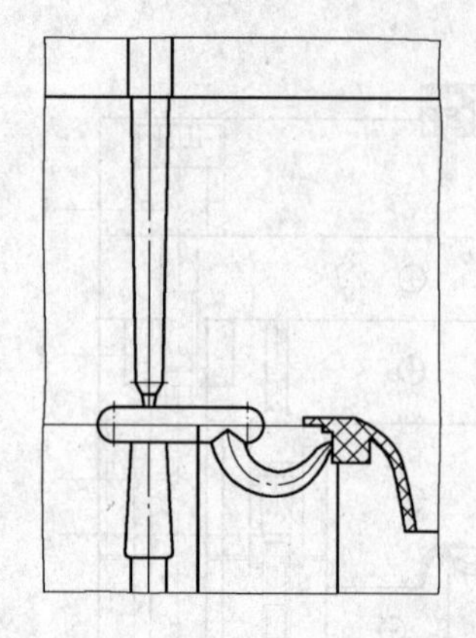

图 11-108　小水口转分流道形式 1

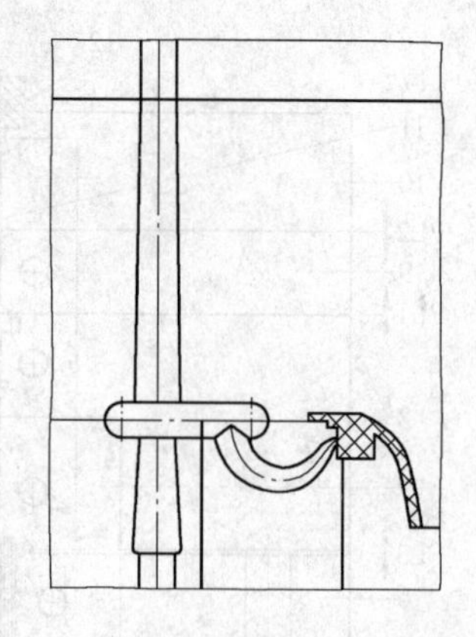

图 11-109　小水口转分流道形式 2

11.2.6　有母模内滑块的简易小水口模

产品母模侧有内倒扣，并且采用小水口模的时候，通常采用母模内滑块成型内倒扣，如图 11-110 所示。有母模内滑块的简易小水口模的设计要点如下：

1）母模内滑块后退时需要有后退空间，为保证母模内滑块在后退时没有障碍，拔块 1 的倾斜角度必须小于楔紧块 6 单边的倾斜角度，例如，图 11-110 中拔块 1 的倾斜角度为 9°，楔紧块 6 的单边角度为 10°，同时必须保证两滑块的头部能退出倒扣并且两滑块不会相碰。

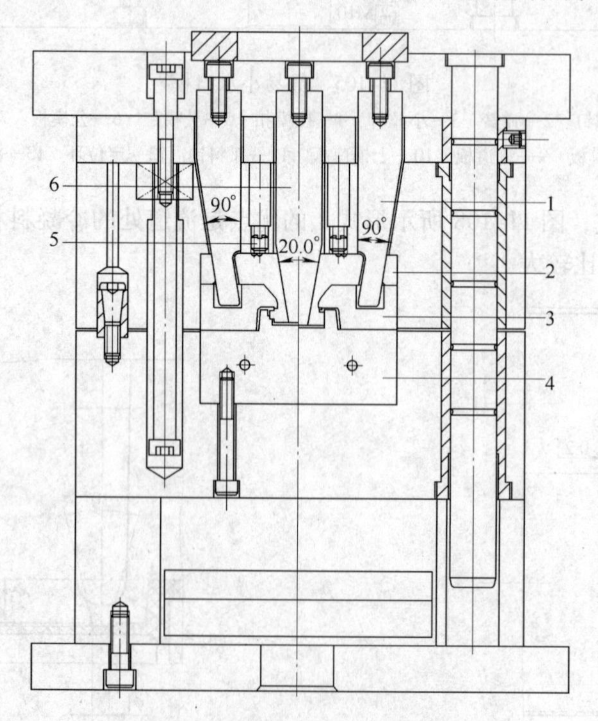

图 11-110　有母模内滑块的简易小水口模

1—拔块　2—母模内滑块　3—母模仁　4—公模仁

5—弹簧螺钉　6—楔紧块

2）母模内滑块结构比较紧凑，空间有限，所以母模内滑块采用弹簧螺钉5限位。

3）如果母模内滑块头部比较薄弱，则需要将侧边加厚以提高滑块的强度，保证其使用寿命，如图11-111所示。

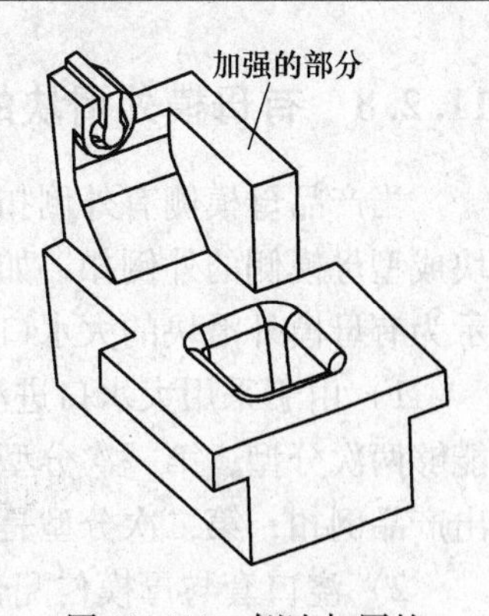

图11-111　侧边加厚的母模内滑块

11.2.7　有母模外滑块的简易小水口模

当产品母模侧有外倒扣，并且产品的外观面上不允许有熔接痕时，通常需要采用母模滑块成型母模侧的外倒扣，如果产品针点式采用浇口直接进浇，则选用小水口模。图11-112所示为有母模外滑块的简易小水口模。有母模外滑块的小水口母模的设计要点如下：

1）母模滑块在产品上不能留下明显的熔接痕，滑块留在母模侧，因为成型部分采用隧道式，所以需要保证母模仁隧道部分的强度。

2）拔块3的*A*点必须位于*B*点的外侧，如图11-112所示。

3）通常拔块3需要与公模板反锁，以保证拔块的强度。

4）通常将母模板滑块槽铣通，以方便合模装配。

5）拔块3与流道板2之间需要避空0.5mm。

6）拔块3外侧面中的一个面与母模板4是斜度楔紧关系，其他3个面避空0.5mm。

7）拔块3内侧面中的一个面与母模滑块6是斜度楔紧关系，其他3个面避空0.5mm。

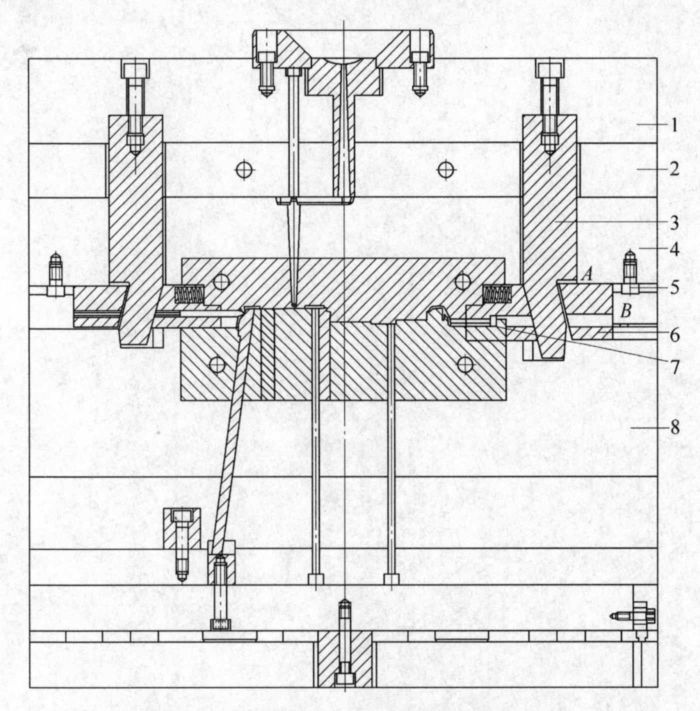

图11-112　有母模外滑块的简易小水口模

1—上模座板　2—流道板　3—拔块　4—母模板

5—限位螺钉　6—母模滑块　7—母模滑块镶件　8—公模板

11.2.8 有母模外滑块的大水口模

当产品母模侧有外倒扣，并且产品的外观面上不允许有熔接痕时，通常需要采用母模滑块成型母模侧的外倒扣，如果产品采用大水口进浇，则选用大水口 GCI 模具。图 11-113 所示为有母模外滑块的大水口模具。有母模外滑块的大水口模的设计要点如下：

1）由于采用大水口进浇，同时又有母模滑块，因此必须采用 GCI 结构的模具，即模具能够两次分型，第一次分型必须是上模座板 1 与母模板 2 分型，这样能够保证母模滑块先退出产品倒扣；第二次分型是公、母模板之间分型，从而取出产品。

2）浇口套与母模仁配合的位置必须有锥度，以保证开、合模顺畅。并且需要固定在上模座板上，不能固定在母模板上，如果固定在母模板上会使得注塑机的喷嘴与浇口套随着模具的开合反复碰撞而容易损坏。

3）为了保证开模顺序，必须设计定距拉杆 5 以及拉模扣 3，拉模扣 3 保证了模具的第一次分型发生在上模座板与母模板之间。定距拉杆需要保证母模滑块的后退行程。

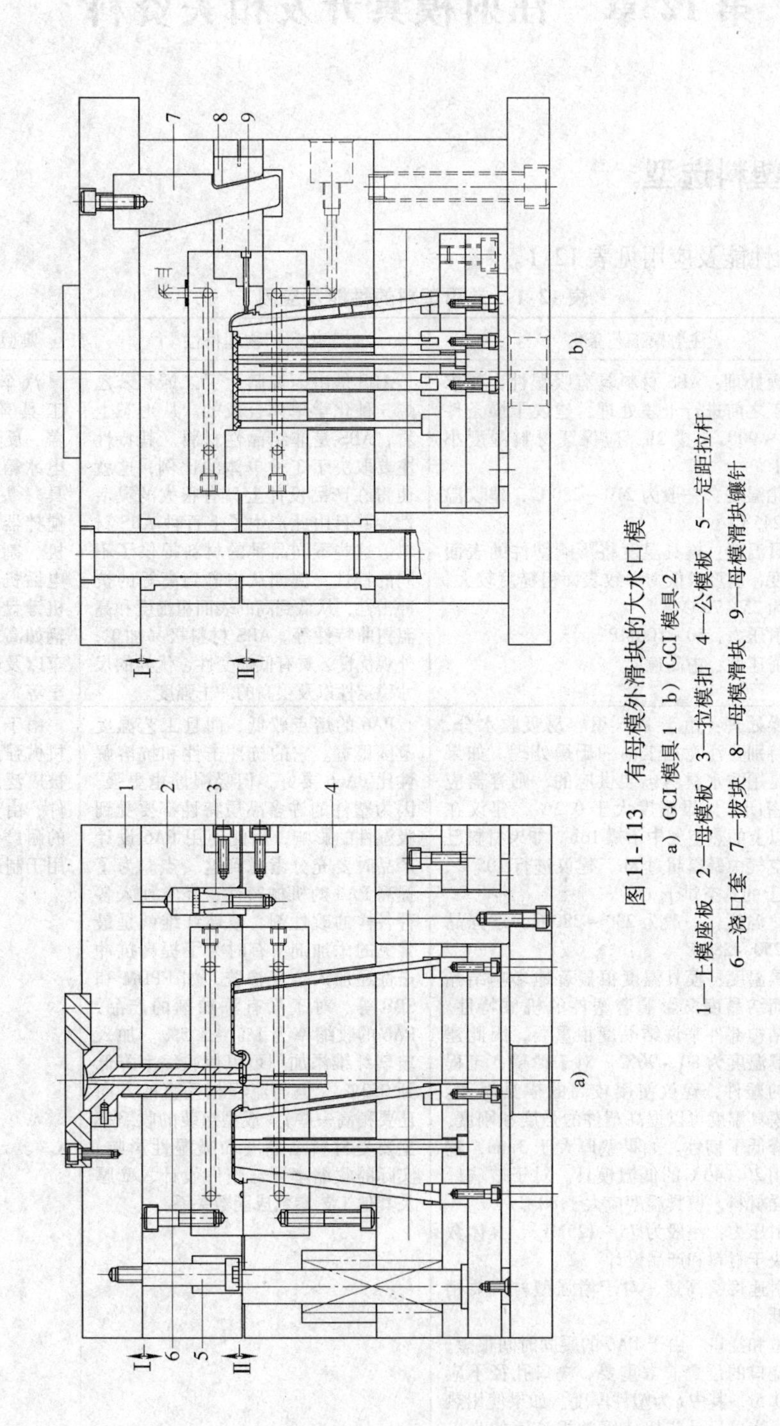

图 11-113 有母模外滑块的大水口模

a) GCI模具1 b) GCI模具2

1—上模座板 2—母模板 3—拉模扣 4—公模板 5—定距拉杆

6—浇口套 7—拔块 8—母模滑块 9—母模滑块镶针

第 12 章　注射模具开发相关资料

12.1　常用塑料选型

常用塑料的性能及应用见表 12-1。

表 12-1　常用塑料的性能及应用

名　称	注射模工艺条件	化学和物理特性	典型应用范围
ABS（丙烯腈-丁二烯-苯乙烯共聚物）	干燥处理：ABS 材料具有吸湿性，要求在加工之前进行干燥处理，建议干燥条件为 80 ~ 90℃至少 2h，应保证材料湿度小于0.1% 熔化温度：一般为 210 ~ 280℃，建议温度为245℃ 模具温度：模具温度将影响塑件的表面粗糙度，温度较低则导致表面粗糙度较大，一般为 25 ~ 70℃ 注射压力：50 ~ 100MPa 注射速度：中高速度	ABS 是由丙烯腈、丁二烯和苯乙烯 3 种化学单体合成的。从形态上看，ABS 是非结晶性材料。其特性主要取决于 3 种单体的比例，这就使得在产品设计上具有很大的灵活性，并且由此产生了上百种 ABS 材料。这些不同品种的材料提供了不同的特性，例如从中等到高等的抗冲击性，从低到高的表面粗糙度和高温扭曲特性等。ABS 材料极易加工，外观优良，具有低蠕变性、优异的尺寸稳定性以及很高的冲击强度	汽车（仪表板、工具舱门、车轮盖、反光镜盒等），电冰箱，高强度工具（头发干燥机、搅拌器、食品加工机、割草机等），电话机壳体，打字机键盘，娱乐用车辆如高尔夫球手推车以及喷气式雪橇车等
PA6（聚酰胺 6 或尼龙 6）	干燥处理：由于 PA6 很容易吸收水分，因此特别要注意加工前的干燥处理。如果材料是用防水材料包装供应的，则容器应保持密闭。如果湿度大于 0.2%，建议在 80℃以上的热空气中干燥 16h。如果材料已经在空气中暴露超过 8h，建议进行 105℃、8h 以上的真空烘干 熔化温度：一般为 230 ~ 280℃，增强品种为 250 ~ 280℃ 模具温度：模具温度很显著地影响结晶度，而结晶度又影响着塑件的机械特性。对于结构部件来说结晶度很重要，因此建议模具温度为 80 ~ 90℃。对于薄壁、流程较长的塑件，建议使用较高的模具温度。提高模具温度可以提高塑件的强度和刚度，但却降低了韧性。如果壁厚大于 3mm，建议使用 20 ~ 40℃的低温模具。对于玻璃纤维增强材料，模具温度应大于 80℃ 注射压力：一般为 75 ~ 125MPa，具体数值取决于材料和产品设计 注射速度：高速，对于增强型材料要稍微降低 流道和浇口：由于 PA6 的凝固时间很短，因此浇口的位置非常重要。浇口孔径不应小于$0.5t$，其中 t 为塑件厚度。如果使用热流道，浇口尺寸应比使用常规流道的小一些，因为热流道有助于阻止材料过早凝固。如果使用潜伏式浇口，则浇口的最小直径应为 0.75mm	PA6 的熔点较低，而且工艺温度范围很宽。它的抗冲击性和抗溶解性比 PA66 要好，但吸湿性也更强。因为塑件的许多品质特性都要受到吸湿性的影响，因此使用 PA6 设计产品时要充分考虑到这一点。为了提高 PA6 的机械特性，经常加入各种各样的改性剂。玻璃纤维就是最常见的添加剂，有时为了提高抗冲击性还加入合成橡胶，如 EPDM 和 SBR 等。对于没有添加剂的产品，PA6 的收缩率为 1% ~ 1.5%。加入玻璃纤维添加剂可以使收缩率降低到 0.3%（但与流程相垂直的方向还要稍高一些）。成型组装的收缩率主要受材料结晶度和吸湿性影响。实际的收缩率还与塑件设计、壁厚及其他工艺参数成函数关系	由于具有很好的机械强度和刚度而被广泛用于结构部件，由于具有很好的耐磨损特性，还用于制造轴承

（续）

名　称	注射模工艺条件	化学和物理特性	典型应用范围
PA12（聚酰胺12或尼龙12）	干燥处理：加工之前应保证湿度在0.1%以下。如果材料暴露在空气中储存，建议在85℃的热空气中干燥4～5h。如果材料在密闭容器中储存，那么经过3h的温度平衡即可直接使用 熔化温度：一般为240～300℃，对于普通特性材料不要超过310℃，对于有阻燃特性的材料不要超过270℃ 模具温度：对于未增强型材料为30～40℃，对于薄壁或大面积元件为80～90℃，对于增强型材料为90～100℃。提高温度将提高材料的结晶度。精确地控制模具温度对PA12来说是很重要的 注射压力：最大可到100MPa（建议使用低保压压力和高熔化温度） 注射速度：300～600mm/s（对于有玻璃纤维添加剂的材料更好些） 流道和浇口：对于未加添加剂的材料，由于材料黏度较低，流道直径应在30mm左右。对于增强型材料，要求5～8mm的大流道直径。流道形状应全部为圆形。浇口应尽可能短。可以使用多种形式的浇口。大型塑件不要使用小浇口，这是为了避免对塑件产生过高的压力或收缩率过大。浇口厚度最好与塑件厚度相等。如果使用潜伏式浇口，建议最小的直径为0.8mm	PA12的特性与PA11相似，但晶体结构不同。PA12是很好的电气绝缘体，并且和其他聚酰胺一样不会因潮湿影响绝缘性能。它具有很好的抗冲击性和化学稳定性。PA12有许多在塑化特性和增强特性方面的改良品种。PA12对强氧化性酸无抵抗能力。PA12的黏度主要取决于湿度、温度和储存时间。它的流动性很好。收缩率为0.5%～2%，具体数值主要取决于材料品种、壁厚及其他工艺条件	水流量表和其他商业设备、电缆套、机械凸轮、滑动机构以及轴承等
PA66（聚酰胺66或尼龙66）	干燥处理：如果加工前材料是密封的，那么就没有必要干燥。如果储存容器被打开，则建议在85℃的热空气中进行干燥处理。如果湿度大于0.2%，还需要进行105℃、12h的真空干燥 熔化温度：一般为260～290℃。有玻璃纤维添加剂的产品为275～280℃。熔化温度应避免高于300℃ 模具温度：建议的模具温度为80℃。模具温度将影响结晶度，而结晶度将影响产品的物理特性。对于薄壁塑件，如果使用低于40℃的模具温度，则塑件的结晶度将随着时间而变化，为了保持塑件的几何稳定性，需要进行退火处理 注射压力：注射压力通常为75～125MPa，具体数值取决于材料和产品设计 注射速度：高速，对于增强型材料应稍低一些 流道和浇口：由于PA66的凝固时间很短，因此浇口的位置非常重要。浇口孔径不应小于0.5t，其中t为塑件厚度。如果使用热流道，浇口尺寸应比使用常规流道的小一些，因为热流道有助于阻止材料过早凝固。如果使用潜伏式浇口，浇口的最小直径应为0.75mm	PA66的熔点在聚酰胺材料中属于较高的。它是一种半结晶型材料。PA66在较高温度也能保持较高的强度和刚度。PA66在成型后仍然具有吸湿性，其程度主要取决于材料的组成、壁厚以及环境条件。在产品设计时，一定要考虑吸湿性对几何稳定性的影响。为了提高PA66的力学性能，经常加入各种各样的改性剂。玻璃纤维就是最常见的添加剂，有时为了提高抗冲击性还加入合成橡胶，如EPDM和SBR等。PA66的黏度较低，因此流动性很好（但不如PA6）。可以利用此性质来加工很薄的元件。它的黏度对温度变化很敏感。PA66的收缩率为1%～2%，加入玻璃纤维添加剂可以将收缩率降低到0.2%～1%。收缩率在流程方向和与流程垂直方向上的差异是较大的。PA66对许多溶剂具有抗溶性，但对酸和其他一些氯化剂的抵抗力较弱	与PA6相比，PA66更广泛地应用于汽车工业、仪器壳体以及其他有抗冲击性和高强度要求的产品

（续）

名　称	注射模工艺条件	化学和物理特性	典型应用范围
PBT（聚对苯二甲酸丁二酯）	干燥处理：这种材料在高温下很容易水解，因此加工前的干燥处理是很重要的。建议在空气中的干燥条件为120℃、6～8h，或者150℃、2～4h。其湿度必须小于0.03%。如果用吸湿干燥器干燥，则建议条件为150℃、2.5h 熔化温度：一般为225～275℃，建议温度为250℃ 模具温度：对于未增强型的材料为40～60℃。要很好地设计模具的冷却水道以减小塑件的弯曲。热量的散失一定要快而均匀。建议模具冷却水道的直径为12mm 注射压力：中等，最大为150MPa 注射速度：因为PBT的凝固很快，因此应使用尽可能快的注射速度 流道和浇口：建议使用圆形流道以利于压力的传递，经验公式为流道直径＝塑件厚度+1.5。可以使用各种形式的浇口，也可以使用热流道，但要注意防止材料的渗漏和降解。浇口直径应为（0.8～1.0）t，其中t为塑件厚度。如果采用潜伏式浇口，建议最小直径为0.75mm	PBT是最坚韧的工程热塑性材料之一，它是半结晶型材料，有非常好的化学稳定性、机械强度、电绝缘特性和热稳定性。该材料在很广的环境条件下都有很好的稳定性。PBT吸湿特性很弱。非增强型PBT的拉伸强度为50MPa，含有玻璃纤维添加剂的PBT拉伸强度为170MPa。玻璃纤维添加剂过多将导致材料变脆。PBT的结晶很迅速，这将导致因冷却不均匀而造成弯曲变形。有玻璃纤维添加剂的材料，流程方向的收缩率可以减小，但与流程垂直方向的收缩率与普通材料基本上没有区别。一般材料收缩率为1.5%～2.8%。含30%玻璃纤维添加剂（质量分数）的材料收缩率为0.3%～1.6%。熔点（225℃）和高温变形温度都比PET材料要低。维卡软化温度大约为170℃，玻璃化转变温度（Glass transition temperature）为22～43℃。由于PBT的结晶速度很高，因此它的黏度很低，塑件的加工周期一般也较短	家用器具（食品加工刀片、真空吸尘器元件、电风扇、头发干燥机壳体、咖啡器皿等），电气元件（开关、电机壳、熔丝盒、计算机键盘按键等），汽车工业产品（散热器格窗、车身嵌板、车轮盖、门窗部件等）
PC（聚碳酸酯）	干燥处理：PC材料具有吸湿性，加工前的干燥很重要。建议干燥条件为100～200℃、3～4h。加工前的湿度必须小于0.02% 熔化温度：260～340℃ 模具温度：70～120℃ 注射压力：尽可能使用高注射压力 注射速度：较小的浇口使用低速注射，对其他类型的浇口使用高速注射	PC是一种非结晶型工程材料，具有很高的冲击强度、热稳定性、光泽度以及优异的抑制细菌特性、阻燃特性和抗污染性。PC的冲击强度非常高，并且收缩率很低，一般为0.1%～0.2%。PC有很好的力学性能，但流动性较差，因此这种材料的注塑过程较困难。在选用PC材料时，要以产品的最终期望为准。如果塑件要求具有较高的抗冲击性，那么就使用低流动率的PC材料；反之，可以使用高流动率的PC材料，这样可以优化注塑过程	电气和商业设备（计算机元件、插接器等）、器具（食品加工机、电冰箱抽屉等）、交通运输行业（车辆的前后灯、仪表板等）
PC/ABS（聚碳酸酯和丙烯腈-丁二烯-苯乙烯共聚物的混合物）	干燥处理：加工前的干燥处理是必需的，湿度应小于0.04%，建议干燥条件为90～110℃、2～4h 熔化温度：230～300℃ 模具温度：50～100℃ 注射压力：取决于塑件 注射速度：尽可能地高	PC/ABS具有PC和ABS两者的综合特性。例如ABS的易加工特性和PC的优良力学性能以及热稳定性。两者的比例将影响PC/ABS材料的热稳定性。PC/ABS具有优异的流动特性	计算机和商业机器的壳体、电气设备、草坪和园艺机器、汽车零件（仪表板、内部装修以及车轮盖）
PC/PBT（聚碳酸酯和聚对苯二甲酸丁二酯的混合物	干燥处理：110～135℃，约4h 熔化温度：235～300℃ 模具温度：37～93℃	PC/PBT具有PC和PBT两者的综合特性，例如PC的高韧性和几何稳定性以及PBT的化学稳定性、热稳定性和润滑特性等	齿轮箱、汽车保险杠以及要求具有耐蚀性、热稳定性、抗冲击性以及几何稳定性的产品

（续）

名　称	注射模工艺条件	化学和物理特性	典型应用范围
PE-HD（高密度聚乙烯）	干燥：如果存储恰当则不必干燥 熔化温度：一般为220～260℃。对于分子较大的材料，建议熔化温度为200～250℃ 模具温度：一般为50～95℃。6mm以下壁厚的塑件应使用较高的模具温度，6mm以上壁厚的塑件使用较低的模具温度。塑件冷却温度应均匀，以减小收缩率的差异。为获得最优的加工周期，冷却水道直径应不小于8mm，并且至模具表面的距离应在1.3d之内，其中d为冷却水道的直径 注射压力：70～105MPa 注射速度：建议使用高速注射 流道和浇口：流道直径为4～7.5mm，流道长度应尽可能短。可以使用各种类型的浇口，浇口长度不应超过0.75mm。特别适合使用热流道模具	PE-HD的高结晶度使得它具有高的密度、拉伸强度、高温扭曲温度、黏度以及化学稳定性。PE-HD比PE-LD有更强的抗渗透性。PE-HD的冲击强度较低。该材料的流动特性很好，熔融指数（MFR）为0.1～28。相对分子质量越高，PE-HD的流动特性越差，但是冲击强度越高。PE-HD是半结晶型材料，成型后收缩率较高，为1.5%～4%。PE-HD很容易发生环境应力开裂现象，可以通过使用流动特性很差的材料减小内部应力，从而减轻开裂现象。当温度高于60℃时PE-HD很容易在烃类溶剂中溶解，但其抗溶解性比PE-LD要好一些	电冰箱容器、存储容器、家用厨具、密封盖等
PE-LD（低密度聚乙烯）	干燥：一般不需要 熔化温度：180～280℃ 模具温度：20～40℃，为了实现均匀冷却以及较为经济地去热，建议冷却水道直径至少为8mm，并且冷却水道至模具表面的距离不要超过冷却水道直径的1.5倍。 注射压力：最大可到150MPa 保压压力：最大可到75MPa 注射速度：建议使用快速注射速度 流道和浇口：可以使用各种类型的流道和浇口。PE-LD特别适合使用热流道模具	商业用PE-LD材料的密度为0.91～0.94g/cm^3。气体和水蒸气能够渗透PE-LD。PE-LD的热膨胀系数很高，不适合加工长期使用的制品。如果PE-LD的密度为0.91～0.925g/cm^3，那么其收缩率为2%～5%；如果密度为0.926～0.94g/cm^3，那么其收缩率为1.5%～4%。实际的收缩率还要取决于注塑工艺参数。PE-LD在室温下可以抵抗多种溶剂，但是芳香烃和氯化烃溶剂可使其膨胀。与PE-HD类似，PE-LD容易发生环境应力开裂现象	碗、箱柜、管道连接器
PEI（聚醚酰亚胺）	干燥处理：PEI具有吸湿特性并可导致材料降解，其湿度值应小于0.02%。建议进行150℃、4h的干燥处理 熔化温度：普通类型材料为340～400℃，增强类型材料为340～415℃ 模具温度：一般为107～175℃，建议模具温度为140℃ 注射压力：70～150MPa 注射速度：使用尽可能高的注射速度	PEI具有很强的高温稳定性，即使是非增强型的PEI，仍具有很好的韧性和强度。因此利用PEI优越的热稳定性可用来制作高温耐热器件。PEI还有良好的阻燃性、抗化学反应性以及电绝缘特性。玻璃化转变温度很高，达215℃。PEI还具有很低的收缩率及良好的各向同性的力学性能	汽车工业（发动机配件如温度传感器、燃料和空气处理器等），电气及电子设备（电气连接器、印制电路板、芯片外壳、防爆盒等），产品包装，飞机内部设备，医药行业（外科器械、工具壳体、非植入器械）
PET（聚对苯二甲酸乙二酯）	干燥处理：加工前的干燥处理是必要的，因为PET的吸湿性较强。建议进行120～165℃、4h的干燥处理。要求湿度小于0.02% 熔化温度：非填充类型的材料为265～280℃；玻璃纤维填充类型的材料为275～290℃ 模具温度：80～120℃ 注射压力：30～130MPa 注射速度：在不导致脆化的前提下可使用较高的注射速度 流道和浇口：可以使用所有常规类型的浇口。浇口尺寸应为塑件厚度的50%～100%	PET的玻璃化转变温度为165℃左右，材料的结晶温度范围为120～220℃。PET在高温下有很强的吸湿性。玻璃纤维增强型的PET材料在高温下还非常容易发生弯曲变形。可以通过添加结晶增强剂的方法来提高材料的结晶程度。用PET加工的透明制品具有高光泽度和热变形温度。可以向PET中添加云母等特殊添加剂减小弯曲变形程度。如果使用较低的模具温度，那么使用非填充型的PET材料也可以获得透明制品	汽车工业（结构器件如反光镜盒，电气部件如车头灯反光镜等），电气元件（电动机壳体、电气连接器、继电器、开关、微波炉内部器件等），泵壳体，手工器械等

（续）

名　称	注射模工艺条件	化学和物理特性	典型应用范围
PMMA（聚甲基丙烯酸甲酯，亚克力）	干燥处理：PMMA具有吸湿性，因此加工前的干燥处理是必要的。建议干燥条件为90℃、2~4h 熔化温度：240~270℃ 模具温度：35~70℃ 注射速度：中等	PMMA具有优良的光学特性及耐候性。白光的穿透性高达92%。PMMA制品具有很低的双折射，特别适合制作影碟等。PMMA具有室温蠕变特性。负荷增大、时间延长，可导致应力开裂现象。PMMA具有较好的抗冲击特性	汽车工业（信号灯设备、仪表板等），医药行业（储血容器等），影碟，灯光散射器，日用消费品（饮料杯、文具等）
POM（聚甲醛）	干燥处理：如果材料储存在干燥环境中，通常不需要干燥处理 熔化温度：均聚物材料为190~230℃，共聚物材料为190~210℃ 模具温度：一般为80~105℃。为了减小成型后的收缩率可选用稍高的模具温度 注射压力：70~120MPa 注射速度：中等或偏高的注射速度 流道和浇口：可以使用任何类型的浇口。如果使用隧道形浇口，则最好使用较短的类型。对于均聚物材料建议使用热喷嘴流道，对于共聚物材料既可以使用内部热流道也可使用外部热流道	POM是一种坚韧有弹性的材料，即使在低温下仍有很好的抗蠕变特性、几何稳定性和抗冲击特性。POM既有均聚物材料也有共聚物材料。均聚物材料具有很好的延展性、疲劳强度，但不易加工。共聚物材料具有很好的热稳定性、化学稳定性，并且易于加工。无论是均聚物材料还是共聚物材料，都是结晶型材料，并且不易吸收水分。POM的高结晶程度导致它有相当高的收缩率，可高达2%~3.5%。各种不同的增强型材料有不同的收缩率	POM具有很低的摩擦系数和很好的尺寸稳定性，特别适合制作齿轮和轴承。由于它还具有耐高温特性，因此还用于管道器件（管道阀门、泵壳体）、草坪设备等
PP（聚丙烯）	干燥处理：如果储存适当则不需要干燥处理 熔化温度：一般为220~275℃，注意不要超过275℃ 模具温度：40~80℃，建议使用50℃。结晶程度主要由模具温度决定 注射压力：最大可达180MPa 注射速度：通常使用高速注塑，从而使内部压力降到最低。如果制品表面出现缺陷，那么应使用较高温度下的低速注塑 流道和浇口：对于冷流道，典型的流道直径为4~7mm。建议使用通体为圆形的浇口和流道。所有类型的浇口都可以使用。典型的浇口直径为1~1.5mm，但也可以使用小到0.7mm的浇口。对于边缘浇口，最小的浇口深度应为壁厚的一半，最小的浇口宽度应为壁厚的两倍。PP材料可以使用热流道系统	PP是一种半结晶型材料。它比PE更坚硬并且有更高的熔点。共聚物型的PP材料有较低的热变形温度（100℃）、低透明度、低光泽度、低刚性，但是具有更高的冲击强度。PP的强度随着乙烯含量的增加而提高。由于结晶度较高，这种材料的表面刚度和抗划痕特性很好。PP不存在环境应力开裂问题。通常，采用加入玻璃纤维、金属添加剂或热塑橡胶的方法对PP进行改性。PP的MFR为1~40。低MFR的PP材料抗冲击特性较好，但延展性较差。对于具有相同MFR的材料，共聚物型的强度比均聚物型的要高。由于结晶，PP的收缩率相当高，一般为1.8~2.5%，并且收缩率的方向均匀性比PE-HD等材料要好得多。加入30%的玻璃纤维添加剂（质量分数）可以使收缩率降到0.7%。均聚物型和共聚物型的PP材料都具有优良的抗吸湿性、耐酸碱腐蚀性、抗溶解性。然而，它对芳香烃（如苯）溶剂、氯化烃（四氯化碳）溶剂等没有抵抗力。PP也不像PE那样在高温下仍具有抗氧化性	汽车工业（主要使用含金属添加剂的PP，如挡泥板、通风管、风扇等），器械（洗碗机门衬垫、干燥机通风管、洗衣机框架及机盖、冰箱门衬垫等），日用消费品（草坪和园艺设备如剪草机等）

（续）

名　称	注射模工艺条件	化学和物理特性	典型应用范围
PPE（聚苯醚）	干燥处理：建议在加工前进行2～4h、100℃的干燥处理 熔化温度：240～320℃ 模具温度：60～105℃ 注射压力：60～150MPa 流道和浇口：可以使用所有类型的浇口，特别适合使用柄形浇口和扇形浇口	通常商业上提供的PPE材料一般都混入了其他热塑性材料，例如PS、PA等，这些混合材料一般仍称为PPE。混合型的PPE比纯净的材料有好得多的加工特性。特性的变化依赖于混合物如PPE和PS的比例。混入了PA66的混合材料在高温下具有更高的化学稳定性。这种材料的吸湿性很小，其制品具有优良的尺寸稳定性。混入了PS的材料是非结晶型的，而混入了PA的材料是结晶型的。加入玻璃纤维添加剂可以使收缩率减小到0.2%。这种材料还具有优良的电绝缘特性和很低的热膨胀系数。其黏度取决于材料中混合物的比例，PPE的比例增大将导致黏度增大	家庭用品（洗碗机、洗衣机等），电气设备（控制器壳体、光纤连接器等）
PS（聚苯乙烯）	干燥处理：除非储存不当，通常不需要进行干燥处理。如果需要干燥，建议干燥条件为80℃、2～3h 熔化温度：一般为180～280℃，对于阻燃型材料其上限为250℃ 模具温度：40～50℃ 注射压力：20～60MPa 注射速度：建议使用快速注射 流道和浇口：可以使用所有常规类型的浇口	大多数商业用的PS都是透明的、非结晶型材料。PS具有非常好的尺寸稳定性、热稳定性、光学透过特性、电绝缘特性以及很小的吸湿倾向。它能够抵抗水、稀释的无机酸，但能够被强氧化性酸如浓硫酸腐蚀，并且能够在一些有机溶剂中膨胀变形。典型的收缩率为0.4%～0.7%	产品包装，家庭用品（餐具、托盘等），电气零件（透明容器、光源散射器、绝缘薄膜等）
PVC（聚氯乙烯）	干燥处理：通常不需要进行干燥处理 熔化温度：185～205℃ 模具温度：20～50℃ 注射压力：可高达150MPa 保压压力：可高达100MPa 注射速度：为避免材料降解，一般要用相当高的注射速度 流道和浇口：所有常规类型的浇口都可以使用。如果加工较小的部件，最好使用针点式浇口或潜伏式浇口；对于较厚的部件，最好使用扇形浇口。针点式浇口或潜伏式浇口的最小直径应为1mm，扇形浇口的厚度不能小于1mm	刚性PVC是使用最广泛的塑料材料之一。PVC材料是一种非结晶型材料，在实际使用中经常加入稳定剂、润滑剂、辅助加工剂、色料、抗冲击剂及其他添加剂。PVC材料具有不易燃性、高强度、耐候性以及优良的尺寸稳定性。PVC对氧化剂、还原剂和强酸都有很强的抵抗力。然而它能够被浓氧化性酸如浓硫酸、浓硝酸腐蚀，并且也不适用于与芳香烃、氯化烃接触的场合。在加工时，PVC的熔化温度是一个非常重要的工艺参数，如果此参数不当将导致材料分解。PVC的流动特性相当差，其工艺范围很窄。特别是相对分子质量大的PVC材料更难以加工（这种材料通常要加入润滑剂以改善流动特性），因此通常使用的都是相对分子质量小的PVC材料。PVC的收缩率相当低，一般为0.2%～0.6%	供水管道、家用管道、房屋墙板、商用机器壳体、电子产品包装、医疗器械、食品包装等

12.2 注塑机参数

12.2.1 海天注塑机有关资料

常用的海天注塑机参数见表12-2。

表12-2 常用的海天注塑机参数

参数 / 型号	最大锁模力/t	定位环直径/mm	喷嘴型号	喷嘴伸出量/mm	合模行程/mm	容模厚度/mm	拉杆间距（长×宽）/mm×mm	推出行程/mm
HTF58X2	58	100	ϕ2-*SR*10	40	70	120~320	310×310	70
HTF86X2	86	125	ϕ3-*SR*10	50	310	150~360	360×360	100
HTF120X2	120	125	ϕ3-*SR*10	50	350	150~430	410×410	120
HTF160X2	160	125	ϕ3-*SR*10	50	420	180~500	455×455	140
HTF200X2	200	160	ϕ3-*SR*10	50	470	200~510	510×510	130
HTF250X2	250	160	ϕ3-*SR*10	50	540	220~570	570×570	130
HTF300X2	300	160	ϕ3-*SR*10	50	600	250~600	660×660	160
HTF360X2	360	160	ϕ4-*SR*15	50	660	250~710	710×710	160
HTF450X2	450	200	ϕ4-*SR*15	50	740	330~780	780×780	200
HTF530X2	530	200	ϕ4-*SR*15	50	825	350~850	830×800	200
HTF650X2	650	200	ϕ4-*SR*15	50	900	400~900	895×895	260
HTF780X2	780	215	ϕ6-*SR*20	50	980	400~980	980×980	260
HTF900X2	900	215	ϕ6-*SR*20	50	1020	450~1020	1060×1000	260
HTF1000X2	900	215	ϕ6-*SR*20	50	1100	500~1100	1090×1090	320
HTF1250X2	1250	215	ϕ6-*SR*20	50	1300	550~1250	1250×1250	320
HTF1400X2	1400	215	ϕ6-*SR*20	50	1450	700~1400	1450×1300	350
HTF1600X2	1600	315	ϕ8-*SR*20	40	1520	700~1400	1500×1350	350
HTF1800X2	1800	315	ϕ8-*SR*20	40	1560	750~1600	1600×1450	400
HTF2000X2	2000	315	ϕ8-*SR*20	40	1650	780~1560	1650×1500	400
HTF2400X2	2400	315	ϕ8-*SR*20	40	1730	800~1800	1800×1700	450
HTF2800X2	2800	315	ϕ10-*SR*20	50	2000	1000~1900	1900×1750	450
HTF3300X2	3300	315	ϕ10-*SR*20	50	2150	900~1900	2160×1900	500
HTF4000X2	4000	315	ϕ10-*SR*20	60	2250	1100~2100	2400×2000	550

注：以上资料仅作为设计参考。

12.2.2 三菱注塑机有关资料

常用的三菱注塑机参数见表12-3。

表12-3 常用的三菱注塑机参数

参数 型号	最大锁模力/t	定位环直径/mm	喷嘴型号	喷嘴伸出量/mm	合模行程/mm	容模厚度/mm	拉杆间距/mm	推出行程/mm
550MGⅢ	550	100	$\phi5$-$SR20$	55	1200	400～1000	860～860	150
650MGⅢ	650	100	$\phi5$-$SR20$	55	1350	450～1000	950～950	200
850MGⅢ	850	100	$\phi5$-$SR20$	55	1600	500～1200	1060～1060	200
1050MGⅢ	1050	100	$\phi5$-$SR20$	55	1800	530～1200	1300～1200	200
1300MGⅢ	1300	100	$\phi5$-$SR20$	55	1800	700～1200	1320～1280	250
1600MGⅢ	1600	100	$\phi5$-$SR20$	55	2400	800～1500	1800～1600	250

注：以上资料仅作为设计参考。

12.2.3 模具型号与注塑机机型对应关系

常用的模具型号与注塑机机型的对应关系见表12-4。

表12-4 常用的模具型号与注塑机机型的对应关系（部分）

序号	注塑机最大锁模力/t	模具最大尺寸（长×宽）/mm×mm	模具最小尺寸（长×宽）/mm×mm	模厚/mm	模具示意图
1	90	350×300	230×195	100～390	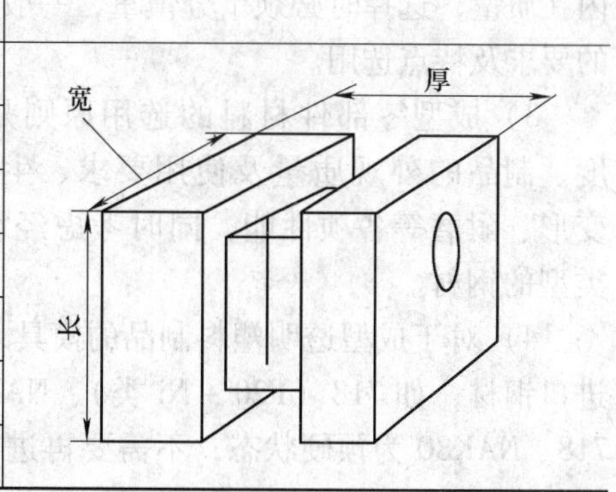
2	110	390×340	255×220	110～440	
3	140	420×370	275×240	110～500	
4	260	570×480	370×310	200～750	
5	320	650×550	420×360	300～780	
6	420	715×615	460×400	250～800	
7	800	960×960	600×600	350～1200	

注：1. 以上资料仅作为设计参考。

2. 此表中的模具示意图为模具在工作状态下的放置方向。

12.2.4 顶棍孔

常用注塑机顶棍孔开设如图12-1所示，不同注塑机的顶棍孔间距、直径会有所不同。

顶棍安装形式如图12-2所示。

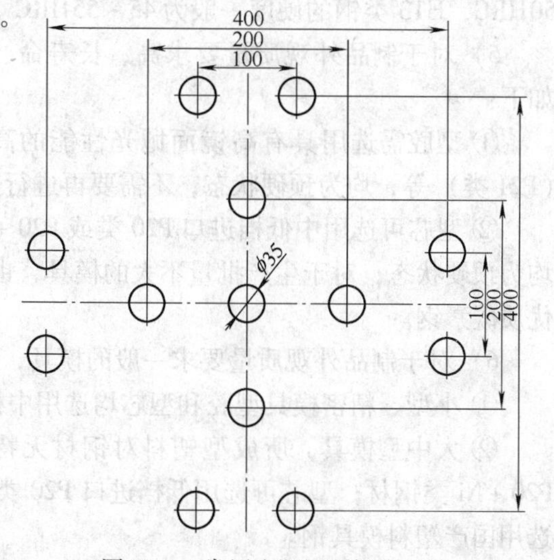

图12-1 常用注塑机顶棍孔开设

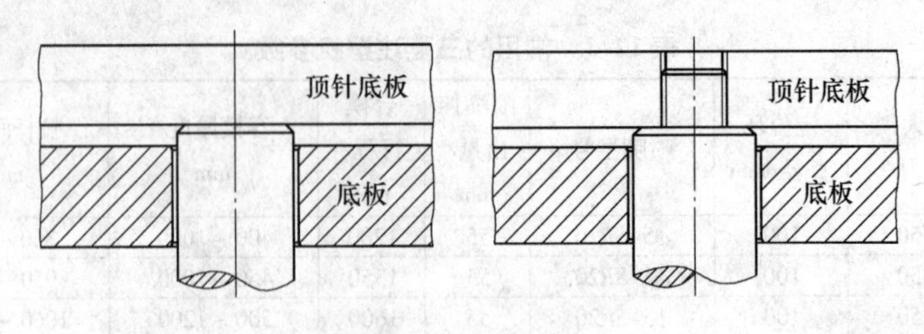

图 12-2　顶棍安装形式

12.3　常用模具钢材选用

12.3.1　常用模具成型零部件钢材选用方法及原则

1）成型零部件指与塑料直接接触而成型制品的模具零部件，如型腔、型芯、滑块、镶件、斜顶、侧抽芯等。

2）成型零部件的材料直接关系到模具的质量、寿命，决定着所成型塑料制品的外观及内在质量，选择时必须十分慎重，一般要在合同规定及客户要求的基础上，根据制品和模具的要求及特点选用。

3）成型零部件材料的选用原则是：根据所成型塑料的种类、制品的形状、尺寸精度、制品的外观质量及使用要求、生产批量等，兼顾材料的切削、抛光、焊接、蚀纹、变形、耐磨等各项性能，同时考虑经济性以及模具的制造条件和加工方法，来选用不同类型的钢材。

4）对于成型透明塑料制品的模具，其型腔和型芯均需选用具有高镜面抛光性能的高档进口钢材，如 718（P20 + Ni 类）、NAK80（P21 类）、S136（420 类）、H13 类钢等，其中 718、NAK80 为预硬状态，不需要再进行热处理；S136 类及 H13 类钢均为退火状态，硬度一般为 160 ~ 200HBW，粗加工后要进行真空淬火及回火处理，S136 的硬度一般为 40 ~ 50HRC，H13 类钢的硬度一般为 45 ~ 55HRC（可根据具体牌号确定）。

5）对于制品外观质量要求高、长寿命、大批量生产的模具，其成型零部件材料选择如下：

① 型腔需选用具有高镜面抛光性能的高档进口钢材，如 718（P20 + Ni 类）、NAK80（P21 类）等，均为预硬状态，不需要再进行热处理。

② 型芯可选用中低档进口 P20 类或 P20 + Ni 类钢材，如 618、738、2738、638、318 等，均为预硬状态；对于生产批量不大的模具，也可选用国产塑料模具钢或 S50C、S55C 等进口优质碳素钢。

6）对于制品外观质量要求一般的模具，其成型零部件材料选择如下：

① 小型、精密模具型腔和型芯均选用中档进口 P20 类或 P20 + Ni 类钢材。

② 大中型模具，所成型塑料对钢材无特殊要求时，型腔可选用中低档进口 P20 类或 P20 + Ni 类钢材；型芯可选用低档进口 P20 类钢材或进口优质碳素钢 S50C、S55C 等，也可选用国产塑料模具钢。

③ 对于蚀皮纹的型腔，当蚀梨地纹时应尽量避免选用 P20 + Ni 类的 2738（738）牌号。

7）对于无外观质量要求的内部结构件，成型材料对钢材也无特殊要求的模具，其成型零部件材料选择如下：

① 对于大中型模具，型腔可选用低档的进口P20类或P20 + Ni类钢材，也可选用进口优质碳素钢S55C、S50C或国产P20类及P20 + Ni类塑料模具钢；型芯可选用进口或国产优质碳素钢。

② 对于小型模具，若产量较高，结构较复杂，型腔可选用低档的进口P20类或P20 + Ni类钢材，也可选用国产P20类或P20 + Ni类塑料模具钢；型芯可选用国产塑料模具钢。

③ 对于结构较简单，产量不高的小型模具，型腔、型芯均可选用国产塑料模具钢或优质碳素钢。

8）对于成型含氟、氯等的有腐蚀性的塑料和各类添加阻燃剂塑料的模具，若制品要求较高，可选用进口的耐蚀钢，要求一般的可选用国产的耐蚀钢。

9）对于成型时对模具有较强摩擦、冲击的塑料，例如用来注塑成型尼龙 + 玻璃纤维料的模具，需选用具有高耐磨性、高热拉伸强度及高韧性等优点的进口或国产H13类钢材。

10）成型镶件一般与所镶入的零件选用相同的材料。对于模具较难冷却的部分或要求冷却效果较高的部分，镶件材料应选用铍青铜或铝合金。

11）模具中参与成型的活动部件的材料选择原则如下：

① 透明件应选用抛光性能好的高档进口钢材，如718、NAK80等。

② 非透明件一般应选用硬度和强度较高的中档进口钢材，如618、738、2738、638、318等，表面进行渗氮处理，渗氮层深度为0.15～0.2mm，硬度为700～900HV。

③ 若模具要求较低，也可选用低档进口钢材或国产钢材，渗氮处理硬度一般为600～800HV。

12.3.2 常用模具非成型零部件钢材选用方法及原则

1）模架材料参照模架标准选用，模板一般选用进口S50C或国产SM45，要求硬度达到160～200HBW，且硬度均匀，内应力小，不易变形。导柱材料采用GCr15或SUJ2，硬度为56～62HRC。导套、推板导柱、推板导套及复位杆材料可采用GCr15或SUJ2，硬度为56～62HRC；也可采用T8A、T10A，硬度为52～56HRC。

2）模具中的一般结构用件，如推出定位圈、立柱、推出限位块、限位拉杆、锁模块等，对硬度和耐磨性无特殊要求的，可选用国产SM45钢，正火状态，硬度为160～200HBW，不需要再进行热处理。

3）模具中的浇口套、楔紧块、耐磨块、滑块压板等对硬度、强度、耐磨性要求较高的零件，应选用碳素工具钢或优质碳素工具钢，如T8A、T10A等。此类钢使用时均需要进行淬火处理，以提高其硬度和耐磨性。

12.3.3 常用模具钢材参数

常用模具钢材的相关参数参见表12-5、表12-6、表12-7和表12-8。

表 12-5 常用进口模具钢材一览表

厂家、牌号		类别档次		供货商	厂家、牌号		类别档次		供货商
瑞典ASSAB	618	1	中	明利	日本DAIDO	NAK55	3	中	明利、龙记
	718	2	高	明利、龙记		NAK80	3	高	明利、龙记
	S136/S136H	4	高	明利、龙记		PDS-5	1		明利
	8407	5	高	明利、龙记		PX4	1		
	8402	5		明利		PX5	1	中	
优质德国特殊钢材	GS-312	1+S	低	德胜		PX88	1		龙记
	GS-318	1	低	德胜		PXZ	0	低	
	GS-738	2	中	德胜、龙记		S-STAR	4		
	GS-711	2	高	德胜		G-STAR	4		
	P20M	1	低	德胜		PAK90	4		龙记
	GS-316	4		德胜		DH2F	5		
	GS-083/GS-083H	4		德胜	德国德威	GSW-2311	1		
	GS-344EFS	5		德胜		PM-311	1		昌兴隆
	GS-638	1	中	龙记		GSW-2738	2		
	GS-2311	1	中	龙记		PM-738	2		昌兴隆
	GS-2312	1+S	低	龙记		GSW-2316	4		
	GS-2316	4		龙记		PM-316	4		昌兴隆
	GS-2083/GS-2083H	4		龙记		GSW-2344	5		
	GS-2344	5		龙记	德国多来特	2322	1		利昌
德国EDEL	2311	1	中	明利		2328	1		利昌
	318	1	低	明利		2378	2		利昌
	2316/2316H	4		明利		2738	2		利昌
	2344	5		明利		2083、2083ESR	4		利昌
法国USINOR	CLC2738	2				2316、2316ESR	4		利昌
	CLC2316H	4				2344	5		利昌
法国CLI	SP300	1			奥地利百禄	M202	1		昌兴隆、利昌
	738	2	中	明利		M238	2		昌兴隆、利昌
韩国重工（株）	HP-1A	0	低			M300	4		昌兴隆、利昌
	HP-4A	1	低			M310/M310H	4		昌兴隆、利昌
	HP-4MA	1	中			W302	5		
	HAM-10	3	高		加拿大SOREL	CSM-2	1		明利
	HEMS-1A	4							
	STD-61	5			日本三菱	MUP	1	中	龙记
	HDS-1	5			S45C、S50C、S55C		0	低	昌兴隆、明利

注：类别对应为1—P20类，2—P20+Ni类，3—P21类，4—420类耐蚀钢，5—H13类，0—碳素钢。

表12-6　塑料模具成型零件常用国外材料及性能

材料类别（美国AISI）	生产厂家及材料牌号		出厂状态及参考硬度		性能及用途说明
P20类 预硬塑料模具钢	瑞典ASSAB	*618	预硬	280~320HBW	具有良好的抛光性能和可加工性，广泛应用于热塑性塑料的注射模，一般用于中小型模具，焊接性一般
参考成分：$w(C)=0.28\%\sim0.40\%$ $w(Si)=0.20\%\sim0.80\%$ $w(Mn)=0.60\%\sim1.00\%$ $w(Cr)=1.40\%\sim2.00\%$ $w(Mo)=0.30\%\sim0.55\%$	日本DAIDO	PDS-5	预硬	280~310HBW	具有良好的抛光性能和可加工性，用于长期生产塑料模具
	日本DAIDO	PX88	预硬	290~330HBW	具有良好的抛光性能，焊接性大幅度改善，用于长期生产通用塑料模具
	日本DAIDO	PX4 *PX5	预硬	30~33HRC	用于大型镜面模具，如汽车尾灯、前挡板以及摄像机、家用电器壳体等。PX5的焊接性、蚀纹性能较好，但易出加工砂眼，渗氮性能一般（高光时）
	日本三菱	MUP	预硬	270~320HBW	硬度均匀，耐磨性好，可加工性良好，适合电加工
	优质德国特殊钢 德国EDEL	318	预硬	29~34HRC	用于大型塑料模具
	优质德国特殊钢 德国EDEL	*2311	预硬	290~330HBW 30~35HRC	用于大型、优质、长期生产的塑料模具，适合制造电视机壳、冰柜、洗衣机、水桶等的模具
	优质德国特殊钢 中国香港龙记（LKM）	GS-638	预硬	270~300HBW	可加工性良好，适用于要求要的大型模架及型芯零件
	优质德国特殊钢 中国香港龙记（LKM）	GS-2311	预硬	280~325HBW	用于长期生产的优质塑料模具
	优质德国特殊钢 中国香港龙记（LKM）	GS-2312	预硬	280~325HBW	P20+S型，极易切削，适宜大批量快速加工，适用于一般要求的塑料模具及型芯零件
	优质德国特殊钢 东莞德胜	GS-318	预硬	28~33HRC	预硬优质塑料模具钢
对应我国钢号：3Cr2Mo	优质德国特殊钢 东莞德胜	P20M	预硬	30~35HRC	经济型预硬塑料模具钢，适用于塑料试验模具及一般玩具模具，可渗氮提高耐磨性
	德国德威	GSW-2311	预硬	31~34HRC	电蚀加工性能好，用于大中型镜面塑料模具
	德国德威	PM-311	预硬	31~34HRC	电蚀加工性能好，用于一般要求的大、小塑料模具
	德国多来特	2322	预硬	32~35HRC	适用于一般要求的大、小模具
	德国多来特	2328	预硬	32~35HRC	适用于一般要求的模具、高要求大型模架及型芯零件
	奥地利百禄	M202	预硬	30~34HRC	属于P20类，但碳、锰含量偏高。可进行电蚀加工，用于家电和汽车用塑料模具
	法国CLI	SP300	预硬	290~320HBW	具有良好的可加工性、抛光性能和皮纹加工性，用于大而厚的塑料模具

（续）

材料类别（美国 AISI）	生产厂家	材料牌号	出厂状态	参考硬度	性能及用途说明
P20 + Ni 类 镜面塑料模具钢 参考成分：在 P20 的基础上加入 1%（质量分数）左右的 Ni 对应我国钢号：3Cr2NiMo 或 3Cr2MnNiMo	加拿大 SOREL	CSM-2	预硬	290～330HBW	具有良好的抛光性能，可进行电蚀加工，用于大型、长期生产的塑料模具
	韩国重工（株）	HP-4A	预硬	25～32HRC	硬度均匀，可加工性良好，用于电视机后壳等的模具
		HP-4MA	预硬	27～34HRC	硬度均匀，耐磨性好，用于电视机前壳、电话机、吸尘器、饮水机等的模具
	瑞典 ASSAB	718	预硬	290～330HBW	具有高淬透性，良好的抛光性能、电蚀加工性能和皮纹加工性能，适用于大型镜面塑料模具
			加硬	330～370HBW	
	法国 CLI	738	预硬	290～330HBW	用于大而厚的塑料模具，具有良好的硬度均匀性
	法国 USINOR	CLC2738	预硬	290～330HBW	淬透性高，硬度均匀，具有良好的抛光、电蚀加工和皮纹加工性能，适于渗氮，用于大中型镜面塑料模具
	龙记德胜	* GS-738	预硬	32～35HRC	硬度均匀，可加工性和抛光性能较好，变形较小，用于大中型高韧性高抛光度模具，但焊接性一般，蚀纹易出现梨地纹
		GS-711	预硬	35～38HRC	高强度、高韧性、低表面粗糙度塑料模具钢，具有良好的精光性能，适用于大中型及复杂的塑料模具
	德国德威	GSW-2738	预硬	31～34HRC	硬度均匀，抛光性能好，适用于大中型镜面塑料模具
		PM-738	预硬	31～34HRC	硬度均匀，抛光性能好，适用于优质、长期生产的塑料模具
	德国多来特	2378	预硬	32～35HRC	具有高韧性、高抛光度，适用于要求较高的模具
		2738	预硬	32～35HRC	适用于一般要求的模具
	奥地利百禄	M238	预硬	31～34HRC	碳、锰含量偏高，镜面抛光性能好，可进行电蚀加工
	韩国重工（株）	HAM-10	预硬	37～42HRC	析出型硬化钢，具有优良的镜面抛光性能，用于塑料透明部件（如汽车灯具、冰箱抽屉等）模具
P21 类 时效硬化钢	日本 DAIDO	* NAK55	预硬	37～43HRC	高硬度镜面模具钢，用于高精度镜面模具。NAK55 可加工性好，NAK80 具有优良的镜面抛光性能。两者的缺点是补焊性能差，韧性较低，较细的圆柱凸起易折断（如喇叭窗网孔镶件）
		* NAK80	预硬	37～43HRC	

成分（质量分数,%）	C	Si	Mn	Cr	Mo	Ni	Al	Cu	S
NAK55	0.15	0.3	1.5	0.3	0.3	3.0	1.0	1.0	0.1
NAK80	0.15	0.3	1.5	0.3	0.3	3.3	1.0	—	—

（续）

材料类别 （美国 AISI）	生产厂家及材料牌号		出厂状态及参考硬度		性能及用途说明
420类 耐蚀塑料模具钢 参考成分： $w(C)=0.30\%\sim0.40\%$ $w(Cr)=12.0\%\sim14.0\%$ $w(Si)\leqslant1.20\%$ $w(Mn)\leqslant1.25\%$ $w(S)\leqslant0.06\%$ $w(Se)\geqslant0.15\%$ 对应我国钢号：30Cr13或40Cr13	日本DAIDO	S-STAR G-STAR	预硬	31~34HRC	具有高耐蚀性、高镜面抛光性能，热处理变形小，用于耐蚀性镜面精密模具，G-STAR为易切削钢
	日本DAIDO	PAK90	预硬	300~330HBW	极佳的耐蚀性、耐磨性和镜面抛光性能，用于精密模具
	瑞典ASSAB	S136	退火	215HBW	耐蚀性好，淬回火后有较高的硬度，抛光性能好。用于耐蚀性和要求较高的塑料模具
	瑞典ASSAB	S136H	预硬	290~330HBW	
	法国USINOR	CLC2316H	预硬	290~330HBW	优良的耐蚀性和镜面抛光性能，高的力学强度和耐磨性，用于耐腐蚀和需要镜面抛光的模具
	优质德国特殊钢 德国EDEL	2316	退火	235~250HBW	适用于镜面塑料模具，耐酸性极强 2316可加硬至52HRC
	优质德国特殊钢 德国EDEL	2316H	预硬	290~330HBW	
	优质德国特殊钢 中国香港龙记（LKM）	GS-2083	退火	215~240HBW	适用于镜面塑料模具及有耐酸性要求的模具
	优质德国特殊钢 中国香港龙记（LKM）	GS-2083H	预硬	280~310HBW	
	优质德国特殊钢 中国香港龙记（LKM）	GS-2316	预硬	260~310HBW	具有优异的耐蚀性，适合用于高酸性塑料的模具
	优质德国特殊钢 东莞德胜	GS-083	退火	≤230HBW	耐蚀性塑料模具钢
	优质德国特殊钢 东莞德胜	GS-083H	预硬	30~35HRC	预硬、耐蚀性塑料模具钢
	优质德国特殊钢 东莞德胜	GS-316	预硬	28~32HRC	高耐蚀性塑料模具钢
	德国德威	GSW-2316	预硬	31~34HRC	具有优良的耐蚀性和镜面抛光性能，用于高耐蚀性及需要镜面抛光的模具
	德国德威	PM-316	预硬	31~34HRC	
	德国多来特	2316	预硬	28~32HRC	预硬、耐蚀性塑料模具钢，用于具有高耐蚀性要求的模具
	德国多来特	2316ESR	预硬	28~32HRC	用于耐蚀性及镜面抛光模具，尤其适合于PVC、PP、EP、PC材料
	德国多来特	2083	退火	≤230HBW	用于耐蚀性及镜面抛光模具，尤其适合于PVC、PP、EP、PC材料
	德国多来特	2083ESR	退火	≤230HBW	用于具有高耐蚀性和镜面抛光要求的模具
	奥地利百禄	M300	预硬	31~34HRC	用于具有高耐蚀性要求及需要镜面抛光的模具
	奥地利百禄	M310	预硬	31~34HRC	用于有耐蚀性要求及需要镜面抛光的模具
	韩国重工（株）	HEMS-1A	预硬	23~33HRC	具有高镜面抛光性能，用于彩管玻壳、PVC底盘等的模具

（续）

材料类别（美国 AISI）	生产厂家及材料牌号		出厂状态及参考硬度		性能及用途说明
碳素钢	日本 JIS 标准钢号	S45C、S50C、S55C	正火	160～220HBW	分别相当于我国的优质碳素结构钢 45、50、55 钢，常用于非常重要的模具结构部件，如模架等
普通塑料模具钢	日本 DAIDO	PXZ	预硬	180～226HBW	具有良好的可加工性和补焊性能，用于大型蚀纹模具以及汽车保险杠、仪表板、家电外壳等的模具
	韩国重工（株）	HP-1A	预硬	180～220HBW	具有良好的可加工性，加工变形小，成分相当于 S55C，用于玩具模具等
H13 类 参考成分： $w(C)=0.32\%\sim0.45\%$ $w(Si)=0.80\%\sim1.20\%$ $w(Mn)=0.20\%\sim0.50\%$ $w(Cr)=4.75\%\sim5.50\%$ $w(Mo)=1.10\%\sim1.75\%$ $w(V)=0.80\%\sim1.20\%$ 对应我国钢号： 4Cr5MoSiV1	日本 DAIDO	DH2F	预硬	37～41HRC	易切削、预硬化模具钢，韧性良好，用于形状复杂、精密的热作模具和塑料模具
	瑞典 ASSAB	8402	退火	≤185HBW	说明：H13 为热作模具钢，一般用于铝、锌、铜等合金的压铸型、热挤压模。由于其具有高耐磨性、高热拉伸强度及高韧性等优点，故也可以用作对机械磨损性能要求较高的塑料模具，例如用来注塑尼龙 + 玻璃纤维料的模具
	瑞典 ASSAB	8407	退火	≤185HBW	
	EDEL	2344	退火	≤210HBW	
	龙记	GS-2344	退火	180～210HBW	
	德胜	GS-344EFS	退火	≤220HBW	
	德国 德威	GSW-2344	退火	≤210HBW	
	德国 多来特	2344	退火	≤230HBW	
	奥地利百禄	W302	退火	≤235HBW	
	韩国重工（株）	HDS-1	退火	≤229HBW	H13 改良型，具有良好的韧性和耐回火性
	韩国重工（株）	STD-61	退火	≤229HBW	近似于 H13，具有良好的高温强度和韧性

注：带“*”者为常用的钢材牌号。

表 12-7　塑料模具成型零件常用国产材料及性能

类别	材料名称及牌号	热处理方法及硬度		性能及用途说明
碳素钢	T8A、T10A	交货状态	160～200HBW	耐磨性好，用于形状简单的小型芯、型腔、滑块、镶件等，焊接性较差
		淬火	54～58HRC	
	SM45、SM48、SM50、SM53、SM55	正火	160～200HBW	用于形状简单、要求不高的型腔、型芯、滑块、镶件等 说明：由于模具用钢的特殊要求，必须精料、精炼、真空除气，使含碳量范围缩小，控制较低的硫、磷含量。我国的黑色冶金行业标准 YB/T 107—1997 中用 SM 表示碳素模具钢，以区别于普通用途的优质碳素结构钢
		调质	200～260HBW	
		淬火	43～48HRC	

（续）

类别	材料名称及牌号	热处理方法及硬度		性能及用途说明
预硬钢	3Cr2Mo	预硬	28～35HRC	国产P20，淬透性高，综合力学性能好，抛光性能好，用于大中型复杂精密模具的型腔、型芯、滑块、镶件等
		正火、退火	170～200HBW	
	3Cr2NiMo 3Cr2MnNiMo	预硬	28～35HRC	国产P20+Ni，淬透性高，综合力学性能好，抛光性能好，用于特大型、大型复杂精密模具的型腔、型芯
		正火、退火	170～200HBW	
	40Cr	预硬	175～230HBW	调质后具有良好的综合力学性能，可加工性好，适合于渗氮和高频感应淬火，用于中型塑料模具
		退火	≤207HBW	
	42CrMo	预硬	175～220HBW	超高强度钢，具有高强度和韧性，淬透性高，用于有一定强度和韧性要求的大中型模具
		退火	≤207HBW	
	上海宝钢 B25	预硬	28～35HRC	金相组织为珠光体+铁素体，用于制造一般塑料模具
	上海宝钢 B30	预硬	28～35HRC	金相组织为贝氏体，可渗氮进一步强化，性能优于瑞典718钢
	华中科技大学 5NiSCa （5CrNiMnMoVSCa）	预硬	35～45HRC	易切削钢，淬透性高，强韧性好，镜面抛光性能好，有良好的渗氮性能和渗硼性能
	上海钢铁工艺技术研究所 SM1 （5CrNiMnMoVS）	预硬	38～42HRC	易切削钢，抛光性能好，表面粗糙度可达 $Ra0.05\mu m$，淬透性高，用于大型镜面模具
	华中科技大学 8Cr2S （8Cr2MnWMoVS）	预硬	40～48HRC	易切削钢，镜面抛光性能好，焊接性一般，补焊后需要回火再进行机械加工，可渗氮进一步降低表面粗糙度并防锈
渗碳钢	20Cr	正火	170～217HBW	用于制造中小型模具，加工成型后需要进行渗碳处理，然后再淬火并低温回火，以保证模具零件表面的硬度和耐磨性
	12CrNi3A	正火	260～320HBW	可加工性良好，用于制造大中型模具，加工成型后需要进行渗碳处理，然后再淬火并低温回火，以保证模具零件表面的硬度和耐磨性
时效硬化钢	上海材料研究所 PMS （10Ni3Mn2MoCuAl）	预硬	30～33HRC	具有优良的镜面加工性能，良好的冷热加工性能、补焊性能、电加工性能和综合力学性能，以及良好的花纹图案蚀刻性能和渗氮性能，适合复杂精密的镜面模具及家电模具
		时效处理	40～45HRC	
		渗氮	1000HV	
	上海钢铁工艺技术研究所 SM2 （20CrNi3AlMnMo）	预硬	38～42HRC	易切削钢，抛光性能、渗氮性能良好，并具有一定的耐蚀性，用于镜面、精密模具
		时效处理	40HRC	
	25CrNi3MoAl	预硬	30HRC	预硬状态下加工，然后在520℃时效处理10h，硬度可达40HRC，用于有镜面要求的精密模具
		时效处理	40HRC	
	06Ni6CrMoVTiAl	预硬	25～28HRC	热处理变形小，固溶硬度低，可加工性好，表面粗糙度低，适宜制造高精度塑料模具
		时效处理	43～48HRC	
	18Ni-250 18Ni-300 18Ni-350	预硬	30～32HRC	高合金超高强度马氏体时效钢，用于高精度、超镜面、长寿命、大批量生产的中小型复杂模具，价格昂贵
		时效处理	50～53HRC	

（续）

类别	材料名称及牌号	热处理方法及硬度		性能及用途说明
耐蚀钢	上海材料研究所 PCR（6Cr16Ni4Cu3Nb）	预硬	30～32HRC	具有优良的耐蚀性、较高的强度、较好的抛光性能和补焊性能，淬透性好，变形小，适用于制作成型含氟、氯等的有腐蚀性的塑料和各类添加阻燃剂的塑料模具
		时效硬化	37～42HRC	
	20Cr13	退火	≤220HBW	机械加工性能好，经热处理（淬火+回火）后具有优良的耐蚀性、较好的强韧性，适宜制造承受高负荷并处于腐蚀性介质中的塑料模具、透明塑料制品模具等
		淬火+回火	40～50HRC	
	30Cr13 40Cr13	退火	≤230HBW	国产420耐蚀钢。机械加工性能好，经热处理（淬火+回火）后具有优良的耐蚀性、抛光性能以及较高的强度和耐磨性，适宜制造承受高负荷、要求具有高耐磨性及处于腐蚀性介质中的塑料模具、透明塑料制品模具等，但补焊性能较差
		淬火+回火	40～50HRC	
热作模具钢	4Cr5MoSiV 4Cr5MoSiV1	淬火	56～58HRC	国产H13类热作模具钢，具有较好的热强度和硬度，在中温条件下具有很好的韧性、热疲劳性和一定的耐磨性，热处理变形小，适合渗氮处理
		回火	47～49HRC	
		渗氮	600～800HV	
	3Cr2W8V	淬火	49～52HRC	国产H21类热作模具钢，高温下具有较好的热硬性和强度，但韧性和塑性较差。表面硬度高，耐磨性和热疲劳性良好，调质后可渗氮处理进一步提高表面硬度
		回火	42～48HRC	
		渗氮	600～800HV	

表12-8　塑料模具零件常用材料及热处理

类别	零件名称	材料牌号	热处理方法	硬度	说明
模体零件	动、定模座板 流道推板、垫板	45	正火	160～200HBW	
			调质	230～270HBW	
	动模固定板 定模固定板	S50C、45	正火	160～200HBW	
			调质	230～270HBW	
	推件板	45	调质	230～270HBW	
		T8A、T10A	淬火	54～58HRC	
	推板	45	正火	160～200HBW	
	推杆固定板	45	正火	160～200HBW	
	垫块	45、Q235	交货状态		
浇注零件	浇口套	SKD61	淬火	48～52HRC	
		T8A、T10A	淬火	46～50HRC	
导向零件	大导柱	GCr15或SUJ2	淬火	56～62HRC	
	大导套	T8A、T10A	淬火	52～56HRC	
	复位杆	T8A、T10A	淬火	52～56HRC	
	小导柱、小导套	GCr15或SUJ2	淬火	56～62HRC	
	小导柱衬套	45	淬火	48～52HRC	

（续）

类别	零件名称	材料牌号	热处理方法	硬度	说明
抽芯零件	斜导柱	T8A、T10A	淬火	54~58HRC	
		Cr12	淬火	54~58HRC	
	滑块 斜滑块	P20、P20+Ni	预硬	30~40HRC	渗氮700~800HV
		40Cr	正火、退火	175~230HBW	渗氮700~800HV
		45	正火	170~220HBW	渗氮600~800HV
	楔紧块	T8A、T10A	淬火	54~58HRC	
	锁紧楔	45	淬火	43~48HRC	
	耐磨块	40Cr	正火、退火	175~230HBW	渗氮700~800HV
		T8A、T10A	淬火	54~58HRC	
推出零件	推杆 推管 拉料杆	SKD61	淬火	50~60HRC	
		65Mn	淬火	50~55HRC	
		4Cr5MoSiV1 （国产H13）	淬火	38~42HRC	芯部
			渗氮	900~1100HV	深度0.3mm
		T8A、T10A	淬火	50~55HRC	
	推块	P20、P20+Ni	预硬	30~40HRC	渗氮700~800HV
		40Cr	正火、退火	175~230HBW	渗氮700~800HV
		45	正火	170~220HBW	渗氮600~800HV
定位零件	定位圈	45	正火	160~200HBW	
	导套定位圈	45	正火	160~200HBW	
	推出限位块	45	正火	160~200HBW	日本用S45C，表面发黑处理
	限位钉	45	正火	160~200HBW	日本用S45C，一类不热处理，另一类淬火46~50HRC
		45	淬火	46~50HRC	
	圆锥定位件	45	淬火	43~48HRC	日本用SKD11（Cr12MoV），58~62HRC
	定距螺钉	45	淬火	33~38HRC	日本用SCM435（35CrMo），33~38HRC
其他零件	立柱	45	正火	160~200HBW	
	弹簧	65Mn、50CrVA	淬火+回火	45~50HRC	中温回火
	冷却水螺塞	45	淬火	33~38HRC	表面发黑处理
	油嘴内接头	45、40Cr	交货状态		一般不用黄铜
	滑块导轨	CrWMn、9CrWMn	淬火	53~56HRC	较长件，注意工作面上加工油槽
	滑块压块	40Cr、3Cr2Mo	淬火	37~42HRC	较短件，注意工作面上加工油槽
	滑块拉钩	30CrMoA 40CrNiMoA	淬火	45~50HRC	注意应在工作面上加工油槽
	锁模块	45、Q235	交货状态		

注：表中的正火硬度一般指交货状态。

12.4 模具常用名称中英文对照表

模具常用名称中英文对照表见表 12-9。

表 12-9 模具常用名称中英文对照表

中 文 名	英 文 名	简称	中 文 名	英 文 名	简称
模架	Mold base	MB	斜导柱	Angular pin	
前模仁	Cavity	CAV	楔紧块	Heel block	
后模仁	Core	COR	耐磨块	Wear block	
定位环	Locating ring	LR	滑块	Slide block	SB
浇口套	Sprue nozzle		行程开关	Switch	
热浇口套	Hot sprue nozzle		销钉	Dowel	
延伸浇口套	Extension sprue nozzle		镶件	Insert part	
浇口	Gate		镶针	Insert pin	
抓料销	Sprue puller pin		顶针	Ejector pin	EP
冷却水系统	Cooling		扁顶针	Flat ejector pin	FEP
密封圈	Seal ring	"O"	有托顶针	Step ejector pin	SEP
水嘴	Water junction		推管	Ejector sleeve	
发热棒	Calorific pin		推管针	Ejector sleeve pin	
导柱	Guide pin	GP	推块	Ejector block	
导套	Guide pin bushing	GPB	垃圾钉	Stop pin	
中托司	Ejector guide pin	EGP	顶棍	Stage ejector	
复位杆	Return pin	RP	支承柱	Support pin	
日期章	Date code		限位块	Stop block	
钳模板	Safety bar		齿轮	Gear	
方形定位器	Square localizer		弹簧	Spring	SPR
圆形定位器	Round localizer		杯头螺钉	Screw	S
直身锁	Straight localizer		尼龙胶扣	Nylon lock	NL
斜顶	Angle lifter	AL	分型线	Parting Line	PL

12.5 常用公差配合

（1）H7/g6 间隙配合，在相对运动中能保证零件同心度和紧密性。工件的表面硬度比较高，表面粗糙度比较低，常用于内模和顶针、推管部分的配合，导柱与导套的配合，中托司与导套的配合，滑块与滑块槽的配合，斜顶与导滑槽的配合。

（2）H7/h6 间隙配合，能较好地对准中心。用于常拆卸以及对同心度有一定要求的零件，如模具中的定位器配合等。

（3）H7/m6　过渡配合用于零件必须绝对紧密且不经常拆卸的区域，同心度好，如内模与模板的配合、镶件与内模的配合、导套与模板的配合、销钉与销钉孔的配合、齿轮与轴承的配合。

（4）H8/f9　间隙配合，配合间隙大，能保证良好的润滑，允许在工作中发热，常用于顶针、推管与模板的配合，复位杆与模板的配合。

12.6　常用标准件参数选用资料

1. 拉杆

（1）拉杆形式1　拉杆形式1如图12-3所示，各尺寸参考值见表12-10。

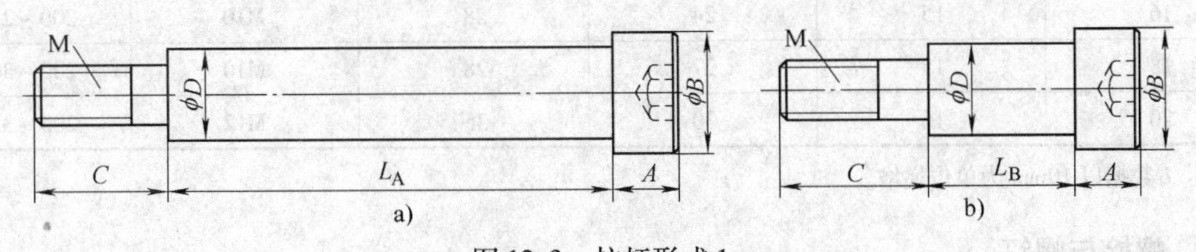

图12-3　拉杆形式1

a）长拉杆　b）短拉杆

表12-10　拉杆形式1参数表　（单位：mm）

ϕD	A	ϕB	C	M	L_A	L_B
10	10	16	12	M6	80～150	14、19
13	10	18	16	M8	80～180	14、19、24
16	14	24	18	M10	100～200	15、20、30
20	14	28	24	M12	130～240	20、30、35
25	18	33	30	M16	150～240	31、41

注：L_A 数据以10mm为单位递增。

（2）拉杆形式2　拉杆形式2如图12-4所示，各尺寸参考值见表12-11。

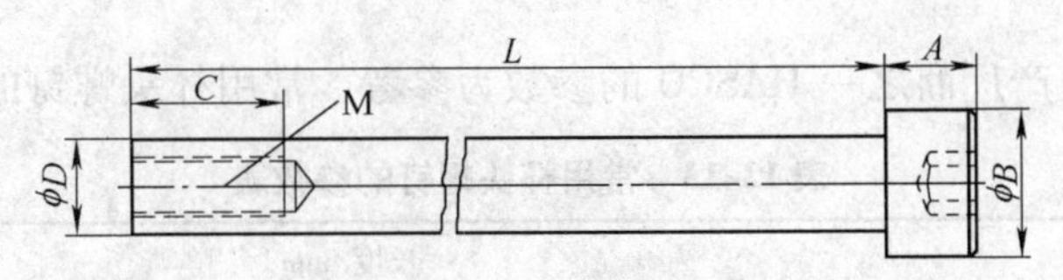

图12-4　拉杆形式2

表12-11　拉杆形式2参数表　（单位：mm）

ϕD	A	ϕB	C	M	L
13	10	18	23	M8	80～220
16	14	24	25	M10	80～280
20	14	28	30	M12	80～280

注：L数据以10mm为单位递增。

(3) 拉杆形式3　拉杆形式3如图12-5所示，各尺寸参考值见表12-12。

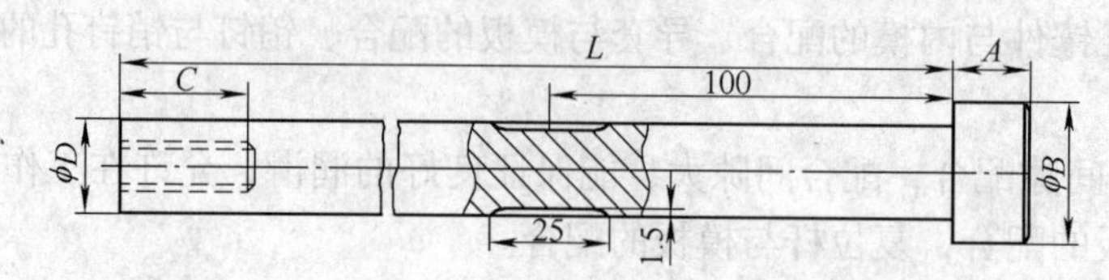

图12-5　拉杆形式3

表12-12　拉杆形式3参数表　（单位：mm）

ϕD	A	ϕB	C	M	L
16	15	24	28	M10	200～250
18	15	27	28	M10	200～300
20	16	30	35	M12	200～350

注：L数据以10mm为单位递增。

2. 螺栓与螺钉

(1) 杯头螺钉（内六角圆柱头螺钉）　标识方法：规格×长度（L），其中长度L如图12-6所示。标记为：杯头螺钉M8×35mm。一般要求配合长度L_1不小于$2d$，至小不能小于$1.5d$。

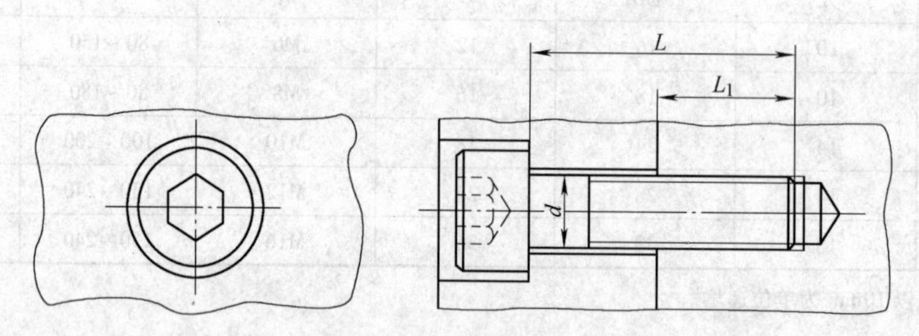

图12-6　杯头螺钉

以三大标准件生产厂商之一HASCO的参数为参考，常用杯头螺钉的参数见表12-13。

表12-13　常用杯头螺钉的参数表

规　格	长度/mm
M4	10，12，16，20，25
M5	8，10，12，16，20，25，30，35，40
M6	10，12，16，18，20，25，30，35，40，45，50，55，60，65，70
M8	16，18，20，25，30，35，40，45，50，55，60，65，70，75，80，90
M10	16，18，20，25，30，35，40，45，50，55，60，65，70，80，90，100，110，120
M12	20，25，30，35，40，45，60，70，80，90，100，110，120
M16	30，35，40，45，50，60，70，80，90，100，110，120，130，140，150，160

注：以上资料仅作为设计参考。

（2）平头螺钉　标识方法：规格×长度（L），其中的长度 L 如图12-7所示，标记为：平头螺钉 M8×25mm。一般要求配合长度 L_1 不小于 $2d$，至小不能小于 $1.5d$。

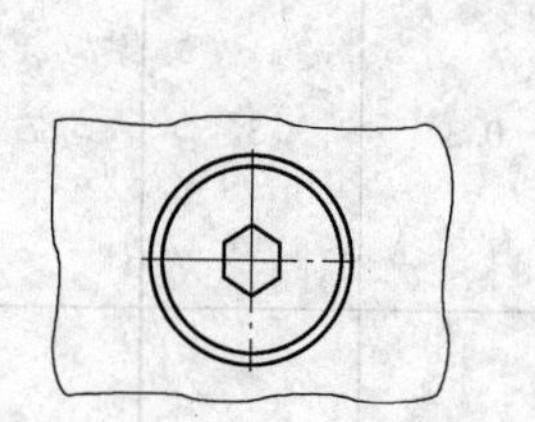
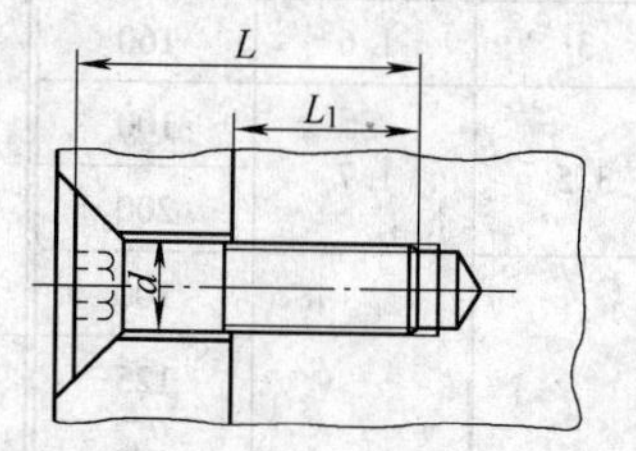

图12-7　平头螺钉

以三大标准件生产厂商 DME 的参数为参考，常用平头螺钉参数见表12-14。

表12-14　常用平头螺钉参数表

规　格	长度/mm
M3	10，12，16，20，25，30
M4	
M5	
M6	
M8	
M10	

注：以上资料仅作为设计参考。

3. 顶针

（1）常用直身顶针　以 DME 顶针标准为例，常用直身顶针规格见表12-15。

表12-15　常用 DME 直身顶针规格表

DIN 1530/ISO 6751
500～550℃
Mat. 1. 2344

(45±5)HRC
min,1400MPa
min,950 HV0.3
R
Ra 0.8
d_2
d_1
k
L

R	k	d_2	d_1	L_0^{+2}	R	k	d_2	d_1	L_0^{+2}
0.2	2	3	1	100	0.3	3	7	3.5	100
				160					125
0.2	2	3	1.2	100					160
				160					200
0.2	1.5	3	1.5	100					250
				125					315
				160	0.3	3	7	3.7	100
				200					125

（续）

R	k	d_2	d_1	L_0^{+2}
0.2	1.5	3	1.6	160
0.2	2	3.5	1.7	100
				200
0.2	2	4	2	100
				125
				160
				200
				250
				315
0.2	2	4	2.2	100
				125
				160
				200
				250
				315
0.3	2	5	2.5	100
				125
				160
				200
				250
				315
0.3	2	5	2.7	100
				125
				160
				200
				250
				315
0.3	3	6	3.0	100
				125
				160
				200
				250
				315
0.3	3	6	3.1	160
				250
0.3	3	7	3.7	160
				200
				250
				315
0.3	3	8	4.0	100
				125
				160
				200
				250
				315
0.3	3	8	4.1	250
0.3	3	8	4.2	100
				125
				160
				200
				250
				315
0.3	3	8	4.5	100
				125
				160
				200
				250
				315
0.3	3	8	4.5	100
				125
				160
				200
				250
				315
0.3	3	10	5.0	100
				125
				160
				200
				250
				315

（续）

R	k	d_2	d_1	L_0^{+2}
0.3	3	6	3.2	100
				125
				160
				200
				250
				315
0.5	5	12	6.0	100
				125
				160
				200
				250
				315
0.5	5	12	6.1	250
0.5	5	12	6.2	100
				125
				160
				200
				250
				315
0.5	5	12	6.5	100
				125
				160
				200
				250
				315
0.5	5	12	7.0	100
				125
				160
				200
				250
				315
0.5	5	12	7.5	100
				125
				160
				200

R	k	d_2	d_1	L_0^{+2}
0.3	3	10	5.1	250
0.3	3	10	5.2	100
				125
				160
				200
				250
				315
0.5	5	14	8.5	250
				315
0.5	5	14	9.0	100
				125
				160
				200
				250
				315
0.5	5	14	9.5	100
				125
				160
				200
				250
				315
0.5	5	16	10	100
				125
				160
				200
				250
				315
0.5	5	14	9.5	100
				125
				160
				200
				250
				315
0.5	5	16	10	100
				125
				160

（续）

R	k	d_2	d_1	L_0^{+2}	R	k	d_2	d_1	L_0^{+2}
0.5	5	12	7.5	250	0.5	5	16	10	200
				315					250
0.5	5	14	8.0	100					315
				125	0.5	5	16	10.1	250
				160	0.5	5	16	10.2	100
				200					125
				250					160
				315					200
0.5	5	14	8.1	160					250
				250					315
0.5	5	14	8.2	100	0.5	5	16	10.5	100
				125					125
				160					160
				200					200
				250					250
				315					315
0.5	5	14	8.5	100	0.5	5	16	11	100
				125					125
				160					160
				200					200
0.5	5	16	11	250	0.8	7	22	16	250
				315					315
0.8	7	18	12	100	0.8	7	22	16.2	250
				125	0.8	7	24	18	100
				160					125
				200					160
				250					200
				315					250
0.8	7	18	12.2	100					315
				125	0.8	8	26	20	100
				160					125
				200					160
				250					200
				315					250
0.8	7	18	12.5	100					315
				125	1	10	32	25	100

（续）

R	k	d_2	d_1	L_0^{+2}	R	k	d_2	d_1	L_0^{+2}
0.8	7	18	12.5	160	1	10	32	25	125
				200					160
				250					200
0.8	7	22	14	100					250
				125					315
				160	1	10	40	32	100
				200					125
				250					160
				315					200
0.8	7	22	14.2	250					250
0.8	7	22	16	100					315
				125					400
				160					500
				200					630

（2）有托顶针　以 DME 顶针标准为例，常用有托顶针规格如图 12-18 所示。

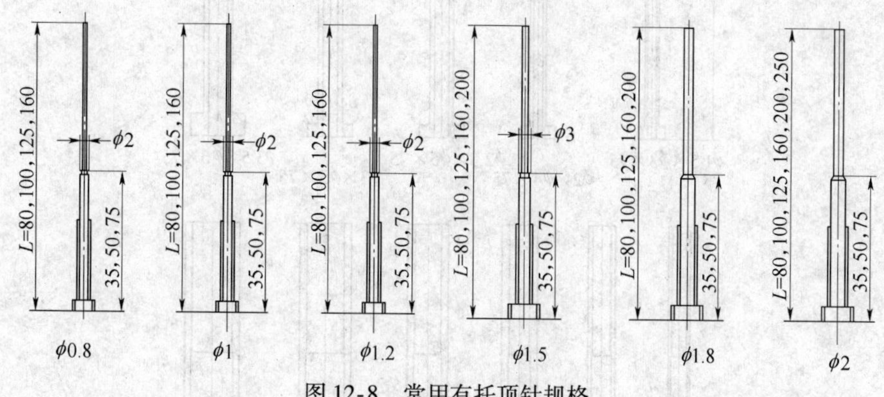

图 12-8　常用有托顶针规格

（3）扁顶针　以 DME 顶针标准为例，常用扁顶针规格如图 12-9 所示。

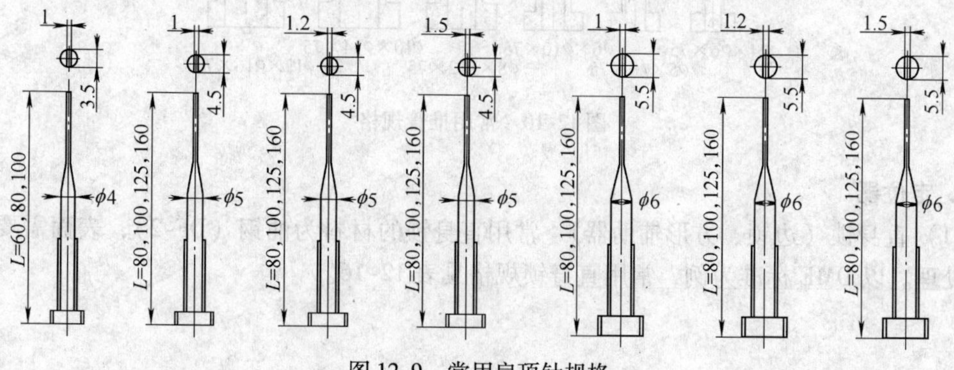

图 12-9　常用扁顶针规格

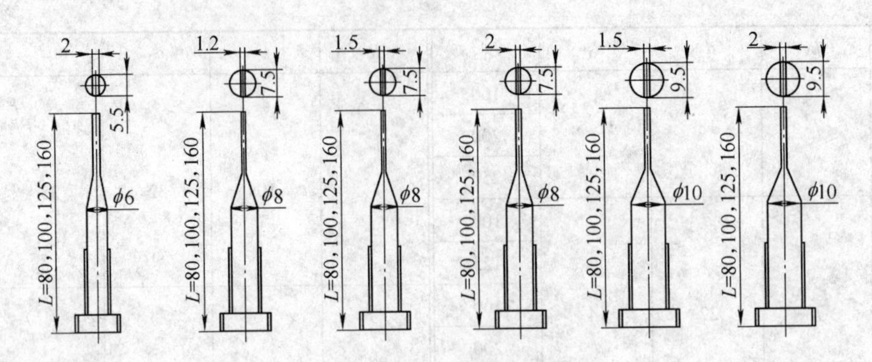

图 12-9 常用扁顶针规格（续）

（4）推管 以 DME 推管标准为例，常用推管规格如图 12-10 所示，其中 L_1 的取值为：60mm，75mm，80mm，95mm，100mm，125mm，150mm，170mm。

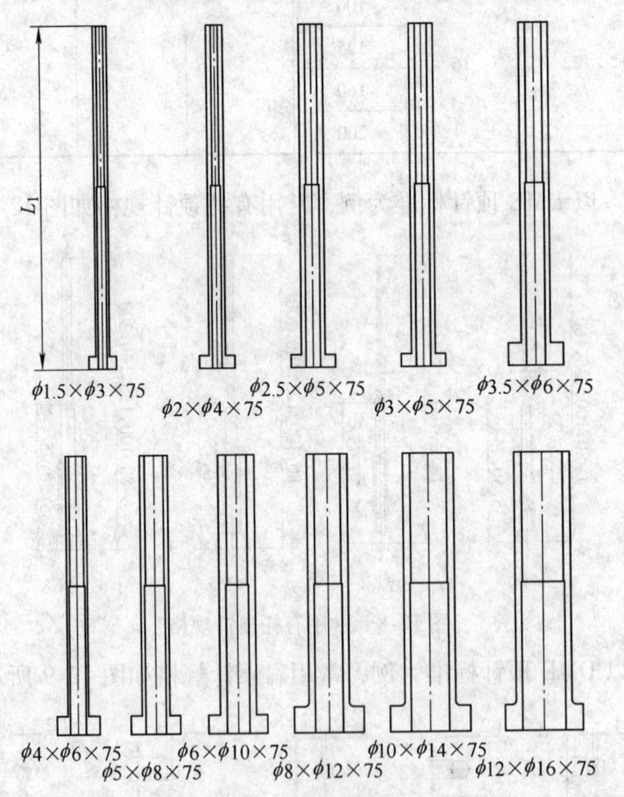

图 12-10 常用推管规格

4. 定位器

（1）直身锁（边锁、方形辅助器） 常用直身锁的材料为油钢（DF-2），表面需要进行渗氮处理。以 DME 标准为例，常用直身锁规格见表 12-16。

表12-16　常用直身锁规格

型号：ssi50

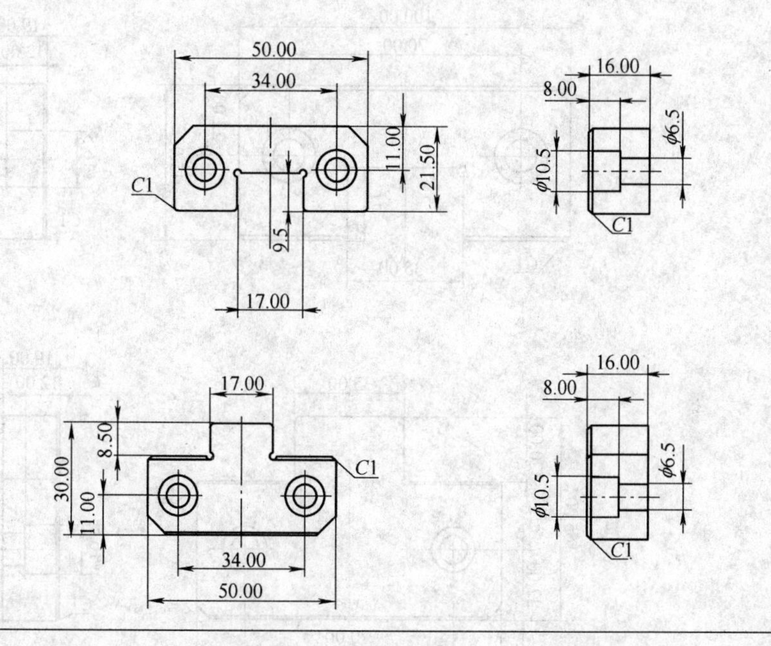

型号：ssi75

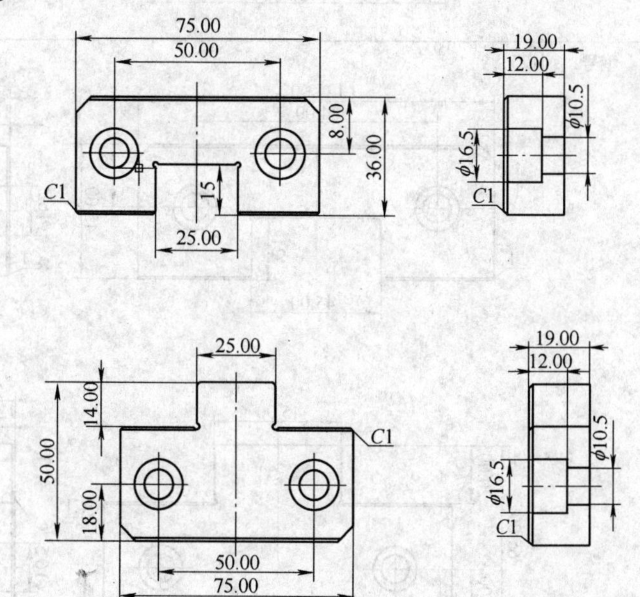

（续）

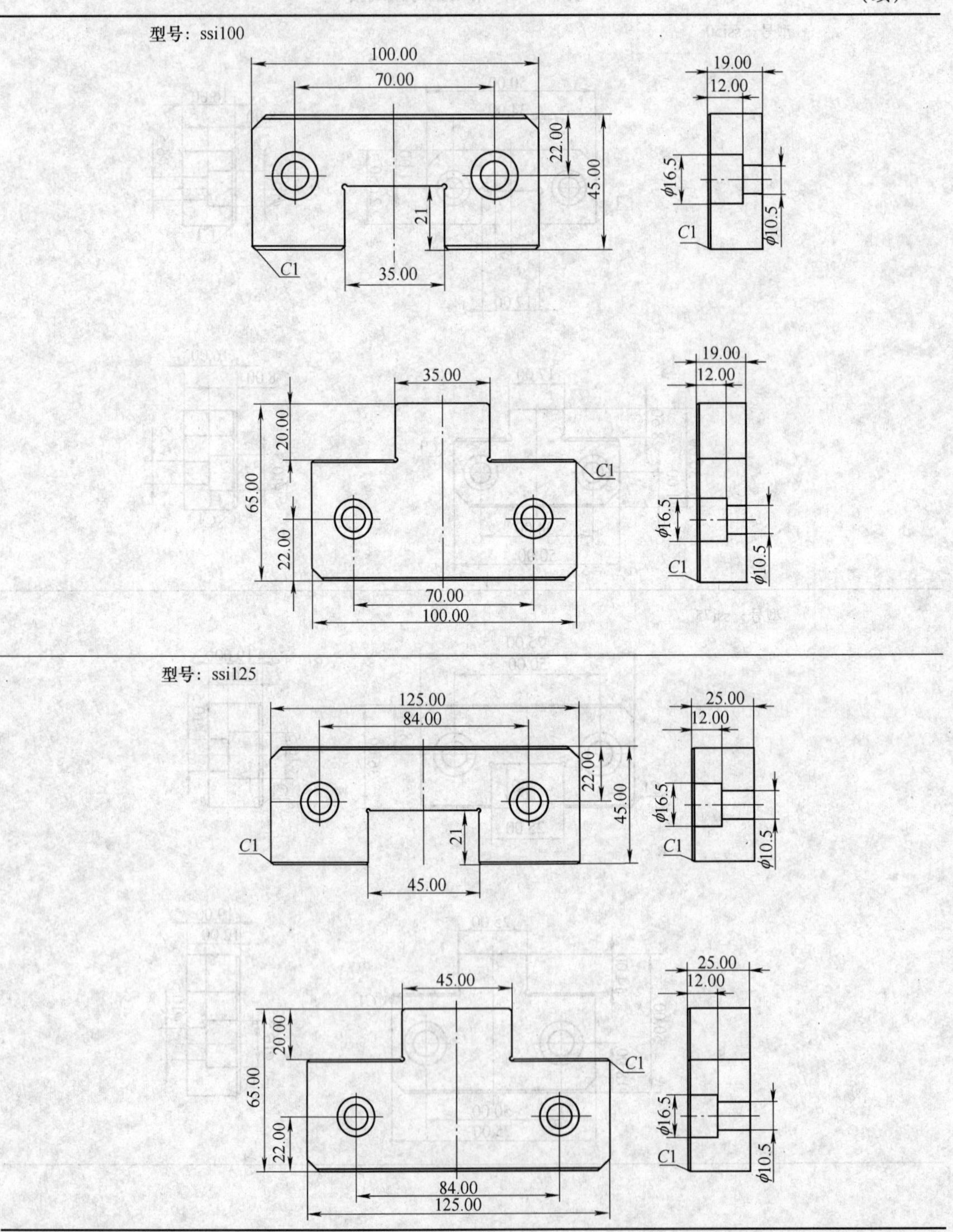

（2）定位辅助器（俗称啤把锁） 定位辅助器材料为油钢（DF-2），表面需要进行渗氮处理，定位辅助器的标准规格参见表 12-17。

表12-17　定位辅助器的标准规格　（单位：mm）

规格	E	L	W	D	C	M
TBL50	36	50	25	8	17.5	M5
TBL100	60	100	30	10	22	M6
TBL150	100	150	40	13	25	M8

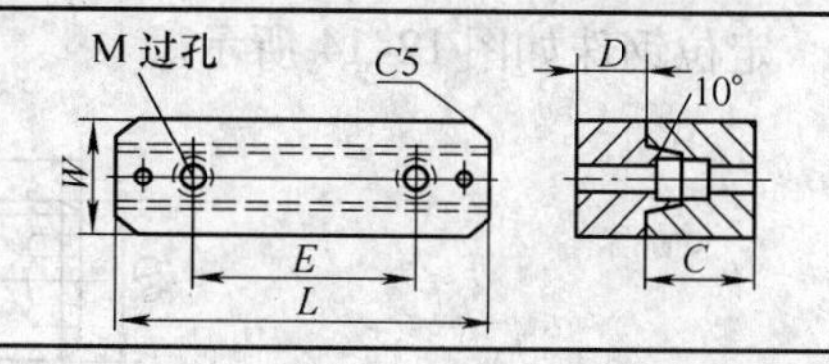

（3）圆锁（圆形定位柱）　圆锁材料为油钢（DF-2），表面需要进行渗氮处理，圆锁的标准规格参见表12-18。

表12-18　圆锁的标准规格　（单位：mm）

规　格	$D^{+0.03}_{+0.02}$	L_1	L	M
TP-10	13	30	14	M4
TP-12	16	30	14	M4
TP-14	20	40	19	M6
TP-16	25	50	24	M8
TP-20	30	60	29	M10
TP-25	35	70	34	M12

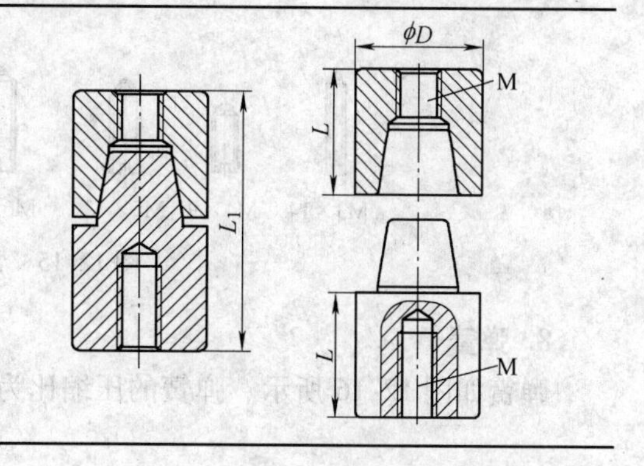

5. 尼龙胶扣（树脂闭合器）

尼龙胶扣如图12-11所示。其规格（$D \times L$）有：ϕ10mm × 18mm（M5），ϕ12mm × 20mm（M6），ϕ13mm × 20mm（M6），ϕ16mm × 25mm（M8），ϕ20mm × 30mm（M8）。

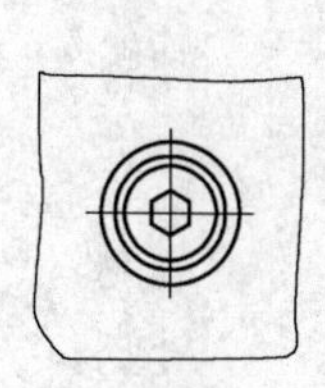
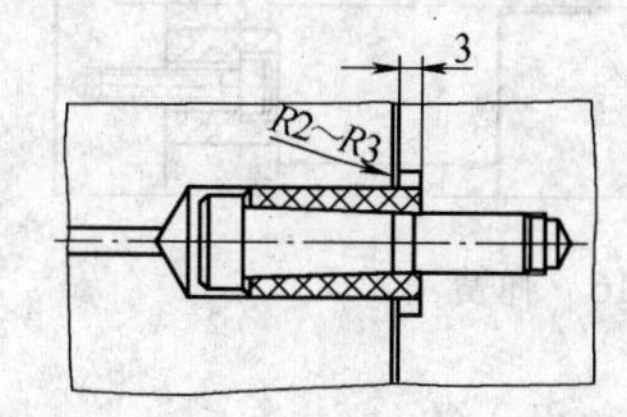

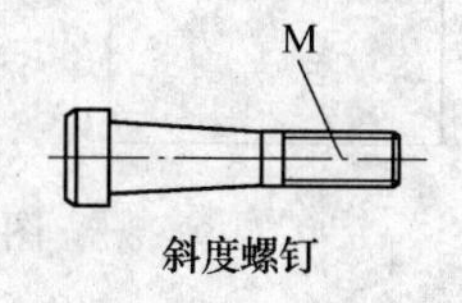

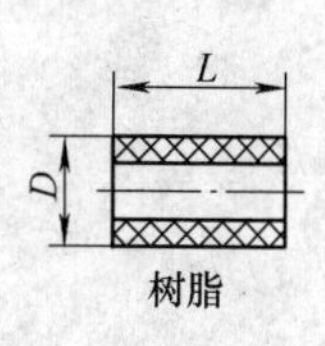

图12-11　尼龙胶扣

6. 垃圾钉、抓料销

垃圾钉如图12-12所示，其材料为S45C。抓料销如图12-13所示，其材料为SKD61，其中L根据模具的结构要求取5的倍数，规格（D）有：ϕ4.0mm，ϕ5.0mm，ϕ6.0mm，ϕ8.0mm。

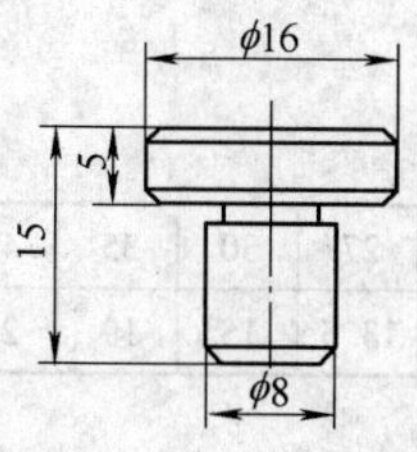

图12-12　垃圾钉

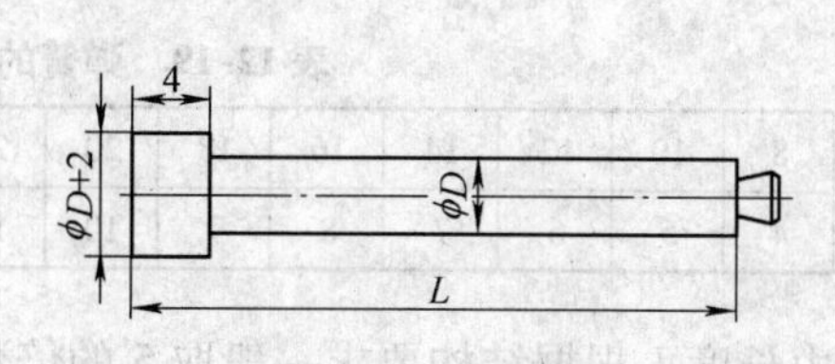

图12-13　抓料销

7. 定位钢珠

定位钢珠如图 12-14 所示。

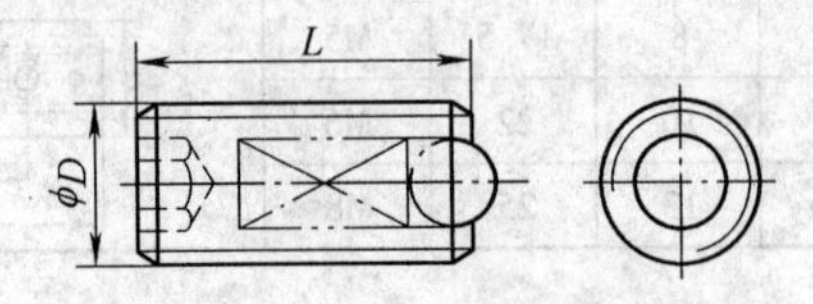

图 12-14 定位钢珠

以 DME 标准为例，常用定位钢珠规格如图 12-15 所示。

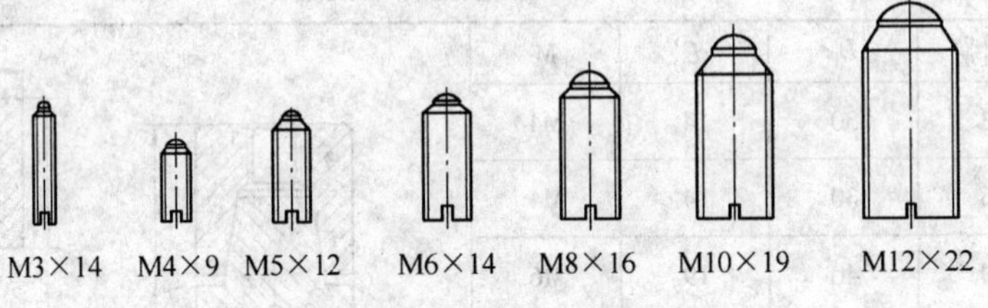

图 12-15 常用定位钢珠规格

8. 弹簧

弹簧如图 12-16 所示。弹簧的压缩比为

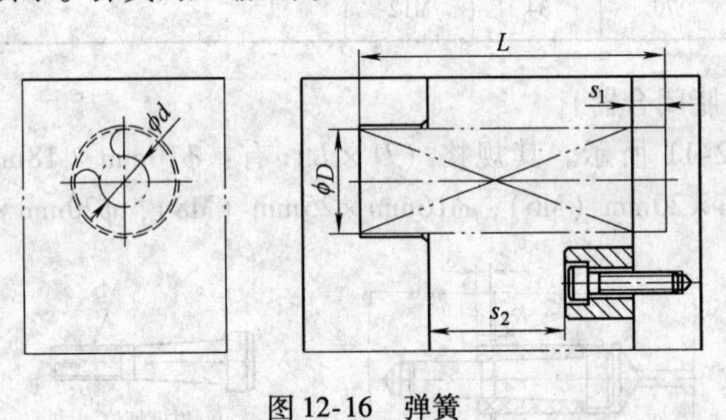

图 12-16 弹簧

$$C=(S_1+S_2)/L$$

式中 S_1——预压量；

S_2——压缩最大行程；

L——自由长度；

C——压缩比，最佳压缩比为 0.38 ~ 0.48。

弹簧的表示方法如图 12-17 所示。

弹簧的参数见表 12-19。

表 12-19 弹簧的参数

外径 D/mm	8	10	12	14	16	18	20	22	25	27	30	35	40	50	60
内径 d/mm	4	5	6	7	8	9	10	11	13.5	13.5	15	19	22	27.5	33

弹簧的自由长度 L 根据结构要求一般取 5 的倍数。

根据用途不同，弹簧的颜色也有区分，模具中常用蓝色弹簧。弹簧种类见表 12-20。

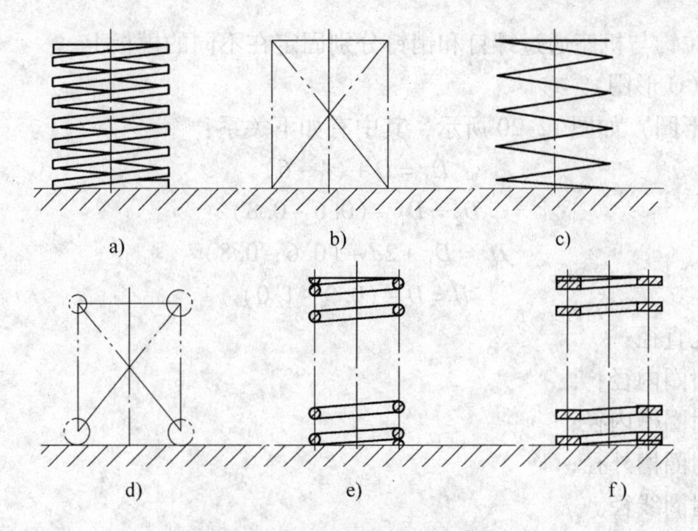

图 12-17　弹簧的表示方法

表 12-20　弹簧种类

种　　类	轻小弹簧	轻　弹　簧	中荷重弹簧	重荷重弹簧	极重荷重弹簧
记号	TF	TL	TM	TH	TB
色别	黄色	蓝色	红色	绿色	咖啡色
最大压缩量	58%L	48%L	38%L	28%L	24%L

9. 弹弓胶

弹弓胶所起的作用与弹簧相同，它的弹力较大，但它的弹出行程很短，只适用于瞬间弹开，不适用于行程较大的机构，如图 12-18 所示。

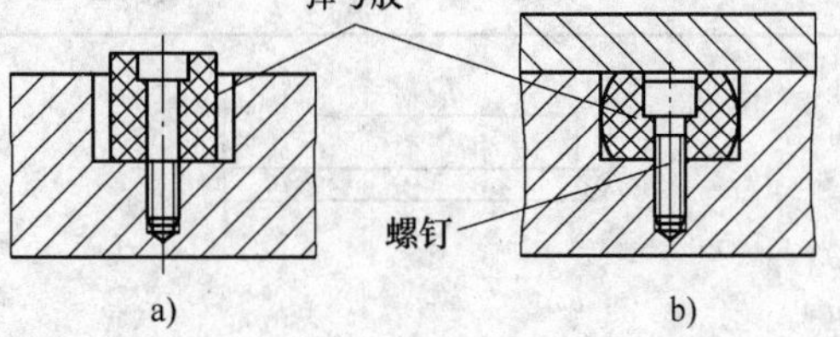

图 12-18　弹弓胶
a）受压前　b）受压后

10. 机械开闭器

机械开闭器所起的作用与尼龙胶扣相同，如图 12-19 所示，它通过调节螺钉挤压弹簧，再挤压滚柱，使其卡入拉沟卡槽内，使拉钩与机座扣在一起，当外力大于弹簧力时，就可以将其拉开，这种结构使用性能好，不易失效。

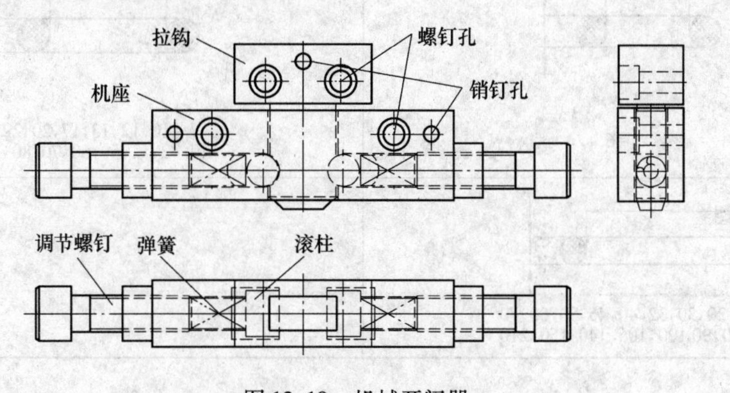

图 12-19　机械开闭器

安装方法：拉钩与机座通过螺钉和销钉分别固定在不同的模板上。

11. 密封圈（O 形圈）

密封圈（O 形圈）如图 12-20 所示，其中有如下关系：

$$D_1 = D + (4 \sim 6)$$

$$D_2 = D_1 - (0.6 \sim 0.8)$$

$$D_3 = D_1 + 2d + (0.6 \sim 0.8)$$

$$H = D - (0.9 \sim 1.0)$$

式中 D——通孔直径；

D_1——密封圈内径；

D_2——密封圈槽内径；

D_3——密封圈槽外径；

d——密封圈线径。

以 DME 标准为例，密封圈常用规格见表 12-21。

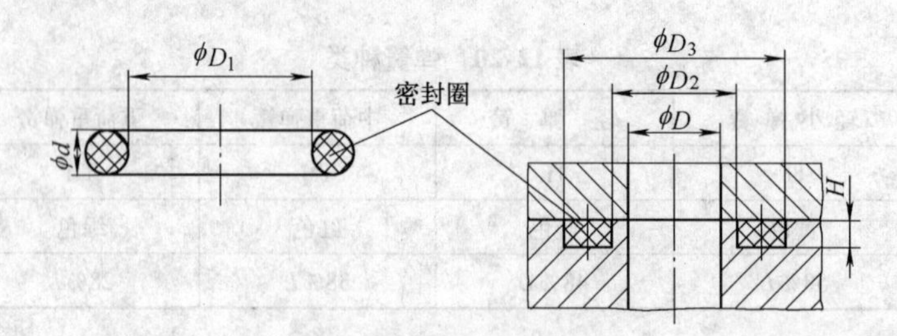

图 12-20 密封圈（O 形圈）

表 12-21 密封圈常用规格

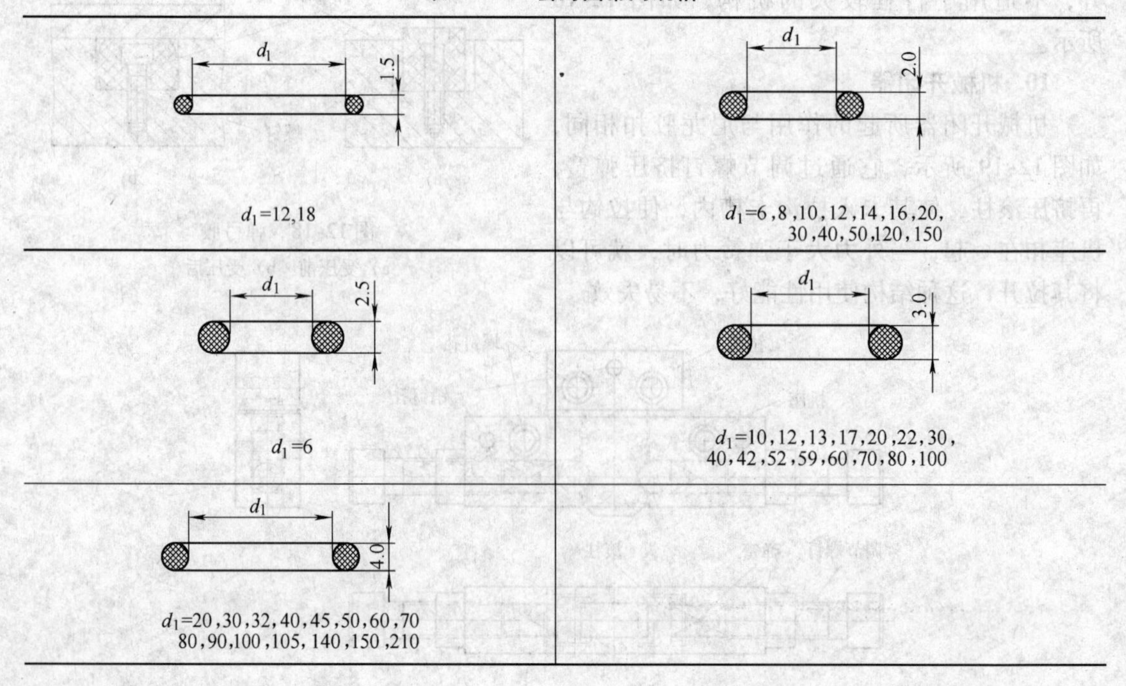

12. 喉牙、喉嘴

喉牙、喉嘴如图12-21所示，型号及规格参见表12-22。

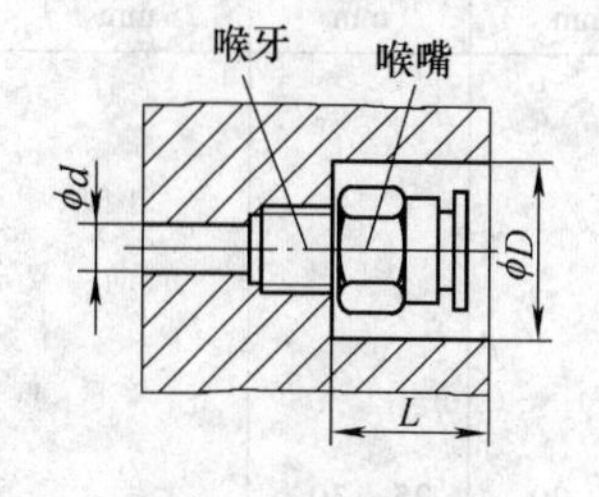

图12-21　喉牙、喉嘴

表12-22　喉牙、喉嘴型号及规格

型　号	JP-351	JP-352	JP-353
ϕd/mm	4，6，8	10，12	16
螺纹	PT1/8in①	PT1/4 in	PT3/8 in
$\phi D \times L$/mm × mm	$\phi 25 \times 25$	$\phi 25 \times 25$	$\phi 35 \times 35$

① 1in = 0.0254m。

13. 加长水嘴接头

加长水嘴接头如图12-22所示，用于深孔的水管接头，可以通过多个零件，可避免相接处使用密封圈，安装较麻烦。加长水嘴接头的尺寸及规格见表12-23。

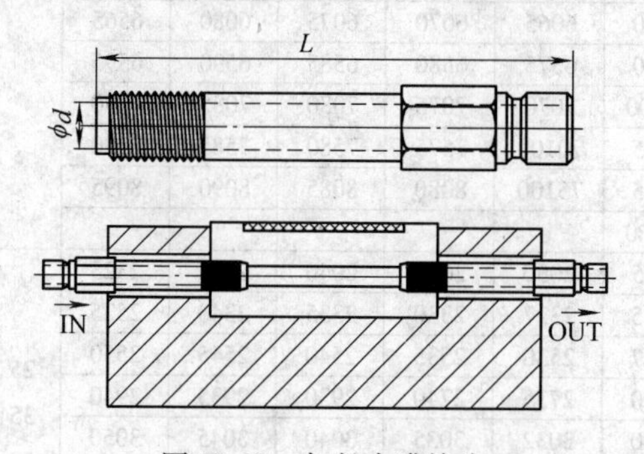

图12-22　加长水嘴接头

表12-23　加长水嘴接头的尺寸及规格

型　号	螺纹规格	长度 L/in	内孔直径 ϕd/in
JPB-3514	1/8NPT	11/32	4
JPB-3516	1/8NPT	11/32	6
JPB-3518	1/8NPT	11/32	8
JPB-3524	1/4NPT	15/32	4
JPB-3526	1/4NPT	15/32	6
JPB-3528	1/4NPT	15/32	8
JPB-3534	3/8NPT	19/32	4
JPB-3536	3/8NPT	19/32	6
JPB-3538	3/8NPT	19/32	8

注：1in = 25.4mm。

12.7　常用模架参数选用资料

常用模架参数选用资料见表12-24和表12-25。

表 12-24 常用龙记模架参数选用表

模架厂家	模架类型	模架规格						A板尺寸/mm	B板尺寸/mm	C板尺寸/mm
龙记（LKM）	大水口	1515	1518	1520	1523	1525	1530	25，30，35，40，50，60，70，80，90，100	25，30，35，40，50，60，70，80，90，100	60，70，80，90，100，120，150，180
		1818	1820	1823	1825	1830	1835			
		2020	2023	2025	2030	2035	2040			
		2045	2323	2325	2327	2330	2335			
		2340	2525	2527	2530	2535	2540			
		2545	2550	2730	2735	2740	2930			
		2935	2940	3030	3032	3035	3040			
		3045	3050	3055	3060	3335	3340			
		3345	3350	3535	3540	3545	3550			
		3555	3560	3570	4040	4045	4050			
		4055	4060	4070	4545	4550	4555			
		4560	4570	5050	5055	5060	5070			
		5555	5560	5565	5570	5575	5580			
		6060	6065	6070	6075	6080	6565			
		6570	6575	6580	6585	6590	6595			
		65100	7070	7075	7080	7085	7090			
		7095	70100	7575	7580	7585	7590			
		7595	75100	8080	8085	8090	8095			
		80100								
	小水口	2025	2030	2035	2040	2045	2323	25，30，35，40，50，60，70，80，90，100	25，30，35，40，50，60，70，80，90，100	70，80，90，100，120
		2325	2327	2330	2335	2340	2525			
		2527	2530	2535	2540	2545	2550			
		2730	2735	2740	2930	2935	2940			
		3030	3032	3035	3040	3045	3050			
		3055	3060	3335	3340	3345	3350			
		3535	3540	3550	3555	3560	3570			
		4040	4045	4050	4055	4060	4070			
		4545	4550	4555	4560	4570	5050			
		5055	5060	5070						
	简化型小水口	1515	1518	1520	1523	1525	1530	25，30，35，40，50，60，70，80，90，100，110，120，130，140，150，160，170，180	25，30，35，40，50，60，70，80，90，100，110，120，130，140，150，160，170，180	60，70，80，90，100，120
		1818	1820	1823	1825	1830	1835			
		2020	2023	2025	2030	2035	2040			
		2045	2323	2325	2327	2330	2335			
		2340	2525	2527	2530	2535	2540			
		2545	2550	2730	2735	2740	2930			
		2935	2940	3030	3032	3035	3040			
		3045	3050	3055	3060	3335	3340			
		3345	3350	3535	3540	3545	3550			
		3555	3560	3570	4040	4045	4050			
		4055	4060	4070	4545	4550	4555			
		4560	4570	5050	5055	5060	5070			

表12-25　常用明利模架参数选用表

模架厂家	模架类型	模架规格						A板尺寸/mm	B板尺寸/mm	C板尺寸/mm
明利（MINGLEE）	大水口	1515	1520	1525	1820	1823	1825	25，30，35，40，50，60，70，80，90，100 110，120 130，140 150，160 170，180 200	25，30，35，40，50，60，70，80，90，100，110，120，130，140，150，160，170，180 200	60，70，80，90，100，120，150
		2020	2023	2025	2030	2035	2325			
		2327	2330	2335	2525	2527	2530			
		2535	2540	2545	2550	2730	2735			
		2740	3030	3035	3040	3045	3050			
		3060	3535	3540	3545	3550	3555			
		3560	3570	4040	4045	4050	4055			
		4060	4070	4545	4550	4555	4560			
		4570	5050	5055	5060	5070	5555			
		5560	5565	5570	6060	6065	6070			
		6075	6080							
	小水口	2020	2023	2025	2030	2035	2325	25，30，35，40，50，60，70，80，90，100，110，120，130，140，150，160 170，180	25，30，35，40，50，60，70，80，90，100，110，120，130，140，150，160 170，180	70，80，90，100，120
		2327	2330	2335	2525	2530	2535			
		2540	2545	2550	2730	2735	2740			
		3030	3035	3040	3045	3050	3055			
		3060	3535	3540	3545	3550	3555			
		3560	3570	4040	4045	4050	4055			
		4060	4070	4545	4550	4555	4560			
		4570	5050	5055	5060	5070				
	简化型小水口	1520	1525	1820	1823	1825	2020	25，30，35，40，50，60，70，80，90，100，110，120，130，140，150，160，170，180	25，30，35，40，50，60，70，80，90，100，110，120，130，140，150，160，170，180	60，70，80，90，100，120
		2023	2025	2030	2035	2325	2327			
		2330	2335	2525	2527	2530	2535			
		2540	2545	2550	2730	2735	2740			
		3030	3035	3040	3045	3050	3060			
		3535	3540	3545	3550	3555	3560			
		3570	4040	4045	4050	4055	4060			
		4070	4545	4550						

参 考 文 献

[1] 李忠文，张洪伟. 注射模具设计方法与经验 [M]. 沈阳：辽宁科学技术出版社，2009.
[2] 张维合. 注射模具设计实用教程 [M]. 2 版. 北京：化学工业出版社，2011.
[3] 宋满仓. 注射模具设计 [M]. 北京：电子工业出版社，2010.